中国煤矿建井技术与管理

立井普通法凿井技术

主　编　陈坤福　孟　波　许国安
副主编　商翔宇　盛　平

中国矿业大学出版社
·徐州·

内容提要

本书是国家出版基金项目“中国煤矿建井技术与管理”丛书之一，是矿山工程建设专业的工具书，内容包括立井井筒的结构与设计、立井井筒施工作业方式、钻眼爆破、装岩工作、提升与排矸、井筒支护、井筒施工辅助作业、凿井设备布置与吊挂、凿井施工机械化配套、立井过煤与瓦斯突出危险地层的施工、立井井筒延深、立井井筒施工组织和井筒施工工程实例，共13章，系统全面地介绍了立井掘砌施工技术、凿井设备选型布置和施工组织与安全管理，还列举了典型立井普通法施工的案例及凿井设备布置示例，便于读者阅读及理解。

本书可供从事矿山工程施工和生产管理的技术人员使用，亦可供科研人员和高校师生参考。

图书在版编目(CIP)数据

立井普通法凿井技术 / 陈坤福，孟波，许国安主编
.— 徐州 ：中国矿业大学出版社，2023.11
ISBN 978-7-5646-6060-4

Ⅰ.①立… Ⅱ.①陈… ②孟… ③许… Ⅲ.①凿井
Ⅳ.①TD262.6

中国国家版本馆CIP数据核字(2023)第216472号

书　　名 立井普通法凿井技术
主　　编 陈坤福　孟　波　许国安
责任编辑 陈　慧　赵　雪
出版发行 中国矿业大学出版社有限责任公司
（江苏省徐州市解放南路　邮编221008）
营销热线 (0516)83885370　83884103
出版服务 (0516)83995789　83884920
网　　址 http://www.cumtp.com　**E-mail**:cumtpvip@cumtp.com
印　　刷 江苏苏中印刷有限公司
开　　本 787 mm×1092 mm　1/16　**印张** 18.75　**字数** 468千字
版次印次 2023年11月第1版　2023年11月第1次印刷
定　　价 200.00元
（图书出现印装质量问题，本社负责调换）

前　言

近年来，矿山工程建设领域新技术、新设备不断涌现，施工技术标准和规范化水平不断提高，原有的一些技术、设备逐步被更新与淘汰；另外，我国深井建设一直处于世界领先水平，取得了一大批具有自主知识产权的重大成果。为了适应这种变化，并推广近年来在矿井建设实践中形成、积累和完善的经验，向施工人员提供实用、可靠、先进的技术资料，中国矿业大学出版社组织相关高校和大型矿山施工企业，对建井技术与管理经验进行了全面的总结与梳理，编纂了本书在内的“中国煤矿建井技术与管理”丛书。

本书根据国家现行有关方针、政策，本着严谨、科学、规范、简明的原则进行编写，系统介绍了立井普通法建井中的钻眼爆破、装岩排矸、井壁砌筑及施工组织管理相关技术内容，也对井筒过特殊地层和井筒延深的安全施工技术进行了阐述，同时列举了典型的凿井设备布置实例及凿井施工机械化配套案例，确保内容的实用性和先进性。本书在编写中力求做到在结构上逐级统属、排列有序、内容完整；在形式上，图文结合，可读性强；另外，结合工程案例和凿井设备布置实例介绍，便于读者阅读及理解。

本书的编写工作由中国矿业大学出版社组织，编写内容及要求受“中国煤矿建井技术与管理”丛书编写委员会的统一规划、协调与管理，编写过程得到有关科研、施工、设计单位及高校的积极支持和帮助；丛书编写委员会及其他分册的编写人员也给本书以极大的关心与支持。在此，向所有参与编写单位及编写人员表示深深的谢意。

由于我们水平有限，错误和不足之处在所难免，恳请读者批评指正。

编者

2023 年 10 月

目　录

第一章　立井井筒的结构与设计

第一节　立井井筒的结构

一、立井井筒的种类

立井井筒是矿井通达地面的主要进出口，是矿井生产期间提升煤炭（或矸石）、升降人员、运送材料设备，以及通风和排水的咽喉工程。

立井井筒按用途的不同可分为以下几种。

1. 主井

专门用作提升煤炭的井筒称为主井。在大、中型矿井中，提升煤炭的容器为箕斗，所以主井又称箕斗井，其断面布置如图 1-1 所示。

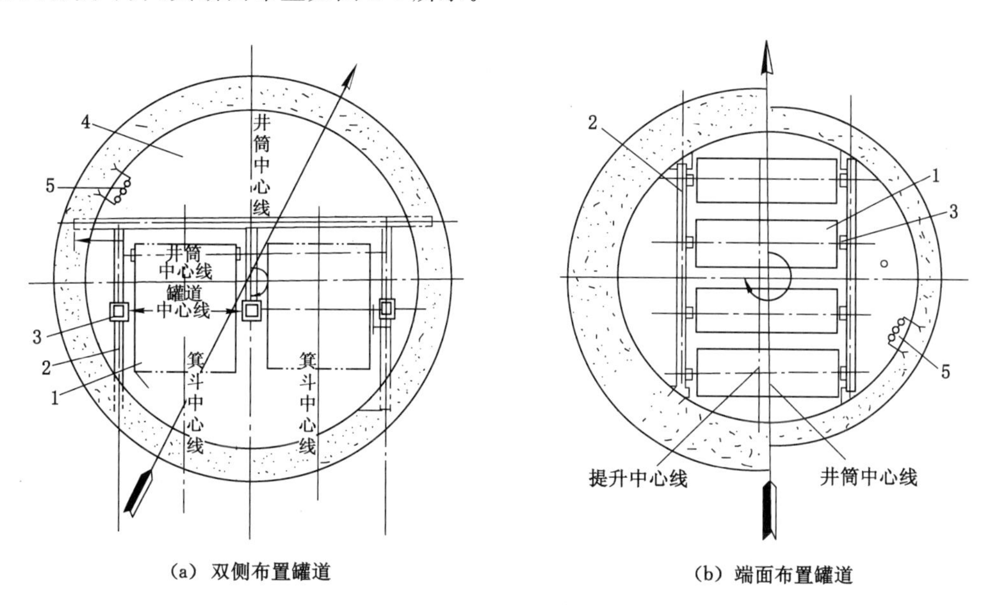

1—箕斗；2—罐道梁；3—罐道；4—延伸间；5—电缆架。

图 1-1　箕斗主井断面图

2. 副井

用作升降人员、材料、设备和提升矸石的井筒称为副井。副井的提升容器是罐笼，所以副井又称为罐笼井，副井通常都兼做全矿的进风井。其断面布置如图 1-2 所示。

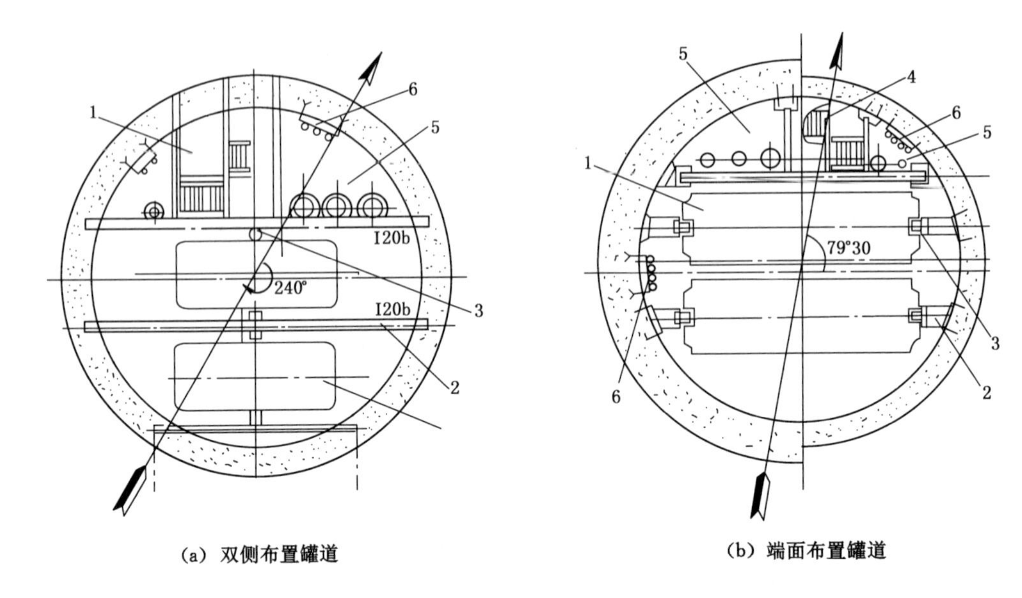

1—箕斗;2—罐道梁;3—罐道;4—梯子间;5—管路间;6—电缆架。

图 1-2 罐笼井断面图

3. 风井

专门用作通风的井筒称为风井。风井除用作出风外,又可作为矿井的安全出口,风井有时也安设提升设备。

除上述情况外,有的矿井在一个井筒内同时安设箕斗和罐笼两种提升容器,兼有主、副井功能,这类立井称为混合井。

我国煤矿中,立井井筒一般都采用圆形断面。如图 1-1、图 1-2 所示,在提升井筒内除设有专为布置提升容器的提升间外,根据需要还设有梯子间、管路间以及延深间等。用作矿井安全出口的风井,需设梯子间。

二、立井井筒的组成

立井井筒自上而下由井颈、井身、井底三部分组成,如图 1-3 所示。靠近地表的一段井筒叫作井颈,此段内常开有各种孔口。井颈的深度一般为 15～20 m,井塔提升时可达 20～60 m。

井颈以下至罐笼进出车水平或箕斗装载水平的井筒部分叫作井身。井身是井筒的主干部分,所占井深的比例最大。井底的深度是由提升过卷高度、井底设备要求以及井底水窝深度决定的,罐笼井井底深度一般为 10 m,箕斗井井底深度一般为 35～75 m。这三部分长度的总和就是井筒的全深。

三、立井井颈、壁座和井底结构

(一) 井颈

井颈除用于承受井口附近土层的侧压力及建筑物荷载所引起的侧压力外,有时还作为提升井架和井塔的基础,承受井架或井塔的重量与提升冲击荷载。

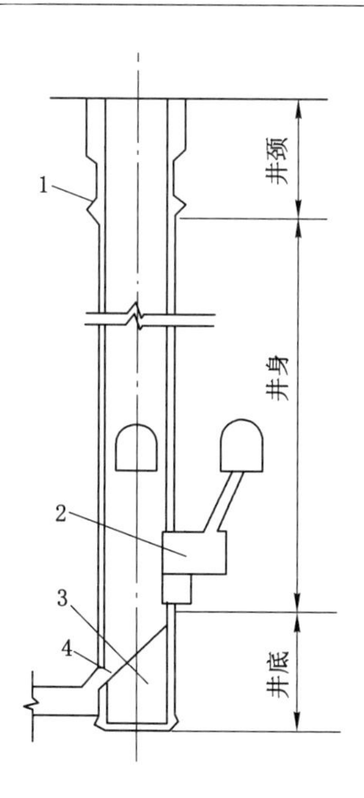

1—壁座；2—箕斗装载硐室；3—水窝；4—井筒接受仓。

图 1-3　井筒的组成

1. 井颈的特点

（1）井颈处在松散含水的表土层或破碎风化的岩层内，承受的地压较大。

（2）生产井架或井塔的基础，将其自重及提升荷载传到井颈部分，使井颈壁的厚度大大增加。

（3）井口附近建筑物的基础，增大了井颈壁承受的侧压力。因之，在井颈壁内往往要加放钢筋。

（4）井颈壁上往往需要开设各种孔洞，削弱了井颈强度。

2. 井颈的结构和类型

井颈部分和井身一样，也要安设罐道梁、罐道、梯子间和管缆间等。另外井颈段还要装设防火铁门和承接装置基础，设置安全通道、暖风道（在严寒地区）、同风井井颈斜交的通风道等孔洞。井颈壁上各种孔洞的特征，见表 1-1。

表 1-1　井颈壁上孔洞特征

孔洞名称	断面积/m^2	孔顶至井口距离/m	用　途	备　注
安全通道孔	≥1.2×2.0	在防火门以下	防火门封闭时疏散井下人员及进风	可用拱形或矩形断面，其大小应便于行人
暖风道孔	2～8	1.5～6	严寒地区，防止冬季井筒结冰和保证井下人员正常工作	孔口应对着罐笼侧面，断面大小可根据送入井下的热风量而定
通风道孔	4～20	3～7	通风井筒出风用	风道应与井颈斜交，断面大小根据通过的风量而定

表 1-1(续)

孔洞名称	断面积/m^2	孔顶至井口距离/m	用途	备注
排水管孔	1.5～4	2～3	通过排水管用	断面大小根据排水管数目和直径而定
压风管孔	1.0～1.5	2～3	通过压风管用	断面大小根据压风管数目和直径而定
电缆孔	0.8～1.0	1～2	通过电缆用	电缆允许弯曲的曲率半径 $R=15\sim20$ 倍电缆直径，所以应为斜洞

井颈型式主要取决于井筒断面形状及用途、井口构筑物传递给井颈的垂直荷载、井颈穿过地层的稳定性情况和物理力学性质、井颈支护材料及施工方法等因素。常用的井颈型式有下述几种：

(1) 台阶形井颈(图 1-4)：为了支承固定提升井架的支承框架，井颈的最上端(锁口)厚度一般为 1.0～1.5 m，往下呈台阶式逐渐减薄。图 1-4(a)适用于土层稳定、表土层厚度不大的条件；图 1-4(b)适用于岩层风化、破碎及有特殊外加侧向荷载时。

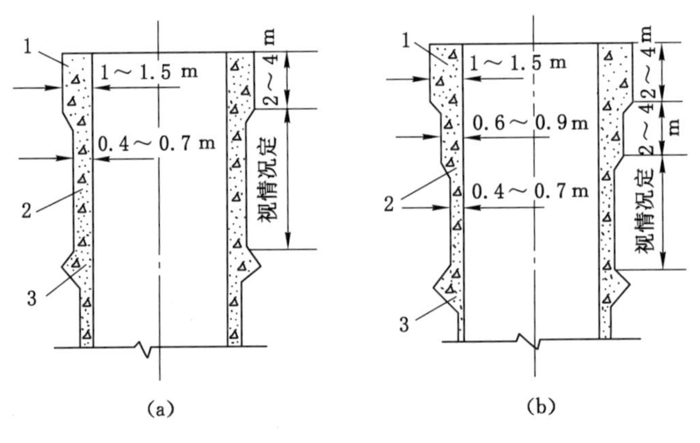

1—锁口；2—井颈壁；3—壁座。

图 1-4 台阶形井颈

(2) 倒锥形井颈(图 1-5)：这种井颈可视为由倒锥形的井塔基础与井筒联结组成。倒锥形基础是井塔的基础，又是井颈的上部分，它承担塔身全部结构的所有荷载，并传给井颈。倒锥形井颈根据井塔的形式又分为倒圆锥壳形、倒锥台形、倒圆台形等形式。

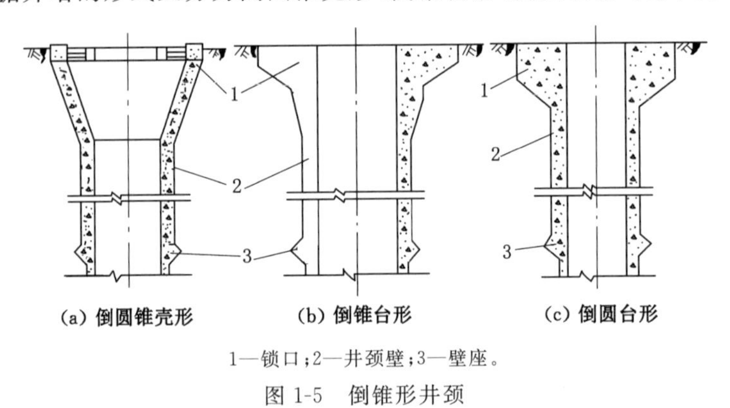

1—锁口；2—井颈壁；3—壁座。

图 1-5 倒锥形井颈

倒圆锥壳形[图 1-5(a)],即圆筒形井塔与圆筒形井筒的井颈直接固接在一起,适用于地质条件复杂的地区。

倒锥台形[图 1-5(b)],即矩形或框架形塔身的井塔与圆形井筒的井颈直接固接在一起,适用于厚表土、地下水位高的井筒。

倒圆台形[图 1-5(c)],即圆筒形井塔与圆形井筒的井颈直接固接在一起,适用于厚表土层竖向载荷大的井筒。

3. 井颈的深度和厚度设计

井颈的深度主要受表土层的深度控制。在浅表土中井颈深度可取表土层全厚加 2～3 m,按基岩风化程度来定。在深表土中,井颈深度可取表土层全厚的一部分,但第一个壁座要选择在不透水的稳定土层中。如果多绳提升的井塔基础坐落在井颈上时,井塔影响井颈的受力范围(深度)可达 20～60 m。

井颈深度除依表土层情况确定外,还取决于设在井颈内各种设备(支承框架、托罐梁、防火门)的布置及孔洞大小等。井颈的各种设备及孔洞应互不干扰,并应保持一定间距;设备与设备外缘应留有 100～150 mm 的间隙,孔口之间应留有 400～500 mm 的距离。

井颈的总深度可以等于浅表土的全厚,也可为厚表土的一部分,一般为 8～15 m。若多绳井塔与井筒固接,则井塔影响井颈的深度可达 20～60 m。

井颈用混凝土或钢筋混凝土砌筑,厚度一般不小于 500 mm,为了安放和锚固井架的支承框架,最上端的厚度有时可达 1.0～1.5 m,向下呈台阶式逐渐减薄,第一阶梯深度要在当地冻结深度以下。

井颈壁厚的确定方法,一般先按照构造要求估计厚度,然后再根据井颈壁上作用的垂直压力和水平压力进行井颈承载能力验算。

作用于井颈壁上的垂直压力包括井架立架和其他井口附近构筑物作用在井颈上的全部计算垂直压力及井颈的计算自重。按轴向受压和按偏心受压验算井颈壁承载能力。

作用于井颈壁上的水平压力包括地层侧压力、水压力及位于滑裂面范围内井口附近构筑物引起的侧压力等。在水平侧压力作用下,井颈壁厚按受径向均布侧压力或受切向均布侧压力验算承载能力。

当作用于井颈上的荷载很大时,为避免应力集中,设计时需增加钢筋。受力钢筋(沿井筒弧长布置)直径一般为 16～20 mm,构造钢筋(竖向布置)直径一般为 12 mm,间距为 250～300 mm。

井颈的开孔计算,可设开孔部分为一闭合框架,框架两侧承受圆环在侧压力作用下的内力分力为 Q,分力 V 则传至土壤及风道壁上。

Q 可取作用于框架上部侧压力 P_1 的内力分力 Q_1 和下部侧压力 P_2 的内力分力 Q_2 的平均值:

$$Q=\frac{1}{2}(Q_1+Q_2)=\frac{1}{2}r\cos\frac{\alpha}{2}(P_1+P_2) \tag{1-1}$$

式中　r——圆环外半径,m;

　　α——孔口弧长对应的圆心角。

在 Q 的作用下,可计算闭合框架在 A 点和 h 的中点弯矩 M_A^Q 和 M_h。框架梁上的荷重,可近似按承受从梁两端引出与梁轴呈 45°线交成的三角形范围内的筒壁自重计算。为了简化，将三角形荷载转化为等量弯矩的均布荷载。设三角形中点荷载为 P_1，则其等量弯矩的均布荷载 $P=5/8P_1$。依此可计算出框架 A 点和 l 的中点弯矩 M_A^P 和 M_v。

根据求出的跨中、转角处的弯矩及轴向力的总和，再按偏心受压构件验算闭合框架。强度不足时，进行配筋。

（二）壁座、壁基

壁座是保证其上部井筒稳定的重要组成部分，在立井、斜井的井颈下部，在厚表土下部基岩处、马头门上部、需要延深井筒的井底等，都要设置壁座，用它可以承托井颈和作用于井颈上的井架、设备等的部分或全部重力，并以此推导出壁座的设计计算方法。在较稳定的岩层中，混凝土井壁与围岩密实结合，其抗剪力足以支承壁座自重，可以不设壁座。

冻结法凿井井筒掘砌深度必须进入稳定基岩并设置壁基（如图 1-6 所示），壁基的高度计算应满足式(1-2)要求，并不小于 10 m。掘砌的底部必须将内、外层井壁整体浇筑作为壁座。壁座的厚度不应小于内、外层井壁厚度之和；壁座的高度应根据围岩强度，壁座承受的载荷、结构形式等按式(1-3)计算，但不应小于 4 m。内外层井壁整体浇筑部分以下井壁应渐变至正常基岩段井壁厚度。

$$H_b \geqslant \frac{G+N_f-\pi(R_{ww}^2-R_{jw}^2)[\sigma]-\pi(R_{jw}^2-r^2)f_c}{2\pi R_{ww}\tau_n-G_1} \tag{1-2}$$

式中 H_b——壁基高度，m；

G——壁基以上井筒内、外井壁的计算重量，MN；

N_f——壁基以上井筒所受的竖向附加力计算值，MN；

r——井筒内直径，m；

R_{wn}——外井壁内半径，m；

R_{ww}——外井壁（壁基）外半径，m；

R_{jw}——基岩段井壁外半径，m；

G_1——每延米壁基的计算重量，MN；

$[\sigma]$——壁基下部围岩容许压应力，MPa；

f_c——混凝土轴心抗压强度设计值，MPa；

τ_n——壁基外缘与围岩的黏结强度（MPa），$\tau_n=0.5\sim2.0$ MPa，混凝土强度等级高、围岩岩性好，τ_n 取上限，反之取下限。

$$h_b \geqslant \frac{G_n}{2\pi r_{nw}[f_j]} \tag{1-3}$$

式中 h_b——内外井壁整体浇筑高度，m；

G_n——整体浇筑段以上井筒内井壁的计算重量，MN；

r_{nw}——内井壁外半径，m；

$[f_j]$——混凝土容许抗剪强度，MN/m^2。

（三）井底结构

井底是井底车场进出车水平（或箕斗装载水平）以下的井筒部分。井底的布置及深度，主要依据井筒用途、提升系统、提升容器、井筒装备、罐笼层数、进出车方式、井筒淋水量，并结合井筒延深方式、井底排水及清理方式等因素确定。

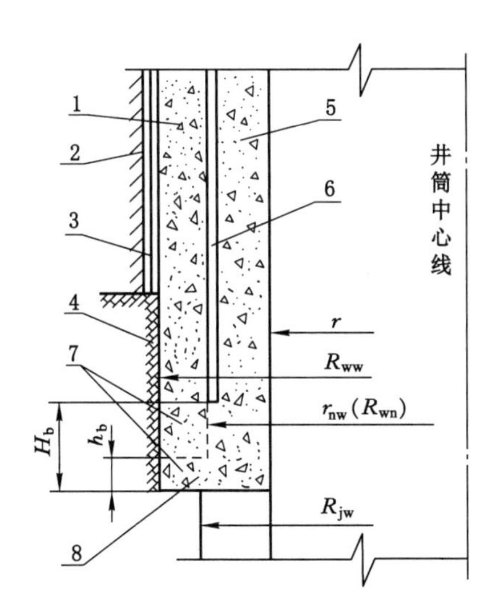

1—外井壁；2—表土层；3—泡沫塑料板；4—基岩；5—内井壁；6—塑料夹层；7—壁基；8—壁座。

图 1-6　壁基、壁座计算简图

井底装备指井底车场水平以下的固定梁、托罐梁、楔形罐道、制动钢绳或罐道钢绳的固定或定位装置、钢绳罐道的拉紧重锤等。所有这些设备均应与水窝的水面保持 0.5 m 或 1.0 m的距离。

1. 罐笼井井底

不提人的罐笼井井底多采用罐道梁或托罐座承接罐笼，如不考虑延深，托罐梁下留 2 m 以上的水窝即可。井窝存水可用潜水泵排除。

提升人员的罐笼井井底一般采用摇台承接罐笼。

(1) 单绳提升人员的罐笼井井底

当采用刚性罐道时，在摇台下应留过卷深度（其大小由提升系统决定），以防提升过卷时蹾罐。在过卷深度处设托罐梁，托罐梁下设防坠保险器钢丝绳拉紧装置固定梁，并留 2～5 m 水窝。其井窝深度用下式表示：

$$h = h_1 + h_2 + h_3 \tag{1-4}$$

式中　h——井窝深度，m；

h_1——进出车平台至托罐梁上垫木的距离（包括过卷高度），m；

h_2——托罐梁上垫木至拉紧装置固定梁距离，m；

h_3——水窝深度，不考虑延深时一般取 5 m，考虑延深时取 10～15 m。

当采用钢丝绳罐道时，托罐梁下面要设置钢丝绳罐道固定梁及钢丝绳拉紧装置平台梁，故井窝要比刚性罐道的井窝深一些。其井窝深度用下式表示：

$$h = h_1 + h_2 + h_3 + h_4 + h_5 + h_6 \tag{1-5}$$

式中　h_1——进出车平台至托罐梁上垫木距离，m；

h_2——托罐梁上垫木至钢丝绳定位梁的距离，一般取 1～2 m；

h_3——钢丝绳罐道定位梁至罐道拉紧装置的距离，一般取 2.5～3.0 m，若拉紧装置设在井架上，则 $h_3 = 0$；

h_4——钢丝绳拉紧装置长度（重锤）或固定装置长度（拉紧装置在井架上），m；

h_5——重锤底面至水面的距离，一般取 2～3 m；

h_6——水窝深度，m。

（2）多绳提升人员的罐笼井井底

多绳提升系统中，在井底过卷深度内设置木质楔形罐道，并在楔形罐道终点水平下设防撞梁及防扭梁，以防过卷时蹾罐和尾绳扭结事故发生。

当采用钢罐道时，其井窝深度用下式表示：

$$h = h_1 + h_2 + h_3 + h_4 \tag{1-6}$$

式中 h_1——进出车平台至防撞梁距离，m；

h_2——防撞梁至防扭结梁距离，一般取 3～3.5 m；

h_3——防扭结梁至平衡尾绳最低点距离，一般取 3～4.5 m；

h_4——水窝深度，若为泄水巷排水，不考虑井筒延深时，取 5.0 m；考虑延深时，取 10～15 m；若为水泵排水，则需增加平衡尾绳环点至水面距离 2～3 m。

当采用钢丝绳罐道时，其井窝深度用下式表示：

$$h = h_1 + h_2 + h_3 + h_4 + h_5 + h_6 + h_7 + h_8 + h_9 \tag{1-7}$$

式中 h_1——进出车平台至楔形木罐道终点水平的距离，当双层罐笼两个水平进出车时，一般取 15～20 m；当双层罐笼单水平进出车，两个水平上下人员时，h_1 为下层罐笼高度与井底过卷高度之和；

h_2——楔形罐道终点水平至防撞梁距离，一般取 2.5～3.0 m，以便检修；当防撞梁设在楔形罐道终点水平时，$h_2=0$；

h_3——防撞梁至防扭结梁距离，m；

h_4——防扭结梁至平衡尾绳最低点距离，m；

h_5——平衡尾绳最低点（环点）至钢丝绳罐道定位梁距离，一般取 1.0～2.0 m；

h_6——钢丝绳罐道定位梁至罐道拉紧装置距离，一般取 2.5～3.0 m；

h_7——钢丝绳罐道重锤拉紧装置长度，m；

h_8——重锤底面至水面距离，一般取 2～3 m；若采用泄水巷排水，$h_8=0$；

h_9——水窝深度，m。

2. 箕斗井井底

箕斗井的井底是指箕斗装载水平以下的一段井筒，主要包括井筒接受仓及水窝。因此，箕斗井的井窝设计应与清理撒煤系统统一考虑，其深度主要取决于清理撒煤方式。

箕斗装载停放水平以下至井筒撒煤接受仓上口段的井窝深度，与罐笼井进出车水平至井窝段的井窝深度基本相同。现以多绳提升、钢丝绳罐道箕斗井井窝深度为例，则

$$h = h_1 + h_2 + h_3 + h_4 + h_5 \tag{1-8}$$

式中 h_1——装载水平至钢丝绳罐道定位平台距离（包括过卷高度及楔形罐道长），m；

h_2——定位平台至平衡尾绳最低点距离，m；

h_3——尾绳最低点至罐道绳重锤拉紧装置距离，一般取 1.0 m；

h_4——拉紧重锤长度，m；

h_5——斜式井筒撒煤接受仓部分高度，m。

井筒接受仓有立式和斜式两种，斜式接受仓井底工作可靠，并可兼顾延深要求，目前现场采用较多，它能将煤、水引向井筒侧面的清理撒煤硐室。若井筒需要延深时，在箕斗装载

水平以下设一倾斜 50°～60°的钢筋混凝土板或钢板，板下用钢梁支撑，可为将来井筒延深创造条件。若井筒不需延深，则将井底做成斜底。

第二节　立井井筒装备

井筒装备是指安设在整个井深内的空间结构物，主要包括罐道、罐道梁、井底支承结构、钢丝绳罐道的拉紧装置以及过卷装置、托罐梁、梯子间、管路、电缆等。其中罐道和罐道梁是井筒设备的主要组成部分。罐道作为提升容器运行的导轨，其作用是消除提升容器运行过程中的横向摆动，保证提升容器高速、安全运行，并阻止提升容器的坠落。井筒装备按罐道结构不同分为刚性装备（刚性罐道）和柔性装备（钢丝绳罐道）两种。

一、立井刚性井筒装备

刚性井筒装备由刚性罐道和罐道梁组成，构成空间弹性结构。

刚性罐道是提升容器在井筒上下运行的导向装置。根据提升容器终端荷载和速度大小，分别选用木质矩形罐道、钢轨罐道、型钢组合罐道（包括球扁钢罐道）、整体轧制异形钢罐道以及复合材料罐道等。

罐道梁是沿井筒纵向按一定距离（一般采用等距离），为固定刚性罐道而设置的水平梁，一般都采用金属罐道梁。20 世纪的 50 年代到 60 年代，我国常用的刚性罐道主要是木质矩形罐道，现已完全淘汰；到 70 年代则以钢轨罐道、滑动罐耳为主；70 年代后期，出现了型钢组合罐道和整体轧制罐道，配胶轮滚动罐耳；目前以采用冷弯方管罐道和钢-玻璃钢复合材料罐道为主。刚性罐道的结构型式如图 1-7 所示。

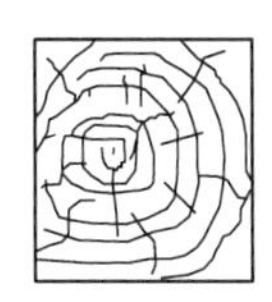
(a) 木罐道

(b) 钢轨罐道

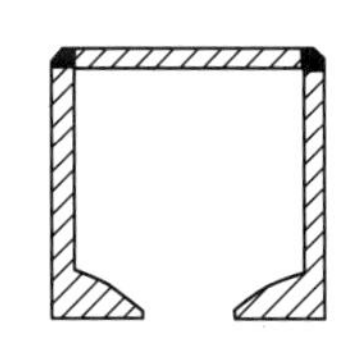
(c) 球扁钢组合罐道

(d) 槽钢组合罐道

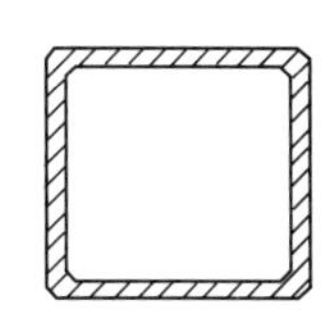
(e) 方形钢管热轧罐道

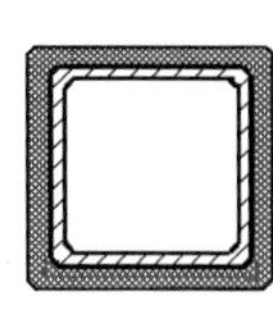
(f) 复合材料罐道

图 1-7　刚性罐道的结构型式

木罐道有比较安全可靠的断绳防坠器，曾在罐笼井筒中广泛采用。它通常采用木质致密、强度较大的松木或杉木制作，并经过防腐处理。其一般为矩形，断面尺寸为：1 t 矿车罐笼（单层或双层单车）180 mm×160 mm，3 t 矿车普通罐笼（单层单车）200 mm×180 mm。

我国煤矿曾采用 38 kg/m 和 43 kg/m 钢轨做罐道。钢轨罐道在侧向水平力作用下，由于侧向刚性和截面系数过小易造成严重的容器横向摆动，因而近年来在提升容器大、提升速度高的井筒中改用矩形空心截面钢罐道，即型钢组合罐道。型钢组合罐道一般用两个 16 号槽钢加扁钢或角钢加扁钢焊接而成，故又称槽钢组合罐道。我国曾经有一部分矿井采用了球扁钢组合罐道（图 1-8）。在国外多采用 18 号、22 号槽钢或等边角钢焊制的组合罐道。由于型钢组合罐道的侧向弯曲和扭转阻力大，刚性强，截面系数大，配合使用摩擦系数小的胶轮滚动罐耳，提升容器运行平稳，罐道与罐耳磨损小，使用年限长，是一种比较好的刚性罐道。

实践证明，型钢组合罐道的加工组装消耗的人力和物力较多，加工引起的罐道变形虽经校正但其误差还无法完全消除，影响安装质量。因此，用来代替型钢组合罐道的各种整体热轧异型截面罐道便应运而生了。这种罐道不仅具有侧向刚性和截面系数大的特点，而且加工、安装都易于保证质量。

为了解决钢罐道的防腐问题，在钢表面敷以玻璃钢，利用钢的高强度和玻璃钢的耐腐蚀组合成钢-玻璃钢复合材料罐道，其使用寿命长；另外其重量轻，安装方便，罐道梁层间距可根据条件设计，目前这种罐道的使用已越来越多。

当采用组合罐道、胶轮滚动罐耳多绳摩擦提升时，提升容器横向摆动小，运行平稳，有利于提高运行速度。刚性井筒装备自身及其所受荷载均直接传给井壁，不增加井架负荷。因此，刚性设备在我国煤矿中特别是大中型矿井中采用最为广泛。

我国立井井筒刚性设备的发展大致归结为三个阶段，各阶段的主要特征见表1-2。

表1-2 井筒刚性设备发展各阶段特征表

阶段	井深/m	提升方式	容器载重/t	提升速度/(m/s)	罐道形式及布置	罐道梁形式及布置	导向装置	罐道梁固定方式	计算依据
第一阶段(20世纪50～60年代)	<400	单绳缠绕式提升	<10	6～8	木罐道或钢轨罐道，两侧布置	工字钢罐梁，通梁山形布置	刚性滑动罐耳	梁窝固定	以垂直断绳制动力为主计算
第二阶段(20世纪70～80年代)	400～800	多绳摩擦轮提升	20～40	10～14	型钢组合罐道或钢轨罐道，端面布置	工字钢、型钢组合闭合形截面罐道梁，悬臂或托架梁布置	胶轮滚动罐耳	预埋件固定；树脂锚杆固定	以水平力为主计算
第三阶段(20世纪90年代至今)	>800	多绳摩擦轮或双绳缠绕式提升	>40	14～20	型钢组合、整体轧制钢罐道，复合材料罐道，端面、对角布置	组合悬臂梁，无罐道梁桁架组合梁	胶轮滚动罐耳，带有弹性或液压缓冲装置	树脂锚杆、阶梯楔钢锚杆固定	以水平力为主计算

（一）钢轨罐道

钢轨的标准长度为12.5 m，固定在四层罐道梁上，考虑井筒内冬夏温差，罐道接头处留有4.0 mm的伸缩缝，故罐道梁层间距为4.168 m。

钢轨罐道的接头位置应尽量设在罐道与罐道梁连接的地方。过去常用销子对接，但是，由于维修更换不便，使用过程易脱落和剪断销子，故现在都改用钢夹子接头。有的矿井把罐道接头处轨头加工成长100～150 mm、深3 mm的梢头，提升容器运行平稳、罐耳磨损小，效果较好。钢轨罐道和工字钢罐道梁之间采用特制的罐道卡子和螺栓连接固定(图1-8)。

钢轨罐道强度高，多采用于箕斗井和有钢丝绳断绳防坠器的罐笼井。由于钢轨罐道在两个轴线方向上的刚度相差较大，抵抗侧向水平力的能力较弱，所以采用钢轨罐道在材料上使用不够合理。滑动罐耳对钢轨罐道的磨损严重，需要经常更换。

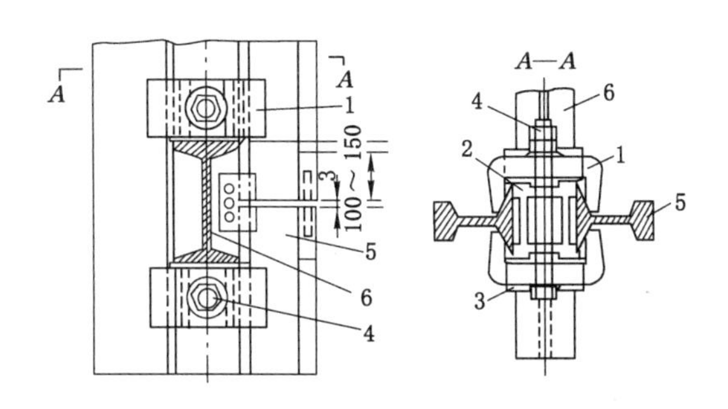

1—罐道卡；2—卡芯；3—垫板；4—钢轨；5—罐道；6—罐道梁。

图 1-8　钢轨罐道接头与罐道梁的连接

（二）型钢组合罐道

型钢组合罐道是由型钢加扁钢焊接成的矩形空心罐道。我国使用的型钢组合罐道多采用两个 16 号槽钢组合而成。采用这种罐道时提升容器是通过 3 个弹性胶轮罐耳沿罐道滚动运行(图 1-9)。

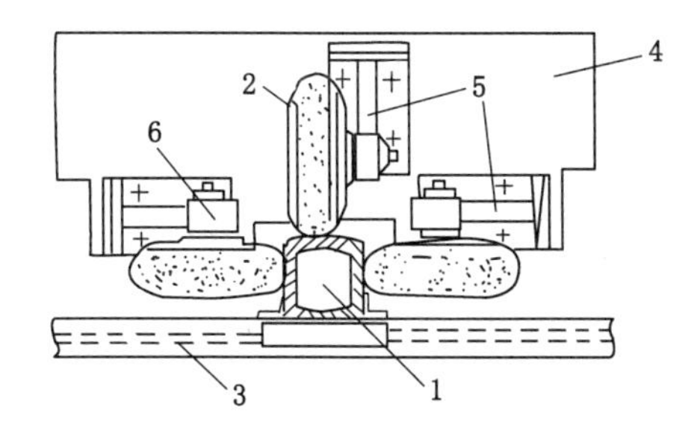

1—型钢组合罐道；2—滚轮；3—罐道梁；4—罐耳底座；5—滚轮支座；6—轴承。

图 1-9　型钢组合罐道和滚动罐耳

型钢组合罐道的接头应尽量设在罐道与罐道梁连接的地方，接头之间应留 3～5 mm 的伸缩缝。接头多采用扁钢销子或将罐道头磨小的方式[图 1-10(a)(b)]。为了克服扁钢销子接头时更换罐道的困难，改善胶轮罐耳的工作条件，可将罐道接头处切成 45°斜面，罐道间借助导向板连接[图 1-10(c)]。这种接头方式的优点是结构简单，安装更换方便。

型钢组合罐道与罐道梁的连接方式主要有螺栓连接和压板连(图 1-11)。

型钢组合罐道在两个轴线上的刚度都较大，有较强的抵抗侧向弯曲和扭转的能力；罐道寿命长；配合使用弹性滚动罐耳，可减低容器的运行阻力，容器运行平稳可靠。

（三）整体轧制罐道

整体轧制罐道在受力特性上具有型钢组合罐道的优点，并且与型钢组合罐道相比，不仅节约加工费用，还可减轻罐道的自重，保证罐道安装质量。整体轧制罐道的截面形状见图 1-7(e)(f)，其中方形罐道截面封闭，仅表面受淋水腐蚀，因而使用寿命长。

（四）钢-玻璃钢复合材料罐道

钢-玻璃钢复合材料罐道在受力特性上具有型钢组合罐道的优点，并且与型钢组合罐道相比，不仅节约加工费用，还可减轻罐道的自重，保证罐道安装质量。国外采用整体轧制罐

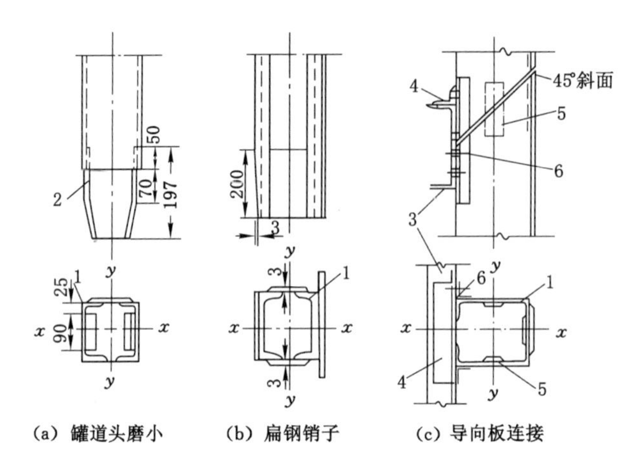

1—槽钢;2—扁钢销子;3—罐道梁;4—防滑角钢;5—导向板;6—固定角钢。

图 1-10 型钢组合罐道接头方式

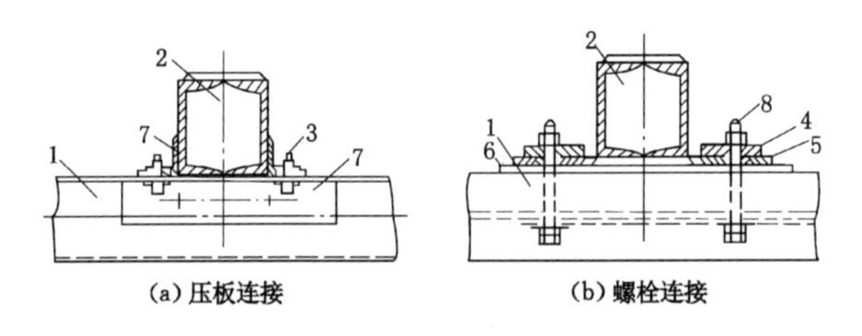

1—罐道梁;2—罐道;3—螺栓;4—压板;5—铁垫板;6—焊在罐道梁上的铁板;7—角钢。

图 1-11 型钢组合罐道与罐道梁连接

道较多,我国对此也十分重视,已有定型设计和批量生产。其中方形罐道截面封闭,仅表面受淋水腐蚀,因而使用寿命长。

钢-玻璃钢复合材料罐道,重量轻、耐磨、耐腐,安装方便,具有很大的发展前途。

(五) 罐道梁

沿井筒纵向,每隔一定距离为固定罐道而设置的水平梁称为罐道梁(简称罐道梁)。多数矿井采用金属罐道梁。

从罐道、罐道梁主要承受因断绳防坠器制动而产生的垂直动荷载的作用来看,选用垂直抗弯和抗扭阻力大的工字钢是合理的。当立井罐笼采用钢丝绳防坠器或多绳提升后,罐道和罐道梁不再承受由于断绳制动而产生的垂直动荷载作用。这时罐道、罐道梁主要承受提升容器在运行过程中作用于罐道正面和侧面的水平力。工字钢截面的侧面抗扭阻力较小,在这种情况下再采用工字钢罐道梁就不够合理。若采用由型钢焊成的或整体轧制的闭合形空心截面罐道梁,在强度、刚度、抗腐蚀和通风、提升效果等方面,都比工字钢优越。因此,国内外现已采用专门轧制、压制或型钢焊接的闭合形空心截面罐道梁。常见的罐道梁截面形状见图 1-12。

在一般情况下,金属罐道的罐道梁层间距采用 4 m、5 m、6 m,钢轨罐道采用 4.168 m。

近年来,经过在一些矿井的试验证明,适当地加大罐道梁的层间距是可能的。目前我国采用型钢组合罐道或整体轧制罐道时,罐道梁层间距一般为 6 m,大大减少了罐道梁层数和安装工程量,节约投资,经济效果较好。

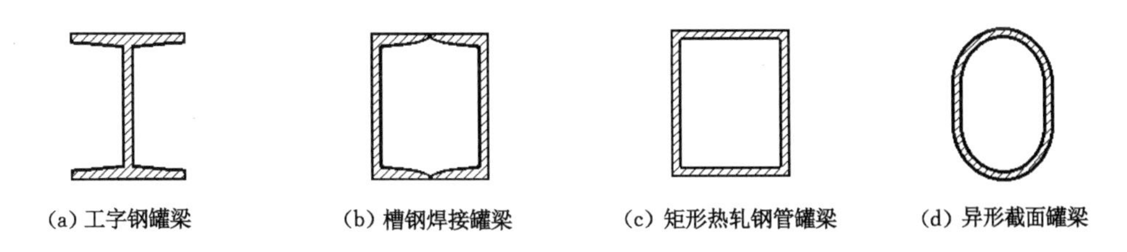

图 1-12　常见的罐道梁截面形状

罐道梁与井壁的固定方式有梁窝埋设、预埋件固定和锚杆固定三种。

梁窝埋设是在井壁上，现凿或预留梁窝，将罐道安设在梁窝内，最后用混凝土将梁窝充埋密实。罐道梁插入井壁的深度不小于井壁厚度的 2/3 或罐道梁高度，一般为 300～500 mm。这种固定方式牢固可靠，但施工速度慢，工时和材料消耗量大，破坏井壁的完整性，易造成井壁漏水。这种固定方式已被树脂锚杆固定方式所取代。

预埋件固定方式是将焊有生根钢筋的钢板，在砌壁时按设计要求的位置埋设在井壁内。在进行井筒装备时，再将罐道梁托架焊接在预埋钢板上。这种固定方式常用于冻结段的钢筋混凝土井壁。它有利于保证井壁的完整性或封水性能，但施工较复杂，不利于滑模施工，预埋时难于达到要求的准确位置，钢材消耗量大，焊接工作量大，往往影响施工质量。

锚杆固定方式是采用树脂锚杆，将托架固定在井壁上，然后再在托架上固定罐道梁（或罐道）。树脂锚杆因具有承载快、锚固力大、安装简便等优点，目前广泛采用。

（六）刚性罐道及罐道梁的设计

在不设防坠器或用钢丝绳防坠器的井筒，是以提升容器运行时与罐道相互作用所产生的水平力作为罐道梁、罐道的计算荷载。因此，在多绳提升或采用钢丝绳防坠器时，井筒装备应以水平力为主进行计算选型。

目前国内外关于如何确定刚性罐道的水平荷载，尚处于试验和研究阶段。作用于罐道的水平荷载 P_y、侧面水平荷载 P_x 以及垂直荷载 P_v，可参考经验公式设计：

$$P_y = \frac{1}{12}Q \tag{1-9}$$

$$P_x = 0.8P_y \tag{1-10}$$

$$P_v = 0.25P_y \tag{1-11}$$

式中　Q——提升终端荷重，kN。

在水平荷载作用下，罐道可简化为单跨简支梁或 1～2 根罐道长度的多跨连续梁进行设计计算。

提升容器在运行过程中作用于罐道的水平力，通过罐道与罐道梁的连接处传给罐道梁。在罐道正面水平力 P_y 作用下，引起罐道梁在水平面的弯曲变形；在侧面水平力 P_x 作用下，使罐道梁偏心受拉和受压。提升容器作用于罐道与罐道梁的垂直力 P_v 使罐道梁产生垂直平面的弯曲和扭转。根据罐道梁的层间结构，罐道梁可简化为简支梁或多跨连续梁进行计算。

（七）井筒装备防腐蚀措施

立井井筒都采用混凝土或钢筋混凝土砌筑，井筒涌水量大都在 5～10 m^3/h。井内淋水中含有一定浓度的 SO_4^{2-}、Cl^- 等离子，井内空气中含有 CO_2、SO_2、NO_2、Cl_2、O_2、H_2S 等气体，构成了井筒金属设备遭腐蚀的环境因素，井筒装备腐蚀严重。据全国 140 个井筒的调查统计资料，立井罐道梁每年平均单面腐蚀厚度为 0.17 mm，最大厚度可达 0.5 mm。因为钢铁构件在井下潮湿气体环境中，构件表面水膜内氧气浓度不均形成氧浓差电池及构件表面不光滑形成腐蚀微电池作用，构成了对钢铁构件的电化学腐蚀。氧和其他电解质的存在，增加了溶液的导电性和去极化作用，加速了钢铁构件的腐蚀速度。不论钢铁构件与矿井水的接触状态如何，当 pH＜1.5 时，每年的腐蚀厚度将超过 1 mm。

目前我国煤矿井筒装备的平均寿命为 15 年左右，腐蚀严重地区不足 10 年。整个井筒全部更换一次井筒装备，需消耗大量的人力和物力，矿井停产时间长达 1～2 个月，造成的经济损失极为严重。因此，防止和延缓井筒装备的腐蚀，是一个非常重要的问题。我国目前井下防腐方法主要有涂料防腐、镀锌防腐、电弧喷涂防腐和玻璃钢防腐。

涂料防腐是一种传统的防腐方法，目前井筒装备防腐常用的涂料主要有环氧沥青漆、氯化橡胶漆、无机富锌底漆，以及利用环氧树脂和聚氨酯改性而成的环氧云母氧化铁底漆、环氧富锌底漆、环氧聚氨酯漆等。通过多年的实践，富锌底漆的防腐效果已被公认。但是不论是无机富锌漆，还是环氧富锌漆，都还存在一些不足，主要是这类涂料是多组分组成，使用前需按比例混合调制，未经专门训练的施工人员，难以调制和控制质量；另外由于受气温和湿度的影响，配制的涂料必须及时使用，因而全面推广受到一定的限制。

镀锌防腐也是一种成熟的防腐方法，采用电化学方法在金属表面覆盖锌或铝面层来达到防腐目的，但是这种方法主要用于地面结构，尤其是无水的环境条件。

电弧喷涂防腐是在金属构件上进行电弧喷涂，并对喷层进行封闭处理，该方法可实现长效防腐。电弧喷涂一般需与涂料防腐组合，目前该方法初期投资比较高，但使用寿命长，从长远考虑仍然比较经济合理。电弧喷涂防腐的技术要求是首先对构件的表面进行除锈处理，除锈质量要求应达到 Sa2 级～Sa3 级标准；电弧喷涂喷锌或铝的厚度为 150 μm，要求涂层致密均匀，无起皮、鼓泡、大溶滴、裂纹、掉块等；涂层最小厚度不得低于 100 μm；最后采用 842＋546 环氧(沥青)类有机封闭涂料涂刷。

玻璃钢复合材料防腐是在钢结构表面敷盖一层适当厚度的玻璃钢防腐层，目前可用于井筒装备的罐道梁、托架等。如果用于罐道必须进行采用特殊工艺，使其能够达到耐腐、耐磨的目的。

二、立井钢丝绳井筒装备

立井钢丝绳井筒装备亦称柔性装备。柔性装备采用钢丝绳做罐道，不需设置罐道梁，具有：节省钢材、节约投资；结构简单、安装方便；井内无罐道梁，通风阻力小；绳罐道具有柔性，提升容器运行平稳等优点。因此，我国煤矿在 20 世纪 70 年代曾广泛采用钢丝绳罐道代替木罐道和钢轨罐道。由于密封钢丝绳依赖进口，提升容器在运行中的摆动规律尚不清楚，限制了钢丝绳罐道的发展。近年来，由于上述问题的解决和多绳提升的出现，又为钢丝绳罐道的使用开辟了广阔的前景。在煤矿、金属矿中，在采用各种提升容器、终端荷载，不同提升速度和不同井深的井筒中，都有采用钢丝绳罐道的，并已显示出较好的发展前景。

钢丝绳罐道是利用钢丝绳做提升容器运行的轨道。罐道绳的两端在井上和井底由专用装置固定和拉紧，井筒内不需设置罐道梁。

(一) 罐道钢丝绳的选择和布置

目前使用的钢丝绳罐道有普通钢丝绳、密封钢丝绳和异形股钢丝绳 3 种。用普通 6×7

或 6×19 钢丝绳做罐道时，货源广、投资省，但不耐磨、寿命短、不够经济，只适用于小型煤矿的浅井。密封钢丝绳和异形股钢丝绳表面光滑、耐磨性强，是比较理想的罐道绳。特别是异形股钢丝绳，它虽比普通钢丝绳贵 40%，而使用寿命为普通钢丝绳的 2～3 倍。

提升容器沿绳罐道运行时，在各种横向力的作用下，一定会产生摆动。为了保证提升容器运行平稳和提升工作安全，罐道绳必须具有一定的拉紧力和刚度。《煤矿安全规程》规定：每个提升容器(平衡锤)有 4 根罐道绳时，每根罐道绳的最小刚性系数不得小于 500 N/m，各罐道绳张紧力之差不得小于平均张紧力的 5%；有 2 根罐道绳时，每根罐道绳的刚性系数不得小于 1 000 N/m，各罐道绳的张紧力应当相等。

罐道绳的直径大小，除应满足拉紧力和安全系数的要求外，还应考虑罐道长期磨损及刚度的要求。罐道绳直径通常根据井筒深度、提升终端荷重和提升速度等因素，按经验数据选取。然后，再验算安全系数 m，即：

$$m=\frac{Q_z}{Q_0+qL}\geqslant 6 \tag{1-12}$$

式中 Q_z——罐道绳全部钢丝破断力总和，N；

q——罐道绳单位长度重力，N/m；

L——罐道绳的悬垂长度，m；

Q_0——罐道绳下端的拉紧力，N，应按拉紧力和刚性系数要求取较大值。

按罐道绳下端的最小拉紧力要求：

$$Q_0=100L \tag{1-13}$$

按最小刚性系数要求，罐道绳下端所需拉紧力：

$$Q_0=\frac{K_{\min}}{4}(L_0-L)\ln\frac{L_0}{L_0-L} \tag{1-14}$$

式中 $K_{\min}$——罐道绳最小刚性系数，500 N/m；

L_0——罐道绳的极限悬垂长度，m；

$$L_0=\frac{\sigma_B}{m\gamma} \tag{1-15}$$

σ_B——罐道绳的公称抗拉强度，MPa；

m——罐道绳的安全系数，$m\geqslant 6$；

γ——罐道绳的密度，kg/m³，取 $\gamma=9\ 000\ \text{kg/m}^3$。

罐道绳的布置方式如图 1-13 所示，一般有对角(2 根)、三角(3 根)、四角和单侧(4 根)等几种。在深井中，国外还有设 6 根罐道绳的。

选择罐道绳布置方式时，应使罐道绳远离提升容器的回转中心，以增大罐道绳的抗扭力矩，减少提升容器在运行中的摆动和扭转，同时，应尽可能对称于提升容器布置，使各罐道绳受力均匀。

(二) 钢丝绳罐道的拉紧和固定装置

罐道绳的拉紧方式有螺杆拉紧、重锤拉紧和液压螺杆拉紧等。

螺杆拉紧是将罐道绳下端用绳夹板固定在井底钢梁上，罐道绳的上端用拉紧螺杆固定，并在井架上安设螺杆拉紧装置。当拧紧螺杆时，罐道绳便产生一定张力。为防止罐道绳松弛，常在螺帽下加一压缩弹簧(图 1-14)。因这种拉紧方式的拉紧力有限，一般用于浅井。

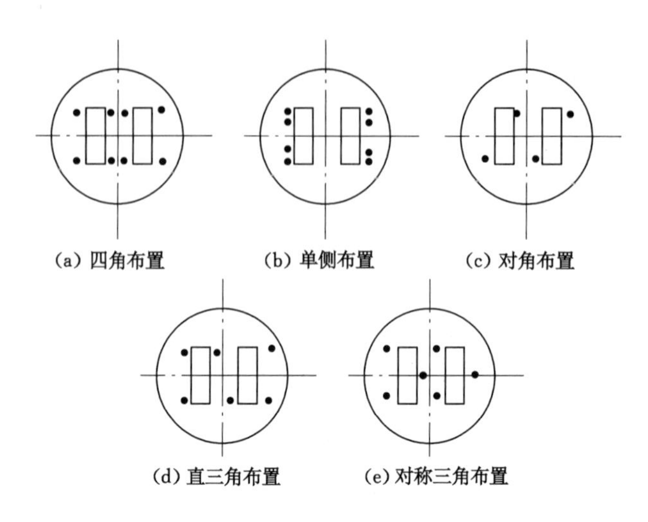

图 1-13 罐道绳布置形式

重锤拉紧是将罐道绳上端固定在井架上，在井底借助重锤将罐道末端拉紧(图 1-15)。这种拉紧方式能使罐道绳获得较大而恒定不变的拉紧力，因而不需经常调绳和检修。由于设有重锤和井底固定装置，要求有较深的井底及排水清扫设施，还需防止重锤被水淹没，影响拉紧力。这种拉紧方式通常用于要求拉紧力较大的中深井和深井中。

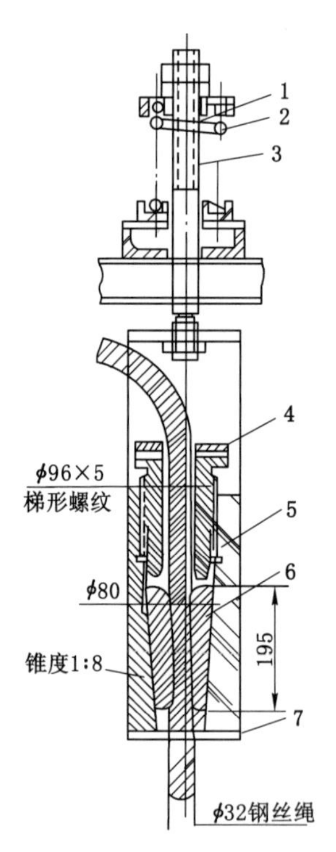

1—弹簧压盖；2—弹簧；3—拉紧丝杆；
4—顶丝；5—楔形卡紧联结器外套；
6—楔形卡；7—拉紧器外架。

图 1-14 井架螺杆拉紧装置

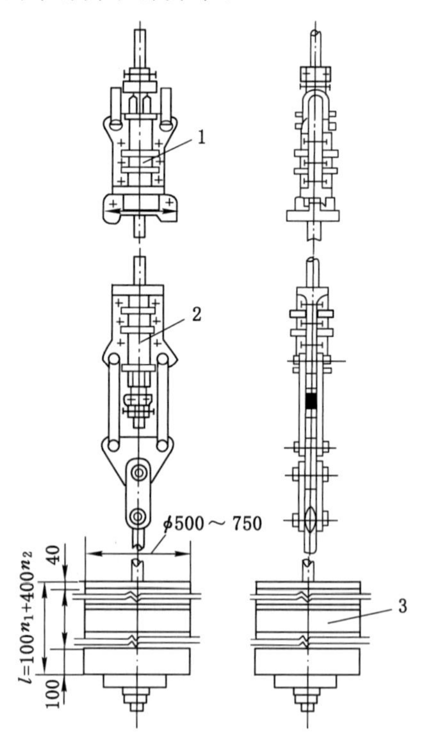

1—上部固定；2—下部固定；3—重锤。

图 1-15 重锤拉紧装置

液压螺杆拉紧是将罐道绳下端用倒置的固定装置固定在井窝专设的钢梁上，井架上设液压螺杆拉紧装置将罐道绳上端拉紧。这种方式是利用液压调整罐道绳的拉紧力，调绳方便省力，井窝较浅，还可节省重锤所需的铸铁材料，但装绳和换绳比较麻烦。

（三）钢丝绳罐道的其他设施

1. 防撞绳

防撞绳又称挡绳，设在两个容器之间，当容器之间的间隙较小或井筒较深时，需设防撞绳隔开相邻的提升容器，防止发生碰撞。采用钢丝绳罐道时，根据《煤矿安全规程》规定，两容器之间的间隙为 450 mm；设防撞绳后，两容器之间的间隙为 200 mm。通常设两根防撞绳，其间距为提升容器长度的 3/5～4/5。

防撞绳磨损比罐道绳小，但容器碰撞时，它将承受很大的摩擦冲击和挤压。因此，每根防撞绳的拉紧力和直径的取值应不小于罐道绳的拉紧力和直径。

2. 井口、井底刚性罐道和中间水平稳罐装置

为了使矿车进出罐笼，或箕斗装、卸载处的一段井筒中，必须设稳罐用的刚性罐道。其布置形式多用四角布置和两侧布置。在多水平提升的罐笼井中，中间水平进出车处不设刚性罐道，而设专用的稳罐承接装置（如摇台稳罐装置、摇台稳罐钩、气动稳罐器）。

3. 导向装置

采用钢丝绳罐道时，提升容器上应设专门的钢丝绳罐道导向器，一般每根罐道绳设 2 个导向器，如提升容器高度较大，可设 3 个导向器。

导向器的结构应满足耐磨、装卸更换方便、安全可靠等要求。目前普遍采用的滑动式导向器由外壳和衬套组成。衬套用硬木、铝、黄铜、塑料或尼龙等材料制成，其内径比罐道绳直径大 2～3 mm，其长度为罐道绳直径的 6～8 倍。滑动式导向器运行时没有噪声，不受速度增长的限制，而且结构简单，更换衬套方便。滚轮导向器对罐道绳磨损小，使用期长，但结构较复杂，运行时噪声大，通常用于建井时的临时罐笼提升。

三、其他井筒装备

（一）梯子间

《煤矿安全规程》规定：通到地面的安全出口和两个水平之间的安全出口，倾角大于 45°时必须设梯子间。立井梯子间中，安装的梯子角度不得大于 80°，相邻两平台的距离，不得大于 8 m。

梯子间主要作为井下发生突然事故和停电时的安全出口，平时也可利用梯子间检修井筒装备和处理故障。

梯子间由梯子、梯子梁和梯子平台组成。梯子间通常布置在井筒一侧，并用隔板（或隔网、隔栅）与梯子间、管缆间隔开。我国煤矿多采用交错式梯子间（图 1-16），一般为钢结构或玻璃钢结构。金属梯子间如图 1-17 所示。

梯子一般采用扁钢做梯子架，材料规格为 80 mm×12 mm；角钢做梯子阶（踏步），梯子架与踏步焊接，用螺栓与梯子梁固定。梯子梁通常用 14 号槽钢制作，一端与井壁固定，另一端与罐道梁用角钢、螺栓联结。梯子间主梁不做罐道梁时，一般用 16～20 号槽钢制作，隔板过去多采用金属网。因其不耐腐蚀，寿命短，近年来多采用玻璃钢隔板或强度高的塑料隔板。梯子平台采用 3 mm 厚以上的防滑纹钢板加工或玻璃钢制作。

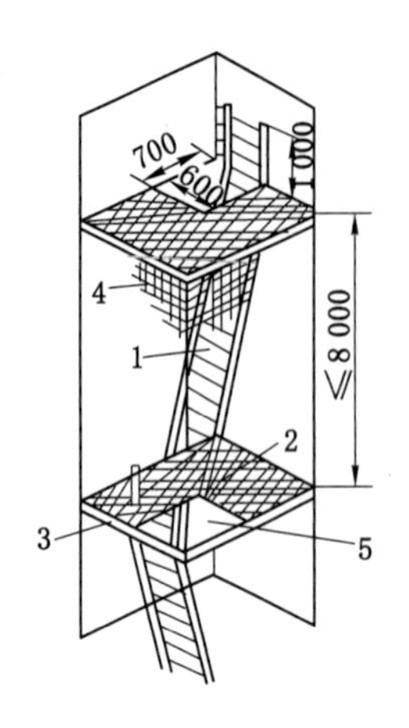

1—梯子;2—梯子平台;3—梯子梁;
4—隔板(网);5—梯子口。
图 1-16 交错式梯子间

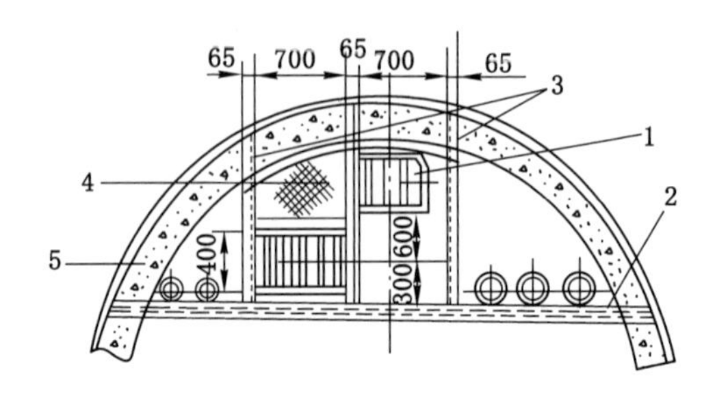

1—金属梯子;2—梯子梁;3—梯子小梁;
4—金属平台;5—混凝土井壁。
图 1-17 金属梯子间

(二)管缆间

立井管缆间主要用于布置各种管路(如排水管、压风管、供水管,有时还有充填管和泥浆管等)和电缆(如动力、通信、信号电缆等)。

为便于检修,管缆间经常布置在副井中,一般与梯子间(见图 1-17)布置在一起。管路应尽量靠近梯子间主梁,与罐笼长边平行布置,这样,站在罐笼顶上检修或拆换管子较为方便。

排水管一般布置在副井中,在井筒内的位置视井下中央水泵房的位置而定。管道数目根据井下涌水量大小而定,但不得少于两趟,其中一趟备用。压风管和供水管,一般也布置在副井中。压风管根据压风机房的位置,为减少管路中压风损失,有时布置在风井中。

管路用管卡固定在管子梁或罐道梁上(图 1-18)。对直径较小的压风管或供水管亦可用管卡直接固定在井壁上。

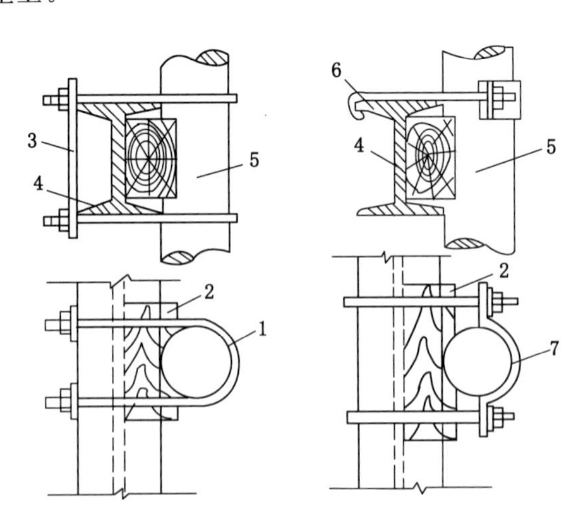

1—U 形螺栓卡;2—垫木;3—扁钢;4—罐道梁;5—管路;6—钩形螺栓卡;7—扁钢。
图 1-18 管路与罐道梁的固定结构

排水管长度小于 400 m 时，其下端支撑在托管梁上的固定管座上。管长超过 400 m 时，每隔 150～200 m 需设固定直管座，在其下端安装伸缩器。井内最上面的直管座及伸缩器，设在距井口 50 m 处(图 1-19)。托管梁除承担管路重量外，还需考虑“水锤”所产生的冲击力，一般采用大型工字钢或组合工字钢。

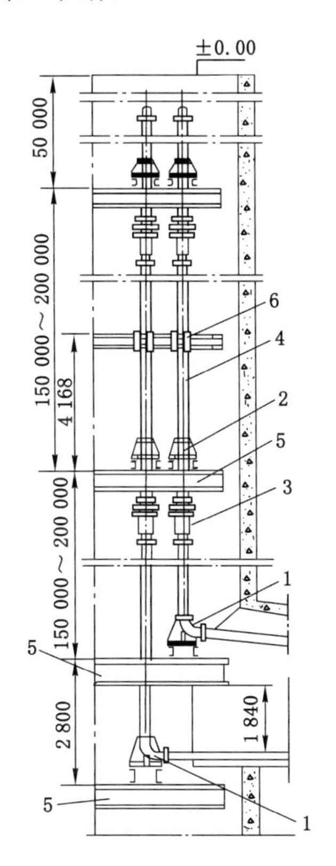

1—带座弯管；2—直管座；3—伸缩带；4—排水管；5—托管梁；6—导向卡。

图 1-19 排水管路布置图

井筒内的动力和通信、信号电缆多采用卡子固定在靠近梯子间的井壁上。电缆敷设的位置应考虑进、出线简单，安装检修方便。通信、信号电缆与动力电缆应分别布置在梯子间两侧，如受条件限制只能布置在同一侧时，两者间距应在 0.3 m 以上。

第三节 立井井筒断面设计

井筒断面设计包括确定井筒断面尺寸，选择井壁结构并确定井壁厚度，绘制井筒断面施工图和编制工程量及材料消耗量表。

一、立井提升容器的类型及选择

(一) 提升容器的类型

煤矿立井提升容器有两种，一是箕斗，二是罐笼。专门用作提升煤炭的容器叫箕斗，用作升降人员、材料、设备和矸石的容器叫罐笼。在大、中型矿山中，提升煤炭均选用箕斗；在年产30万吨以下的小型矿井中，有的也用罐笼提煤。而副井均采用罐笼提升，有的副井也担负一部分提煤任务。

我国煤矿用箕斗和罐笼，分别适用于各种刚性罐道和柔性罐道。按照提升钢丝绳类型，又分单绳提升和多绳提升两类，其中多绳提升具有提升安全、钢丝绳直径小、设备重量轻等优点，因而在大中型矿井中使用日益广泛。伴随多绳提升的出现，箕斗的容积也越来越大。

（二）提升容器的选择

1. 箕斗的容量和规格的确定

箕斗的容量和规格，主要根据矿井年产量、井筒深度及矿井年工作组织来确定。箕斗的合理提升量可按下式计算：

$$q=\frac{ACaTt}{3\ 600N} \tag{1-16}$$

式中 q——箕斗的一次提升量，t；

A——矿井设计年生产能力，t/a；

C——提升不均匀系数，有井底煤仓时 $C=1.1\sim1.15$，无井底煤仓时 $C=1.2$；

a——提升能力富裕系数，一般仅对第一水平留20%左右的富裕系数；

N——矿井年工作日，按300 d；

T——每天净提升时间，按14 h/d；

t——一次提升循环时间，s。

一次提升循环时间可按下式计算：

$$t=\frac{H}{V_{\mathrm{P}}}+u+\theta \tag{1-17}$$

式中 H——提升高度，m；

u——箕斗在曲轨上减速与爬行所需的附加时间，可取 $u=10$ s；或罐笼在井口稳罐所需的附加时间，可取 $u=5$ s；

θ——休止时间，s，箕斗装卸载和罐笼提升人员、矸石及进出材料车、平板车的休止时间，按《煤炭工业矿井设计规范》(GB 50215)规定选取；

V_{P}——提升平均速度，m/s；

$$V_{\mathrm{P}}=\frac{V_{\mathrm{m}}}{\alpha} \tag{1-18}$$

V_{m}——实际最大提升速度，m/s；

$$V_{\mathrm{m}}\leqslant 0.6\sqrt{H} \tag{1-19}$$

α——速度乘数，对一般交流电机拖动的提升设备，可取速度乘数 $\alpha=1.2$。

根据求得的一次合理提升量 q 和松散煤的密度，即可选用相应的箕斗。松散煤的密度约为0.9 t/m^3，煤的松散系数约为1.5。选择箕斗时，应在不加大提升机功率和井筒直径的前提下，尽量采用大容量的箕斗，以降低提升速度和节省电耗。

2. 罐笼规格的确定

罐笼的类型应根据矿井选定的矿车规格初选，然后再根据《煤炭工业矿井设计规范》的规定按最大班工人下井时间、最大班净作业时间进行验算。

(1) 按最大班工人下井时间验算

按照 40 min 内运送完毕最大班井下工人的要求验算。

$$\frac{40 \times 60}{t} n_0 > n \tag{1-20}$$

式中　n——最大班下井工人数；

n_0——所选罐笼每罐提升人员数；

t——一次提升循环时间，s，可按公式(1-20)计算。如最大速度 V_m 超过《煤矿安全规程》规定的提人最大速度 12 m/s 时，t 应按 $V_m = 12$ m/s 计算。

如果不能满足式(1-20)要求，则可采用双层罐笼。升降人员时用两层，提升矸石或进行其他作业时只用一层。

(2) 按最大班净作业时间不超过 5 h 验算

对于提升任务较重、矿井深度较大的大型矿井的副井，除应满足升降人员的要求外，还要根据最大作业班提升总时间不应超过 5 h 进行验算。最大作业班提升总时间包括：最大班升降工人时间，按工人升降井时间的 1.5 倍计算；而升降其他人员时间，按 20%计算；提升矸石，按日出矸量的 50%计算；运送坑木、支架，按日需要的 50%计算；计算出最大班总作业时间，以不超过 5 h 进行验算。若计算出的最大班总作业时间超过 5 h，则应考虑选用多层或多车罐笼。

二、立井井筒断面布置

井筒断面应根据选定提升容器与井筒设备的类型来布置。井筒断面内除提升间外，根据井筒的用途，往往还需要布置梯子间、管缆间或延深间。

井筒断面的布置，既要满足井筒内提升容器等设备布置的要求，又要力求缩小井筒断面，简化井筒装备，以达到节约材料和投资的目的。

根据提升容器和井筒装备的不同，井筒断面布置形式多种多样。一些较为典型的井筒断面布置形式见图 1-20。

(一) 罐道的布置形式

根据罐道与提升容器的位置不同，刚性罐道的布置方式有单侧布置、双侧布置和端面布置三种。单侧布置如图 1-20(b)(f)所示，罐道布置在提升容器长边的一侧。双侧布置如图 1-20(a)(d)所示，其罐道布置在提升容器长边的两侧。单侧布置和双侧布置相比，节省钢材，井筒装备简单，安装工作量小，便于提升大型设备，提升容器运行平稳。端面布置如图 1-20(c)(e)所示，罐道布置在提升容器的短边上，这种布置方式提升容器运行平稳，但是，在进出车水平需要改变罐道布置方式，因此端面布置方式适用于长条形罐笼(如单层双车)单水平提升的井筒中。图 1-20(g)为对角布置方式。

钢丝绳罐道的布置方式如图 1-20(h)(i)所示。钢丝绳罐道的根数为 2～4 根，在大中型矿井中通常采用 4 根罐道。4 根钢丝绳罐道可布置在提升容器的一侧或布置成四角形。国内多采用四角布置，这样能减少提升容器的摆动。但国外有人认为单侧布置比四角布置运行平稳，英国近年来多改用单侧布置的方式。

(二) 罐道梁的层格结构

根据罐道位置的不同，罐道梁的层格结构有通梁、山字梁、悬臂梁、悬臂支撑架、无罐道梁以及装配式组合桁架等布置方式。通梁和山字形层格结构是我国过去常见的布置形式[图 1-20 (a)(b)(c)],它不能适应深井、重载及高速运行。悬臂梁和悬臂支撑架布置[图 1-20(d)(e)(f)]简化了层格结构,节省了钢材,但是安装要求精确度高。无罐道梁布置[图 1-20(e)]是在层格中取消了罐道梁,将罐道直接固定在托架上的一种新型装备结构,其技术经济效果优越,目前国内外在长条形罐笼的井筒中已有采用。装配式组合架层格结构[图 1-20(g)],是将罐道布置在提升容器的对角线上,并固定在装配式组合桁架上,其结构稳定性好,适用于重载、高速的大型深矿井,具有省钢材、通风好、提升稳等优点,是今后深井井筒装备的发展方向。

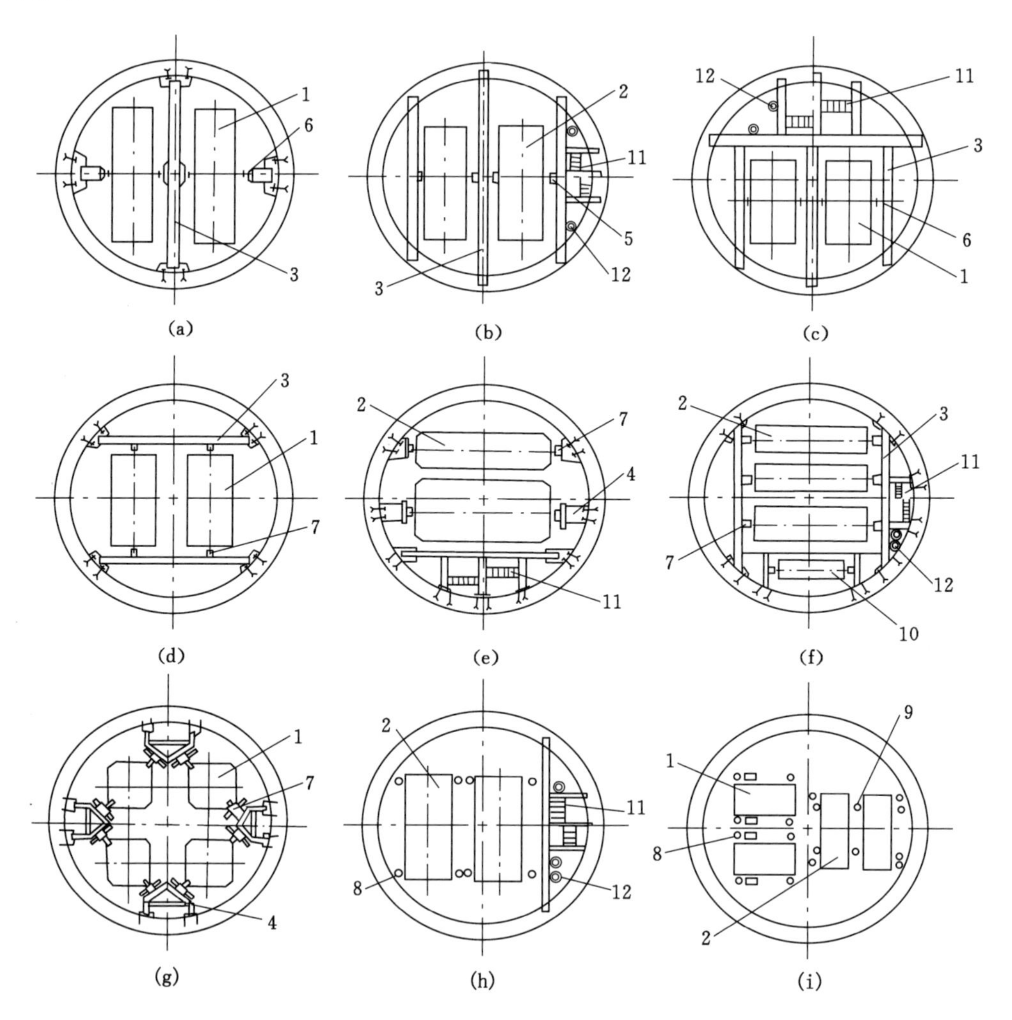

1—箕斗;2—罐笼;3—罐道梁;4—托架;5—水罐道;6—钢轨罐道;7—矩形罐道;
8—钢丝绳罐道;9—防撞钢丝绳;10—平衡锤;11—梯子间;12—管路电缆间。

图 1-20　井筒断面布置形式

(三) 梯子间和管缆间布置

梯子间布置应与管路、电缆一并考虑,尽量相互靠近布置,以便检修管路、电缆。一般梯子间布置在与罐笼长轴平行的一侧。

管路应尽量布置在梯子间主梁一侧[图 1-20(a)(h)]，有时也可布置于提升间一侧[图 1-20(b)]；当管路较多时，则可分开布置于提升间两侧的管缆间内，但部分管路检修不便。

（四）安全间隙的确定

提升容器相互之间，提升容器与罐道梁、井梁、井壁之间的安全间隙是布置井筒、设计井筒断面的重要参数，应按《煤矿安全规程》的规定选取，见表 1-3。

表 1-3　立井内提升容器之间以及提升容器最突出部分和井壁、罐道梁之间的最小间隙表

单位：mm

罐道和井梁布置		容器和井壁之间	容器和容器之间	容器和罐道梁之间	容器和井梁之间	备　注
罐道布置在容器一侧		150	200	40	150	罐耳和罐道卡子之间为 20
罐道布置在容器两侧	木罐道	200		50	200	有卸载滑轮的容器，滑轮和罐道梁间隙增加 25
	钢罐道	150		40	150	
罐道布置在容器正面	木罐道	200	200	50	200	
	钢罐道	150	200	40	150	
钢丝绳罐道		500	350		350	设防撞绳时，容器之间的最小间隙为 200

三、井筒净断面尺寸确定

井筒净断面尺寸主要根据提升容器规格和数量、井筒装备的类型和尺寸、井筒布置方式以及各种安全间隙来确定，最后用通过井筒的风速校核。

（一）确定井筒断面尺寸的步骤

（1）根据井筒的用途和所采用的提升设备，选择井筒装备的类型，确定井筒断面布置形式。

（2）根据经验数据，初步选定罐道梁型号、罐道截面尺寸或罐道绳的类型和直径，并按《煤矿安全规程》规定，确定间隙尺寸。

（3）根据提升间、梯子间、管路、电缆占用面积和罐道梁宽度、罐道厚度以及规定的间隙，用图解法或解析法求出井筒近似直径。当井筒净直径小于 6.5 m 时，按 0.5 m 进级；大于 6.5 m 时，一般以 0.2 m 进级确定井筒直径。

（4）根据已确定的井筒直径，验算罐道梁型号及罐道规格。

（5）根据验算后确定的井筒直径和罐道梁、罐道规格，重新作图核算，检查断面内的安全间隙，并做必要的调整。

（6）根据通风要求，核算井筒断面，如不能满足，则最后按通风要求确定井筒断面。

（二）井筒净断面尺寸的确定

无论是罐笼井或是箕斗井，刚性设备或是柔性设备，井筒净断面尺寸的确定方法基本相同。一般情况下是首先确定提升间和梯子间尺寸及其相对位置；然后根据安全间隙要求，采用解析法或作图法求得近似的井筒直径，获得提升容器在井筒内的具体位置；最后进行调整，得到井筒的净断面尺寸。如图 1-21、图 1-22 所示。

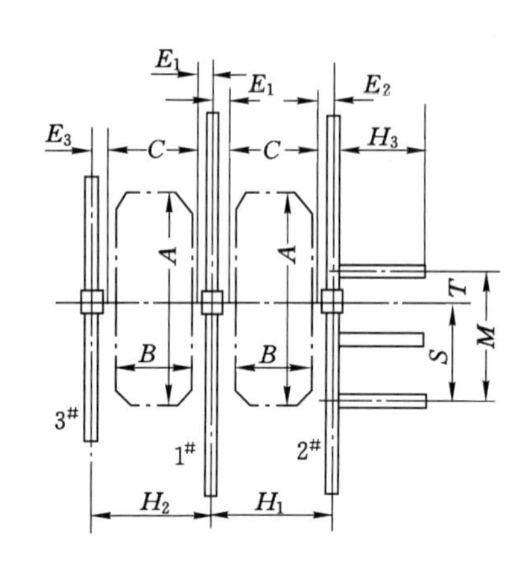

图 1-21　罐笼井井筒断面尺寸计算图

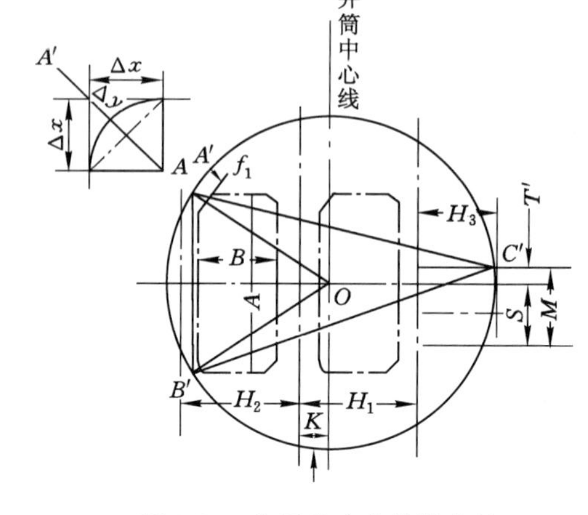

图 1-22　作图法确定井筒直径

（三）通风校核

由提升容器和井筒装备确定的井筒直径，必须按照《煤矿安全规程》的要求进行通风校核，使井筒内的风速不大于允许的最高风速，即

$$v=\frac{Q}{\mu S}\leqslant v_{max} \tag{1-21}$$

式中　v——通过井筒的风流速度，m/s；

S——井筒净断面面积，m^2；

μ——井筒通风有效断面系数，$\mu=0.6\sim0.8$；

Q——通过井筒的风量，m^3/s；

v_{max}——井筒中允许的最高风速，m/s。

《煤矿安全规程》规定：升降人员和物料的井筒，$v_{max}=8$ m/s；专为升降物料的井筒，$v_{max}=12$ m/s；无提升设备的风井，$v_{max}=15$ m/s。根据设计经验，除特殊情况外，设计出的井筒净直径一般都能满足通风要求。如果不能满足通风要求，井筒净直径应相应加大。

四、立井井筒井壁结构及厚度确定

（一）立井井壁结构

井壁是井筒重要的组成部分，其作用是承受地压、封堵涌水、防止围岩风化等。合理选择井壁材料和结构，对节约原材料、降低成本、保证井筒质量、加快建井速度等都具有重要意义。

井壁的结构主要有以下几种类型：

1. 砌筑井壁

砌筑井壁[图 1-23(a)(b)]常用材料有料石、砖和混凝土预制块等，胶结材料主要是水泥砂浆。料石井壁便于就地取材，施工简单，过去一段时间使用较多。砌筑井壁因为施工中劳动强度大，难于机械化作业，井壁整体性和封水性较差及造价较高等原因，近年来已很少采用。

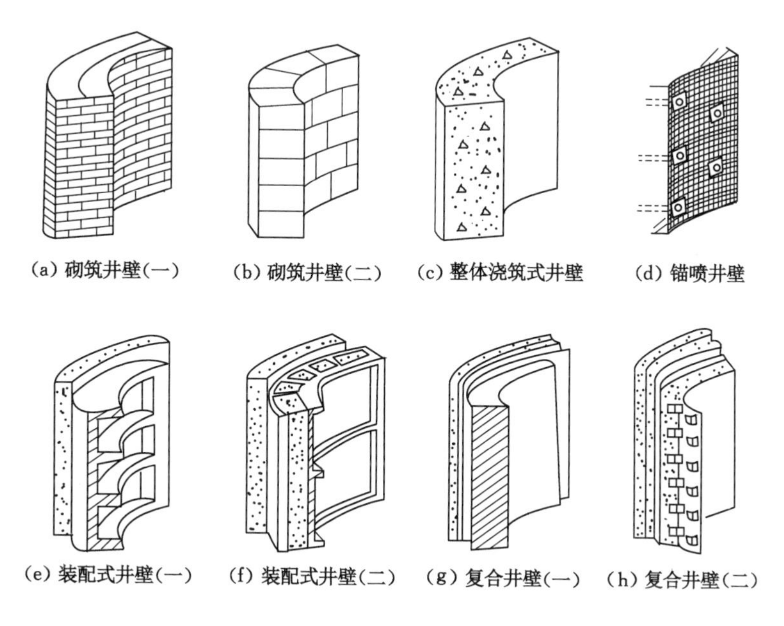

图 1-23　立井井壁结构

2. 整体浇筑式井壁

整体浇筑式井壁有混凝土和钢筋混凝土两种[图 1-23(c)]，混凝土井壁使用年限长，抗压强度高，封水性好，成本比料石井壁低，且便于机械化施工，已成为井壁的主要形式。钢筋混凝土井壁，强度高，能承担不均匀地压，但施工复杂、效率较低，通常只在特殊地质条件下，如穿过不稳定表土层、断层破碎带等，以及承担井塔荷载的井颈部分使用。

3. 锚喷井壁

锚喷井壁[图 1-23(d)]是一种新型支护形式，但仅限于主井、风井中采用。其特点是井壁薄(一般 50～200 mm)、强度高、黏结力强、抗弯性能好、施工效率高、施工速度快。目前喷混凝土井壁主要用于淋水不大、岩层比较稳定的条件下。在较松软的岩层中，则采用金属网喷射混凝土或锚杆、金属网喷射混凝土联合支护。

4. 装配式井壁

装配式大弧板井壁[图 1-23(e)(f)]是预先在地面预制成大型弧板(有钢筋混凝土或铸铁的)，然后送至井下装配起来，最后进行壁后注浆。这种井壁便于机械化施工，其强度和防水性均较高，井壁质量易保证；但施工技术复杂，制造、安装机械化水平要求高。国内用过钢筋混凝土大弧板井壁，国外在冻结法凿井段内采用过铸铁大弧板井壁。

5. 复合井壁

复合井壁是由两层以上的井壁组合而成，多用于冻结法凿井的永久性支护，也可用于具有膨胀性质的岩层中和较大地应力的岩层中，解决由冻结压力、膨胀压力和温度应力等所引起的井壁破坏，达到防水、高强、可滑动三方面的要求。

由于所采用材料及其组合形式的不同，复合井壁的类型较多。按其主要构件分类有预制块复合井壁、丘宾筒复合井壁和钢板复合井壁等多种形式[图 1-23(g)(h)]。

井壁材料和结构类型的选择，一方面要考虑井筒的用途、断面大小、深度和服务年限；另一方面要考虑井筒穿过岩层的地质和水文地质情况以及开凿的方法。

普通凿井法的井筒宜采用整体浇筑混凝土、钢筋混凝土井壁支护。有装备的井筒不得采用喷射混凝土和金属网、喷射混凝土及锚杆、金属网、喷射混凝土或料石、混凝土砌块作为永久支护。

（二）井壁厚度确定

设计井壁厚度，必须首先确定井壁上所受的荷载。作用在井壁上的荷载分为恒荷载、活荷载和特殊荷载。恒荷载主要有井壁自重，井口构筑物对井壁施加的荷载；活荷载主要有地层（包括地下水）的压力，冻结法施工时的冻结压力，温度应力，壁后注浆的注浆压力，施工时的吊挂力等；特殊荷载有提升绳断绳时通过井架传给井壁的荷载和地震力。

上述荷载中的井口构筑物荷载和特殊荷载主要是作用在井颈段井壁上。一般基岩段井壁承受的荷载主要是活荷载，其中最主要的又是地层作用在井壁上的压力。

井筒地压问题，国内外都进行了大量的研究工作，提出了不少地压计算方法，但目前各种理论都还不完善，计算结果往往与实际有较大的差别。因此，井壁厚度计算也只能起参考作用。

（1）表土层段井壁所受径向荷载标准值计算

① 均匀荷载标准值应按下式计算：

$$P_{k}=0.013H \tag{1-22}$$

式中 P_{k}——作用在结构上的均匀荷载标准值，MPa；

0.013——似重力密度；

H——所设计的井壁表土层计算处深度，m。

② 不均匀荷载标准值应按下列公式计算：

$$P_{A,k}=P_{k} \tag{1-23}$$

$$P_{B,k}=P_{A,k}(1+\beta_{t})$$

$$\beta_{t}=\frac{\tan^{2}\left(45^{\circ}-\dfrac{\phi-3^{\circ}}{2}\right)}{\tan^{2}\left(45^{\circ}-\dfrac{\phi+3^{\circ}}{2}\right)}-1 \tag{1-24}$$

式中 $P_{A,k}$，$P_{B,k}$——最小、最大载荷标准值，MPa；

β_{t}——冲击地层不均匀载荷系数；

ϕ——土层内摩擦角，(°)，以井筒检查钻孔资料为准，可按表 1-4 选用。

表 1-4 岩(土)层水平荷载系数表

秦氏岩(土)层分类	物理力学性质					$\tan^{2}(45^{\circ}-\phi_{n}/2)$或$\tan^{2}(45^{\circ}-\phi'_{n}/2)$	
	重力密度/(kN/m³)	土层内摩擦角 ϕ		岩层内摩擦角 ϕ'			
		最小～最大	平均	最小～最大	平均	最大～最小	平均
流砂	—	0°～18°	9°	—	—	1.0～0.528	0.729
松散岩石(砂土类)	15～18	18°～26°34′	22°15′	—	—	0.528～0.382	0.450
软地层(黏土类)	17～20	26°34′～40°	30°	—	—	0.382～0.217	0.333

表 1-4(续)

秦氏岩(土)层分类	物理力学性质					$\tan^2(45°-\phi_n/2)$或$\tan^2(45°-\phi'_n/2)$	
	重力密度/(kN/m³)	土层内摩擦角 ϕ		岩层内摩擦角 ϕ'			
		最小～最大	平均	最小～最大	平均	最大～最小	平均
弱岩层　$f=1\sim3$ (软页岩、煤等)	14～24	—	—	40°～70°	55°	0.217～0.037	0.099
中硬岩　$f=4\sim6$ (页岩、砂岩、石灰岩)	24～26	—	—	70°～80°	75°	0.031～0.008	0.017
坚硬岩层　$f=8\sim10$ (硬砂岩、石灰岩、黄铁矿)	25～28	—	—	80°～85°	82°30′	0.008～0.002	0.004

(2) 基岩段井壁所受径向荷载标准值计算

① 均匀荷载标准值可按下列公式计算：

$$P^{s}_{n,k}=(\gamma_1 h_1+\gamma_2 h_2+\cdots+\gamma_{n-1}h_{n-1})A_n \tag{1-25}$$

$$P^{x}_{n,k}=(\gamma_1 h_1+\gamma_2 h_2+\cdots+\gamma_n h_n)A_n \tag{1-26}$$

$$A_n=\tan^2(45°-\phi_n'/2) \tag{1-27}$$

式中　$P^{s}_{n,k}$,$P^{x}_{n,k}$——第 n 层岩层顶、底板作用于井壁上的均匀荷载标准值；

$h_1,h_2,\cdots,h_n$——各岩层厚度；

$\gamma_1,\gamma_2,\gamma_n$——各岩层的重力密度；

A_n——岩(土)层水平荷载系数,可按表 1-4 选用；

ϕ'_n——第 n 层岩层内摩擦角,(°),以井筒检查钻孔资料为准,也可按表 1-4 选用。

② 不均匀荷载标准值可按下列公式计算

$$P_{A,k}=P^{x}_{n,k} \tag{1-28}$$

$$P_{B,k}=P_{A,k}(1+\beta_y) \tag{1-29}$$

式中　β_y——岩层水平荷载不均匀系数,以井筒检查钻孔资料为准,或当岩石倾角小于或等于 55°时,β_y 可取 0.2。

③ 岩石破碎带均匀荷载标准值应按下列公式计算：

$$P^{s}_{n,k}=(\gamma_{k+1}h_{k+1}+\gamma_{k+2}h_{k+2}+\cdots+\gamma_{n-1}h_{n-1})A_n \tag{1-30}$$

$$P^{x}_{n,k}=(\gamma_{k+1}h_{k+1}+\gamma_{k+2}h_{k+2}+\cdots+\gamma_n h_n)A_n \tag{1-31}$$

式中　k——破碎带以上岩层层数。

(3) 表土层段井壁所受的竖向荷载标准值计算

$$Q_{z,k}=Q_{zl,k}+Q_{f,k}+Q_{1,k}+Q_{2,k} \tag{1-32}$$

$$Q_{f,k}=P_{f,k}F_w \tag{1-33}$$

式中　$Q_{z,k}$——井壁所受的竖向荷载标准值,MN；

$Q_{zl,k}$——计算截面以上井壁自重标准值,MN；

$Q_{f,k}$——计算截面以上井壁所受竖向附加总力标准值,MN；

$P_{f,k}$——计算截面以上井壁外表面所受竖向附加力的标准值,MN/m²；

F_w——计算截面以上井壁外表面积,m²；

$Q_{1,k}$——直接支承在井筒上的井塔重量标准值,MN；

$Q_{2,k}$——计算截面以上井筒装备重量标准值，MN。

立井基岩段井壁厚度，可按下述方法计算：

(1) 当井筒地压小于 0.1 MPa 时，井壁厚度取决于构造要求，可取 $d=0.2\sim0.3$ m。

(2) 当井筒地压为 0.1～0.15 MPa 时，用经验公式估算：

$$d=0.007\sqrt{DH}+14 \tag{1-34}$$

式中 d——井壁厚度，cm；

D——井筒净直径，cm；

H——井筒全深，cm。

(3) 当井筒地压大于 0.15 MPa 时，可用厚壁筒理论公式计算井壁厚度：

$$d=R\left(\sqrt{\frac{f_c}{f_c-2q}}-1\right) \tag{1-35}$$

式中 R——井筒净半径，cm；

q——井壁单位面积上所受侧压力的设计值，MPa；

f_c——井壁材料的抗压强度设计值，MPa。

一般在稳定的岩层中，井壁厚度可参照表 1-5 的经验数据选取。

喷射混凝土井壁的厚度，一般可按现浇混凝土井壁的 1/3 选取。

表 1-5 井壁厚度经验数据表

井筒直径/m	井壁厚度/mm				壁后充填厚度/mm
	混凝土	料石	混凝土砖	砖	
3.0～4.5	300	300～350	350	365	料石、混凝土砖、缸砖壁后充填厚 100 mm 混凝土
4.5～5.0	300～350	350～400	400	490	
5.0～6.0	350～400	400～450	450	—	
6.0～7.0	400～450	450～500	500	—	
7.0～8.0	450～500	500～600	600	—	

五、编制井筒工程量及材料消耗量表

井筒净直径、井壁结构和厚度确定之后，即可统计井筒工程量和材料消耗量，汇总成表。

井筒工程量的统计自上至下分段(如表土、基岩、壁座等)进行。材料消耗的统计也分段分项(钢材、混凝土、锚杆等)进行，最后汇总列表。某矿罐笼井井筒工程量及材料消耗量见表 1-6。

表 1-6 井筒工程量及材料消耗量表

工程名称	断面/m^2		长度/m	掘进体积/m^3	材料消耗			
					混凝土/m^3	钢材/t		
	净	掘进				井壁结构	井筒装备	合计
冻结段	33.2	58.1	108	6 264.5	2 689	97.2	66	163.2
壁座			2.0	159.3	93	1.35	1.14	2.49

表 1-6(续)

工程名称	断面/m²		长度/m	掘进体积/m³	材料消耗			
	净	掘进			混凝土/m³	钢材/t		
						井壁结构	井筒装备	合计
基岩段	33.2	44.2	233.5	10 321	2 569		139.6	139.6
壁座			2.0	132.3	66	1.16	1.14	2.30
合计			345.5	16 877.1	5 417	99.7	207.9	307.5

六、绘制井筒施工图

井筒施工图包括井筒横断面图和井筒纵剖面图。井筒断面各部分尺寸确定后，按井筒尺寸的大小和井筒装备的布置情况，用 1∶20 或 1∶50 比例尺绘制井筒的横断面施工图。除正常横断面外，有时还要绘制特殊断面图，如井架托梁处、风硐口、井底楔形罐道等的断面图。

井筒纵剖面施工图，主要反映井筒装备的内容。通常绘制提升中心线和井筒中心线方向的平面图，图中对井筒装备的结构尺寸及构件安装节点也要表达清楚。施工图应能反映井筒的装备全貌，达到指导施工的目的。

井筒横断面图中，除标明提升容器与井筒装备的有关尺寸之外，还要标注井筒的方位。方位标法，通常是按图 1-24 规定标注。

有提升设备时，井筒方位角与提升方位角相同，采用落地式提升机，提升方位角是指从北方向顺时针旋转至井筒到绞车房之间的提升中心线为止的夹角[图 1-24(a)]；多绳摩擦轮绞车井塔提升时，提升方位角是指从北方向顺时针旋转至与罐笼提升中心线的地面出车方向或箕斗提升中心线的卸载方向止的夹角[图 1-24(b)]。无提升设备时，井筒方位角为从北方向起至通风机风道中心线止的夹角[图 1-24(c)]，无风道时为从北方向起至与梯子间主梁中心线平行的轴线的夹角[图 1-24(d)]。

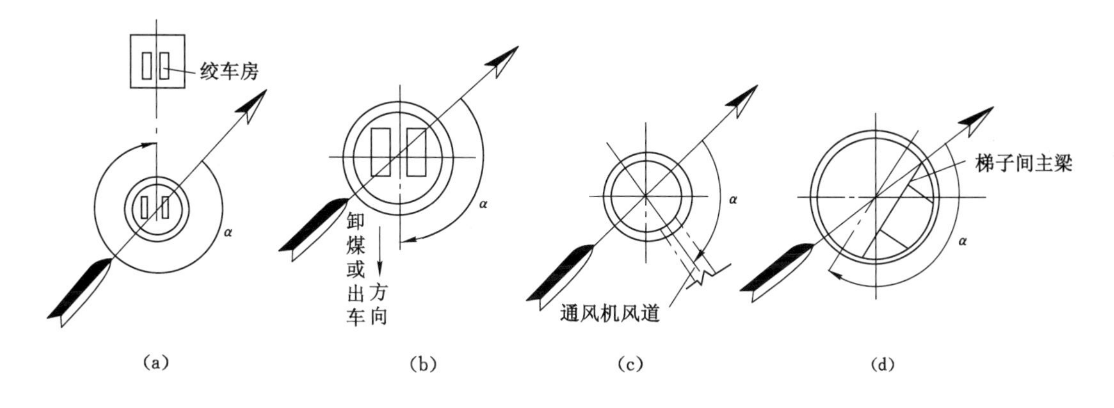

图 1-24　井筒方位角示意图

第二章　立井井筒施工作业方式

立井施工有钻炮眼、装药、爆破、通风、装岩、提升矸石、排水、砌筑井壁(含一次和二次支护)、压气、水电管线的顺延和井内永久设施的安装等许多工序。合理组织、科学安排和实施这些工序，最大限度地利用有限的作业空间，尽可能组织平行施工，是井筒施工组织与管理的关键。

根据掘进、砌壁和安装三大工序在时间和空间上组织方式的不同，立井井筒施工作业方式分为掘、砌单行作业，掘、砌平行作业，掘、砌混合作业和掘、砌、安一次成井等四种方式。

第一节　掘、砌单行作业

井筒施工时，将井筒划分为若干段高，自上而下逐段施工。在同一段高内，按照掘、砌先后顺序交替作业称为单行作业。由于掘进段高不同，单行作业又分为长段单行作业和短段单行作业。

井筒掘进段高，是根据井筒穿过岩层的性质、涌水量大小、临时支护形式等因素确定的。段高的大小，直接关系到井筒的施工速度、井壁质量和施工安全。由于影响段高的因素很多，必须根据施工条件，全面分析、综合考虑、合理确定。

长段单行作业是在规定的段高内，先自上而下掘进井筒，同时进行锚喷或挂井圈背板临时支护，待掘进至设计的井段高度时，即由下而上砌筑永久井壁，直至完成全部井筒工程。而短段掘砌单行作业则是在 2～4 m(应与模板高度一致)较小的段高内，掘进后，即进行永久支护，不用临时支护。为便于施工，爆破后，矸石暂不全部清除。砌壁时，立模、稳模和浇灌混凝土工作都在浮矸上进行，见图 2-1。

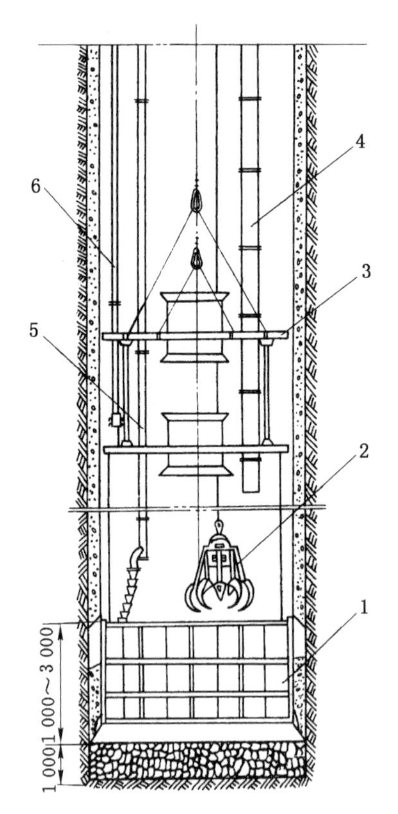

1—模板；2—抓岩机；3—吊盘；4—风筒；
5—混凝土输送管；6—压风管。

图 2-1　短段掘砌单行作业示意图

当井筒采用锚喷作为永久支护时，采用短段掘砌作业方式可实施短掘、短喷单行作业，用喷射混凝土代替现浇混凝土井壁，喷射段高一般为 2 m 左右。利用喷射混凝土进行井筒永久支护，可以妥善地解决短段掘砌井壁接茬这个技术难题，且作业可不受井筒深度的限制，在地质条件多变的岩层中，具有较高的灵活性和适应性。

短掘、短喷施工作业无须临时支护，不但节省器材，还可免除架设和拆卸临时支护、爆破后清扫临时井圈、修缮临时支护、下放模板、立模和稳模等繁杂的辅助工序，节省大量非生产工时，有利于高效快速施工，另外还可把岩帮暴露时间控制到最低限度，使井帮得到及时维护，有利于井筒围岩的稳定和井内作业安全。

第二节　掘、砌平行作业

掘、砌平行作业分为长段平行作业和短段平行作业。长段平行作业是在工作面进行掘进作业和临时支护，而上段则由吊盘自下而上进行砌壁作业，见图 2-2。

长段平行作业方式的实质在于充分利用井筒的纵深，在井筒内相邻的两个井段，使掘、砌两大作业能充分地平行，砌壁作业不再单独占用工时，从而有效地加快了井筒的成井速度。

这种作业方式与单行作业相比较，最大的区别在于井筒施工装备复杂，设备用量多，除了在井筒掘进工作面上方需设置稳绳盘以满足提升及保护作业安全外，尚需挂设一个移动的砌壁作业盘和必须分别设置两套独立服务于掘进与砌壁作业的提升系统和信号系统，以满足不同深度处两个作业面同时工作的需要。因此，长段掘、砌平行的作业方式的施工组织和安全管理相对复杂。

在目前井筒砌壁装备及技术已发展到较高水平的情况下，无论采用哪种作业方式，立井施工的成井速度，主要取决于井筒的掘进速度，尤其取决于井筒的排矸能力。当采用长短掘、砌平行作业时，由于提升矸石的吊桶在通过稳绳盘和砌壁吊盘时必须减速，势必延长吊桶的一次提升运行时间，加上井筒断面的限制，难以在井底配置大容积吊桶和大斗容抓岩机，从而降低了排矸能力，限制了立井掘进速度的增长，这也是长段掘、砌平行作业的应用受限的原因。

短段掘、砌平行作业，掘、砌工作也是自上而下同时进行。掘进工作在金属掩护筒或锚喷临时支护保护下进行。砌壁是在多层吊盘上，自上而下逐段浇灌混凝土，每浇灌完一段井壁，即将砌壁托盘下放到下一水平，把模板打开，并稳放到已安好的砌壁托盘上，即可进行下一段的混凝土浇灌工作，见图 2-3。

这种施工作业方式使掘进与砌壁吊盘合一，排矸吊桶通过吊盘时无须二次减速，克服了长段掘、砌平行作业对提升能力的限制。在严格信号系统管理和施工工序组织恰当的情况下，可在有限的井筒作业断面内装备大斗容抓岩机和大容积排矸吊桶。如能采用管路输送混凝土，还可使砌壁作业对掘进提升的影响降到最低程度。

短段掘、砌平行作业方式不受井筒深度和断面大小的制约，随着掘进速度的加快，砌壁与掘进作业的平行比重也会有所增长。这种施工工艺的不足之处在于，必须设置一个结构坚固的重型吊盘，以满足重型抓岩机的挂设和高空浇筑混凝土井壁的需要。

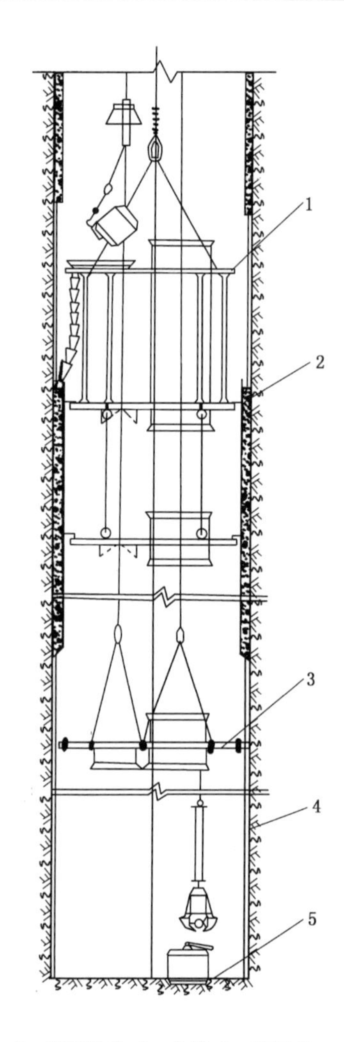

1—砌壁吊盘；2—井壁；3—稳绳盘；
4—锚喷临时支护；5—掘进工作面。

图 2-2　长段掘砌平行作业示意图

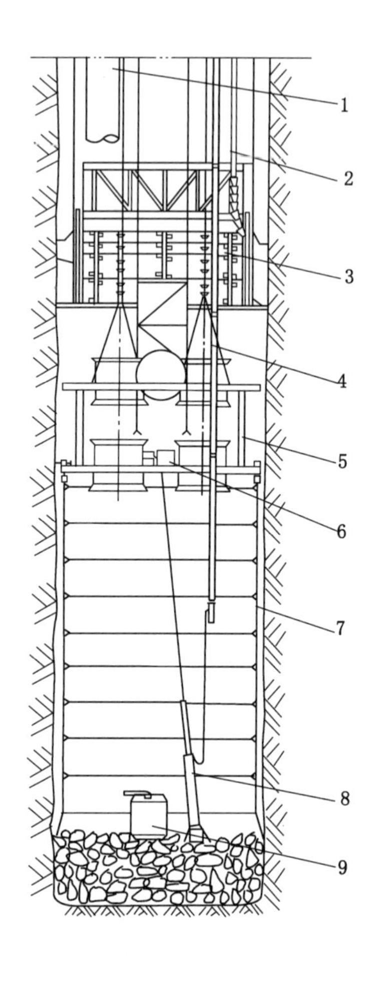

1—风筒；2—混凝土输送管；3—模板；
4—压风管；5—吊盘；6—气动绞车；
5—金属掩护网；8—抓岩机；9—吊桶。

图 2-3　短段掘砌平行作业示意图

第三节　掘、砌混合作业

井筒掘、砌工序在时间上有部分平行时称混合作业。它既不同于单行作业（掘、砌顺序完成），也不同于平行作业（掘、砌平行进行）。混合作业是随着凿井技术的发展而产生的。这种作业方式区别于短段单行作业。对于短段单行作业，掘、砌工序应按顺序进行，而混合作业是在向模板浇灌混凝土达 1 m 高左右时，继续浇注混凝土的同时即可装岩出碴。待井壁浇注完成后，作业面上的掘进工作又转为单独进行，依此往复循环。

立井混合作业方法不受井筒断面、深度和地质条件的限制，不需要临时支护，掘、砌可以适当地平行交叉作业，使掘砌工序在同一循环内完成，工序转换时间少，施工速度快，可以大幅提高井筒施工速度和工程质量，且永久支护紧跟工作面，安全性好。采用这种方式时，井内凿井装备全部集中在吊盘以下 15～20 m 井段内，且掘、砌作业在离工作面 3～5 m 范围内完成，压气、供水、风筒等管路实行井壁吊挂，有利于不同深度的井筒在各种围岩条件下组织施工，因而这种作业方式具有较广泛的适应性。

掘、砌混合作业一般采用深孔爆破一掘一砌正规循环的作业方式，循环进尺 3.0～4.0 m，采用较高的整体伸缩式活动模板（>3 m）。这种方式的基本循环过程为：打眼爆破后立即通风、出矸，当出矸到一定段高后，在工作面矸石上立模并浇筑混凝土。当混凝土浇筑完后，即可实施下一个段高的装矸作业，清底后再进行下一循环打眼爆破。有时，在浇筑混凝土的后期，可以交叉进行一部分装矸工作。另外，工作面找平、脱模、立模等工序与出矸、清底及凿岩准备工作可实行部分平行交叉作业。

掘、砌混合作业方式（图 2-4），在重型凿井机械化装备的利用、施工组织管理、施工安全作业以及成井的各项经济技术指标等方面，都优越于单行作业和平行作业，是一种具有较强适应性的施工方式。混合作业方式已成为我国立井施工的主导作业方式。

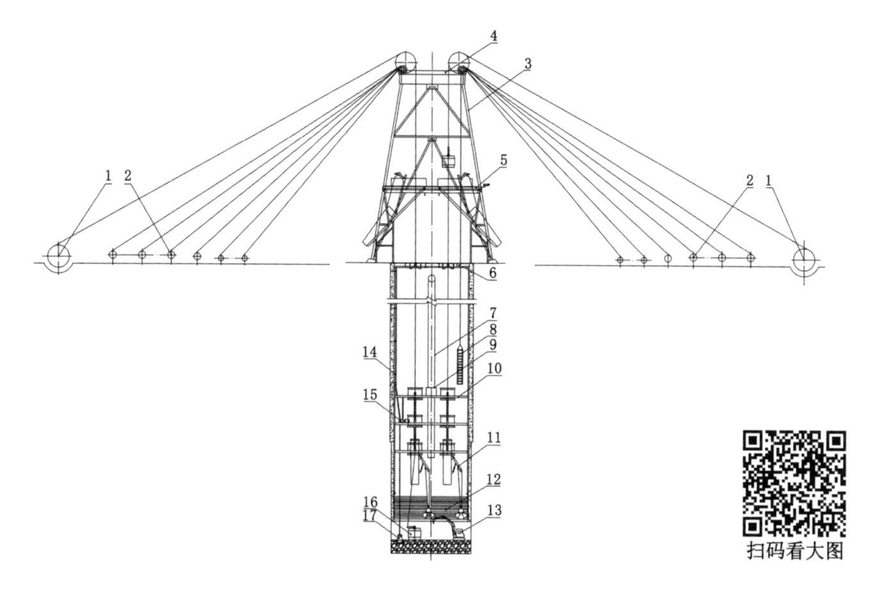

1—提升机；2—凿井绞车；3—井架；4—天轮平台；5—翻矸平台；6—封口盘；7—风筒；8—安全梯；9—水箱；10—吊盘；11—抓岩机；12—模板；13—挖掘井；14—风水管路；15—排水泵；16—吊桶；17—潜水泵。

图 2-4　掘、砌混合作业示意图

第四节　掘、砌、安一次成井

井筒永久装备的安装工作与掘、砌作业同时施工时，称为一次成井。根据掘、砌、安三项作业安排顺序的不同，又有三种不同形式的一次成井施工方案。

（1）掘、砌、安顺序作业一次成井。掘、砌、安顺序作业一次成井，是在一个大循环中掘、砌、安三项工序顺序作业。

（2）掘砌、掘安平行作业一次成井。掘砌、掘安平行作业一次成井是在两个段高内，下段掘进与上段砌壁、安装相平行，而砌壁和安装工序则按先后顺序进行，砌壁自下而上，安装自上而下，段高一般为 30～40 m。

掘砌、掘安平行作业一次成井，可以使掘进和砌壁、安装工作量在时间上大致平衡起来，施工管理方便，掘进不停，但井内总有两项工序同时施工，安全工作要求高，施工设备多，布置复杂，临时支护段高较大。

（3）掘、砌、安三行作业一次成井。为了充分利用井内有效空间和时间，在深井工程中可采用掘、砌、安三行作业一次成井施工方案。在掘进工作面采用短段掘、砌平行作业的同时，利用双层吊盘的上层盘进行井筒安装工作。每班安装 4 m，与掘、砌协调一致，只是在下放模板、浇灌 0.5～1.0 m 高混凝土时，装岩工作暂停 40 min 外，在整个循环时间内都是平行作业。这种施工作业方式，组织复杂，多工序平行交叉作业，安全要求严格。

一次成井的三种作业方式中，以掘砌、掘安平行作业较为理想。它安排高空筑壁、井筒装备安装与井筒工作面掘进平行完成。在保持工作面连续推进的同时，使掘进与砌壁和掘进与安装的作业量在时序上大致取得平衡(图 2-5)。这样，既有利于施工的组织管理，也可使劳动力达到均衡，有利于加快成井速度、提高劳动工效和降低施工成本。

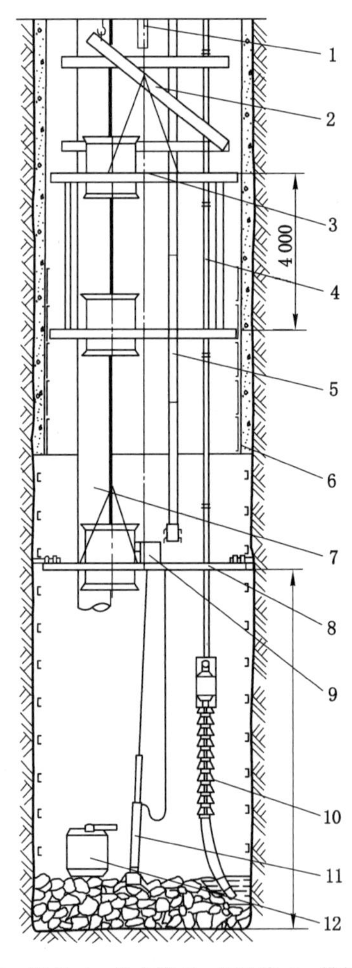

1—罐道；2—罐道梁；3—吊盘；4—排水管；5—压风管；6—模板；7—风筒；8—稳绳盘；9—气动绞车；10—吊泵；11—抓岩机；12—吊桶。

图 2-5　掘、砌、安一次成井作业示意图

掘、砌、安一次成井可充分利用井内有效空间和时间，但施工设备多，布置复杂，施工组织复杂，多工序平行交叉作业，施工安全要求高。

第五节　施工作业方式的选择

立井施工方式的选择，不仅影响到井内、井上所需凿井设备的数量、劳动力多少，而且关系到能否最合理地利用立井井筒的有限作业空间和作业时间，关系到各种凿井设备潜力的发挥，关系到建井效率的提高。

各种施工方式都是随着凿井技术不断发展而形成的，并且逐步完善。任何一种作业方式都受多方面因素影响，都有一定的使用范围和条件。选择井筒作业方式时，应综合分析以下几方面因素：

(1) 井筒穿过岩层性质，涌水量的大小；

(2) 井筒直径和深度(主要指基岩部分的深度)；

(3) 可能采用的施工工艺及技术装备条件；

(4) 施工队伍的操作技术水平和施工管理水平。

同时，除了注意凿井工艺和机械化配套要与井筒直径、深度相适应外，还要特别重视井筒涌水对施工的影响。如井筒淋水较大，则多数达不到施工方式要求的预期效果。另外，为了充分发挥各种方案的优越性，必须提高施工队伍的操作技术水平和管理水平。如在凿井条件大致相同的情况下，由于施工队伍不同，其施工速度相差悬殊，某些凿井设备的配套能力与实际获得施工速度也极不适应。因此，加强施工队伍建设，提高设备维修技术水平，科学管理是提高井筒建设效率的关键。

掘砌单行作业的最大优点是工序单一，设备简单，管理方便。当井筒涌水量小于 40 m^3/h时，任何工程地质条件均可使用。特别是当井筒深度小于 400 m，施工管理、技术水平薄弱，凿井设备不足，无论井筒直径大小，应首先考虑采用掘砌单行作业。其中短段掘砌单行作业由于取消了临时支护，不但节省了临时支护材料，围岩能及时封闭，而且可改善作业条件，保证施工操作安全。因此，当井筒施工采用单行作业时，应首先考虑采用短段掘砌单行。

掘砌平行作业是在有限的井筒空间内，上下立体交叉同时进行掘砌作业，空间、时间利用率高，成井速度快。但井上下人员多，凿井设备布置难度大，安全工作要求高，施工管理复杂。为了充分发挥掘、砌平行作业成井速度快的特点，必须提高机械化装备水平和生产能力，如采用注浆堵水，凿井管线井内吊挂等先进技术，可为平行作业创造更好的施工条件，平行作业的优越性才能更好地显示出来。因此，当井筒穿过的基岩深度大于 400 m，井筒净径大于 6 m，围岩稳定，井筒涌水量小于 20 m^3/h，施工装备和施工技术力量较强时，可以采用平行作业。

混合作业的使用条件和施工特点与短段单行作业基本相同，所采用的机械化配套方案也大同小异，但是混合作业采用金属整体伸缩式模板，加大了模板高度，使得部分出矸工作可与井壁混凝土浇注同时进行。

第三章 钻眼爆破

爆破破岩需要在岩石中钻眼,因此也叫钻眼爆破。钻眼爆破就是在岩石中用钻眼机具钻凿炮眼,在炮眼里装入炸药,依靠炸药爆炸产生的巨大能量破碎岩石。钻眼爆破由钻眼和爆破两项主要工作组成,其中钻眼是小范围破岩,目的在于能将炸药按要求装入一定的深度,以提高爆破效果;爆破则是较大范围破岩,目的是将巷道空间内的岩石从母体上分离下来,并使其破碎成一定的块度,以便装运。

钻眼及爆破技术是爆破掘进的关键技术。掌握和合理利用这些技术对提高矿井建设速度,保证采掘平衡,实现矿井安全、高效、节能、环保生产都具有重要意义。

第一节 岩石的可钻性和可爆性

一、岩石的可钻性和可爆性

(一)岩石的概念及其基本特性

通常把覆盖在地壳上部的第四纪沉积物,如黄土、黏土、流沙、淤泥、砾石等统称为表土,将表土以下的固结性岩石统称为基岩。在爆破破岩中所涉及的岩石一般指基岩。煤系地层属于基岩。在煤矿中最常遇到的岩石是各种沉积岩,如石灰岩、砂岩、砂质页岩、页岩等,只有局部地段才有岩浆岩侵入。

岩石作为岩石力学研究的对象,研究的范围不同,所包含的“成分”不同,其物理力学性质也不同。例如,在实验室用来测定岩石物理力学参数的试样是从岩石中切取出来的一部分,尺寸小,一般不包含大的结构面;而在地下工程周围较大范围的岩石则属于自然地质体,其中可能包含各种较大的结构面。一般将前者称为岩块,后者称为岩体。岩石则是一种泛称。

岩石是由一种或多种矿物组成的,每种矿物都各有其一定的内部结构和比较固定的化学成分,因而也各具一定的物理性质和形态。

岩石性质与其矿物组成有关。一般而言,岩石中含硬度大的粒状和柱状矿物(如石英、长石、角闪石、辉石和橄榄石等)愈多,岩石的强度就愈高;含硬度小的片状矿物(如云母、绿泥石、滑石、蒙脱石及高岭石等)愈多,岩石的强度就愈低。

岩石的结构和构造对岩石的性质也有重要影响。岩石的结构说明岩石的微观组织特征,指岩石中矿物的结晶程度、颗粒大小、形状和颗粒之间的联结方式。岩石结构不同,其性质各异。当矿物成分一定,呈现细晶、隐晶结构时,岩石强度往往比较高。粒状矿物较片状矿物不易形成定向排列,所以当其他条件相同时,含粒状矿物较多的岩石则常呈各向同性,而含片状矿物较多的岩石往往呈现较强的各向异性。沉积岩,如砾岩和砂岩的力学性质,除了和砾石与砂粒的矿物成分有关以外,还与胶结物的性质有很大的关系,硅质胶结的强度最大，铁质、钙质、泥质和泥灰质胶结的强度依次递减。岩石的构造则说明岩石的宏观组织特征。岩浆岩的流纹构造、沉积岩的层理构造和变质岩的片理构造，均可使岩石在力学性质上呈现出显著的各向异性。

由于各种地质作用，岩体中往往有明显的地质遗迹，如层理、节理、断层和裂隙面等。这些地质界面与岩块比较，具有强度低、易变形的特点，称为弱面。岩体被这些弱面切割成既连续又不连续的裂隙体。由于弱面的存在，岩体强度通常小于岩块强度。

在研究岩石的力学性质时，必须注意岩石的非均质性、各向异性和不连续等问题。一般岩体（少数除外）属于非均质、各向异性的不连续介质，而通常把岩块近似地视为均质、各向同性的连续介质来处理。

（二）岩石的物理性质

岩石由固体、水和气体三相组成。在固体岩石中分布着大量空隙（包括孔隙、裂隙等），水和气体主要存在于这些空隙中。岩石的物理性质与岩石的组成密切相关，对井巷工程施工有着重要影响。

1. 岩石的相对密度和密度

（1）相对密度。指岩石固体实体积的质量与同体积水的质量之比值。岩石固体实体积指不包括空隙体积在内的实在体积，按下式计算。

$$d=\frac{G}{V_c\rho_w} \tag{3-1}$$

式中　d——岩石相对密度；

G——绝对干燥时体积为 V_c 的岩石质量，g；

V_c——岩石固体实体积，cm^3；

ρ_w——水的密度，g/cm^3。

岩石的相对密度取决于组成岩石的矿物的相对密度。

（2）密度。指岩石单位体积（包括空隙体积）的质量。岩石的密度分为干密度和湿密度两种，干密度指单位体积岩石绝对干燥时的密度，湿密度指天然含水或饱水状态下的密度，分别按以下两式计算：

$$\rho_c=\frac{G}{V} \tag{3-2}$$

$$\rho=\frac{G_1}{V} \tag{3-3}$$

式中　ρ_c——岩石的干密度，g/cm^3；

ρ——岩石的湿密度，g/cm^3；

G——岩石试件烘干后的质量，g；

G_1——岩石试件天然含水或饱水状态下的质量，g；

V——岩石试件的体积，cm^3。

在一般情况下，岩石干、湿密度差别并不大。但对于某些黏土类岩石，区分干、湿密度却具有重要意义。岩石密度取决于岩石的矿物成分、孔隙度和含水量。当其他条件相同时，岩石的密度在一定程度上与埋藏深度有关，靠近地表的岩石密度往往较小，而深部的致密岩石密度一般较大。

2. 岩石的孔隙性

岩石的孔隙性指岩石的裂隙和孔隙发育的程度，通常用孔隙度（n）和孔隙比（e）来表示。

孔隙度指岩石试件内各种裂隙、孔隙的体积总和与试件总体积 V 之比，按下式计算：

$$n=\frac{V-V_c}{V}=1-\frac{V_c}{V}=1-\frac{V_c}{G}\cdot\frac{G}{V}=(1-\frac{\rho_c}{d\rho_w})\times 100\% \tag{3-4}$$

岩石孔隙比则指岩石试件内各种裂隙、孔隙的体积总和与试件内固体矿物颗粒体积之比。

岩石的孔隙性对岩石的其他性质有显著影响。随着岩石孔隙度增大，一方面削弱了岩石的整体性，使岩石的密度和强度降低、透水性增大；另一方面由于孔隙的存在又会加快风化速度，从而进一步增大透水性和降低力学强度。

3. 岩石的水理性质

岩石在水作用下表现出来的性质是多方面的，对于矿山工程岩体稳定性有重要影响的主要是吸水率、透水性、溶蚀性、软化性、膨胀性和崩解性等指标。

（1）岩石的吸水率。指岩石试件在大气压力下吸入水的质量 g 与试件烘干质量 G 之比值，用 ω 表示，由下式计算：

$$\omega=\frac{g}{G} \tag{3-5}$$

岩石吸水率大小取决于岩石所含孔隙、裂隙的数量、大小、开闭程度及其分布情况，并与试验条件有关。试验表明，整体岩石试件的吸水率比同一岩石的碎块试样吸水率要小；随着浸水时间的增加，吸水率也会有所增大。

（2）岩石的透水性。地下水存在于岩石的孔隙和裂隙中，而且大多数岩石的孔隙和裂隙是互相贯通的，因而在一定水压力作用下地下水可在岩石中渗透。这种岩石能被水透过的性能称为岩石的透水性。岩石透水性的大小除了与地下水和岩体应力状态有关外，还与岩石的孔隙度、孔隙大小及其连通程度有关。

衡量岩石透水性的指标称为渗透系数，其单位与速度单位相同。由达西公式 $Q=KAJ$ 可知，单位时间内的渗水量 Q 与渗透面积 A 和水力坡度 J 成正比。其中，比例系数 K 称为渗透系数。岩层的渗透系数一般通过在钻孔中进行抽水试验或压水试验进行测定。不同岩石的透水性差别极大。

（3）岩石的溶蚀性。由于水化学作用把岩石中某些组成物质带走的现象称为岩石的溶蚀性。溶蚀作用可使岩石致密程度降低、孔隙度增大，从而导致岩石强度降低。溶蚀现象在某些岩层如石灰岩中很常见。

（4）岩石的软化性。岩石浸水后其强度会降低，通常用软化系数来表示水对岩石强度的影响程度。软化系数指水饱和岩石试件的单向抗压强度与干燥岩石试件单向抗压强度之比，用下式表示：

$$\eta_c=\frac{R_{cw}}{R_c}\leqslant 1 \tag{3-6}$$

式中 η_c——岩石的软化系数；

R_{cw}——水饱和岩石试件的单向抗压强度，MPa；

R_c——干燥岩石试件的单向抗压强度，MPa。

岩石浸水后的软化程度，与岩石中亲水性矿物和易溶性矿物的含量、孔隙发育情况、水的化学成分以及岩石浸水时间的长短等因素有关。亲水矿物和易溶矿物含量愈多、开口孔隙愈发育，岩石浸水后强度降低程度愈大。岩石浸水时间愈长，其强度降低程度亦愈大。

(5) 岩石的膨胀性和崩解性。膨胀性和崩解性是软弱岩石所表现出的特征。前者指软岩浸水后体积增大和相应地引起压力增大的性能，后者指软岩浸水后发生的解体现象。岩石的膨胀性和崩解性作用往往对地下工程的施工和巷道稳定性带来不良影响。

4. 岩石的碎胀性

岩石破碎以后碎块总体积比整体状态下体积增大的性质称为岩石的碎胀性。岩石的碎胀性可用岩石碎胀系数表示，用下式计算：

$$K = \frac{V_1}{V} \tag{3-7}$$

式中　K——岩石碎胀系数；

V_1——岩石破碎膨胀后的体积；

V——岩石处于整体状态的体积。

岩石碎胀系数与岩石的物理性质、破碎后块度大小及其排列状态等因素有关。坚硬岩石破碎后块度较大且排列整齐时，碎胀系数较小；反之，破碎后块度较小且排列较杂乱，则碎胀系数较大。

在井巷掘进中选用装载、运输、提升等设备的容器时，必须考虑岩石的碎胀性问题。岩石爆破所需膨胀空间大小也与岩石碎胀系数有关。

(三) 岩石在冲击载荷作用下的变形破坏特性

岩石的变形破坏主要是外荷载作用的结果。变形和破坏是岩石在荷载作用下的两个发展阶段。变形中包含着破坏的因素，破坏是变形发展所致。外荷载按作用性质分为静荷载和动荷载。钻眼和爆破主要靠冲击载荷破岩，在冲击载荷作用下岩石的变形破坏与静载荷作用下完全不同。

无论是冲击式凿岩机破碎岩石还是爆破破碎岩石，岩石承受的外力都不是静荷载，而是一种动荷载(冲击荷载)。冲击荷载是随时间变化的一种荷载。凿岩机活塞冲击钎尾时作用力随时间变化实测曲线，如图 3-1 所示。从图中可以看出，作用力在数十微秒内由零骤增到数万牛顿，经数百微秒后又重新下降到零。

岩石在这种急剧变化的荷载作用下产生运动和变形。这种动荷载变形用肉眼看不出，可用图 3-2 示意说明。当冲击荷载 P 施于岩石的端面时，其质点便失去原来的平衡而发生变形和位移，进而形成扰动。一个质点的扰动必将引起相邻质点的扰动。这样一个接一个的使质点的扰动必然连锁反应地由冲击端面向另一端传播过去，这种扰动的传播叫波。同时，变形将引起质点之间的应力和应变，这种应力-应变的变化的传播叫应力波或应变波。图 3-2 中 Δl 为质点扰动位移，c_p 为质点扰动的传播速度(即波速)，Δt 为质点扰动的传播时间，则 Δt 时间内变形范围为 $c_p\Delta t$。此时，岩石试件中只有 $c_p\Delta t$ 段的变形，其他部分仍处于原始静止状态。所以，在动荷载作用下的变形不是整体的均匀变形，质点的运动速度也不是整体一致的，变形和速度都有一个传播过程。因此，岩石的动荷载变形特征同静荷载变形特征有本质区别。

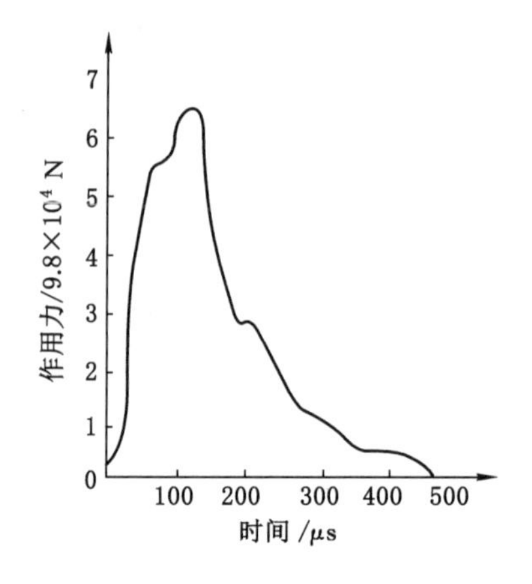

图 3-1　凿岩机活塞冲击力-时间曲线

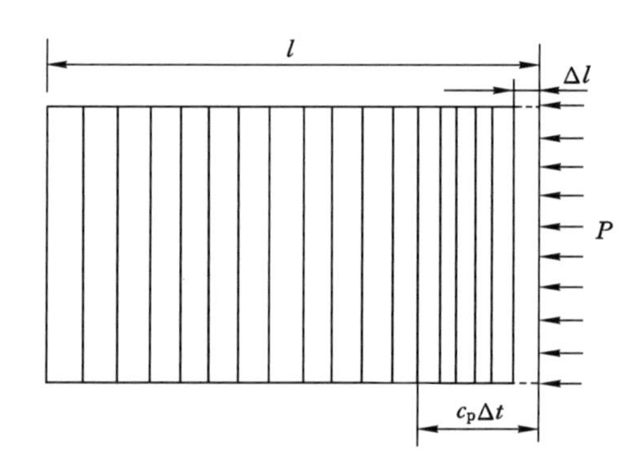

图 3-2　岩石在冲击端产生的变形

波是质点扰动的传播，而不是质点本身的移动。根据传播位置不同，波分为体积波和表面波。在介质内部传播的波叫体积波，只沿介质的边界面传播的波叫表面波。体积波又可分为纵波和横波两种：介质质点振动方向同波的传播方向一致的叫纵波，它可引起介质体积的压缩或膨胀（拉伸）变形，故又叫压缩波或拉伸波；介质质点振动方向同波的传播方向垂直的叫横波，它可引起介质体形状改变的纯剪切变形，故又称为剪切波。这些波都叫应力波或应变波，但通常应力波指纵波。

在应力波的传播过程中，应力 σ、波速 c_p 和质点振动速度 v_p 之间的关系，可通过动量守恒条件导出。即应力波在 Δt 时间内经过某区段 $c_p\Delta t$ 时，它所接受的冲量和表现出的动量相等，即

$$P\Delta t = MV_p \tag{3-8}$$

式中　M——$c_p\Delta t$ 区段的质量，则

$$P = \rho\omega c_p v_p \tag{3-9}$$

$$\sigma = \frac{P}{\omega} = \rho c_p v_p \tag{3-10}$$

式中　ρ——介质的密度，kg/m^3；

ω——受冲击的截面积，m^2。

ρc_p(介质密度与纵波波速乘积)称为波阻抗,它表征介质对应力波传播的阻尼作用。

应力波在传播过程中,遇到岩体中的层理、节理、裂隙、断层和其他自由面,或者介质性质发生改变(例如从钎头到岩石界面或岩性不同的交界面)时,应力波的一部分会从交界面反射回来,另一部分透过交界面进入第二介质。如图3-3所示,设介质1(ρ_1, c_{p1})与介质2(ρ_2, c_{p2})的交界面为$A—A$,当应力波到达交界面垂直入射时,就会产生垂直反射和垂直透射。由于交界处应力波具有连续性,若不考虑应力波的衰减和损失,则质点的振动速度相等,即

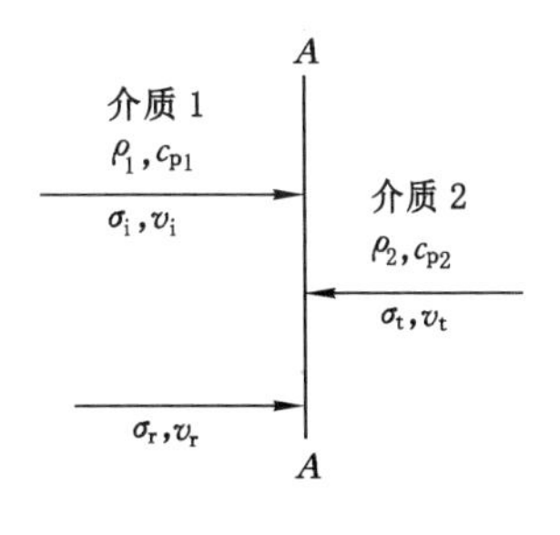

图3-3　纵波垂直入射

$$v_i - v_r = v_t \tag{3-11}$$

同时,在交界面处的作用力与反作用力相等,即交界面两侧的应力状态相等,即

$$\sigma_i + \sigma_r = \sigma_t \tag{3-12}$$

式中,下标i、r、t分别表示入射、反射和透射。

根据式(3-10)得

$$\left.\begin{aligned} \sigma_i = \rho_1 c_{p1} v_i \quad v_i = \frac{\sigma_i}{\rho_1 c_{p1}} \\ \sigma_r = \rho_1 c_{p1} v_r \quad v_r = \frac{\sigma_r}{\rho_1 c_{p1}} \\ \sigma_t = \rho_2 c_{p2} v_t \quad v_t = \frac{\sigma_t}{\rho_2 c_{p2}} \end{aligned}\right\} \tag{3-13}$$

将式(3-13)代入式(3-11)得

$$\frac{\sigma_i}{\rho_1 c_{p1}} - \frac{\sigma_r}{\rho_1 c_{p1}} = \frac{\sigma_t}{\rho_2 c_{p2}} \tag{3-14}$$

将式(3-14)与式(3-12)联立求解得

$$\sigma_r = R_r \sigma_i \tag{3-15}$$

$$\sigma_t = R_t \sigma_i \tag{3-16}$$

式中　R_r——应力波的垂直反射系数,用下式计算:

$$R_r = \frac{\rho_2 c_{p2} - \rho_1 c_{p1}}{\rho_2 c_{p2} + \rho_1 c_{p1}} \tag{3-17}$$

R_t——应力波的垂直透射系数,用下式计算:

$$R_t = \frac{2\rho_2 c_{p2}}{\rho_2 c_{p2} + \rho_1 c_{p1}} \tag{3-18}$$

式(3-15)至式(3-18)表明,反射应力波和透射应力波的大小是交界面两侧介质波阻抗的函数。

(1) 当交界面两侧介质的波阻抗相等,即$\rho_1 c_{p1} = \rho_2 c_{p2}$时,$\sigma_r = 0$,$\sigma_t = \sigma_i$,说明透射波和入射波性质完全一样,并全部通过交界面进入第二介质,不产生波的反射。

(2) 当$\rho_2 c_{p2} > \rho_1 c_{p1}$,即$\sigma_r > 0$,$\sigma_t > 0$时,说明在交界面上有反射波,也有透射波。如果$\rho_2 c_{p2} \gg \rho_1 c_{p1}$,$\rho_1 c_{p1}$可忽略不计,交界面为固定端,则$\sigma_r = \sigma_i$,$\sigma_t = 2\sigma_i$,说明在交界面上的反射应力波的符号、大小和入射应力波完全一样,透射应力波是入射应力波的2倍。叠加的结果

使交界面处的应力值为入射应力波的2倍。

(3) 当 $\rho_2 c_{p2}=0$ 或 $\rho_2 c_{p2} \ll \rho_1 c_{p1}$ 时，即当应力波到达的交界面是自由面时，$\sigma_i=-\sigma_r$，$\sigma_t=0$。这时反射波与入射波的符号相反、大小相等，叠加的结果使交界面处的应力值为零，即入射压缩波全部反射成拉伸波而没有透射波产生。由于岩石的抗拉强度很小，因此这种情况对岩石的破碎极为有利。这也说明自由面对破岩的重要作用。

(4) 当 $\rho_2 c_{p2} < \rho_1 c_{p1}$ 时，$\sigma_r<0$，$\sigma_t>0$，即在交界面处既有透射压缩波又有反射拉伸波，也会引起岩石的破碎。

根据能量守恒定律，反射波和透射波的能量总和应等于入射波的能量。因此，当交界面两侧介质波阻抗相等时，入射波能量也将全部随透射波传入第二介质。因此，钎子或炸药的波阻抗值同岩石的波阻抗值匹配得愈好，传给岩石的能量就愈多，在岩石中引起的应变值也愈大，见图3-3。

几种材料和岩石的密度、纵波速度和波阻抗值见表3-1。

表3-1　几种材料的密度、纵波速度和波阻抗值

材料名称	密度/(g/cm^3)	纵波速度/(m/s)	波阻抗/[$kg/(cm^2 \cdot s)$]
钢	7.8	5 130	4 000
铝	2.5～2.9	5 090	1 370
花岗岩	2.6～3.0	4 000～6 800	800～1 900
玄武岩	2.7～2.86	4 300～7 000	1 400～2 000
辉绿岩	2.85～3.05	4 700～7 500	1 800～2 300
辉长岩	2.9～3.1	5 600～6 300	1 600～1 950
石灰岩	2.3～2.8	3 200～5 500	700～1 900
砂岩	2.1～2.9	3 000～4 600	600～1 300
板岩	2.3～2.7	2 500～6 000	575～1 620
片麻岩	2.5～2.8	3 500～6 000	1 400～1 700
大理岩	2.6～2.8	4 400～5 900	1 200～1 700
石英岩	2.65～2.9	5 000～6 500	1 100～1 900

(四) 岩石的可钻性和可爆性

可钻性和可爆性用来表示钻眼或爆破岩石的难易程度，是岩石物理力学性质在钻眼或爆破的具体条件下的综合反映。

岩石的可钻性和可爆性，常用工艺性指标来表示。如用钻速、钻每米炮眼所需要时间、钻头进尺(钎头在变钝以前的进尺数)、钻每米炮眼磨钝的钎头数或破碎单位体积岩石消耗的能量等来表示岩石的可钻性，用爆破单位体积岩石所消耗的炸药、爆破单位体积岩石所需炮眼长度或单位重量炸药的爆破量、每米炮眼的爆破量等来表示岩石的可爆性。显而易见，上述工艺性指标，必须在相同条件下测定，才能进行比较。

测试岩石可钻性的方法是，利用重锤自由下落时产生的固定冲击功(40 J)冲击钎头破碎岩石，根据破岩效果来衡量岩石破碎的难易程度。其可钻性指标包括以下2个指标：

(1) 凿碎比功。即破碎单位体积岩石所做的功，用 a 表示，单位为 J/cm^3。

(2) 钎刃磨钝宽度。即量出钎刃两端向内 4 mm 处的磨钝宽度，用以说明岩石的磨蚀性，以 b 表示，单位为 mm。

计算凿碎比功，要先量出纯凿深 H(为最终深度减去初始深度值)，再算出凿孔的体积。凿碎比功 a 计算公式为：

$$a=\frac{NA}{\frac{1}{4}\pi d^2 H} \tag{3-19}$$

式中 d——实际孔径(一般按钎头直径计)，cm；

H——纯凿深，cm；

N——冲击次数；

A——单次冲击功，40 J。

a 值和 b 值反映岩石可钻性的两个不同侧面。a 值的大小对掘进速度有明显影响，而反映岩石磨蚀性的 b 值，则对掘进耗刀具有明显影响。因此，在衡量岩石掘进难易程度时两者应该同时使用，从岩石抵抗破岩刀具和磨蚀破岩刀具的能力两个方面说明岩石的可钻性，并预估其掘进效果。

二、爆破作用下岩石的破坏机理

(一) 集中药包爆破岩石的破坏机理

如果将一个球形或立方体形药包(称集中药包)埋入岩石中，岩石与空气相接的表面叫作自由面，药包中心到自由面的垂直距离叫作最小抵抗线。

当最小抵抗线不同时，集中药包的爆破结果不同。图 3-4 所示为在 4 种不同情况下(最小抵抗线 W_1 不同)的爆破现象。

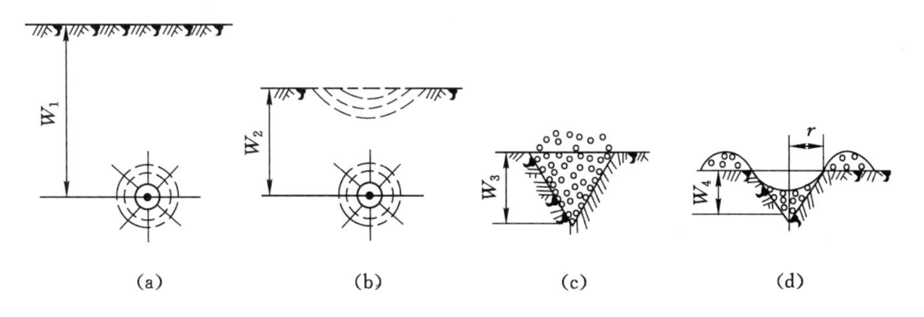

图 3-4 集中药包的爆破现象

在图 3-4(a)中，W_1 很大，自由面对爆破不产生影响。药包起爆后，药包附近的岩石受爆轰波和爆生气体的冲击，产生粉碎性破碎或被压缩成一个空洞，这个区域称为粉碎(或压缩)区。虽然爆轰压力远远超过岩石的抗压强度，但一则岩石本身在短暂的冲击下的动态强度比静态强度要高得多，二则在岩石中传播的冲击波因能量消耗于粉碎岩石而很快衰减，所以粉碎区的范围并不大，通常只有 2～3 倍的装药半径。粉碎区外面是裂隙区(产生纵横交错的径向裂隙和环向裂隙)，由压缩应力波在传播时衍生的拉应力引起，又因爆生气体的充入而扩大形成破坏区。在裂隙区外，由于应力波继续衰减而成为地震波，以致无法形成裂隙、只能使岩石产生振动，故称为震动区。在这种炸药量小、抵抗线大的情况下，由爆破作用而破坏的范围比较小。

在图 3-4(b)中，W_2 较大，应力波传到自由面衰减的程度还不大就在自由面处产生反射。反射波可以看作与入射应力波大小相等、方向相反的拉伸波，而岩石的抗拉强度又远远小于其抗压强度，因此就产生了从自由面向里一层层剥落的拉伸破坏，这个破坏区域叫拉断(或片落)区。

在图 3-4(c)中，W_3 较小，拉断区和裂隙区连通，爆生气体沿这些裂隙冲出，使裂隙扩大、岩石移动，于是靠近自由面一侧的岩石便完全破坏而形成漏斗状的坑(称爆破漏斗)。该漏斗内岩石只产生松动，叫松动漏斗。

在图 3-4(d)中，W_4 更小，漏斗内岩石不但松动，而且被抛掷出去，叫抛掷漏斗。

通常把爆破漏斗半径 r 与最小抵抗线 W 的比值叫爆破作用指数 n，即

$$n=\frac{r}{W} \tag{3-20}$$

当 $n=1$ 时，形成的爆破漏斗称为标准抛掷漏斗；当 $1<n<3$ 时，叫作加强抛掷漏斗；当 $n>3$ 时，破坏岩石很少，无使用价值；当 $0.75<n<1$ 时，叫作减弱抛掷漏斗；当 $n=0.75$ 时，岩石只产生松动而不产生抛掷，叫作松动漏斗；当 $n<0.75$ 时，爆破漏斗将不能形成。一般认为 $n=1$ 时形成的爆破漏斗体积最大，爆破作用最好；但 n 略大于 1(约为 1.3～1.4)时，可减少清理坑内岩石的工作；而 n 略小于 1(约为 0.8)时，岩石不致飞散过远，使装岩容易进行。可见，爆破作用指数应按爆破要求来选用。井巷掘进的爆破作用指数一般选 0.8～1.0，掏槽炮眼可以稍大于 1。

如果自由面不止一个，则应力波在各个自由面都能产生反射，都能产生从自由面向药包中心的拉断破坏区。因此增多自由面就可使炸落单位体积岩石的炸药消耗量降低，而且岩石的块度也比较小而均匀。在爆破工程实践中，常使几个炮眼先爆发，为后续炮眼的爆炸造成附加自由面，这种方法称为“掏槽”。

(二) 长条药包的爆破特点

掘进井巷时所打的炮眼是一些圆柱形的孔洞，所装炸药也是细长圆柱形的，这在爆破工艺上称为柱状装药。在两个以上自由面的情况下，柱状装药容易做到破碎均匀。但在一个自由面情况下，由于炸药在炮眼底部和接近炮眼口部的单位长度装药量相同，爆炸能量不能集中，爆破效果不好。改善这种状况的办法就是通过掏槽增加自由面。为了提高掏槽效果，可将掏槽眼的间距减小，或将两个以上的掏槽眼倾斜布置，使眼底向一处集中(斜眼掏槽)，以提高炸药的集中程度。

柱状装药可以看作是若干个小的集中药包(图 3-5)。最接近眼口的几段，由于抵抗线短，具有加强抛掷的作用；接近眼底的几段，由于抵抗线大，可能只具有松动作用；炮眼最底部的药包甚至不能形成爆破漏斗。总的爆破漏斗形状就是这些漏斗的外部轮廓线，大致呈喇叭形。眼底破坏极少，形成“炮窝子”。通常把实际爆落深度与炮眼深度之比叫炮眼利用率，用 η 表示。

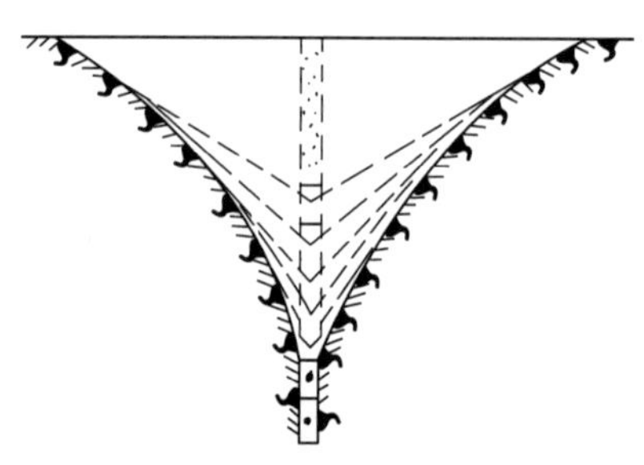

图 3-5　装药垂直自由面的爆破漏斗

炮眼不装药部分必须进行良好的填塞。这样爆

生气体作用时间长，有利于破碎岩石并能减少引爆瓦斯、煤尘的危险性。填塞材料常用土与沙混合的塑性炮泥，在有瓦斯的工作面可以用水炮泥。

三、岩石的工程分级

岩石的种类很多，分类方法也很多，如按成因分为岩浆岩、沉积岩和变质岩三类；按岩性分为花岗岩、玄武岩、石灰岩、砂岩、大理岩、片麻岩等等，名目繁多。即使对同一种岩石，由于受工程条件影响，在不同工程中表现也是千差万别。从工程施工考虑，更多关心的是岩石的工程表现。岩石的工程分级（类）正是从岩石的工程表现出发，对岩石进行的一种定量区分。其目的是正确地进行工程设计，合理地选用施工方法、机械、工具和器材，准确地制定生产定额和材料消耗定额等。

岩石的工程分级（类）方法很多，国内外不同，不同行业不同，用于爆破破岩和用于巷道维护的也不同。各种分级（类）方法也随岩石力学和岩石工程技术的发展不断发展和完善。但在爆破破岩中，我国自 20 世纪 50 年开始至今一直使用的工程分级方法是普氏分级法。

普氏分级法，即以岩石的“坚固性”作为岩石工程分级依据的岩石工程分级方法，是由前苏联 M.M.普罗托奇雅可诺夫于 1926 年提出的。坚固性不同于强度，它表示岩石在各种采矿作业（锹、镐、钻机、炸药爆破等）以及地压等外力作用下受破坏的相对难易程度。普氏认为，岩石的坚固性在各方面的表现是大体一致的，难破碎的岩石用各种方法都难于破碎，容易破碎的岩石用各种方法都易于破碎。比如说，钻眼时，甲种岩石较乙种岩石坚固多少倍，那么爆破或挖掘时甲种岩石仍较乙种岩石坚固多少倍。因此，他建议用一个综合性的指标“坚固性系数”（称普氏岩石坚固性系数，用 f 表示）描述岩石破坏的相对难易程度。f 值可用岩石的单向抗压强度 R_c（MPa）除以 10 求得，即

$$f=\frac{R_c}{10} \tag{3-21}$$

根据 f 值的大小，将岩石分为 10 级共 15 种，见表 3-2。

表 3-2　岩石强度分级表

级别	坚固性程度	岩　石	坚固性系数 f
Ⅰ	最坚固的岩石	最坚固、最致密的石英岩及玄武岩，其他最坚固的岩石	20
Ⅱ	很坚固的岩石	很坚固的花岗岩类：石英斑岩，很坚固的花岗岩，硅质片岩；坚固程度较Ⅰ级岩石稍差的石英岩；最坚固的砂岩及石灰岩	15
Ⅲ	坚固的岩石	致密的花岗岩及花岗岩类岩石，很坚固的砂岩及石灰岩，石英质矿脉，坚固的砾岩，很坚固的铁矿石	10
Ⅲa	坚固的岩石	坚固的石灰岩，不坚固的花岗岩，坚固的砂岩，坚固的大理岩，白云岩，黄铁矿	8
Ⅳ	相当坚固的岩石	一般的砂岩，铁矿石	6
Ⅳa	相当坚固的岩石	砂质页岩，泥质砂岩	5
Ⅴ	坚固性中等的岩石	坚固的页岩，不坚固的砂岩及石灰岩，软的砾岩	4
Ⅴa	坚固性中等的岩石	各种不坚固的页岩，致密的泥灰岩	3

表 3-2(续)

级别	坚固性程度	岩　石	坚固性系数 f
Ⅵ	相当软的岩石	软的页岩,很软的石灰岩,白垩,岩盐,石膏,冻土,无烟煤,普通泥灰岩,破碎的砂岩,胶结的卵石及粗沙砾,多石块的土	2
Ⅵa	相当软的岩石	碎石土,破碎的页岩,结块的卵石及碎石,坚硬的烟煤,硬化的黏土	1.5
Ⅶ	软岩	致密的黏土,软的烟煤,坚固的表土层	1.0
Ⅶa	软岩	微砂质黏土,黄土,细砾石	0.8
Ⅷ	土质岩石	腐殖土,泥煤,微砂质黏土,湿砂	0.6
Ⅸ	松散岩石	砂,细砾,松土,采下的煤	0.5
Ⅹ	流沙状岩石	流沙,沼泽土壤,含水的黄土及含水土壤	0.3

普氏岩石分级法简明且便于使用,因而多年来在前苏联和一些东欧国家获得广泛应用。但其也存在以下不足:① 没有反映岩体的特征;② 关于岩石坚固性的各方面表现趋于一致的认识对少数岩石不适用,如在黏土中钻眼容易而爆破困难。

第二节　钻眼机具

钻眼(或凿岩)是爆破的前提,钻眼的效果直接关系爆破的效果和巷道掘进的速度、效率等。钻眼所用的设备为钻眼机具,钻眼机具由钻眼机械和钻眼工具两部分组成。

一、钻眼机械

钻眼(或凿岩)机械按使用的能源分为风动凿岩机(简称风钻)、液压凿岩机和电动凿岩机等,按破岩机理分为冲击式和旋转式两类。在岩石中钻眼主要采用冲击式,在煤层中钻眼主要采用旋转式。冲击式钻眼设备多采用风钻,旋转式钻眼设备多采用电钻。液压凿岩机的效率远比风钻高,是最有发展前途的凿岩机械,目前我国正在推广使用。

选择钻眼机械时应考虑的因素有:钻眼作业的工作条件、岩石等级、炮眼方向、炮眼直径、炮眼深度等。综合考虑上述因素,合理选择钻眼机械,对发挥其效率、提高钻眼速度、减小劳动强度等具有重要意义。例如,钻凿水平或倾斜炮眼时使用气腿式风钻,钻凿向下垂直或向下倾斜的炮眼时用手持式风钻并利用环形钻架,钻凿向上垂直或略向上倾斜的炮眼时使用向上式风钻等,可收到良好的效果。

(一) 风动凿岩机(风钻)

风动凿岩机是以压缩空气为动力的钻孔机械,按其支架方式分为手持式、气腿式、向上式(伸缩式)和导轨式几种;按冲击频率分为低频(冲击频率在 2 000 次/min 以下)、中频(2 000～2 500 次/min)和高频(2 500 次/min 以上)三种。国产气腿凿岩机一般都是中、低频凿岩机,目前只有 YTP-26 等少数型号的高频凿岩机。

手持式凿岩机,需人力支承和推进,工人体力消耗大,其优点是可以钻任意方向的炮眼,因此,在立井掘进中向下打炮眼时仍在采用。

向上式凿岩机是与气腿轴线平行(旁侧气腿)或与气腿整体连接在同一轴线上的凿岩机,

专门用于施工反井、煤仓和打锚杆时用来钻凿与水平面呈60°～90°角范围的向上炮眼。

导轨式凿岩机属于大功率凿岩机，其质量在35 kg以上，配备导轨架和自动推进装置。其在平(斜)巷或隧道内钻眼时，需将导轨架、自动推进装置和凿岩机安设在起支撑作用的钻架上，或者与凿岩台车、钻装机配合使用；在立井内钻眼时，则与伞钻或环形钻架配合使用。

国产风动凿岩机的技术性能见表3-3。

表3-3 国产风动凿岩机技术性能表

技术特征	手持式	气腿式				向上式	导轨式			
	YT-30	YT-23	YT-24	YTP-26	YT-26	YSP-45	YG-40	YG-80	YGZ-90	YGP-28
质量/kg	28	24	21	26.5	26	44	36	74	90	28
汽缸直径/mm	65	76	70	95	75	95	80	120	125	95
活塞行程/mm	60	60	70	50	70	47	80	70	62	50
冲击频率/(次/min)	1 650	2 100	1 800	2 600	2 000	2 700	1 600	1 800	2 000	2 700
冲击功/J	>44	59	>59	>59	>70	>69	103	176	196	90
扭矩/(N·m)	>9.0	>14.7	>12.7	>17.6	>15	>17.6	37.2	98	117	>40
使用风压/MPa	0.5	0.5	0.5	0.5～0.6	0.5	0.5	0.5	0.5	0.5～0.7	0.5
耗气量/(m^3/min)	<2.2	<3.6	<2.9	<3.0	<3.5	<5.0	5	8.1	11	4.5
使用水压/MPa	0.2～0.3	0.2～0.3	0.2～0.3	0.3～0.5	0.2～0.3	0.2～0.3	0.3～0.5	0.3～0.5	0.4～0.6	0.2～0.3
配气阀形式	环形活阀	环形活阀	控制阀	无阀	控制阀	环形活阀	控制阀	控制阀	无阀	控制阀
推进方式	人力	FT-160型	FT-140型	FT-170型	FT-170型	轴向推进器	FJZ-25柱架	CT-400台车	CTC-142台车	
注油器		FY-200A	FY-200A	FY-700落地式	FY-200A	FY-500落地式	FY-500落地式	FY-500落地式	FY-500落地式	FY-500落地式
钻孔直径/mm	34～40	34～42	34～42	36～45	34～43	35～42	40～50	50～75	50～80	43
最大钻深/m	3	5	5	5	5	6	15	40	30	5

凿岩机的类型很多，但主机构造和动作原理大致相同。下面以YT-23(7655)型气腿凿岩机为例，介绍凿岩机的构造和工作原理。

YT-23(7655)型气腿凿岩机外形如图3-6所示。其构造如图3-7所示，由柄体1、缸体2、机头3通过螺杆4组装在一起而成，其工作系统由冲击机构、转钎机构、排粉机构和润滑系统组成。

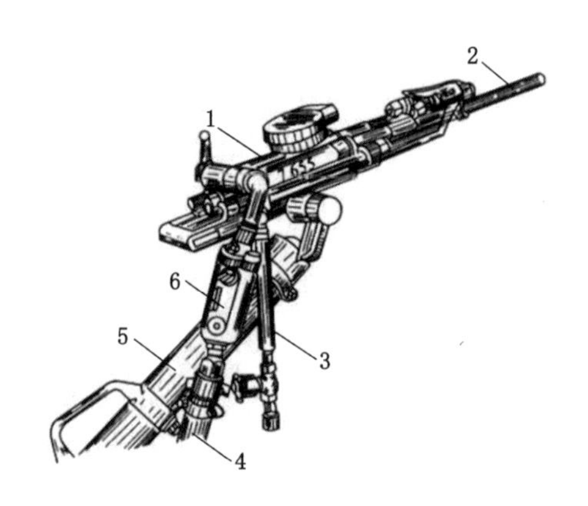

1—凿岩机主机；2—钎子；3—水管；4—压气软管；5—气腿；6—注油管。

图 3-6　YT-23(7655)型气腿凿岩机外形图

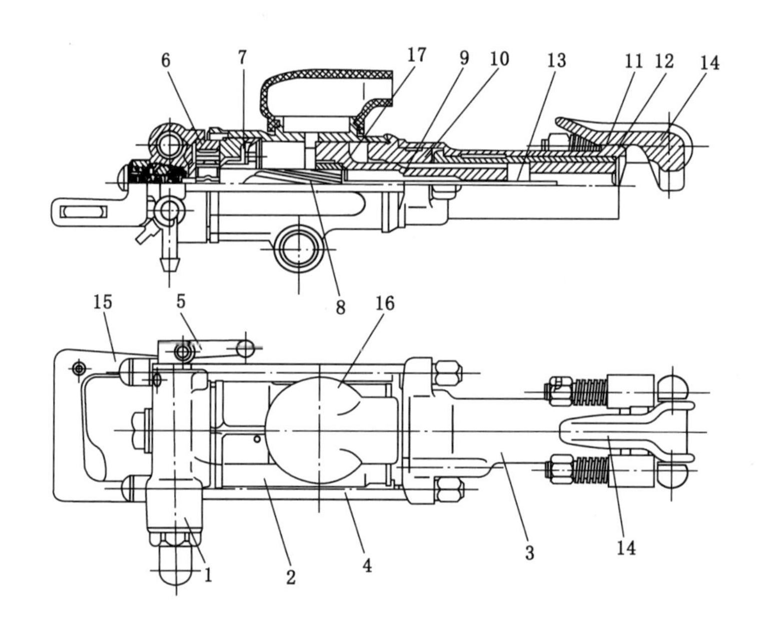

1—柄体；2—缸体；3—机头；4—螺杆；5—操纵阀；6—棘轮；7—配气阀；8—螺旋棒；9—活塞；10—导向套；11—转动套；12—钎套；13—水针；14—钎卡；15—把手；16—消音罩；17—螺旋母。

图 3-7　YT-23(7655)型气腿凿岩机构造图

1. 冲击机构

YT-23(7655)型气腿凿岩机的冲击机构由气缸、活塞和配气系统组成。借助配气系统可以自动变换压气进入气缸的方向，使活塞完成往复(即冲程和回程)运动。当活塞做冲程运动时，活塞冲击钎尾，将冲击功经钎杆、钎头传递给岩石，完成冲击做功过程。其工作原理如图 3-8 所示。

(1) 冲程运动。压缩空气从操纵阀经气道进入滑阀的前腔，再进入气缸的后腔施加于活塞的左端面，由于此时活塞的右端(气缸的前腔)与大气相通，活塞左端压力大于右端，从而推动活塞自左向右运动，开始冲击行程。当活塞右端面越过排气口时，气缸前腔被封闭，

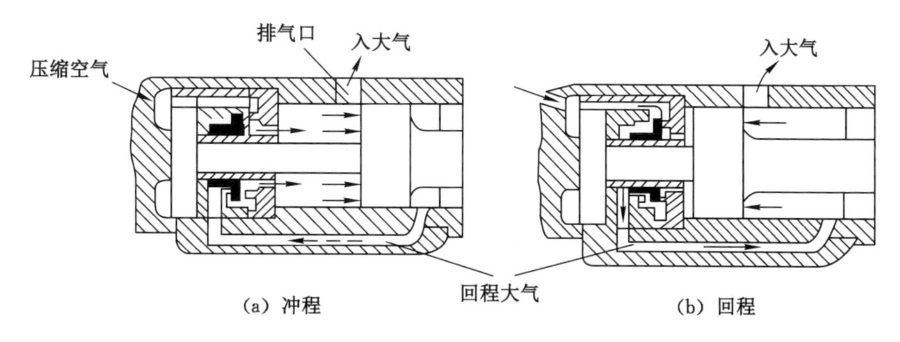

图 3-8　凿岩机冲击工作原理

前腔的余气受活塞压缩，被压缩的余气压力逐渐升高，并经回程气道至滑阀的后腔，使滑阀的左端面压力逐渐升高。当活塞的左端面越过排气口后，气缸后腔与大气相通，压缩空气突然逸出造成压力骤然下降。这时，作用在滑阀左端面上的余气压力大于右端面上的压力，滑阀被推向右运动，关闭了原来压缩空气的通道。同时，活塞冲击钎尾，结束冲程，开始回程。

(2) 回程运动。当滑阀移至右端，封闭与气缸后腔的通路后，压缩空气将沿滑阀左端的气路经回程通路进入气缸前腔推动活塞做回程运动。当活塞左端面越过排气口后，活塞开始压缩气缸后腔的余气，使其压力逐渐升高，作用在滑阀右端面的推力也随之增高。当活塞右端越过排气口后，气缸前腔与大气相通，压缩空气突然逸出，作用在活塞左端的压力骤然下降。这时作用在滑阀右端的压力高于左端的压力，从而推动滑阀向左端运动，封闭了回程气道的通路，回程结束。压缩空气又从滑阀右端进入气缸后腔，开始又一个冲程运动。

活塞的往复运动依靠配气系统实现。配气系统是控制压缩空气反复进入气缸前腔、后腔的机构，其形式主要有环阀配气装置、控制阀配气装置和无阀配气。前面介绍的是环阀配气装置，下面简单介绍一下其他两种配气方式。

① 控制阀配气。控制阀配气装置主要应用在 YT-24 凿岩机上，其特点是配气阀的换位是由压气推动的，其工作原理如图 3-9 所示。采用这种配气机构，可以保证活塞走完全部冲程，但是需要在缸体上多加工两条控制气道，阀的加工也比较复杂。

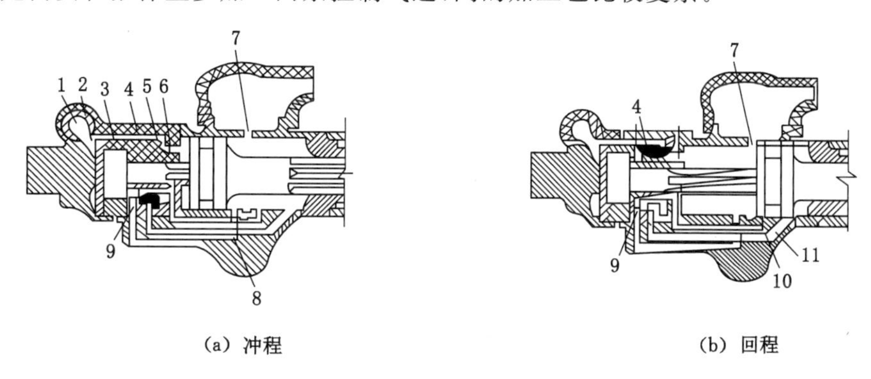

1—操纵阀气孔；2—柄体气室；3—棘轮孔道；4—阀柜孔道；5—环形气室；6—阀套孔；7—排气孔；8—返程控制气道；9—阀形径向气道；10—孔道；11—返程气道。

图 3-9　控制阀配气原理

冲程时，配气阀位于阀柜后方，压气经1、2、3、5、6进入气缸后腔，推动活塞前进。当活塞后端面打开控制气道8时，一部分压气经8进入气室9推动阀向前换位。此时，活塞还继续前进使气缸后腔接通排气孔7冲击钎子。回程时，配气阀位于阀柜前方，压气经孔道11进入活塞后退。在活塞前端面打开控制气道10时，压气进入气室4推动阀后移换位。

② 无阀配气。无阀配气没有专用的配气阀，它利用与活塞连在一起的一段圆柱，随着活塞的移动来完成配气工作。这种配气装置结构简单，能充分利用压气膨胀做功。应用这种方式配气的凿岩机的活塞冲程较短，冲击频率较高，故钻速快、耗气少、效率高，但噪声和振动均比较大。其工作原理如图3-10所示。

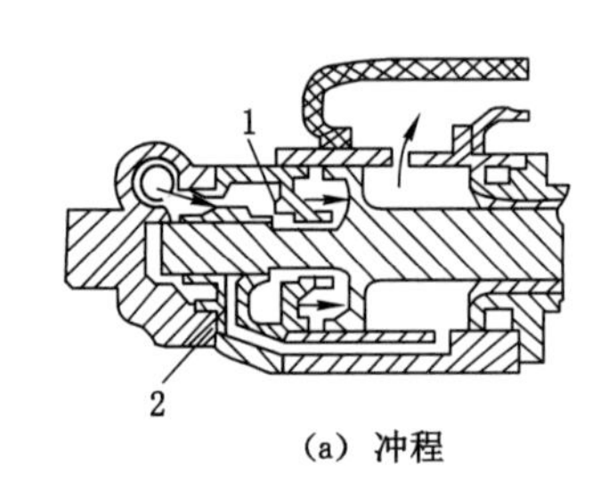

(a) 冲程

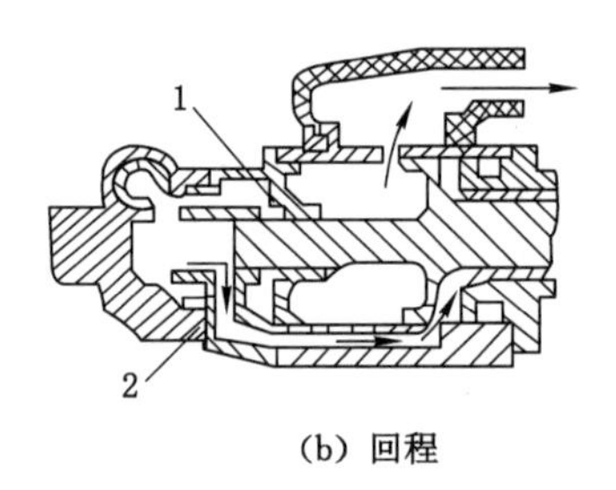

(b) 回程

图3-10 无阀配气原理

冲程时，活塞及配气圆杆均位于后方，压气经气道1进入气缸后腔推动活塞前进。当圆杆封闭住气道1时，后腔停止进气，依靠已充入气缸后腔的压气膨胀做功，活塞继续前进并打开排气口使后腔排气。此时，活塞靠惯性向前冲击钎子，同时配气圆杆打开进气道2。

回程时，压气由气道2进入气缸前腔，推活塞和配气圆杆后退，陆续封闭气道2，打开排气口，最终再打开气道1，进行下一个冲程运动。

2. 转钎机构

YT-23(7655)型凿岩机采用棘轮、螺旋棒，并利用活塞的往复运动转动套筒等转动件来转动钎子。其转钎机构如图3-11所示，由棘轮、螺旋棒、活塞、导向套、转动套和钎套筒组成。环形棘轮1的内侧有棘齿，棘轮用键固定在机体的柄体上。螺旋棒3的大头端镶有棘爪2并借助弹簧或压缩空气将棘爪顶在棘轮的棘齿上。螺旋棒上铣有螺旋槽与固定在活塞头内的螺旋母相啮合。活塞柄4上的花键与转动套5内的花键配合。转动套前端是钎套筒6，钎套筒的内孔为六方形，六方形钎尾7插在套筒内。

除上述机构外，还有一种外棘轮式的活塞螺旋槽转钎机构，该机构常用于无阀凿岩机，其结构如图3-12所示。

这种机构在活塞上有4条直槽6和4条斜槽3，直槽与转动套7咬合，斜槽与外齿棘轮4咬合。外齿棘轮与安设在机壳上的棘爪5组成逆止机构，使棘轮只能按图中实线箭头方向旋转而不能逆转。冲程时，活塞迫使棘轮转动，活塞不转。回程时，由于棘轮不能逆转，斜槽迫使活塞一面后退一面旋转，同时直槽推动转动套和钎子一起转动。

3. 排粉机构

为了避免排出岩粉对人体造成危害，我国规定钻眼工作必须采用湿式排粉方式。当前生产的凿岩机都配有轴向供水系统，并都采用风水联动装置。其系统如图3-13所示。

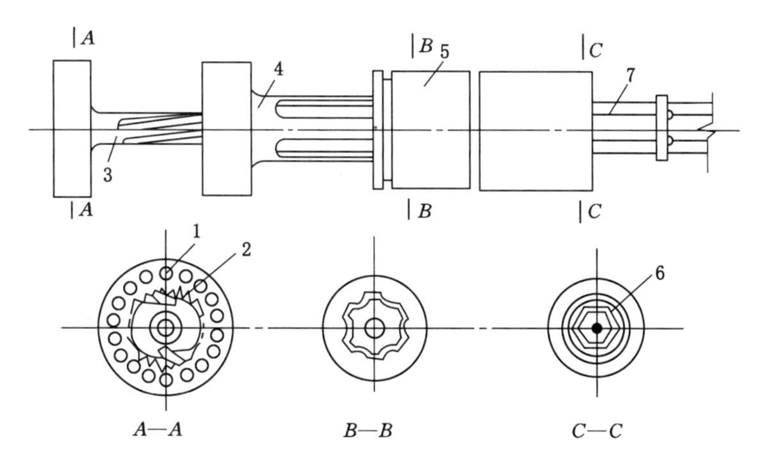

1—环形棘轮；2—棘爪；3—螺旋棒；4—活塞柄；5—转动套；6—钎套筒；7—钎子尾。

图 3-11　凿岩机转钎机构

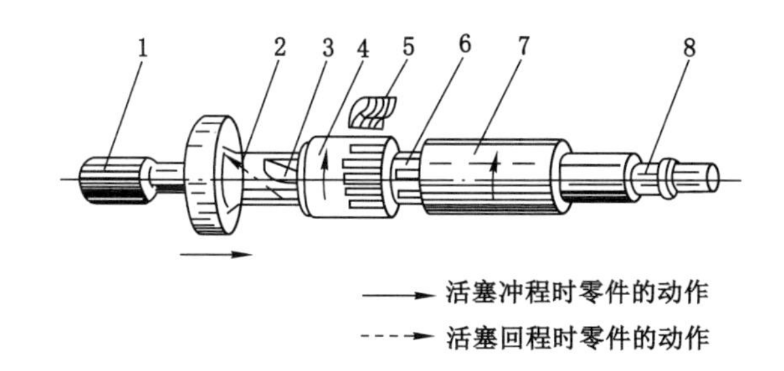

1—配气圆杆；2—活塞；3—活塞螺旋槽；4—外齿棘轮；5—棘爪；6—活塞直槽；7—转动套；8—钎子。

图 3-12　外棘轮式活塞螺旋槽转钎机构

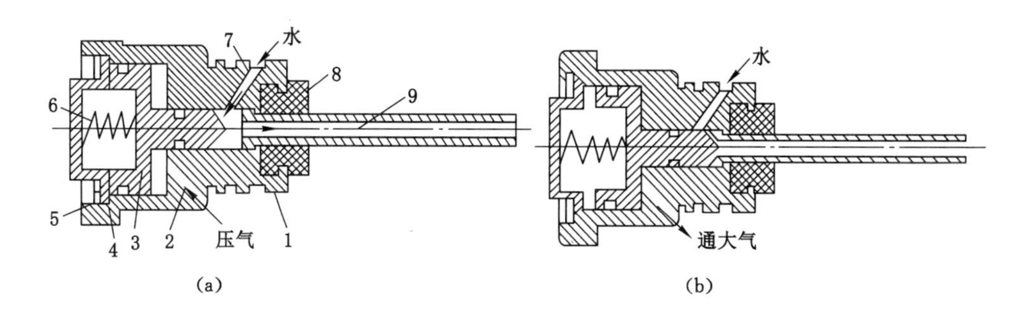

1—大螺母；2—气道；3—注水阀；4—压盖；5—密封圈；6—弹簧；7—水道；8—密封胶圈；9—水针。

图 3-13　风水联动注水机构

当凿岩机开动时，通到柄体气室(参见图 3-9)中的压缩空气除进入气缸推动活塞往复运动外，还有一部分压缩空气经柄体端部大螺母 1 上的气道 2 进入注水阀右端面，克服弹簧 6 的阻力，推动阀左移，开启水路。水经柄体上的给水接头和水道 7 进入水针 9。水针插入钎子的中心孔内，水由钎子中心孔进入钻眼的眼底。注入的水有一定的压力，与岩粉形成浆液后从钎杆与钻眼壁之间的间隙排出孔外。

当凿岩机停止工作时，柄体气室无压缩空气，弹簧 6 推动注水阀后移，关闭水道 7，停止供水。

大多数凿岩机除有注水排粉系统外，还有强力吹扫炮眼的系统，其结构如图 3-14 所示。当将把手扳到强吹位置时，凿岩机停止运转也停止供水。这时压缩空气直接经缸体上的气道 2 和机头壳体上的气孔 3 进入钎子中心孔，经过钎子中心到达眼底，强力吹出岩粉。

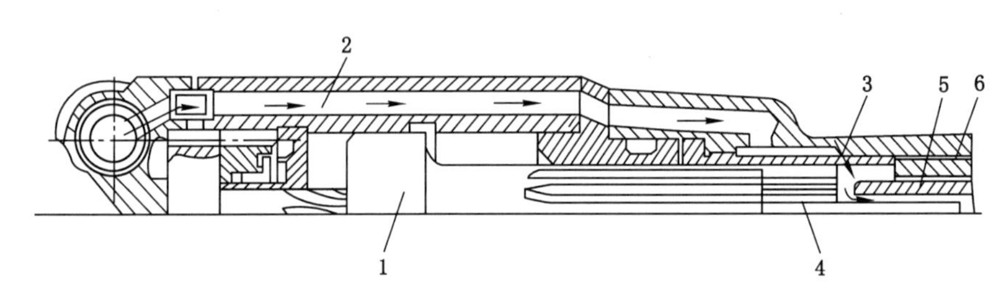

1—活塞；2—气道；3—气孔；4—水针；5—钎尾；6—六方套。

图 3-14　凿岩机强力吹扫系统

4. 润滑系统

为使凿岩机正常工作，减少机件磨损，延长机件寿命，凿岩机必须有良好的润滑系统。当前生产的凿岩机均采用独立的自动注油器实现润滑。注油器有悬挂式和落地式两种：悬挂式注油器悬挂在风管弯头处，容油量较小；落地式注油器放在离凿岩机不远的进风管中部，容量较大，二者构造原理基本相同。

（二）液压及电动凿岩机

1. 液压凿岩机

液压凿岩机是一种以液压为动力的新型凿岩机。由于油压比压气压力大得多(通常在 10 MPa 以上)，且油具有黏滞性、不能被压缩和膨胀做功、可以循环使用等特点，液压凿岩机的构造与压气凿岩机的基本部分既相似又有许多不同之处。液压凿岩机也是由油缸冲击机构、转钎机构和排粉系统所组成。

(1) 油缸冲击机构。液压凿岩机借助配油阀使高压油交替地进入活塞的前后油腔形成压力差，使活塞做往复运动。当高压油进入活塞后腔时，推动活塞做冲程运动，冲击钎尾；当高压油进入活塞前腔时，使活塞做回程运动。与风动凿岩机类似，液压凿岩机实现冲击动作的关键机构是配油机构。配油方式主要有独立的配油滑阀配油、套筒式配油阀配油、利用旋转马达驱动的旋转式配油阀配油和利用活塞运动实现配油的无阀式配油四种。

(2) 转钎机构。液压凿岩机的转钎机构都是采用独立机构，由液压马达带动一组齿轮，再带动钎子转动。

(3) 排粉系统。液压凿岩机由于结构上的特点，无法使用轴向供水，只能采用侧向供水排除岩粉。

与风动凿岩机相比，液压凿岩机有如下主要优点：

(1) 钻速可提高 2～3 倍以上；

(2) 噪声可降低 10～15 dB；

(3) 工作环境改善，消除了油雾水气；

(4) 可钻较深和大直径的炮孔。

2. 电钻

电钻是用电能作为动力、采用旋转式钻眼法破岩的一种钻眼机械。按使用条件，电钻可分为煤电钻和岩石电钻两种。

旋转式钻眼法破岩过程如图 3-15 所示。进行旋转式钻孔时，切割型钻头在轴压力 p 的作用下，克服岩石的抗压强度并侵入岩石一定深度，同时钻头在回转力 p_c 的作用下，克服岩石的抗切削强度，将岩石一层层地切割下来，钻头运行的轨迹是沿螺旋线前进，破碎的岩屑被排至孔外。“压入—回转切削—排粉”的钻孔过程连续不断进行。在软弱岩层或煤层中钻孔，一般采用旋转钻孔法。

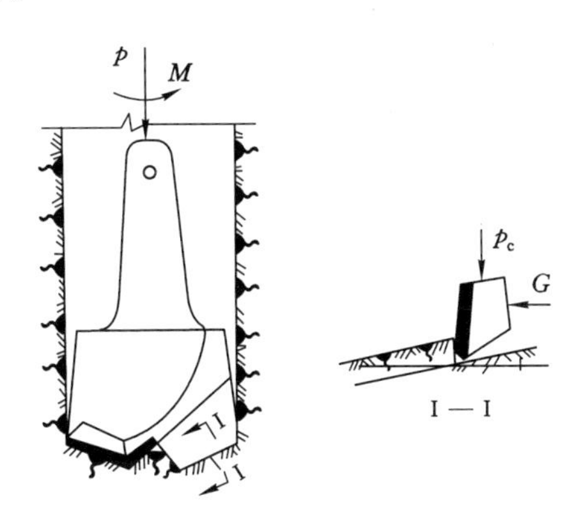

图 3-15　旋转切削破岩

(1) 煤电钻

煤电钻由电动机、减速器、散热风扇、开关、手柄和外壳等组成，如图 3-16 所示。

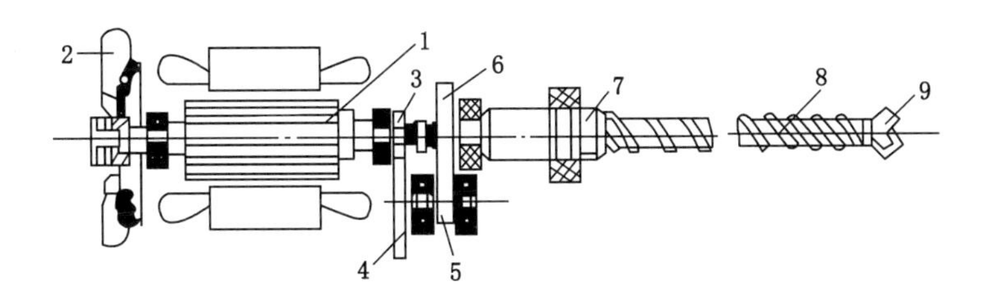

1—电动机；2—风扇；3，4，5，6—减速器齿轮；7—电钻心轴；8—钻杆；9—钻头。

图 3-16　煤电钻内部结构图

电动机采用三相交流鼠笼式全封闭感应电动机，电压 127 V，功率一般为 1.2 kW。减速器一般采用二级外啮合圆柱齿轮减速。散热风扇装在机轴后端，与电动机同步运转。常用的几种煤电钻有 MZ2-12 型、SD-12 型、MSZ-12 型、MZ-12 型等。

煤电钻外壳用铝合金制成，电动机、开关、减速器均密封在外壳内，接口严密隔爆。壳子外面铸有轴向散热片，由风扇进行冷却。外壳后盖两侧设有手柄，手柄内侧设有开关扳手，抓紧扳手即可推动开关盒内的三组触点接通三相电源，开动电机。

煤电钻工作时的轴向推力，靠人力推顶产生。为了安全，在手柄和后盖上均包有橡胶绝缘包层。

国产电钻技术特征见表 3-4。

表 3-4　国产电钻的类型和主要技术指标

技术特征	煤电钻			岩石电钻	
	MZ2-12	SD-12	MSZ-12	DZ-2.0 风冷	YZ2S 水冷
质量/kg	15.25	18	13.5	40	35
功率/kW	1.2	1.2	1.2	2	2
额定电压/V	127	127	127	127/380	380
额定电流/A	9	9.1	9.5	13/4.4	4.7
相数	3	3	3	3	3
电机效率/%	79.5	75	74	79	78
电机转速/(r/min)	2 850	2 750	2 800	2 790	2 820
电钻转速/(r/min)	640	610/430	630	230/300/340	240/260
电钻扭矩/(N·m)	17.6	18.26	17	—	—
外形尺寸(长/宽/高)/mm	336/318/218	425/330/265	310/300/200	650/320/320	625/260/300
推进速度/(mm/min)	—	—	—	368/470/545	264/468
退钻速度/(mm/min)	—	—	—	—	7.2/10.8
最大推力/N	—	—	—	700	700
钻孔深度/m	—	—	—	1.5～2	1.8
供水方式	—	—	—	侧向	侧向
推进方式	—	—	—	链条	链条
隔爆性能	隔爆	隔爆	隔爆	隔爆	隔爆
钻孔直径/mm	38～45	36～45	36～45	36～45	38～42

(2) 岩石电钻

岩石电钻主机的结构与煤电钻基本相同，也是由电动机经二级齿轮减速后，驱动钻杆钻头旋转钻眼，但配有推进装置。

用电钻在中硬岩石上钻眼的优点是：① 由于是连续切削破岩，破岩效率比间断的冲击式破岩效率高，钻速快；② 破碎下来的岩粉颗粒较大，电钻本身噪音也较低，环境卫生条件比凿岩优越；③ 利用电能作动力，不需要转换，能源利用率高，设备简单，费用低。但是要实现这些必须做到以下几点：① 由于旋转式钻眼全凭轴推力将钎刃压入岩石，岩石越硬需要的轴推力越大，所以岩石电钻要装设推进机械，以便对钻头施加较大的轴推力；② 岩石电钻要有较大的扭矩，才能有效地切削岩石，这需要增大电动机功率或降低心轴转数来实现；③岩石电钻的破岩效率与钻速高的优点，只有在钎杆能承受较大扭矩、钎刃耐磨、钎头寿命长的情况下才能实现。

岩石电钻的重量、扭矩、功率都比煤电钻大，但心轴转数较低。

（三）伞形钻架

立井井筒施工普遍采用伞形钻架（简称伞钻）配合大功率凿岩机凿岩。伞钻的基本结构形式呈伞状（如图 3-17 所示），按立柱周围配置钻臂的数量分为四臂、六臂和九臂伞钻。伞形钻架由中央立柱、支撑臂、动臂、推进器、操纵阀、液压与风动系统等组成。打眼前，用提升机将伞钻从地面垂直吊放于工作面中心的钻座上，并用钢丝绳悬挂在吊盘上的气动机上，然后接上风、水管，开动油泵马达，操纵调高器，操平伞钻。支撑臂靠升降油缸由垂直位置提高到水平向上呈 10°～15°位置时，再由支撑油缸驱动支撑臂将伞钻撑紧于井壁上，即可开始打眼。打眼工作实行分区作业，全部炮眼打眼结束后收拢伞形钻架，再利用提升钩头提到地面并转挂到井架翻矸平台下指定位置存放。

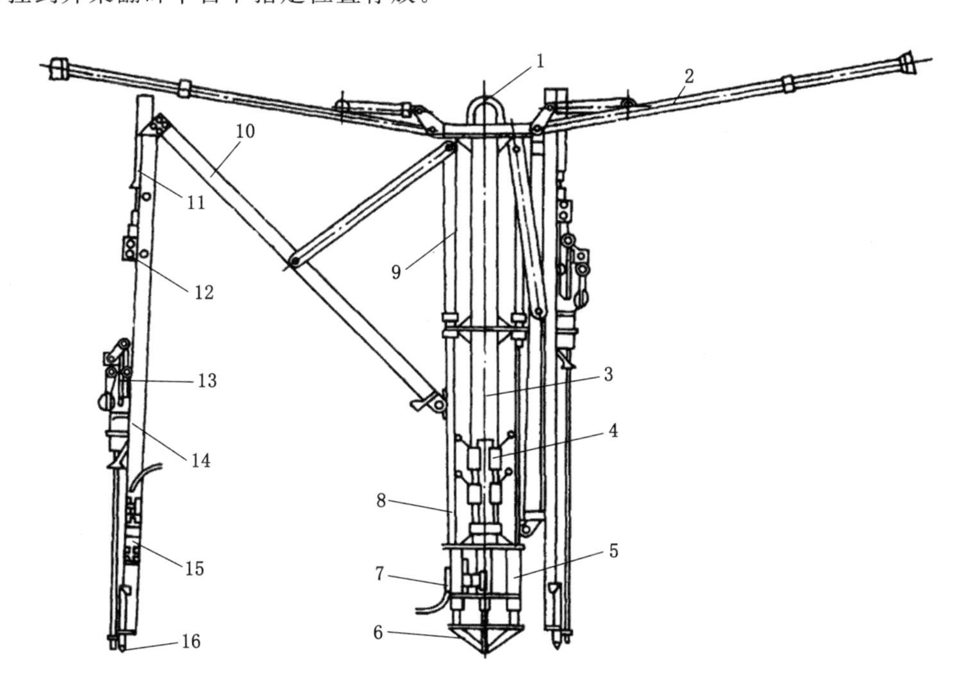

1—吊环；2—支撑臂；3—中央立柱；4—液压阀；5—调高器；6—底座；7—风马达及油缸；8—滑道；9—动臂油缸；10—动臂；11—升降油缸；12—推进风马达；13—凿岩机；14—滑轨；15—操作阀组；16—活顶尖。

图 3-17 FJD 系列伞形钻架的结构

伞钻的产品型号表示方法应符合《矿山机械产品型号编制方法》(JB/T 1604)的规定(如图 3-18 所示)。

伞钻的基本参数应符合表 3-5 的规定。

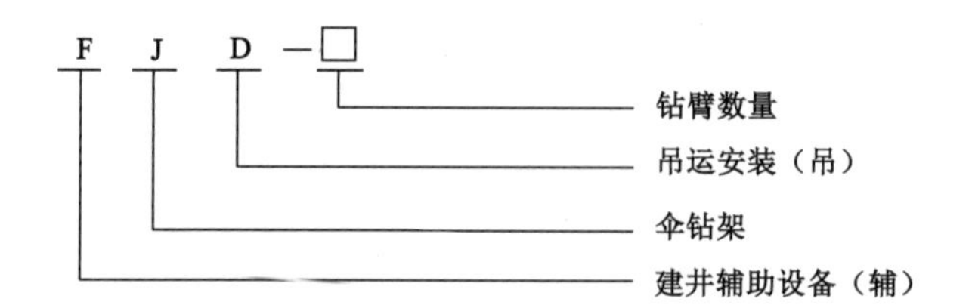

图 3-18　伞钻的产品型号表示方法

表 3-5　伞钻的型号及其基本参数

<table>
<tr><th colspan="2" rowspan="2">基本参数</th><th colspan="3">型　号</th></tr>
<tr><th>FJD -4</th><th>FJD -6</th><th>FJD -9</th></tr>
<tr><td colspan="2">钻臂数量</td><td>4</td><td>6</td><td>9</td></tr>
<tr><td colspan="2">适用井筒直径/m</td><td>4.5～6.5</td><td>5.5～8.0</td><td>6.5～8.0</td></tr>
<tr><td rowspan="2">收拢后外形尺寸/m</td><td>高度</td><td>≤5.30</td><td>≤7.20</td><td>≤7.70</td></tr>
<tr><td>外接圆直径</td><td>≤1.50</td><td>≤1.65</td><td>≤1.75</td></tr>
<tr><td colspan="2">一次钻凿岩炮孔的深度/m</td><td>≥3.0</td><td>≥4.2</td><td>≥4.2</td></tr>
<tr><td colspan="2">周边垂直炮孔圈径/m</td><td>7.2</td><td>8.0</td><td>8.8</td></tr>
<tr><td colspan="2">伞钻质量/t</td><td>≤5.0</td><td>≤7.5</td><td>≤10.5</td></tr>
</table>

伞形钻架具有结构紧凑，性能稳定，操作灵活及维修方便等优点。它所配的 YGZ-70 型导轨式独立回转凿岩机，具有独立的冲击与回转机构，其冲击有力，扭矩较大，又可双向转针，因而钻进效率较高、卡钎故障少。

FJD -6 型伞形钻架的采用，不仅为促进深孔爆破技术的发展、加快井筒掘进速度和提高凿岩机械化水平提供了新机具，而且大大减轻了掘进工人的劳动强度。FJD -9 型伞形钻架是为适应较大井径井筒凿岩机械化的需要，在 FJD -6 型伞形钻架的基础上研制的。FJD -9 型伞形钻架在顶盘、支撑臂、升降油缸等结构方面做了重大改进，并在伸缩臂上采用了四连杆结构，提高了推进风动马达的功率，还加长了导轨，提高了一次推进长度。它配备有 9 台 YGZ-70 型导轨式独立回转凿岩机，钎杆采用长 4.2 m 合金钢钎或接杆(波形螺纹)钎杆。

FJD -9A 是 FJD -9 的改进型，主要改进如下：① 立柱上的吊梁采用活动式吊环，便于摘挂钩。② 动臂由原来的油缸滑块机构改为液动连杆机构。它是由动臂回转机构、大臂起落机构、推进器倾斜机构 3 个液动四杆机构叠联而成。3 个机构的合成运动，使得动臂机构可以运动至工作面所需的任一位置，从而实现钻臂摆动移位和推进器倾角变化的机械化。③ 推进器铰接在动臂的大臂和倾斜油缸上，其补偿器改为升降油缸，且活塞杆在上，有利于推进器的提升和拔钎。其扶钎器改进后，操作简单、灵活，安全可靠。④ 原液压操纵阀布置在立柱上，改进后除支撑臂及调高器的操纵阀仍设在立柱上外，其余操纵阀均设在推进器上，只需一人操作。⑤ 采用 YGZ-70D 型低噪音独立回转凿岩机 9 台，全部开动测得总噪音 110 dB(A)，用 YGZ-70 型凿岩机(非低噪声)，总噪声 124 dB(A)，且钻眼速度变化不大。

FJD 系列伞钻的主要技术性能见表 3-6。

表 3-6 FJD 型伞形钻架技术特征

名 称	FJD -4	FJD -6	FJD -6A	FJD -9	FJD -9A
适用井筒直径/m	4.0～5.5	5.0～6.0	5.5～8.0	5.0～8.0	5.5～8.0
支撑臂数量/个	3	3	3	3	3
支撑范围/m	ϕ4.0～6.0	ϕ5.0～6.8	ϕ5.1～9.6	ϕ5.0～9.6	ϕ5.5～9.6
动臂数量/个	4	6	6	9	9
钻眼范围/m	ϕ1.2～6.5	ϕ1.34～6.8	ϕ1.34～6.8	ϕ1.54～8.60	ϕ1.54～8.60
推进行程/m	4.2	3.0	4.2	4.0	4.2
凿岩机型号	YGZ-70	YGZ-70	YGZ-70，YGZX-55	YGZ-70	YGZ-70
使用风压/MPa	0.5～0.6	0.5～0.6	0.5～0.6	0.5～0.7	0.5～0.7
使用水压/MPa	0.4～0.5	0.4～0.5	0.4～0.5	0.3～0.5	0.3～0.5
总耗风量/(m^2/min)	40	50	50	90	100
收拢后外形尺寸/m	ϕ1.2×4.0	ϕ1.5×4.5	ϕ1.65×7.2	ϕ1.6×5.0	ϕ1.75×7.63
总质量/t	4.0	5.3	7.5	8.5	10.5

1985 年在引进法国 EIMCO-SECOMA 公司技术的基础上，研制了 HYD-200 型液压凿岩机。该产品为冲击回转式液压凿岩机，冲击机构的冲击能为 200 J，冲击频率大于 33 Hz，工作压力 14～16 MPa，工作流量小于 45 L/min；回转机构额定转矩为 220 N·m，额定转速 200 r/min，工作压力 15 MPa，工作流量小于 45 L/min。

为了提高凿岩机在坚硬岩层条件下的工作效率，进一步提高硬岩地层立井施工速度，同时解决立井凿岩工序中的高噪音、高能耗问题，提出采用电动液压伞钻来代替气动伞钻，联合宣化华泰矿冶机械有限公司设计制造了 YSJZ4.8 型液压伞钻。该液压伞钻有 4 个钻臂，配备 4 台 HYD -200 型液压凿岩机，钻臂推进器总长度为 6 774 mm，推进行程为 5 160 mm，推进力为 7 000 N，推进速度为 4 000 mm/min，空载返回速度为 8 000 mm/min。2008 年，该伞钻首次在山东临沂会宝岭铁矿主井井筒掘砌工程中进行应用，取得了明显优于FJD-6A型气动伞钻的技术经济效益。

YSJZ4.8 型伞形钻架可适用于 8 m 以下直径的立井施工。为了满足更大直径的立井井筒凿岩施工，在 YSJZ4.8 型伞形钻架的基础上研制了 YSJZ6.12 型液压伞钻。该机的钻孔动作（回转、冲击、推进）由两台 90 kW 电机提供动力，采用液压传动形式，配 6 台 HYD -200 型液压凿岩机，所有动作实现机械化。根据 6 臂液压伞形钻架在思山岭铁矿副井近 900 m 基岩段施工中的应用情况（见表 3-7），它与传统的气动伞形钻架相比，具有明显的性能优势，耗电、耗气量均大幅降低，节约了钎头、钎杆等材料。

表 3-7 YSJZ6.12 型液压伞钻技术性能

技术参数名称	参数值
适用井筒掘进直径/m	9～12
收拢尺寸/mm	2 250×8 200
动臂个数	6

表 3-7(续)

技术参数名称	参数值
动臂摆动角度/(°)	120
钻孔直径/mm	45~54
钻孔深度/m	5.1
钻孔范围/m	ϕ1.65~ϕ12.0
钻机质量/t	12.5
每米钻进时间/min	1
耗气量/(m^3/min)	6
每米钻孔钎杆消耗量/根	0.000 9
每米钻孔钎头消耗量/个	0.009

当井筒断面过大,单台伞钻无法满足一次钻眼需求时可采用双联伞钻。双联伞形钻架主要由导轨式独立回转凿岩机、推进器、动臂、调高器、立柱、安装架、摆动架、支撑臂和液压、水、气系统等部分组成,其主要技术性能参数如表 3-8 所列。

表 3-8 SYZ6×2-15 型双联伞形钻架主要技术性能参数

技术参数名称	参数值
适用井筒净直径/m	10.5~15.0
双钻架连接后垂直炮眼圈径/m	2.15~15.0
双钻架固定中心距/m	3.3
双钻架支撑臂数量/个	4
双钻架支撑臂支撑范围/m	9~13
单台钻架收拢后高度/m	7.785
单台钻架收拢后外接圆直径/m	1.95
单台钻架支撑臂数量/个	2
单台钻架支撑臂支撑范围/m	6.9~11
单台钻架垂直炮眼圈径/m	2.15~12.3
动臂水平摆动角度/(°)	120
推进器形式	油缸-钢丝绳推进
动力形式	风马达-液压泵
推进行程/m	5.11
YGZ70D 型凿岩机数量/台	12
凿岩机钎杆长度/mm	5 700
液压系统工作压力/MPa	7~10
气压/MPa	0.6~0.8
水压/MPa	0.3~0.5
总耗风量/(m^3/min)	110
钻架总质量(含风锤、油)/t	18

单伞钻和双联伞钻钻眼工艺如图 3-19 所示。

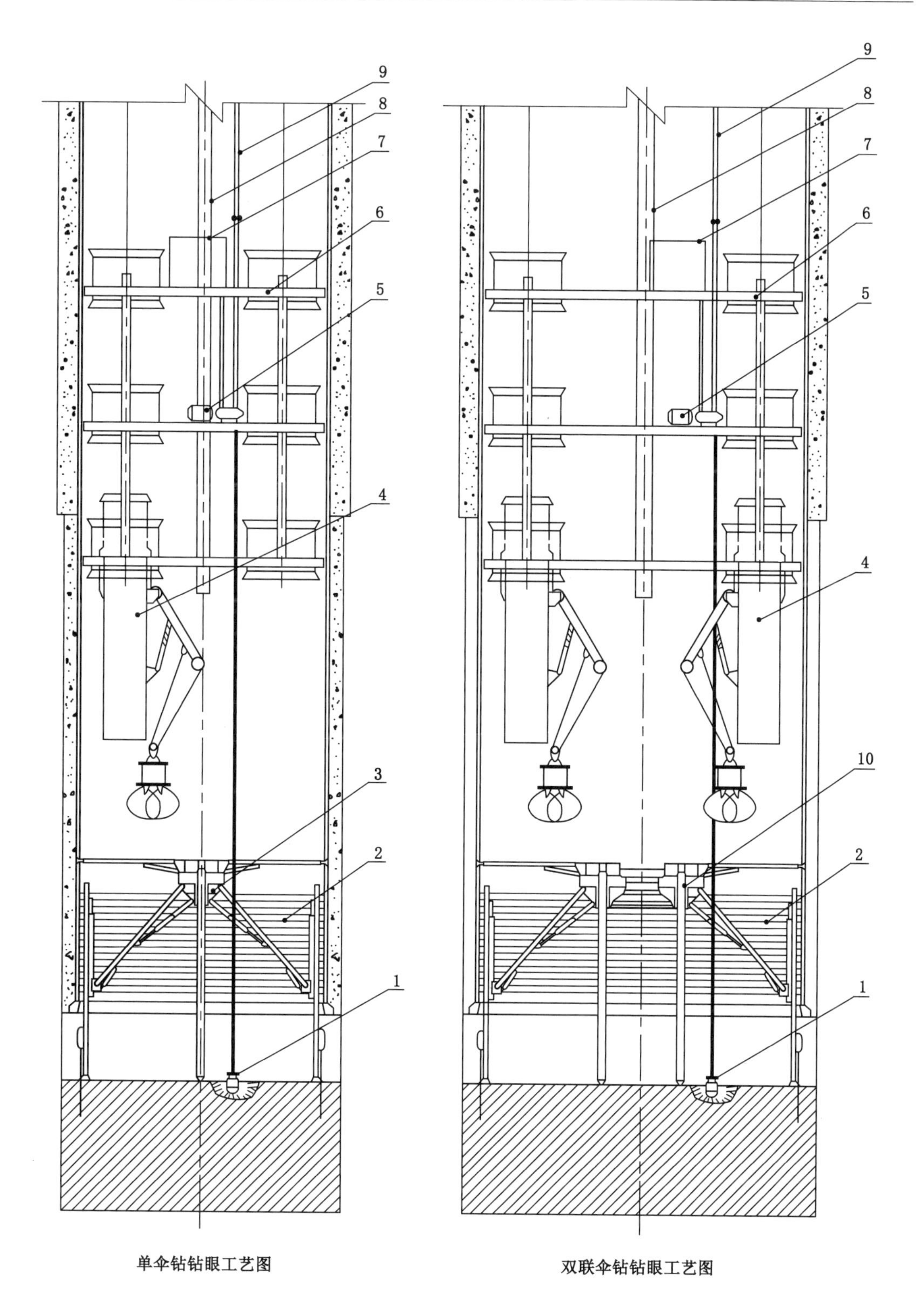

1—潜水泵；2—模板；3—伞形钻机架(FJD -6A)；4—抓岩机；5—排水泵；6—吊盘；7—水箱；8—风筒；9—排水管路；10—伞形钻机架(SYZ6×2-15)。

图 3-19 伞钻钻眼工艺图

二、钻眼工具

钻眼工具是安装在钻眼机械上用以破碎岩石的工具，简称钻具。凿岩机用钻具和电钻用钻具不同。

（一）凿岩机用钻具

凿岩机用钻具叫钎子。钎子由钎头和钎杆组成，钎头与钎杆既可锻制成一个整体，称整体钎子；也可以分别制造、组合在一起，称组合钎子。整体钎子传递冲击能量损失小，但修磨钎头时钎子搬运工作量大。组合钎子的特点是：可以更换钎头、钎杆，利用率高；修磨钎头时不用搬运钎杆，搬运工作量小；钎头可实现专门化生产，有利于采用高质量硬质合金材料，生产能够满足不同岩性和不同凿岩机要求的多种规格、多种性能的系列化产品。现在多使用组合钎子。

组合钎子的结构如图 3-20 所示，其活动钎头与钎杆采用锥形连接，即用钎杆前部的锥形梢头（锥度常取 1∶8，锥角约为 3°30′）与钎头上的锥窝楔紧相连。钎尾插入凿岩机的转动套筒内，由卡钎器卡紧。钎尾前钎肩起限制钎尾进入凿岩机头长度及配合卡钎器卡紧钎子的作用。钎杆的中心孔用以供水冲洗岩粉。

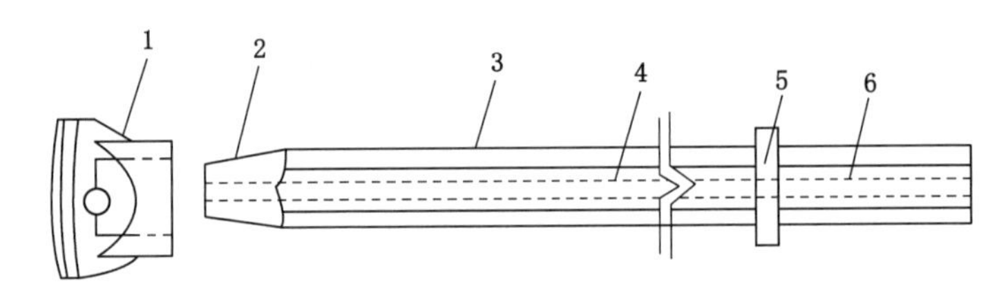

1—钎头；2—锥形梢头；3—钎杆；4—中心孔；5—钎尾前钎肩，6—钎尾。

图 3-20　组合钎子结构

1. 钎头

钎头是直接冲击岩石的部分，其形状、结构、材质、加工工艺等直接影响凿岩效率和本身的磨损。

（1）钎头形状。最常用的钎头形状是一字形和十字形，近年来，镶硬质合金齿的球齿钎头也已开始使用。常用的活动钎头如图 3-21 所示。

一字形钎头的冲击力集中，凿入深度大，凿速较高，制造和修磨工艺简单，应用比较广泛。一字形钎头的缺点是：凿裂隙性岩石时容易夹钎，径向磨损较快，有时凿出的炮眼不圆、开眼困难。

十字形钎头基本上能克服一字形钎头的缺点，但与一字形钎头比较，其凿速一般较低，而且合金片用量大，制造和修磨工艺比一字形钎头复杂。

球齿钎头由在钎头体上镶嵌的几颗球形或链球形硬质合金齿而成。它的优点是：可根据炮眼底面积合理布置球齿，使冲击能量在眼底均匀分布以获得较高的破岩效率；凿岩时开眼容易，不易夹钎，炮眼较圆；重复破岩少，岩屑呈粗颗粒状，粉尘少；耐磨；凿岩速度较高。球齿钎头适用于在磨蚀性较高的硬脆岩层中凿眼。

（2）钎头结构。主要由以下参数描述。

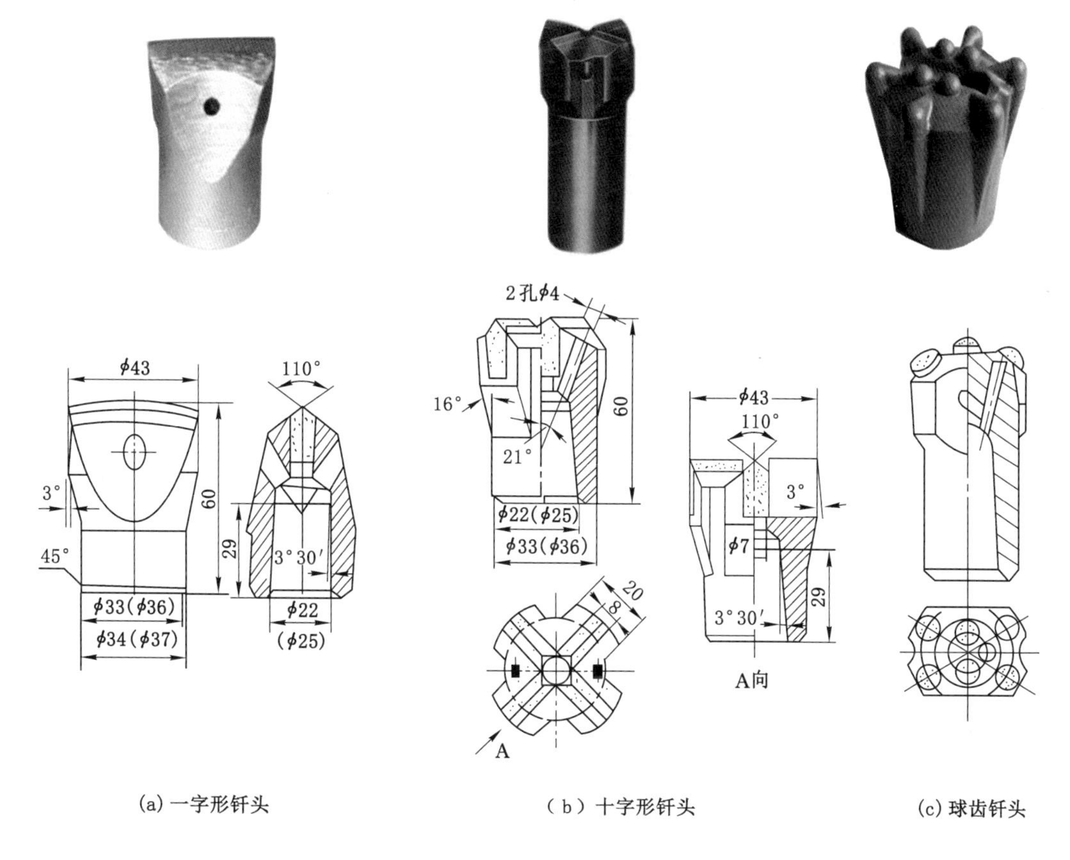

(a) 一字形钎头　　(b) 十字形钎头　　(c) 球齿钎头

图 3-21　活动钎头

① 刃角:指钎头两个刃面的夹角。刃角小,易凿入岩石、凿眼速度快,但钎刃易磨钝和碎裂。增大刃角,可提高钎刃强度和耐磨性,同时会增加钎刃凿入岩石的阻力,从而降低凿眼速度。实践经验表明,在软岩中刃角可以取小一些,以提高凿眼速度;在硬岩中刃角应取大一些,可减轻钎刃磨损和防止崩刃。实际刃角一般为 90°～120°,多取 110°。对于球齿钎头,在坚硬、腐蚀性较高的岩石中,宜采用球形齿;在中硬或中硬以上、中等磨蚀性岩石中,宜采用锥球齿。

② 隙角:指钎头体两侧面的倾角。它的作用是减少钎头与眼壁之间摩擦和避免钎头卡在眼内拔不出来。钎头必须有隙角,但不能太大,否则会产生崩角和加剧钎头径向磨损。我国镶合金片钎头的隙角都为 3°,球齿钎头隙角在 7°左右。

③ 钎刃形状:指钎头与岩石直接接触部分的形状。一字形钎头的钎刃不能做成平直的,这是因为平直钎刃在冲击荷载作用下,两端会因承受弯曲应力而掉角。通常将钎刃做成曲率半径约为 18 mm 的弧形,这样可使作用在钎刃上的反力指向弧心,避免在钎刃中出现弯曲应力。同理,球齿钎头的周边齿一般向外倾斜 30°～35°。

④ 钎头直径:指钎头最宽处的径向尺寸。钎刃每修磨一次,钎头直径就要变小一些。因此新钎头直径应保证即使修磨到最后也能满足装药的要求。我国的钎头直径(指初始直径)多取 38～43 mm。

⑤ 排粉沟：指在钎头上布置的用于排出炮眼底部岩粉浆的沟槽。排粉沟一般布置在钎头的顶部和侧面，其断面面积应保证岩粉浆以不小于 0.5 m/min 的速度外流。吹洗孔可布置在钎头中心或两旁，其断面的总面积不应小于钎杆中心孔的断面面积。

(3) 钎头材料。钎头一般由两种材料制成：一种为钢材（普通钢或合金钢），制成钎头体；另一种为硬质合金材料，制成片（齿）状，镶焊在钎头体上。过去我国一直用 45 号和 50 号钢制造钎头体，其缺点是容易产生胀裂、断腰等损坏。现在我国多采用合金钢，如 55SiMnMo、40MnMoV 等制造钎头体，虽然这种材料成本有所增加，但大大提高了钎头的使用寿命。镶焊在钎头上的硬质合金为钨钴类合金。它是将碳化钨粉末和钴粉末按一定比例配合混匀、压制成型，然后在高温下烧结而成的。碳化钨硬度很高，但脆性大，它在硬质合金成分中起着提高硬度和耐磨性的作用。钴有很高的韧性，它在硬质合金成分中起黏结和提高韧性的作用。烧结成的这种钨钴硬质合金，具有碳化钨的高硬度（仅次于金刚石）、高耐腐性（比钢高 50～100 倍）、高抗压强度（比钢高 1.5～2 倍），又具有钴的良好韧性。将它镶焊在钎头上，可以大大提高钎头的耐磨性和凿眼速度。

通常，硬质合金的含钴量大，韧性增大，硬度和耐磨性降低；含钴量小，硬度和耐磨性增加，韧性降低。同等含钴量，碳化钨的晶粒细则耐磨性好，晶粒粗则韧性好。

凿岩机钎头通常使用的硬质合金牌号（牌号表示硬质合金的成分和性能）有 YG8C、YG10C、YG11C、YG15X 等。在牌号中，Y 表示硬质合金，G 表示钴，8(10、11、15)表示含钴的百分数，C 表示粗晶粒合金，X 表示细晶粒合金。

2. 钎杆

钎杆是承受活塞冲击力并将冲击功和回转力矩传递到钎头上去的细长杆体。钎杆在冲击时还会由于横向振动产生弯曲应力。故在凿岩过程中，钎杆承受着冲击疲劳应力、弯曲应力、扭转应力和矿井水的侵蚀。

钎杆断面形状通常有中空六角形与中空圆形两种，以中空六角形 B22 和 B25（B 指边到边尺寸，单位 mm）使用最多，中空圆形 D32 和 D38（D 指直径，单位 mm）多用于重型导轨式凿岩机上。

用于制造钎杆的钢材称钎钢。我国使用的是中空 8 铬（ZK8Cr）、中空 55 硅锰钼（ZK55SiMnMo）、中空 35 硅锰钼钒（ZK35SiMnMoV）和中空 40 锰钼钒（ZK40MnMoV）等。这些材料具有强度高、抗疲劳性能好、耐磨蚀等优点。虽然价格较贵，但使用寿命一般要比碳素工具钢提高 3～5 倍，且可提高凿岩速度。

钎尾是钎子直接接受和传递能量的部分，钎尾规格和淬火硬度对凿岩速度有很大的影响。钎尾的长度与断面尺寸应与配用的凿岩机转动套筒相适应。气腿式凿岩机钎尾长度一般为 108 mm，偏差为±1.0 mm（国内外规定一致）。钎尾过长会使活塞冲程缩短，降低冲击功；过短则会使活塞冲击无力；过长或过短都会降低凿岩速度。钎尾端面应平整，并应垂直于钎杆中心轴线，以保证凿岩机活塞与钎尾完全对准，使活塞冲击荷载均匀地分布在钎尾整个承载面上，这对于冲击荷载的有效传递和延长机具寿命都很重要。如果因凿岩机转动套筒与钎尾的配合间隙偏大等原因而发生偏心碰撞，则除了使钎杆产生有害的横向振动和弯曲应力外，还将导致活塞与钎尾因承受集中荷载而破坏。钎尾的淬火硬度应略低于凿岩机活塞硬度，以保证两者具有较长的寿命。钎尾端面硬度一般控制在 HRC49～HRC55。钎尾的中心孔应予扩大，且扩大段深度应符合规定，以保证水针顺利插入钎尾，并在钎尾转动时不至于将水针磨断。

钎肩形状有两种，六角形钎杆用环形钎肩，圆钎杆用耳形钎肩，如图 3-22 所示。向上式凿岩机用的钎子没有钎肩，因机头内有限定钎尾长度的砧柱。

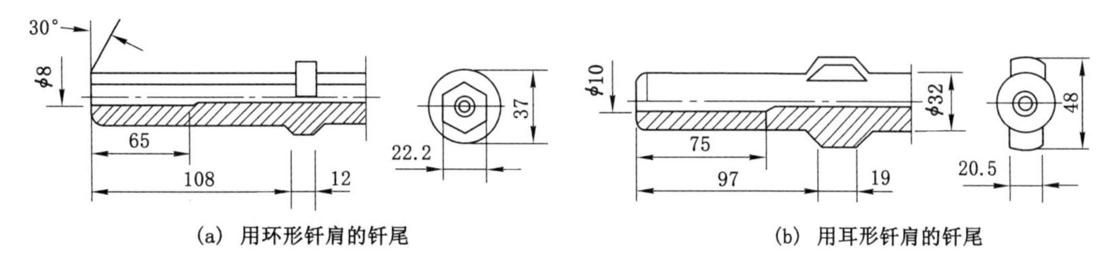

(a) 用环形钎肩的钎尾　　(b) 用耳形钎肩的钎尾

图 3-22　钎尾和钎肩

（二）电钻钻具

煤电钻的钻具(图 3-23)由钻头和麻花钻杆组成。钻头插入钻杆前部的方槽后，从尾孔上的小圆孔中插入销钉将钻头固定。麻花钻杆尾部车成圆柱形，用以插入电钻的套筒内。套筒前端有两条斜槽，可以卡紧在麻花螺纹上，以传递回转力矩。

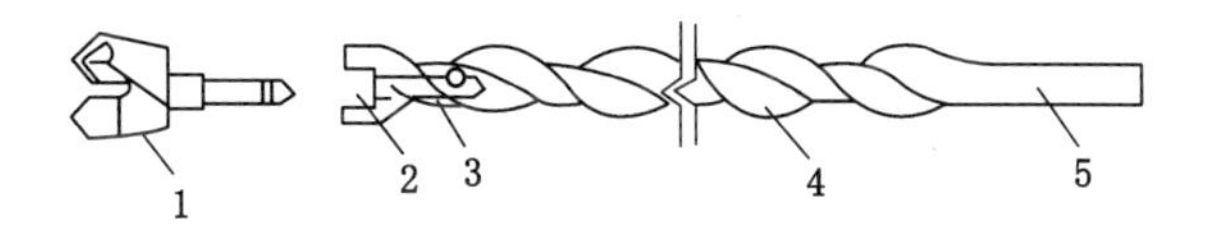

1—钻头；2—方槽；3—尾孔；4—麻花钻杆；5—钻杆尾部。

图 3-23　煤电钻钻具

煤电钻的麻花钻杆，是用菱形断面或矩形断面的 T7、T8 钢在加热的状态下扭制而成。由于螺纹方向与钻头方向一致，所以麻花钻杆除了传递轴压和扭矩外，还能利用螺旋沟槽排出岩粉。

岩石电钻需要传递较大的轴压和扭矩，且多数采用湿式钻眼，故岩石电钻采用的钻杆与风动凿岩机的钎杆相同，用六角中空钢制成。

电钻钻头有两翼钻头和三翼钻头两种，最常用的是两翼钻头。两翼钻头的几何形状如图 3-24 所示，每块合金片都有主刃和副刃。

两主刃构成主刃夹角 φ，两副刃构成副刃夹角 ϕ，主刃与副刃构成主副刃夹角 φ_1。φ_1 越小越尖锐，就越易压入岩石，但也越易磨损。因此，在煤和软岩中钻眼 φ_1 应小些，在硬岩中钻眼 φ_1 应大些，其大小一般为 90°～120°。

从一个钻刃的剖面上(图中Ⅰ—Ⅰ剖面)，可以看出钻刃和切削面构成的几个角度如下：

① 刃角 α：α 越大，钻刃就越坚固耐磨；α 越小就越锐利，越易压入岩石，但强度降低、磨损快。一般钻煤的钻头 α 取 60°，钻硬煤或岩石的钻头 α 可大到 90°。

② 后角 γ：为减少钻刃与眼底岩石之间的摩擦而设的。γ 大则摩擦小，但钻翼的强度降低，所以 γ 不宜过大，一般为 5°～20°。但当前角 β 为负值时，后角可增大到 30°。

③ 前角 β：如 $\alpha+\beta<90°$，则 β 为正值；如 $\alpha+\beta>90°$，则 β 为负值。钻煤时 β 角约为 15°，而钻岩石时 β 角可为 0°或负值。

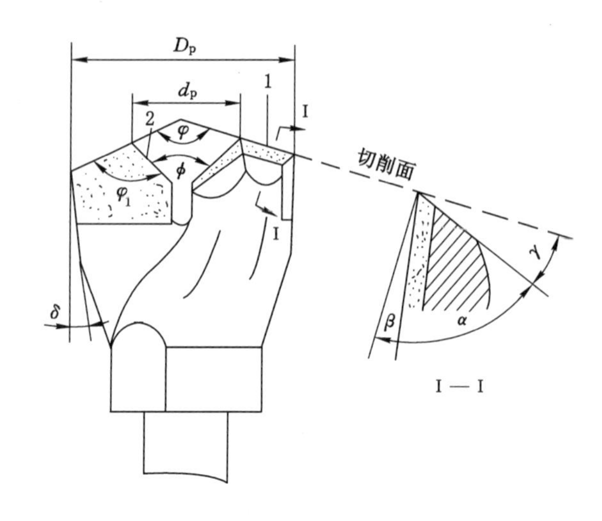

1—主刃；2—副刃。

图 3-24 两翼钻头几何形状示意图

为了减小钻头侧面与炮眼壁之间的摩擦，钻头体还应设计有隙角 δ。

第三节 爆破器材

一、爆破引起瓦斯与煤尘爆炸的原因

炸药爆炸可能引爆瓦斯、煤尘爆炸的因素有 3 个，即空气冲击波、炽热固体微粒和爆炸生成的高温气体。

由爆轰激起的空气冲击波虽然具有很高的压力和温度，但由于作用时间非常短暂，不会将瓦斯加热到爆发温度。但是冲击波经过反射叠加，或瓦斯经过预热，则仍有引起瓦斯爆炸的危险。因此，在掘进工作面 20 m 以内不得有阻塞巷道断面 1/3 以上的物体，以免造成冲击波反射。在有瓦斯的矿井不能使用秒延期雷管，以防止先爆炮眼对瓦斯预热。

炽热固体微粒是一些爆炸不完全的炸药颗粒或金属粉末，它们在空中飞散时能氧化燃烧，且其本身冷却较慢，对瓦斯加热时间较长，所以危险性较大。在炸药爆炸瞬间，它们可提供极大的热表面，且这些表面的某些部位具有一定数量的活化中心，这些都会增加瓦斯与其接触的概率，但只有接触时间大于瓦斯诱导期时，爆燃才会发生。

有些炸药的爆炸产物对瓦斯有催化引燃作用，如粒状铵梯炸药中的硝酸铵，由于其分解温度低，分解产物中的氧化氮会急剧降低瓦斯的引燃温度并缩短诱导期。实验证明，在瓦斯试验容器中如有少量的硝酸铵晶粒存在，瓦斯引燃温度会降低到 375～400 ℃。若炸药不能完全爆轰而发生一定程度的爆燃，则有未分解的硝酸铵被喷射到瓦斯与空气中，这就增加了瓦斯爆炸的可能性。所以，在设计和使用许用炸药时一定要考虑使炸药不发生爆燃。因此，煤矿许用炸药必须爆轰稳定可靠，绝不能使用含铝、镁等金属粉末的炸药，不得在装药时任意加入金属丝、金属片，或用金属物品封口。

爆炸生成气体温度高,作用时间长,是引爆瓦斯最危险的因素,特别是有游离氧等气体(具有强氧化作用)时,更容易使瓦斯爆炸。若含有游离氧和一氧化碳等气体,当它们接触空气时可能会燃烧产生二次火焰。气态爆炸产物在爆炸瞬间加热到 1 800～3 000 ℃,超过瓦斯引燃温度的数倍,再加上气体间均匀的充分接触,都有利于瓦斯爆炸。所以,气体爆炸产物是引燃瓦斯的主要因素之一。

除爆炸产物的直接作用点火外,最有可能的是"二次火焰"点火。所谓"二次火焰"是爆炸产物中含有的可燃性气体如 O_2、H_2、CH_4、NH_3 等与空气混合物在温度高于其爆燃温度时发生的自燃。如果是负氧平衡炸药,其爆炸后生成可爆燃性气体。如果炸药爆炸性能不良使其感度较低,也会发生半爆或爆燃。如果药卷的包装材料占有比例过大,也会使爆炸产物中的可燃性成分急剧增加。所以,矿井下应尽可能不使用负氧平衡的炸药,并对包装纸、石蜡的用量要严格控制。变质炸药、起爆能不足的雷管都会因爆炸作用不完全而产生上述不良气体,所以禁止使用。此外,炮眼必须按要求进行良好的塞填后才准爆破。

总之,爆破作业引起瓦斯发火的原因十分复杂,这与空气成分、爆炸性气体的组成、冲击波的强度、固体颗粒的性质及数量、诱导期等有关。一般认为,高温气态产物最易引燃瓦斯。因此,要求设计许用炸药时,必须考虑降低爆温,减少爆炸性气体的生成量。

二、煤矿许用炸药

《煤矿安全规程》规定,井下爆破作业,必须使用煤矿许用炸药。所谓煤矿许用炸药是经主管部门批准,符合相关规定、允许在有瓦斯和(或)煤尘爆炸危险的煤矿井下或工作地点使用的炸药。

1. 煤矿许用炸药的命名规则

煤矿许用炸药的命名遵循如图 3-25 所示的规则:炸药名称由 4～5 位字母和数字构成;第一位用大写字母表示炸药的品种,如 S 代表水胶炸药;第二位用大写字母 M 表示炸药适用于煤矿,即煤矿许用型炸药;第三位用希腊数字表示炸药的安全等级,总共五级,从Ⅰ到Ⅴ安全级别逐渐提高;第四位用阿拉伯数字表示炸药的牌号;第五位用小括号括起来的大写字母表示炸药的特征,如 K 代表该炸药具有抗水特性。

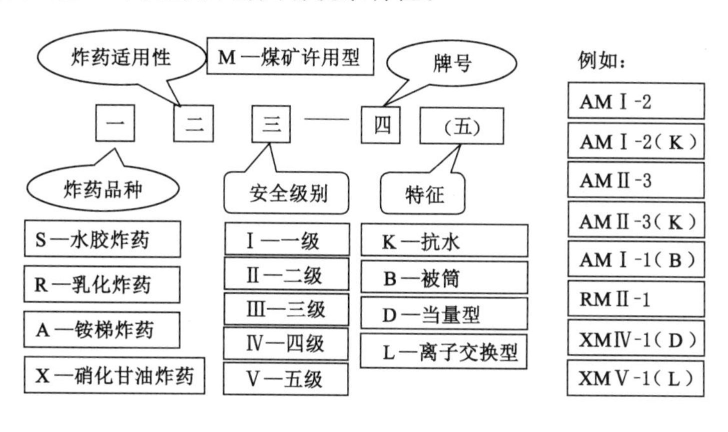

图 3-25 煤矿许用炸药的命名规则

2. 煤矿许用炸药的基本要求

根据煤矿井下作业的特点及爆破引燃瓦斯的途径，对煤矿许用炸药的基本要求是：

① 在保证做功能力的条件下，对煤矿许用炸药应按炸药等级限制爆温和爆热。通常炸药的爆热、爆温等爆炸参数值愈低，其爆轰波的能量、爆炸产物的温度也愈低，爆炸后形成空气冲击波的强度、爆温也愈低，从而使瓦斯爆炸发火率降低。

② 煤矿许用炸药反应必须完全。炸药爆炸反应愈完全，爆炸产物中的固体颗粒和爆炸后生成的可燃性气体（CO、H_2）、催化性气体（NO、O_2）以及有毒气体愈少，炸药的安全性愈高。

③ 煤矿许用炸药的氧平衡必须接近于零。正氧平衡的炸药在爆炸时，能生成氧化氮和初生态的氧，容易引燃引爆瓦斯。而负氧平衡炸药，爆炸反应不完全，会使未完全反应的固体颗粒增多，也容易生成一氧化碳，引起二次火焰，对防止瓦斯引火极为不利。

④ 煤矿许用炸药中要加入消焰剂。消焰剂可以起到阻化作用，使瓦斯爆炸反应过程中断，从根本上抑制瓦斯引火。

⑤ 煤矿许用炸药不许有易于在空气中燃烧的物质和外来夹杂物。明火对瓦斯的长期加热常常能引燃瓦斯，因此在煤矿许用炸药中，不允许含有易燃的金属粉（如铝、镁粉等），也不允许使用铝壳电雷管。

⑥ 炸药或爆炸产物中不能含有促进瓦斯连锁反应的产物。能够抑制瓦斯连锁反应的物质习惯上称为消焰剂。实验证明，碱金属的卤化物如 KCl、NaCl 等，某些金属的有机盐如苯甲酸钠、四乙基铅等，卤代碳氢化合物和卤代乙烷等都具有一定的消焰作用。在研究许用炸药初期，认为消焰剂的作用在于吸收热量、降低爆温从而阻止瓦斯爆炸，而现在研究表明，消焰剂吸收热量的多少即热容量的大小对瓦斯的引火率并没有明显的影响，通过对瓦斯爆炸机理的研究发现，消焰剂的作用在于吸收了瓦斯初期爆燃过程中的自由基（·CH_3、·OH 等），中断了链反应。

3. 煤矿许用炸药的种类

煤矿许用炸药主要是铵梯类炸药，有抗水和非抗水两种，主要品种有：1 号煤矿铵梯炸药、2 号煤矿铵梯炸药、3 号煤矿铵梯炸药、1 号抗水煤矿铵梯炸药、2 号抗水煤矿铵梯炸药、3 号抗水煤矿铵梯炸药、2 号煤矿铵油炸药和 1 号抗水煤矿铵沥蜡炸药、安全被筒炸药、离子交换炸药等。

安全被筒炸药是一种以含盐量较少的炸药为药芯，在外包覆一层惰性盐壳而形成的药卷。采用这种结构既能保证炸药的感度和爆炸性能（避免了将盐直接加入炸药中，导致炸药的感度和爆炸性能降低），又能提高炸药的安全性（爆破时，盐可降低爆温）。

离子交换炸药，即含有离子交换盐（氯化铵、硝酸钠或硝酸钾）的炸药。在炸药爆炸时，离子交换盐相互作用，形成超细度的氯化钠或氯化钾，从而提高了炸药的安全性。

4. 煤矿许用炸药的安全性等级

煤矿许用炸药的安全性等级指炸药在矿井中爆炸后不易引燃瓦斯或煤尘的性能。目前，我国将煤矿许用炸药的安全性分为以下五级：

① 一级煤矿许用炸药。包括 2 号煤矿许用炸药、2 号抗水煤矿许用炸药、一级煤矿许用

乳化炸药等 3 种。试验方法:装药量 100 g,5 次试验,无炮泥,反向起爆,不引爆瓦斯。

② 二级煤矿许用炸药。包括 3 号煤矿许用炸药、3 号抗水煤矿许用炸药、二级煤矿许用乳化炸药、二级煤矿许用水胶炸药等 4 种。试验方法:装药量 150 g,5 次试验,无炮泥,反向起爆,不引爆瓦斯。

③ 三级煤矿许用炸药。包括安全被筒炸药、三级煤矿许用乳化炸药、三级煤矿许用水胶炸药等 3 种。试验方法:装药 150 g,悬吊,不引爆瓦斯。

④ 四级煤矿许用炸药。仅有四级煤矿许用乳化炸药 1 种。试验方法:装药 250 g,悬吊,不引爆瓦斯。

⑤ 五级煤矿许用炸药。仅有离子交换炸药 1 种。试验方法:装药 450 g,悬吊,不引爆瓦斯。

5. 煤矿许用炸药的使用范围

煤矿井下所有爆破作业的工作面,都必须按其矿井(区域)的瓦斯等级,合理选择相应安全等级的煤矿许用炸药,以确保安全。各国对煤矿许用炸药都划分有安全等级和使用范围。目前,我国使用的煤矿许用炸药主要是添加食盐的硝酸铵系列炸药。

使用未经安全鉴定的炸药或不按指定范围使用炸药,都可能引起瓦斯爆炸。但是也不应当认为,使用经过安全鉴定的煤矿许用炸药并按指定范围使用就万无一失。在通风不良、不堵或少堵封泥、使用药量过多、炸药变质等情况下,即使是煤矿许用炸药也会引发瓦斯爆炸。

我国对煤矿许用炸药的使用范围规定为:一、二级用于低瓦斯矿井;三级用于高瓦斯矿井;四级用于煤与瓦斯突出矿井;五级用于溜煤眼施工和石门揭开煤层。

《煤矿安全规程》规定,煤矿许用炸药的选用应遵守下列规定:

① 低瓦斯矿井的岩石掘进工作面,使用安全等级不低于一级的煤矿许用炸药。

② 低瓦斯矿井的煤层采掘工作面、半煤岩掘进工作面,使用安全等级不低于二级的煤矿许用炸药。

③ 高瓦斯矿井,使用安全等级不低于三级的煤矿许用炸药。

④ 突出矿井,使用安全等级不低于三级的煤矿许用含水炸药。

三、起爆器材

根据引爆方式和起爆能源的不同,雷管种类有火雷管、电雷管、电子雷管、导爆管雷管等几种形式,其中使用最广泛的是电雷管,电雷管分有普通电雷管和磁电雷管。

1. 普通电雷管

① 瞬发电雷管

瞬发电雷管的引爆过程非常简单,只要通入的电流使桥丝电阻产生热能点燃引火药头或起爆药,雷管就能立即起爆。

② 秒延时电雷管

秒延时电雷管是一种通电后经过以秒量计算的延时后才发生爆炸的电雷管。它的结构特点是在电点火元件与起爆药之间加一段精制的导火索,用导火索长度控制延时时间。

③ 毫秒延时电雷管

毫秒延时电雷管是一种通电后经过以毫秒量计算的延时后发生爆炸的电雷管。

普通电雷管可用于地下和露天爆破工程，但不包括有瓦斯和矿尘爆炸危险的矿山。

2. 煤矿许用电雷管

煤矿许用电雷管也称为安全电雷管，包括煤矿许用瞬发电雷管和煤矿许用毫秒延时电雷管，可用于有瓦斯和矿尘爆炸危险的矿山。

为确保雷管的爆炸不致引起瓦斯和矿尘的爆炸，煤矿许用电雷管在普通电雷管的基础上采取了以下措施：

(1) 不允许使用铁壳或铝壳。

(2) 不允许使用聚乙烯绝缘爆破线，只能采用聚氯乙烯绝缘爆破线。

(3) 在加强药中加入消焰剂，控制其爆温、火焰长度和火焰延续时间。

(4) 雷管底部不做窝槽，改为平底，防止聚能穴产生的聚能流引燃瓦斯。

(5) 采用燃烧温度低、生成气体量少的延时药，并加强延时药燃烧室的密封，防止延时药燃烧时喷出火焰引燃瓦斯的可能性。

(6) 加强雷管管壁的密封。

3. 电子雷管

电子雷管，又称数码雷管，或者数码电子雷管。它是一种采用电子控制模块(专用芯片)对起爆过程进行控制的新型雷管。它与传统雷管的主要区别是，采用电子控制模块取代传统雷管内的延时药，使延时精度有了质的提高。

置于电子雷管内部的电子控制模块是一种专用电路模块，具备雷管起爆延时时间控制、起爆能量控制、内置雷管身份信息码和起爆密码，能对自身功能、性能及雷管点火元件的电性能进行测试，并能和起爆控制器及其他外部控制设备进行通信。

电子雷管有如下优点：

① 电子延时集成芯片取代传统延时药，雷管发火延时精度高，准确可靠，有利于控制爆破效应，改善爆破效果。

② 提高了雷管生产、储存和使用的技术安全性。

③ 使用雷管不必担心段别出错，操作简单快捷。

④ 可以实现雷管的国际标准化生产和全球信息化管理。

按应用环境，电子雷管分为煤矿许用电子雷管和普通电子雷管。

在采掘工作面，必须使用煤矿许用瞬发电雷管、煤矿许用毫秒延期电雷管或者煤矿许用数码电雷管。使用煤矿许用毫秒延期电雷管时，最后一段的延期时间不得超过 130 ms。使用煤矿许用数码电雷管时，一次起爆总时间差不得超过 130 ms，并应当与专用起爆器配套使用。

4. 导爆索

导爆索是以黑索金或泰安等单质猛炸药为药芯，外层用棉线、麻线或人造纤维等材料被覆，能够传播爆轰波的索状起爆器材。

导爆索的主要性能参数包括：爆速、起爆能力、感度、耐水性、使用环境温度、耐热性和耐冻性等。

根据使用条件不同，导爆索可分为普通导爆索和安全导爆索。普通导爆索适用于露天工程爆破，安全导爆索可用于有瓦斯、矿尘爆炸危险作业点的工程爆破。

5. 导爆管

导爆管是内管壁涂有均匀奥克托金与铝粉混合物或黑索金与铝粉混合物的高压聚乙烯管。其外径为 2.8～3.1 mm，内径为 1.4 mm±0.1 mm，药量为 14～16 mg/m。

导爆管具有安全可靠、轻便、经济、不易受到杂散电流干扰和便于操作等优点。导爆管可被 8 号雷管、普通导爆索、专用激发笔等激发并可靠引爆。长达数千米的一根导爆管一端引爆后会以稳定的速度传播，不会出现中断现象。火焰、冲击、30 kV 的直流电均不能使导爆管引爆。

煤矿井下爆破作业不应使用导爆管。

四、起爆电源

由于井筒断面较大，炮眼多，工作条件较差，为防止因个别炮眼连线有误，而酿成全网路的拒爆，一般不用串联，而用并联或串并联的连线方式。并联电路需要大的电能，它的起爆总电流随着电网中雷管并联数的增加而加大，这就要求有高能量的爆破电源；另一方面应尽量减少线路电阻，所以一般都采用地面的 220 V 或 380 V 的交流电源起爆。

第四节　爆破工作

爆破工作主要包括爆破器材的选择和爆破参数的确定，并编制爆破图表和说明书。应用光面爆破可使掘出的巷道轮廓平整光洁，岩帮裂隙少、稳定性高，超挖量小，便于锚喷支护。所以光面爆破是一种成本低、工效高、质量好的爆破方法。光面爆破的实质，是在井巷掘进断面的轮廓线上布置间距较小、相互平行的炮眼，控制每个炮眼的装药量，选用低密度和低爆速的炸药，采用不耦合装药同时起爆，使炸药的爆炸作用刚好产生沿炮眼连线的贯穿裂缝，并沿炮眼连线将岩石崩落下来。光面爆破的质量标准如下：

(1) 围岩面上留下均匀眼痕的周边眼数应不少于其总数的 50%；

(2) 超挖尺寸不得大于 150 mm，欠挖不得超过质量标准规定；

(3) 围岩面上不应有明显的炮震裂缝。

光爆施工方法虽有多种，但国内使用最多的是普通光爆法。即先用一般的爆破方法在巷道内部做出巷道的粗断面给周边留下一个厚度比较均匀的光面层，然后再由布置在光面层上的边眼爆出整齐的巷道轮廓。这些边眼就是光爆炮眼。在光爆中，要达到既降低对围岩的破坏又在边眼间形成贯穿裂缝，把岩体整齐地切割下来，所以必须慎重选取爆破参数。

关于贯穿裂缝形成的机理，一般可以这样认为：当光爆炮眼同时起爆后，在各炮眼的眼壁上产生细微径向裂隙。由于起爆器材的起爆时间误差，各炮眼不可能在同一时刻爆炸，先爆炮眼的径向裂隙，由于有相邻后爆炮眼所起的导向作用，使沿相邻两炮眼连心线的那条径向裂隙得到优先发展，并在爆生气体的静压作用下进一步扩展，形成贯穿裂缝。贯穿裂缝形成后，周围岩体内的应力因释放而下降，从而能够抑制其他方向上有害裂隙的发展，同时又隔断了从自由面反射的应力波向围岩传播，因而爆破形成的壁面平整。若光爆炮眼起爆时差超过 0.1 s，各炮眼就同单独起爆一样，炮眼周围将产生较多的裂隙并形成凹凸不平的壁面。因此，在光面爆破中应尽量减少光爆炮眼的起爆时差。

为保证贯穿裂缝的形成，光爆炮眼之间的距离要适当减小，具体尺寸视岩石性质、炮眼直径、炸药性能而定。轮廓线的曲线段的炮眼应比直线段稍微密一些。两装药眼间如增加空眼，就能为形成贯穿裂缝创造更有利的条件，但增加空眼将相应地增加钻眼工作量。

一、爆破器材的选择

立井井筒掘进时的爆破器材选择主要是炸药和雷管的选择。炸药主要根据岩石的性质、井筒涌水量、瓦斯和炮眼深度等因素来进行选定。而雷管目前主要采用 8 号电雷管或数码电子雷管。

立井井筒施工普遍采用水胶炸药和乳化炸药。

二、爆破参数的确定

由于立井穿过的岩层变化大，影响爆破参数效果的因素较多，目前，对爆破各参数还没有确切的理论计算方法。因此，在设计时，可根据具体条件，用工程类比或模拟试验的方法，并辅以一定的经验计算公式，初选各爆破参数值，然后在施工中不断改进，逐步完善。其主要爆破参数有炮眼深度、炮眼直径、炸药消耗量、炮眼布置、装药结构与起爆技术等。

1. 炮眼深度

炮眼深度不仅对钻眼爆破工作本身，而且对其他施工工序及施工组织都有重要影响，它决定着循环时间及劳动组织方式。

目前，我国立井井筒施工中，炮眼深度小于 2 m 的为浅眼，2～3.5 m 的为中深眼，大于 3.5 m 的为深眼。最佳的眼深，应以在一定的岩石与施工机具的条件下，能获得最高的掘进速度和最低的工时消耗为主要标准。

炮眼的深度与布置应根据岩性、作业方式等加以确定，通常情况下，短段掘砌混合作业的眼深应为 3.5～4.5 m；大段高单行作业或平行作业的眼深也可为 3.5～4.5 m 或更深；浅眼多循环作业的眼深应为 1.2～2.0 m。当眼深超过 6 m 时，钻眼速度明显降低，夹钎事故增多。

炮眼深度还受掏槽效果的限制，以目前的爆破技术，当炮眼过深时，不但降低爆破效率，还会使眼底岩石破碎不充分，岩帮不平整，岩块大而不匀，给装岩、清底以及下一循环的钻眼工作带来困难。

此外，炮眼深度还与炸药的传爆性能有关，通常，采用 40 mm 眼径，装入 32 mm 直径的硝铵炸药，用一个雷管起爆，只能传爆 6～7 个药卷，最大传爆长度为 1.5～2 m（相当于 2.5 m左右的眼深）。若装药过长，不但爆轰不稳定，效率低，甚至不能完全起爆。因此，采用中深或深眼时，就应从增大炸药本身的传爆性能及消除管道效应着手，改变炸药品种、药卷装填结构，采用导爆索和雷管的复合起爆方式。

从钻眼全过程分析，每循环钻眼的辅助时间（如运送钻具、安钻架、移眼位、药卷的运送装填、人员撤离和通风检查等），不同的眼深差别不太大。当钻深眼时，虽然单孔纯钻眼时间增加了，但折合到单位炮眼长度的钻凿辅助时间却减少了，同时也大大缩小了装岩和支护工作辅助时间。因此，以大抓岩机与伞钻所组成的立井施工机械化作业线，必须采用深孔爆破，才能更好地发挥效益。

循环组织是确定炮眼深度的重要依据，为积极推行正规循环作业，实现生产岗位责任制，应尽可能避免跨班循环，力求做到每日完成整循环数。因此，有些施工单位常根据进度要求及循环组织形式，来推算炮眼深度，即

$$l=\frac{L}{N\cdot n\cdot \eta\cdot \eta_1} \tag{3-22}$$

式中 l——炮眼深度，m；

L——井筒施工计划月进度，m；

N——每月实际作业天数，平行作业时取 30 d，锚喷永久支护单行作业时取 25～27 d，浇灌混凝土单行作业时取 18～20 d；

n——日完成循环数，一般浅眼每日 2～4 个循环，中深眼每日 1～2 个循环；

η——炮眼利用率，一般取 0.8～0.9；

η_1——月循环率，考虑到难于预见的事故影响（如地质变化、机电故障等），取 0.8～0.9。

上述经验公式是以循环组织为主要依据来选择眼深，但循环组织的确定，又随炮眼深度的变化而变化，两者互为因果。因此，先初选日循环数，然后求得眼深，往往不一定是技术经济上的最优值，这种方法对采用手持式凿岩机打眼、浅眼多循环的工作面尚有一定的实用性，而对当前主要以机械化配套的深孔爆破，一般均以伞钻的一次推进深度来进行确定。当然，实际工作中应结合具体条件来确定合理的炮眼深度。

2. 炮眼直径

用手持式凿岩机钻眼，采用标准直径 32～35 mm 药卷时，炮眼直径常为 38～43 mm，随着钻眼机械化程度的提高、眼深的加大，小直径炮眼已不能适应需要，必须采用更多直径的药卷和眼径。一般来说，药包直径以 35～45 mm 为宜，而炮眼直径比药卷直径大 3～5 mm。

炸药随其药卷直径的加大，爆速、猛度、爆力和殉爆距也相应增大，但直径超过极限值后（硝铵炸药为 60～80 mm），上述参数就不再增加。因此，应在极限直径内，加大药卷直径，提高爆破效果。

当药卷直径加大时，炸药的集中系数和爆破作用半径也增大，可减少工作面的炮眼数目。据统计，药卷直径由 32 mm 增大到 45 mm 时，眼数可减少 30%左右。这样，虽因眼径加大，钻眼的纯钻速有所降低，但每循环的眼数减少，总的钻眼时间还是缩短了。

为使爆破后井筒断面轮廓规整，采用大直径炮眼时，应适当增加周边眼数目（一般 5～7 个）。当采用锚喷支护时，应用光面爆破。

3. 炸药消耗量

炸药消耗量主要用单位炸药消耗量（爆破每立方米实体岩石所需的炸药量）来表示，它

是决定爆破效果的重要参数。装药过少,爆破后岩石块度大、井筒成型差、炮眼利用率低;药量过大,既浪费炸药,还有可能崩坏设备,破坏围岩稳定性,造成大量超挖。

影响单位炸药消耗量的因素很多,如岩石坚硬、裂隙层理发达、炸药的爆力小、药径小,炸药的消耗量就大。

爆破时,接近上部自由面的围岩呈不均匀压缩状态,剪应力集中,有利于爆破。但炮眼过浅,炸药爆生气体易从岩石裂隙中逸出,造成能量损失。反之,眼孔深部岩石接近于三向均匀压缩状态,需更多的能量去破碎和抛掷岩石。因此,对于每个工作面都有个最佳炮眼深度,使单位炸药消耗量小,爆破效果好。

目前,炸药消耗量的经验计算公式,因受工程条件变化的限制,只能作为参考,因而施工单位常参照国家颁布的预算定额来选定,如表 3-9 所列。

表 3-9　立井掘进每立方米炸药和雷管消耗量定额

井筒净直径/m	浅孔爆破								中深孔爆破			
	$f<3$		$f<6$		$f<10$		$f>10$		$f<6$		$f<10$	
	炸药/kg	雷管/个	炸药/kg	雷管/个	炸药/kg	雷管/个	炸药/kg	雷管/个	炸药/kg	雷管/个	炸药/kg	雷管/个
4.0	0.81	2.06	1.32	2.33	2.05	2.97	2.68	3.62				
4.5	0.77	1.91	1.24	2.21	1.90	2.77	2.59	3.45				
5.0	0.73	1.87	1.21	2.17	1.84	2.69	2.53	3.36	2.10	1.09	2.83	1.24
5.5	0.70	1.68	1.14	2.06	1.79	2.60	2.43	3.17	2.05	1.07	2.74	1.20
6.0	0.67	1.62	1.12	2.05	1.75	2.53	2.37	3.08	2.01	1.01	2.64	1.14
6.5	0.65	1.55	1.08	1.96	1.68	2.44	2.28	2.93	1.94	0.97	2.55	1.10
7.0	0.64	1.53	1.06	1.91	1.62	2.34	2.17	2.78	1.89	0.93	2.53	1.09
7.5	0.63	1.49	1.04	1.88	1.57	2.27	2.09	2.66	1.85	0.90	2.47	1.06
8.0	0.61	1.43	1.00	1.84	1.56	2.23	2.06	2.60	1.78	0.86	2.40	1.02

实际工程施工中,也可按以往的经验,先布置炮眼,并选择各类炮眼的装药系数,依次求得各炮眼的装药量、每循环的炸药量和单位炸药消耗量。表 3-10 为通常情况下的炮眼装药长度系数参考值。

表 3-10　炮眼装药长度系数参考值

炮眼名称	岩石的坚固性系数 f					
	1～2	3～4	5～6	8	10	15～20
掏槽眼	0.50	0.55	0.60	0.65	0.70	0.80
崩落眼	0.40	0.45	0.50	0.55	0.60	0.70
周边眼	0.40	0.45	0.55	0.60	0.65	0.75

注:1. 立井穿过有瓦斯、煤尘爆炸危险地层时,装药长度系数应按《煤矿安全规程》规定执行。

2. 周边眼之上述数据不适用于光面爆破。采用光面爆破时,周边眼每米装药量约为 100～400 g(2 号硝铵炸药)。

4. 炮眼布置

通常井筒多为圆形断面，炮眼采用同心圆布置。

（1）掏槽眼

它是在一个自由面条件下起爆，是整个爆破的难点，应布置在最易钻眼爆破的位置上。在均匀岩层中，可布置在井筒中心；急倾斜岩层，应布置在靠井筒中心岩层倾斜的下方。常用的有下列几种掏槽方式：

① 直眼掏槽。其炮孔布置圈径一般为 1.2～1.8 m，眼数为 4～7 个左右，由于打直眼，易实现机械化，岩石抛掷高度也小。如要改变循环进尺，只需变化眼深，不必重新设计掏槽方式。但它在中硬以上岩层中进行深孔爆破时，往往受岩石的夹制，难于保证良好效果。为此，除选用高威力炸药和加大药量外，可采用二阶或三阶掏槽，即布置多圈掏槽，并按圈分次爆破，相邻每圈间距为 200～300 mm 左右，由里向外逐圈扩大加深，各圈眼数分别控制在 4～9 个左右，见图 3-26。由于分阶掏槽圈距较小，炮眼中的装药顶端，应低于先爆眼底位置，并要填塞较长的炮泥，以提高爆破效果。

② 斜眼锥形掏槽。其炮眼布置倾角（与工作面的夹角）一般为 70°～80°，眼孔比其他眼深 200～300 mm，各眼底间的距离不得小于 200 mm，各炮眼严禁相交。这种掏槽方式，因打斜眼而受井筒断面大小的限制，炮眼的角度不易控制。但它破碎和抛掷岩石较易。为防止崩坏井内设备，常常增加中心空眼，其眼深为掏槽眼的 1/2～1/3 左右，用以增加岩体碎胀补偿空间，集聚和导向爆破应力，见图 3-27。它适用于岩石坚硬、一般直径的浅眼掏槽，如要用于中深眼，拟与直眼掏槽结合。

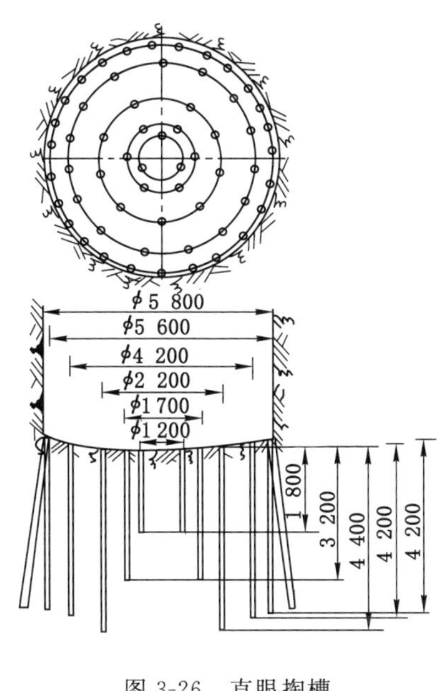

图 3-26 直眼掏槽

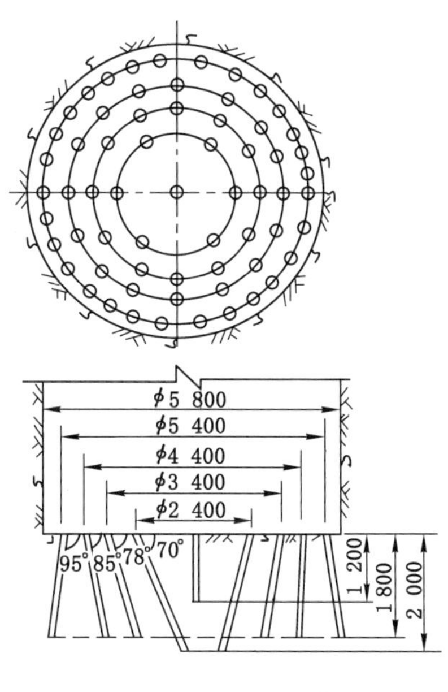

图 3-27 锥形掏槽

为增加岩石破碎度及抛掷效果，可在井筒中心钻凿 1～3 个空眼，眼深超过最深掏槽眼 500 mm 以上，并在眼底装入少量炸药，最后起爆。

在倾斜岩层中，亦可采用楔形掏槽。

(2) 周边眼

立井施工中，应采用深孔光面爆破，这时应将周边眼布置在井筒轮廓线上，眼距为400～600 mm 左右。为便于打眼，眼孔略向外倾斜，眼底偏出轮廓线 50～100 mm，爆破后井帮沿纵向略呈锯齿形。

(3) 辅助眼(崩落眼)

辅助眼(崩落眼)界于掏槽眼与周边眼之间，可多圈布置，其最外圈与周边眼的距离要满足光爆层要求，一般以 500～700 mm 为宜。也可根据岩石条件与炸药类型，按光面爆破要求进行计算。其余崩落眼圈距取 600～1 000 mm，按同心圆布置，眼距为 800～1 200 mm 左右。

5. 装药结构与起爆技术

合理的装药结构和可靠的起爆技术，应使药卷按时序准确无误起爆，爆轰稳定，完全传爆，不产生瞎炮、残炮、压死、空炮和带炮等事故，并要求装药连线操作简单、迅速和可靠。

(1) 传爆方向和炮泥封口

在普通小直径浅眼爆破中，常采用将雷管及炸药的聚能穴向上，引药置于眼底的反向爆破，以增强爆炸应力，增加应力作用时间和底部岩石的作用力，提高爆破效果。

反向爆破引爆的导线较长，装药较麻烦，在有水的炮眼中要防止起爆药受潮，眼口要用炮泥封堵，其充填长应不小于 0.5 m。

(2) 装药结构与防水措施

在浅眼爆破施工中，过去常用蜡纸包药卷和纸壳雷管，并外套防水袋逐卷装填，这对有水的深孔爆破，装药费时，防水性差。将药卷两端各套一乳胶防水套，并装在长塑料防水袋中，一次可填装 4 m 左右的深眼，能达到装填迅速，质量可靠。也有采用薄壁塑料管，装入炸药和雷管，做成爆炸缆，一次装入炮眼中。这种方式操作简单，可在现场临时加工，防水性能好，既可装入较大直径的高威力炸药，又可填入小直径低威力药卷，满足光面爆破的要求。

与巷道施工一样，掏槽眼与崩落眼的眼孔与药卷间应采用小间隙的连续装药结构，周边眼应采用径向和轴向空气间隙的装药结构。

(3) 起爆方法和时序

在深度不大的炮眼中，药卷均采用电雷管起爆。对于深孔或光面爆破，常采用电雷管导爆索起爆。

立井爆破都是由里向外，逐圈分次起爆，它们的时差应利于获得最佳爆破效果和最少的有害作用。对于掏槽眼和辅助眼，后圈药包应在前圈爆炸后，岩石开始形成裂缝，岩块尚未抛出，残余应力消失之前起爆效果最好，间隔时间一般为 25～50 ms。周边眼应在邻近一圈的辅助眼爆破后，充分形成自由面，岩块抛出，但尚未落下前(冲击波已减弱)起爆效果最好，其间隔时间取 100～150 ms。有瓦斯工作面，总起爆间隔时间不得超过 130 ms。

应该指出，合理的时差与岩石性质、工作面条件有关：硬而脆的岩石，或有两个自由面时，时差可小些；炮眼深、眼距大时，时差可大些。

（4）电爆网路

电爆网路指由起爆电源、爆破母线、连接线和电雷管（包括导爆索）所组成的电力起爆系统。

由于井筒断面较大、炮眼多、工作条件较差，为防止因个别炮眼连线有误而酿成全网路的拒爆，一般不用串联，而用并联或串并联的连线方式。并联电路需要大的电能，它的起爆总电流随着电网中雷管并联数的增加而加大，这就要求有高能量的爆破电源；另一方面应尽量减少线路电阻，所以一般都采用地面的 220 V 或 380 V 的交流电源起爆。

在地面设置专用电源开关盒，井筒内敷设专用爆破电缆，工作面设木桩架起一定高度的裸铝线或裸铁丝作为与电雷管脚线的连接线，组成专用的爆破网络。在有瓦斯的工作面实施爆破时，采用有限时装置的防爆型爆破开关。

由于各雷管的电阻及感度有误差，网络中各分路的电阻也有较大差别，即使总电流满足要求，往往因分路电流分配不匀，也能使某些雷管不能在短时间内同时得到发火电流而造成拒爆。为此，选用的网路型式要合理。我国立井掘进爆破常用的网路有串联、并联和混联。由于以交流电作起爆电源，故以应用并联或串并联网路为多。图 3-28 中的四种网路型式中，闭合反向并联方式可使各雷管的电流分配较为均匀。

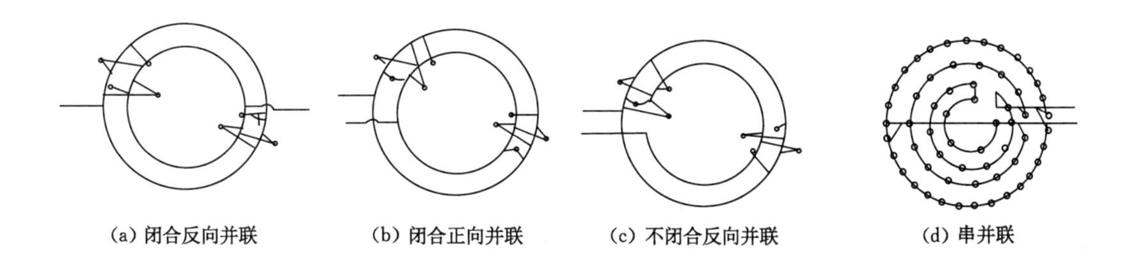

图 3-28　并联爆破网路图

当其他条件相同时，串并联连线方式可提高单个雷管所得的电流，选择时，力求各串联组的线路电阻相近。但由于串并联连接线较复杂，在施工中用的较少。

不论哪种连线方式，均要验算各雷管的爆破电流，其值不应小于雷管的准爆电流。

目前，立井施工爆破采用数码电子雷管起爆，抗杂散电流能力强，爆破比较安全。

三、爆破图表

由于井筒穿过多种不同岩层，故应根据岩石坚硬性及其构造情况，先大致归并为几大类，再分别编制不同的爆破图表，分类选用。图 3-29 及表 3-11～表 3-13 为某立井井筒施工的爆破图表。

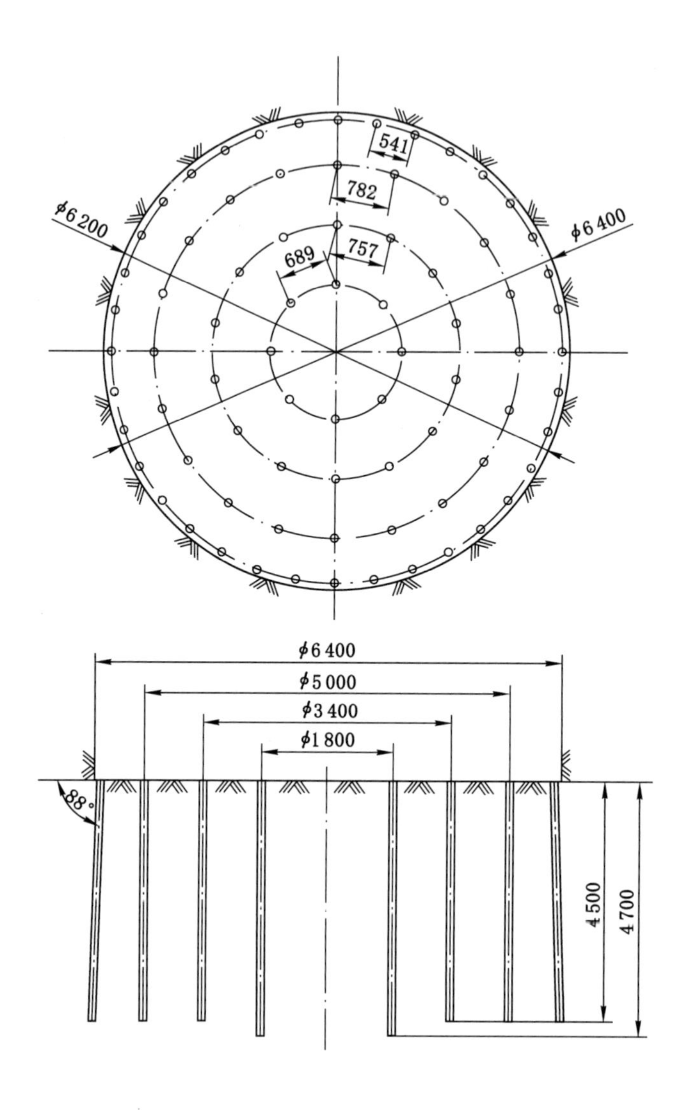

图 3-29 炮眼布置图

表 3-11 爆破条件表

序号	名 称	单 位	数 值	备 注
1	井筒净径	m	5.5	
2	井筒荒径	m	6.4	
3	井筒掘进断面	m^2	32.2	
4	岩石条件	f	<6	
5	雷管	个		抗杂散毫秒延期电雷管
6	炸药(φ45)	m/卷、kg/卷		

表 3-12　爆破参数表

圈别	每圈眼数/个	眼深/mm	每孔装药量/(kg/孔)	炮眼角度/(°)	圈径/mm	总装药量/kg	眼间距/mm	起爆顺序	连线方式
1	8	4 700	4.2	90	1 800	33.6	689	Ⅰ	并联
2	14	4 500	3.5	90	3 400	49	757	Ⅱ	
3	20	4 500	2.8	90	5 000	56	782	Ⅲ	
4	36	4 500	2.1	88	6 200	75.6	541	Ⅳ	
合计	78					214.2			

表 3-13　爆破预期效果

序号	爆破指标	单 位	数 值
1	炮眼利用率	%	89
2	每循环爆破进尺	m	4.0
3	每循环爆破实体矸石量	m^3	128.8
4	每循环炸药消耗量	kg	214.2
5	单位原岩炸药消耗量	kg/m^3	1.66
6	每米井筒炸药消耗量	kg/m	53.55
7	每循环雷管消耗量	个	78
8	单位原岩雷管消耗量	个/m^3	0.6
9	每米井筒雷管消耗量	个/m	19.5

四、爆破安全

立井井筒施工时的装药、连线和爆破工作，应严格遵守《煤矿安全规程》的有关规定，并应注意以下几点：

① 制作药卷必须在离井筒 50 m 以外的室内进行，并要认真检查炸药、雷管是否合格。引药只准爆破工携送入井。

② 装药前，应先检查爆破母线是否断路，电阻值是否正常，然后将工作面的工具提出井筒，设备提至安全高度，吊桶上提至距工作面 0.5 m 高度。除规定的装药人员与信号工、水泵司机外，其余人员必须撤至地面。

③ 连线时切断井下一切电源，用矿灯照明，信号装置及带电物也提至安全高度。

④ 爆破前，检查线路接点是否合格，各接点必须悬空，不得浸入水中或与任何物体接触。当人员撤离井口、开启井盖门、发出信号后，才允许打开爆破箱合闸爆破，爆破工作只能由爆破工执行。

⑤ 爆破后，检查井内设备，清除崩落在设备上的矸石。

⑥ 如有拒爆,必须在班组长直接指导下,查明原因,或重新连线爆破,或在距拒爆 0.3 m 以外处另打新眼,装药爆破。严禁用镐刨引药或用压风吹眼,并要仔细收集炸落未爆的药卷。

⑦ 穿过有瓦斯煤层时,应制定相应的安全技术措施。

第四章　装岩工作

第一节　装岩机械

装岩是立井井筒掘进循环中最重要的一项工作，它既费时又繁重，约占掘进总循环时间的 50%～60%。因此，提高装岩效率和机械化水平是加快立井施工的关键。

20 世纪 50 年代初，我国从苏联引进并开始使用 БЧ-型气动抓岩机，使井筒施工装岩工作步入机械化。20 世纪 50 年代末，我国自行研制了 NZQ-0.11 型及 HS2-2 型抓岩机，具有重量轻、体积小、悬吊方便、故障少、适应性强的特点。这些设备对促进凿井速度的提高，曾起到积极的作用，至今仍在直径 4.5～5.0 m、深度不超过 400 m 的浅井中广泛使用。目前我国矿山立井井筒基岩施工主要采用 NZQ2-0.11 型抓岩机、长绳悬吊式抓岩机（HS 型）、中心回转式抓岩机（HZ 型）、环行轨道式抓岩机（HH 型）和靠壁式抓岩机（HK 型）。煤矿立井施工以采用中心回转式抓岩机为主。常用抓岩机的技术特征见表 4-1。

表 4-1　常用抓岩机的主要技术特征

抓岩机类型		抓斗容积/m^3	抓斗直径/mm		技术生产率/(m^3/h)	适用井筒直径/m	外形尺寸(长×宽×高)/mm
			闭合	张开			
人力操作	NZQ2-0.11	0.11	1 000	1 305	12	不限	
	HS-6	0.6	1 770	2 230	50	5～8	
	HS-10	1.0	2 050	2 640	65	5～8	
中心回转	HZ-4	0.4	1 296	1 965	30	4～6	900×800×6 350
	HZ-6	0.6	1 600	2 130	50	4～6	900×800×7 100
	HZ-10	1.0	2 050	2 640	80	>7.5	1 950×1 600×9 120
环形轨道	HH-6	0.6	1 600	2 130	50	5～8	
	2HH-6	2×0.6	1 600	2 130	80～100	6.5～8	
靠壁式	HK-4	0.4	1296	1965	30	4～5.5	1 190×930×5 840
	HK-6	0.6	1 600	2 130	50	5～6.5	1 300×1 100×6 325

一、人力操作抓岩机

人力操作抓岩机有 NZQ2-0.11 型小抓岩机和长绳悬吊式抓岩机两种。

NZQ2-0.11 型抓岩机，斗容为 0.11 m^3，以压气作动力，人力操作。机体由抓斗、气缸升降器和操纵架三部分组成，见图 4-1。在井筒内，它悬吊在吊盘上的气动绞车上。装岩时，下放到工作面。抓岩结束，提至吊盘下方距工作面 15～40 m 的安全高度处。

长绳悬吊式抓岩机（HS-6 型）是 20 世纪 70 年代结合我国国情设计的一种简易式立井抓岩设备。该抓岩机由抓斗、悬吊钢丝绳及绞车组成。悬吊绞车安设在地面，由凿井工作面的操作人员操纵升降按钮，实现抓斗的提升和下放；操纵开闭控制阀，实现抓斗片的张开和闭合；用人力推拉移动抓斗，实现在任意点抓取岩石的目的。

长绳悬吊式抓岩机的悬吊绞车为 JZ2T10/700 型和 JZ2T10/900 型专用凿井绞车，该类型绞车具有可频繁启动和可逆旋转的良好工作性能。抓斗多采用 0.6 m^3 和 1.0 m^3 的增力矩抓斗。增力矩抓斗可随着抓片闭合时岩石阻力矩的增大而使抓斗的传动力矩也相应地增大，而且气缸通过钢丝绳悬吊在提吊装置上，见图 4-2。另外，当抓斗停用提至安全高度时，抓片始终处于闭合状态，不会自动张开，有利于安全。

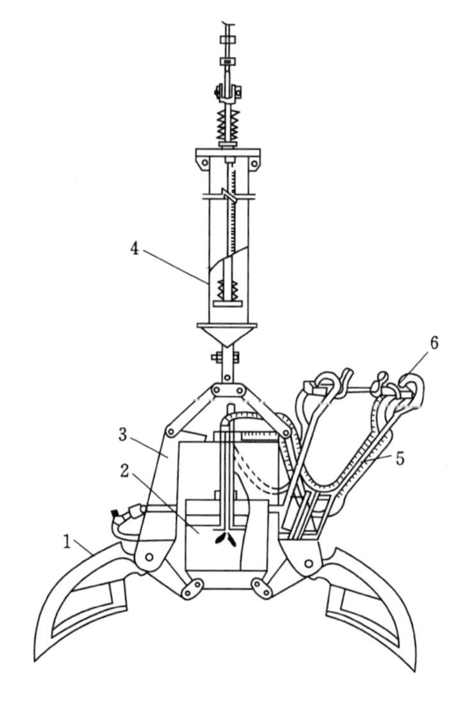

1—抓片；2—抓斗气缸；3—抓斗机体；
4—起重气缸；5—操纵柄；6—配气阀。

图 4-1　NZQ2-0.11 型抓岩机构造

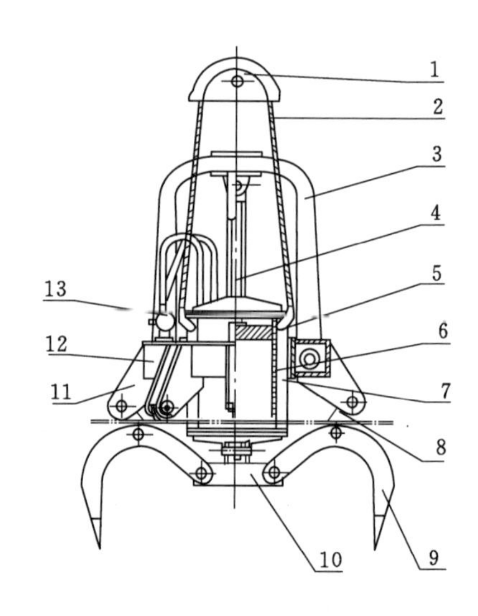

1—提吊板；2—钢丝绳；3—钟形梁；4—活塞杆；
5—活塞；6—气缸；7—竖筋板；8—连杆；9—抓片；
10—耳盘；11—支腿；1—环形梁；13—配气阀。

图 4-2　长绳悬吊式抓岩机增力矩抓斗构造

根据井筒直径，在工作面可配用 1 台或 2 台抓斗。为使抓岩和装岩工作便利，悬吊点应布置在靠近吊桶和井筒中心，见图 4-3。当采用两个吊桶和单台抓斗时，抓斗悬吊点应处于两个吊桶之间；当采用两台抓斗时，应尽量使抓斗悬吊点连线与吊桶中心连线互为正交，并使每个抓斗所承担的装岩面积大致相等。抓斗悬吊高度以 80～100 m 为宜，过高时，钢丝绳摆幅过大，危及安全；过低时，推送抓斗费力。为此，当悬吊高度超过 100 m 时，井筒中应安设导向架，并随工作面推进，不断向下移导向架。吊盘上通过钢丝绳的喇叭口的形状和尺寸应使钢丝绳摆动方便。

二、中心回转抓岩机

中心回转抓岩机是一种大斗容抓岩机，它直接固定在凿井吊盘上，以压风作为动力，该设备具有使用范围广、适应性强、设备利用率高、动力单一、结构紧凑、占用井筒面积不大，便于井筒布置、安全可靠、操作灵活、维护方便等优点，目前在煤炭矿山得到了普遍的使用。

1. 构造

该机由抓斗、提升机构、回转机构、变幅机构、固定装置和机架等部件组成，见图 4-4。

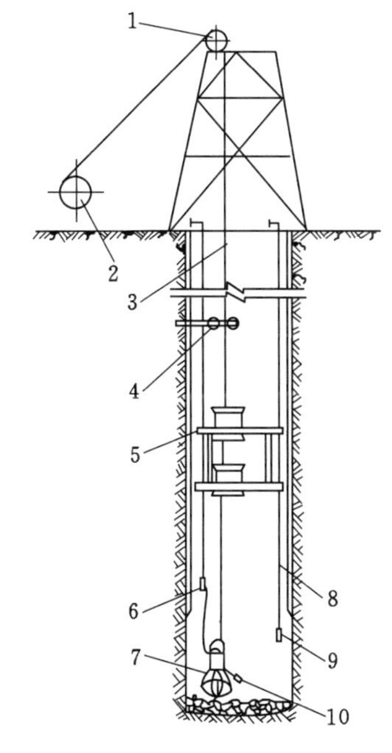

1—悬吊天轮；2—地面悬吊专用绞车；3—悬吊钢丝绳；4—钢丝绳限位滑架；5—吊盘；6—供风管路；7—抓斗；8—抓岩机控制电缆；9—升降操纵开关；10—抓斗控制阀门。

图 4-3 长绳悬吊式抓岩机的布置

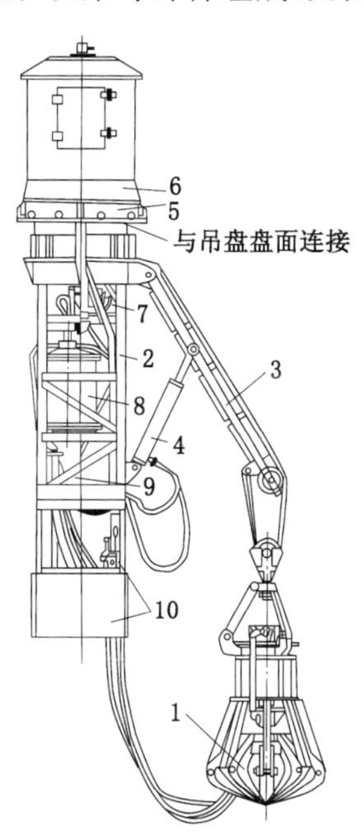

1—抓斗；2—机架；3—臂杆；4—变幅油缸；5—回转结构；6—提升绞车；7—回转动力机；8—变幅气缸；9—增压油缸；10—操作阀和司机室。

图 4-4 中心回转抓岩机构造

(1) 抓斗。由抓片、拉杆、耳盘、气缸和配气阀等部件组成。抓片的一端与活塞杆下端铰接，腰部孔通过拉杆与耳盘铰接。司机控制气缸顶端的配气阀，使活塞上下往复运动，致使活塞杆下端牵动八块抓片张合抓取岩石。

(2) 提升机构。由气动机、减速器、卷筒、制动器和绳轮机构组成。悬吊抓斗的钢丝绳一端固定在臂杆上，另一端经动滑轮引入臂杆两端的定滑轮，并通过机架导向轮缠至卷筒。司机控制气阀，气动机带动卷筒正转或反转以升降抓斗。制动器与气动机同步动作，当气动机经操纵阀引入压气时，同时接通制动阀气缸松开制动带，卷筒开始转动。反之，当气动机停止工作时，制动带借弹簧张力张紧而制动。除绳轮机构外，整个提升机构安装在回转盘以上的机架上，并设有防水保护罩。

(3) 回转机构。由气动机、蜗轮蜗杆减速器、万向接头、小齿轮、回转座(内装与小齿轮相啮合的内齿圈)组成。当气动机经操纵阀给气转动时,驱动减速器,通过万向接头带动小齿轮,使其在大齿圈内既自转又公转,以实现整机做360°回转,可使抓斗在工作面任意角度工作。回转座底盘固定在吊盘的钢梁上,回转座防水罩顶端设有回转接头,保证抓岩机回转时不间断地供应压气。

(4) 变幅机构。由大气缸、增压油缸、两个推力油缸和臂杆组成。大气缸和增压油缸通过一根共用的活塞杆联成一体,活塞杆两端分别装有配气阀和控油阀,由于活塞杆两端的活塞面积大小不同,使增压油缸内的油压增至6.4 MPa。增压油缸通过控制阀向铰接在机架与臂杆之间的两个推力油缸供油,推动活塞向上顶起臂杆变幅。打开配气阀,增压油缸内液压随之递减,油液自推力油缸返回增压油缸,臂杆靠自重下降收拢臂杆。

(5) 固定装置。由液压千斤顶、手动螺旋千斤顶和液压泵站组成。此装置用以固定吊盘,保证机器运转时盘体不致晃动。使用时,先用螺旋千斤顶调整吊盘中心,然后用液压千斤顶撑紧井帮。螺旋与液压千斤顶要对称布置。

(6) 机架。机架为焊接箱形结构,下部设司机室。司机室的四根立柱为空腔管柱,兼作压风管路,室内装有操纵阀和气压表,用于控制整机运转。

2. 布置与安装

抓岩机的布置要与吊桶协调,保证工作面不出现抓岩死角。一套单钩提升时,吊桶中心和抓岩机中心各置于井筒中心对应的两侧;采用两套单钩提升时,两个吊桶应分别置于抓岩机中心两侧;采用一套双钩提升,一套单钩提升时,3个吊桶亦应分别置于抓岩机中心两侧。为防止吊盘偏重,抓岩机应尽量靠井筒中心布置,但需预留出激光通过孔。抓岩机中心通常偏离井筒中心650~700 mm,而HZ-10型抓岩机通常为900 mm。

为了安全,地面可增设凿井绞车,以便对抓岩机进行辅助悬吊,通常可与伞钻合用一台悬吊绞车。

抓岩机主机安装时,应先将吊盘下放到离工作面一定距离,即HZ-4型、HZ-6型距工作面为4~5 m处,HZ-10型为7~8 m处,然后主机下放到工作面,慢慢将主机直立起来,使回转支承座对准下层吊盘的两根横梁。对准安装位置后用L型或U型螺栓固定,使主机与吊盘钢梁连成一体。

抓岩机提升机构安装时,应先将提升气动绞车下放到吊盘上,然后将其装在回转机架的左右梁上,找正位置,紧固螺栓。

抓岩机抓斗安装时,应将抓斗下放到工作面,但要注意将连接盘与气缸捆住,以防下放过程中活塞杆下落,抓片自动张开。

支撑系统安装时,由于支撑系统设于下层吊盘的盘面上,它由液压千斤顶、手动螺旋千斤顶等构成。支撑液压千斤顶通常用4~5个,其布置方式可用对称布置或等分均匀布置,不论应用何种布置方式,其底座要焊在下盘盘面靠主梁或副梁上。当抓岩机组装完后,将吊盘上升距工作面15~20 m,进行支撑系统的固定。固定前要调正吊盘的高度,使吊盘尽量稳定;每个千斤顶的顶尖高差不能超过100 mm;其压强当支撑点在永久井壁上用单抓斗时应达到12 MPa,双抓斗时应达到16 MPa,若在锚喷临时支护处均需达到16 MPa。

三、环形轨道抓岩机

环形轨道抓岩机也是一种大斗容抓岩机,它直接固定在凿井吊盘的下部上,以压风作为动力，抓斗容积为0.6 m^3，有单抓斗和双抓斗两种。该机型具有固定简单、结构合理、动力单一、生产能力大、机械化程度高、抓岩地点不受限制、不存在死角等特点。特别是2HH-6型抓岩机，由于双抓斗能同时工作，在清底时1台抓斗能用于集中矸石，另一台装吊桶，配合默契，缩短了清底时间。当1台发生故障时，另1台仍能继续工作，保证抓岩工作连续进行。

环形轨道抓岩机维护、检修较方便。其不足之处是环形轨道直径必须与井筒直径相适应，因此，其通用性及利用率的提高相对较困难。

1. 构造

环形轨道抓岩机在掘进过程中随吊盘一起升降。该机由一名（双抓斗两名）司机操作，抓斗能做径向和环行运动。全机由抓斗、提升机构、径向移动机构、环行机构、中心回转装置、固定装置和司机室组成，其构造见图4-5。

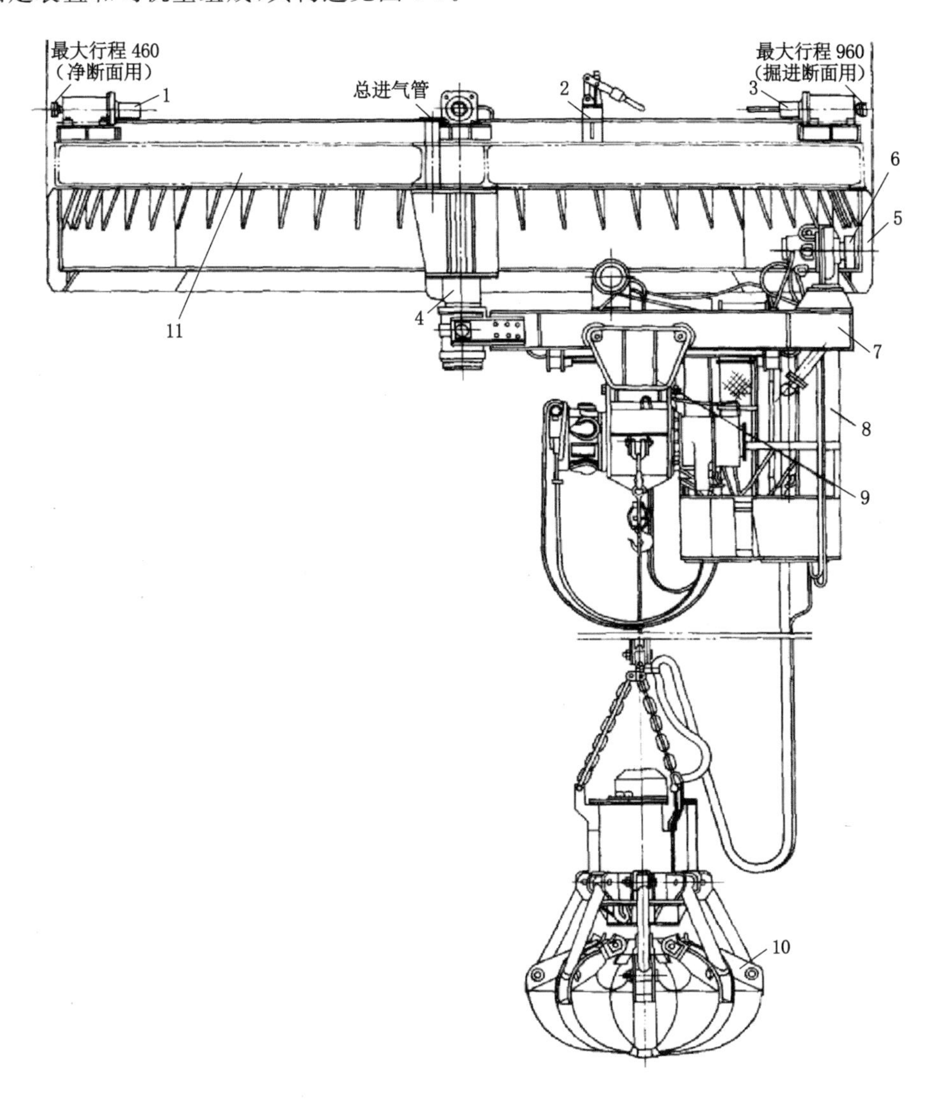

1—液压千斤顶；2—手压泵及泵站；3—手动螺旋千斤顶；4—中心轴；5—环行轨道；6—环行小车；7—悬梁；8—司机室；9—行走小车；10—抓斗；11—凿井吊盘的下层盘。

图4-5 环形轨道抓岩机

（1）抓斗。抓斗的结构及工作原理与中心回转抓岩机相同。

（2）提升机构。由气动机、卷筒、减速器、吊架、制动装置和绳轮组成。提升钢丝绳的一端固定在吊架上，另一端经与抓斗连接的绳轮缠绕并固定在卷筒上。绳轮侧板上端设有挂链，以备机组停用时，将抓斗挂于提升绞车底部的保险钩上。绳轮由封闭罩保护，防止岩块掉入绳槽。整个提升绞车经吊架挂在行走小车上。绞车制动是以弹簧推动了一个内圆锥刹车座，使其直接压紧气动机齿轮花键轴一侧的圆锥面刹车座，当向气动机供风时，首先收回制动弹簧打开刹车，卷筒转动。停风时，弹簧自动顶出刹住绞车。

（3）径向移动机构。由悬梁、行走小车、气动绞车和绳轮组成。悬梁是由两根槽钢为主体的结构件，一端连中心轴，另一端通过环行小车支撑在环行轨道上，行走小车的牵引气动绞车置于悬梁中间，引绳经卷筒缠绕6～7圈后，其两端分别绕越悬梁两端的绳轮，并固定在行走小车两侧。启动气动机、卷筒回转，借摩擦牵动引绳，驱动行走小车以悬梁下翼缘为轨道做径向移动。

（4）环行机构。由环行轨道和环行小车组成。环行轨道是钢板焊接的4块弧形结构件，其直径因井筒净径而异，用螺栓固定在凿井吊盘下层盘的圈梁上，供环行小车带动悬梁做圆周运动。环行小车由功率为4.4 kW的气动机驱动，使小车沿环行轨道行驶。

（5）中心回转装置。由中心座、支架和进气管组成。中心回转轴固定在通过吊盘中心的主梁上，用于连接抓岩机和吊盘。回转轴下端嵌挂悬梁，为悬梁的回转中心。回转中心留有直径为160 mm的空腔作为测量孔。此外，回转轴上设供气回转接头，压气自吊盘上的压风管经中心轴支架的通道、回转接头进入抓岩机总进风管，保证机器转动时，压气始终畅通。

（6）固定装置。与中心回转抓岩机相同。

（7）司机室。由型钢和钢板焊接而成。通过顶板上的支架和连接架分别与悬梁和环行小车的从动轮箱相连，并随悬梁回转。司机室内装有总进气阀、压力表、操纵阀等。由司机集中操纵机器的运转。

2. 安装

2HH-6型双抓斗环行轨道抓岩机在中心轴装有上下两个回转体，中间用单向推力轴承隔开，提升机构和抓斗分别随上下两个悬梁回转。两个环行小车分别由高底座和低底座连接在悬梁上，通过底座的高差，使两台环行小车车轮落在同一环行轨面上。

环形轨道回转机构安装时，通常将环轨拆卸成4段下井。先将环形轨道放于下层吊盘的圈梁上，然后用螺栓将4段环形轨道相互对接上；安装中心回转机构，把中心轴支座落在下层吊盘预留中心位置的连接梁上，并用螺栓连接；再以中心轴为基准，找正环形轨道，然后将环形轨道与下层吊盘的圈梁用螺栓连接即可。

悬梁和环行小车安装时，将气动绞车和主、从动轮箱分别装在悬梁和底座上。安装时要注意使中心轴的回转体出气口对准悬梁，然后推悬梁沿圆周正、反各转一圈，检查转动是否灵活，小车轮子在轨面上运行是否正常，有无碰撞的地方。若用双抓斗时，应检查一下当两个悬梁夹角为45°时是否碰撞。环行小车停车点应规定在便于司机上、下的地方。双抓斗应分别装在相对位置上，使吊盘受力平衡。

抓岩机支撑系统安装与固定时，应先将支撑系统下放到下层盘上。其安装与固定和中心回转式抓岩机基本相同。

环行轨道抓岩机一般适用于大型井筒，当井筒净直径为5～6.5 m时，可选用单斗HH-6型抓岩机；井筒净直径大于7 m时，宜选用双斗2HH-6型抓岩机，适用的井筒深度一般大于

500 m,可与 FJD-9 型伞型钻架和 3～4 m^3 大吊桶配套,采用短段作业较为适宜。

上述中心回转抓岩机和环形轨道抓岩机,在煤矿立井井筒掘进中,应用比较广泛,尤其是中心回转抓岩机,由于其通用性而得到了普遍的推广使用。

四、小型挖掘机

选用机械化程度高的中心回转或环形轨道抓岩机虽然可以有效提高装岩效率,但井筒清底施工工序中往往还是采用人工配合作业,占用循环时间长,出矸效率低,安全性差,劳动强度大,大断面井筒施工中这些问题尤为突出。鉴于这种情况,根据地面液压挖掘机工作原理,人们研制出了适用于井巷狭窄工作面施工的改进型液压挖掘机,解决了立井施工工人劳动强度大、施工效率低等难题。

小型挖掘机配合抓岩机工作有如下优点:

(1) 可大幅提高装岩效率,能代替人工清底,且清底速度快、质量好,因而不仅可减轻工人体力劳动强度,还可缩短清底时间,有利于提高立井施工速度。

(2) 工作环境得到改善。挖掘机采用液压驱动,工作面噪声很小。使用气动机具掘进的普通掘进方式工作面噪声较大。

(3) 安全程度得到提高。挖掘机司机就地操作,灵活方便,且参与施工的人员少,相互影响小,特别是无尾回转设计保证了在狭窄空间内方便工作,安全程度高。

目前挖掘机与中心回转抓岩机配套掘进技术已形成了立井机械化快速施工工法(图 4-6),在钱营孜煤矿立井、朱集煤矿主井、顾南煤矿副井等多个井筒的表土段、基岩段施工中进行应用并取得非常良好的效果。

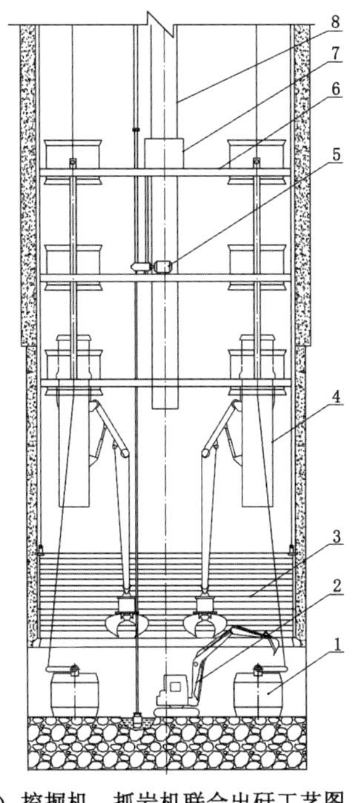

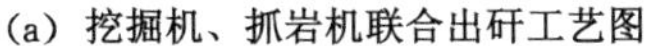

(a) 挖掘机、抓岩机联合出矸工艺图

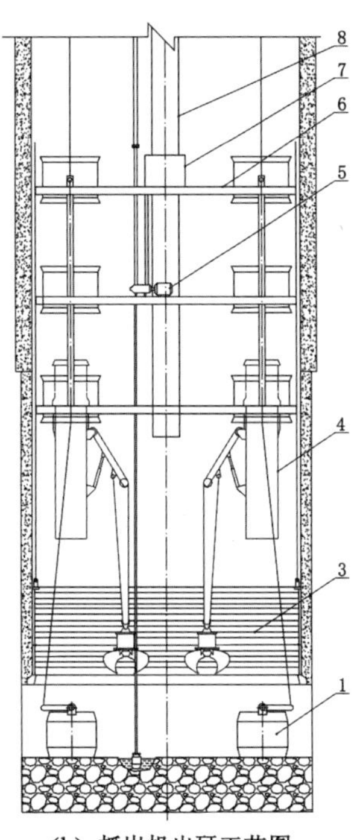

(b) 抓岩机出矸工艺图

1—吊桶;2—挖掘机;3—模板;4—抓岩机;5—排水泵;6—吊盘;7—水箱;8—风筒。

图 4-6　抓岩机出矸示意图

此外，还有靠壁式抓岩机，但由于煤矿围岩松软，抓岩机锚固困难，故目前多用在岩石坚硬的金属矿山井筒掘进工作中。

第二节　装岩生产率

装岩生产率是指单位时间装入吊桶的矸石量（松散体）。由于装岩条件的不断变化，装岩生产率有最高生产率、最低生产率和平均生产率三个参数，它是衡量装岩技术水平的一项重要指标。分析影响装岩生产率的因素，对提高装岩生产率很有意义。其主要影响因素有：

（1）装岩设备的技术性能，加工质量和维修水平；

（2）装岩机司机的操作熟练程度；

（3）爆破效果（岩石块度、一次爆破矸石量、工作面的平整度）；

（4）压气压力等。

对于不同的井筒，装岩生产率可经实测确定。就单机而言，亦可按下式估算：

$$Q=3\ 600\cdot K_1\cdot K_2\cdot K_3\cdot \frac{q}{t} \tag{4-1}$$

式中　Q——抓岩机的装岩生产率，m^3/h；

K_1——抓岩机的工时利用率，它与操作技术、吊桶容积、提升方式和速度等有关，根据不同情况可取 0.6～0.9；

K_2——抓斗装满系数，它与岩石硬度、块度大小有关，当条件适宜时，抓满度往往还可大于抓斗的理论容积，一般取 1.0～1.3；

K_3——压气影响系数，压力以 0.5 MPa 为标准，每增大 0.1 MPa 生产率可提高 7%～8%；

q——抓斗理论容积，m^3；

t——抓岩一次循环时间，s。

提高抓岩机的工时利用率、提高抓斗抓满系数、装桶准确、缩短一次抓取循环时间、加深炮眼、减少机械故障等是提高装岩生产率的关键。为了提高装岩生产率，亦可采取下列几项措施：

（1）抓岩司机要经过严格的技术培训，操作技术要熟练。抓岩设备应严格执行检修保养制度，提高技术水平，减少机械故障，提高抓岩机的工时利用率。

（2）装岩采用挖掘机配合中心回转抓岩机进行，应在吊桶坐落位置挖出槽窝以便吊桶能够落稳并减少抓头运行高度，抓岩机司机与挖掘机司机相互配合装岩。

（3）选择合理的爆破参数，改进爆破技术，改善岩石的破碎程度，增加一次爆破岩石量，对于提高装岩生产率有着密切的关系。

（4）提高提升能力，加大吊桶容积，减少吊桶提升休止时间，充分发挥抓岩机的生产能力。

（5）选择合理的抓斗容积和吊桶容积，提高抓斗利用率。

（6）综合治水，打干井，改善作业条件。

总之，抓岩生产率与多种因素有关，对于不同的施工条件，需要因地制宜，采取有效措施，提高装岩生产率。

第五章　提升及排矸

立井井筒施工中，为了排除井筒工作面的矸石，下放器材和设备以及提放作业人员，应在井内设置提升系统。凿井提升系统选择是否合理，不但直接影响凿井装矸作业和凿井施工速度，而且还会影响建井后期工作的顺利开展。

凿井提升系统由提升容器、钩头连接装置、提升钢丝绳、天轮、提升机以及提升所必备的导向稳绳和滑架等组成。凿井期间，提升容器以矸石吊桶为主，有时也采用如底卸式下料吊桶和下料筐等容器。当转入车场和巷道施工时，提升容器则由吊桶改为凿井罐笼。

立井开凿时，为了悬挂吊盘、砌壁模板、安全梯、吊泵和一系列管路缆线，必须合理选用相应的悬吊设备。悬吊系统由钢丝绳、天轮及凿井绞车等组成。

第一节　提 升 方 式

立井开凿时采用的提升方式有单钩提升和双钩提升两种。单钩提升时，提升机使用一个工作卷筒和一个终端荷载；而双钩提升时，提升机的主轴上使用两个工作卷筒，并各设一个终端荷载，只是两荷载的提升方向相反。

提升方式应根据井筒的直径、深度和作业方式而选定。合理配置提升系统对立井施工具有重要意义。矸石提升系统可有如下几种配置方式：一套单钩提升；一套双钩提升；两套单钩提升；一套单钩提升和一套双钩提升；三套单钩提升。

一套单钩用于单行作业、混合作业，适用于直径不大于 5 m、深度不大于 300 m 的井筒，若将来在井巷改装期做临时罐笼提升时，则一开始就应选用双卷筒提升机。两套单钩用于单行作业、混合作业、平行作业，适用于直径 5.5～6.0 m、深度 600 m 左右的井筒，若将来在井巷过渡期改装作临时罐笼提升时，则其中 1 台将来用于临时罐笼的提升机一开始就应选用双卷筒。一套双钩用于单行作业、混合作业，适用于直径不大于 5.5 m、深度在 400 m 左右的井筒。一套单钩和一套双钩用于单行作业、混合作业、平行作业，适用于直径 6.5～8.0 m、井筒深度 600～1 000 m 的井筒。三套单钩用于单行作业、混合作业、平行作业、一次成井，适用于直径不大于 6.5 m、井筒深度在 400 m 以上的井筒，但目前采用较少。立井井筒施工提升方式以两套单钩为主。

立井井筒提升系统首先应能满足井筒掘进时抓岩生产率和立井快速施工的要求，然后还应满足车场巷道施工时对矸石提升的要求。此外，凿井提升所需的安装时间要短，操作要方便，要能保证井上下安全生产。总之配置的提升系统要具备优越的综合经济效果。

提升能力与吊桶容积和吊桶一次提升循环时间直接相关。吊桶容积越大，一次提升循环时间越短，则提升能力就越大。

单钩提升不需调绳，使用起来比双钩提升简便、安全、可靠，特别是两套单钩的提升能力比一套双钩要大26%～33%，其增加比值随着井筒深度加深而加大。但单钩提升比双钩的电耗大。以两套单钩同一套双钩相比，两套单钩用电量增加1.8～2.5倍，设备折旧费及大型临时工程建筑、安装费增加1倍，操作和维修人员人数增加1倍。

双钩提升的最大优点是比单钩提升能力大，其能力约增加30%～50%，并且随着井筒深度的加深其比值逐渐增大。同型号双卷筒提升机做单钩提升时，其提升钢丝绳的终端负荷要减少。以JK新系列2JK-3.5/20型提升机为例，用单钩提升4 m^3吊桶只能用于深350 m的井筒，而用双钩提升4 m^3吊桶则能用于近700 m深的井筒。又以凿井提升机2JKZ-3.0/15.5型为例，用单钩提升5 m^3吊桶只能适用于深350 m的井筒，而用双钩提升5 m^3吊桶则能用于近600 m深的井筒。此外，双钩比单钩提升还具有节省电力及设备折旧费、不需要大型临时建筑、节省安装费、减少操作及维修人员等优点。其缺点是要随着井筒掘进深度增加而经常调绳。

第二节　提升容器及附属装置

一、吊桶及附属装置

1. 吊桶

吊桶主要用于提升矸石、升降人员和提放物料。当井内涌水量小于6 m^3/h时，还可用于排水。目前我国使用的矸石吊桶，根据不同卸矸方式分挂钩式和座钩式两种，它们的容积分别有0.5 m^3、1.0 m^3、1.5 m^3、2.0 m^3和2.0 m^3、3.0 m^3、4.0 m^3、5.0 m^3、6.0 m^3、7.0 m^3、8.0 m^3等，其技术规格见表5-1。

表5-1　矸石吊桶主要规格

吊桶形式	吊桶容积/m^3	桶体外径/mm	桶口直径/mm	桶体高度/mm	吊桶全高/mm	桶梁直径/mm	质量/kg
挂钩式	0.5	825	725	1 100	1 730	40	194
	1.0	1 150	1 000	1 150	2 005	55	348
	1.5	1 280	1 150	1 280	2 270	65	478
	2.0	1 450	1 320	1 300	2 430	70	601
座钩式	2.0	1 450	1 320	1 350	2 480	70	728
	3.0	1 650	1 450	1 650	2 890	80	1 049
	4.0	1 850	1 630	1 700	3 080	90	1 530
	5.0	1 850	1 630	2 100	3 480	90	1 690
	6.0	2 000	1 800	2 120	3 705	100	2 218
	7.0	2 000	1 800	2 440	4 025	100	2 375
	8.0	2 200	1 916	2 550	4 177	100	2 490

2. 附属装置

附属装置包括钩头连接装置、缓冲器和滑架。矸石吊桶经钩头连接装置悬挂在钢丝绳上，因而连接装置应具备足够强度、摘挂方便的特性并有防脱钩装置。钩头的形式见图 5-1，规格见表 5-2。

为了防止吊桶提放时钩头连接装置撞击滑架和滑架撞击稳绳，在钩头连接装置上方和稳绳末端设缓冲器，缓冲器结构见图 5-2。

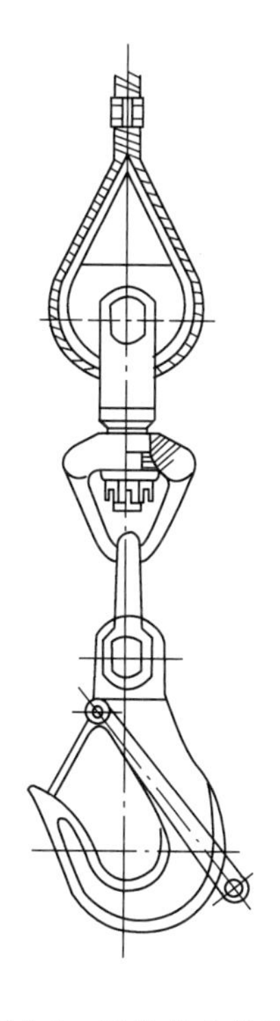

图 5-1　凿井提升钩头

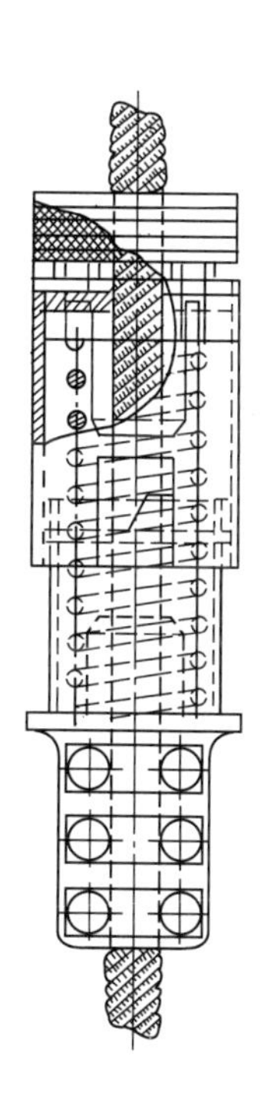

图 5-2　缓冲器

表 5-2　凿井提升钩头规格

型式	规格/t	钩头装置高度/mm	总质量/kg	适用钢丝绳直径/mm	适用吊桶容积/m³
Ⅰ	3.6	1 184.5	87	23～26	1.5 及以下
	5.0	1 282.0	110	26～28	2.0
	7.0	1 493.0	145	31～35	3.0
Ⅱ	7.0	1 538.0	160	31～35	3.0
	9.0	1 738.0	190	37～40	4.0
	11.0	1 853.0	215	40～43	5.0

为避免吊桶提升时摆动，采用滑架导向，保证吊桶平稳地沿稳绳运行。滑架位于钩头连接装置上方。滑架上设保护伞以保证作业人员升降的安全。滑架的形式见图 5-3，规格见表 5-3。

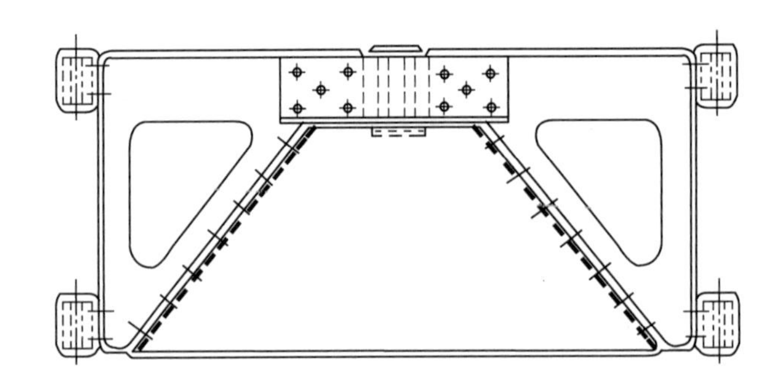

图 5-3　吊桶导向滑架

表 5-3　滑架技术规格

滑架跨距/m	适用范围		高宽之比	最大宽度/mm	质量/kg
	吊桶容积/m^3	吊桶最大外径/mm			
1.40	1.0	1 150	1∶2	1 470	96
1.55	1.5	1 280	1∶2	1 620	108
1.70	2.0	1 450	1∶2	1 770	120
1.85	3.0	1 650	1∶2	1 930	173
2.05	4.0	1 850	1∶2	2 130	196
2.20	5.0	1 850	1∶2	2 280	213

二、底卸式材料桶

底卸式材料桶用于凿井砌壁时下放混凝土。底卸式吊桶的容积包括 1.2 m^3、1.6 m^3、2.0 m^3 及 2.4 m^3 等多种，其技术规格见表 5-4。

表 5-4　底卸式材料桶技术规格

型号	容积/m^3	桶口直径/mm	桶体上部直径/mm	底座直径/mm	桶身高/mm	全高/mm	质量/kg
TDX-1.2	1.2	1 320	1 450	1 454	1 485	2 757	815
TDX-1.6	1.6	1 320	1 450	1 454	1 730	3 004	882
TDX-2.0	2.0	1 450	1 650	1 463	1 945	3 200	1 066
DX-2.0	2.0	1 450	1 650	1 465	2 100	3 540	1 400
HTD-2.4	2.4	1 450	1 650	1 465	2 000	3 340	1 250

三、凿井罐笼

在井底车场及巷道施工阶段，矸石、人员及器材设备的提放由凿井罐笼完成。它由上盘、下盘（双层罐笼时有中盘）、侧体、车挡、扶手、罐帘、淋水棚及悬吊装置等部件组成。通常采用提放 MG1.1-6 型矿车的单车单层、双车单层和双车双层等三种罐笼。为了增大提升能力，可采用提放 MG1.7-6 型矿车的凿片罐笼，其技术规格见表 5-5。

表 5-5　凿井罐笼技术规格

矿车	罐笼型式	罐笼外形尺寸（长×宽×高）/mm	质量/kg	钢丝绳罐道中心平面尺寸/mm	额定乘罐人数/人	
					上层	下层
MG1.1-6	单层单车	2 540×1 312×4 859	1 960	1 321×1 830	14	0
	单层双车	4 660×1 312×5 960	3 130	1 232×3 800	27	0
	双层双车	4 660×1 312×7 201	3 730	1 232×3 800	14	14
MG1.7-6	单层单车	3 160×1 574×5 205	2 695	1 494×2 410	23	0
	单层双车	5 660×1 574×5 998	4 700	1 494×4 694	40	0
	双层双车	5 660×1 574×7 555	4 953	1 494×4 670	23	23

第三节　提升系统设备选择及提升能力

一、吊桶容积确定

当提升方式确定后，井筒工作面的抓岩生产率便是选择吊桶容积的主要依据，此外也要考虑吊桶的平面规格，以方便井内布置。

吊桶容积可按下列步骤选择：

（1）吊桶的一次提升循环时间 T 应小于或等于抓岩机装满一桶矸石的时间 T_{zh}，即：

$$T \leqslant T_{zh} \tag{5-1}$$

（2）计算抓岩机的装桶时间，即：

$$T_{zh} = \frac{3\ 600 \times 0.9 \times V_T}{A_{zh}} \tag{5-2}$$

式中　T——吊桶的一次提升循环时间，s；

T_{zh}——抓岩机装满一桶矸石的时间，s；

V_T——矸石吊桶容积，m^3；

0.9——吊桶装满系数；

A_{zh}——井筒工作面抓岩机的总生产率（松散体积），m^3/h。

（3）计算吊桶容积，即：

$$V_T = \frac{C_t A_{zh} T_{zh}}{0.9 \times 3\ 600} \tag{5-3}$$

或

$$V_T \geqslant \frac{C_t A_{zh} T_{zh}}{0.9 \times 3\ 600} \tag{5-4}$$

式中　C_t——提升不均匀系数，$C_t=1.25$。

求得的吊桶容积即为满足装岩生产率所必备的容积。

（4）断面布置校核。

计算初选的吊桶容积只有在井筒断面布置校核后方可确认。当井内布置困难时，应重新选择。

凿井工作面上，除了布置矸石吊桶外，尚有一系列凿井设备需要布置，同时还应考虑设备与设备之间，设备与井壁之间的安全间隙，以及井筒中心测量孔应留的面积等。因此吊桶布置受到限制。表5-6列出布置吊桶的资料，可供参考。当施工单位有库存提升机可利用时，吊桶容积的选择应考虑到库存提升机的能力要求。

表5-6　井内可布置的吊桶数

井筒净直径/m	吊桶容积/m^3	吊桶数目/个	井筒净直径/m	吊桶容积/m^3	吊桶数目/个
5.0	1.0	2	7.0	2.0+1.5	2+2
	1.5	1		3.0+1.5	2+1
	2.0	1		3.0+2.0	1+1
5.5	1.5	2		4.0+2.0	1+1
	2.0	2	7.5	2.0	4
6.0	2.0	2		3.0+2.0	2+1
	3.0+2.0	1+1		4.0+3.0	1+1
6.5	2.0	2	8.0	3.0+2.0	2+1
	2.0+1.5	2+1		4.0+3.0	2+1
	3.0+2.0	1+1		5.0+3.0	1+1

二、钢丝绳

钢丝绳是凿井提升及悬吊系统的主要组成件。我国用于凿井的提升和悬吊钢丝绳，其绳股断面多为圆形，包括单层股和多层股（不旋转）钢丝绳。单层股钢丝绳主要采用6×7、6×19和6×37等规格，主要用于悬吊设备。多层股（不旋转）钢丝绳常用18×7和34×7等规格，主要用于凿井提升和单绳悬吊设备。

钢丝绳选择主要确定其规格和直径，钢丝绳的直径随终端荷载和井筒终深而变化。钢丝绳中产生的最大静拉力还必须与提升机的强度相适应。

在提升过程中，有多种应力反复作用于钢丝绳，如静应力、动应力、弯曲应力、扭转应力、挤压应力和接触应力等，易使钢丝绳疲劳破坏，加之制造过程中的捻转应力和使用中的磨损与锈蚀，要求选用的钢丝绳，其钢丝的总拉断应力大于最大计算静拉力，它们的比值应大于或等于《煤矿安全规程》所规定的安全系数最小值，即：

$$m_a=\frac{Q_d}{F_{zd}}\geqslant[m] \tag{5-5}$$

式中　m_a——安全系数；

$[m]$——《煤矿安全规程》规定的安全系数最小值，见表5-7；

F_{zd}——钢丝绳的最大计算静拉力，N；

Q_d——钢丝绳的钢丝总拉断力，N；

$$Q_d = \sigma_B S \tag{5-6}$$

σ_B——所选钢丝绳的公称抗拉强度，Pa；

S——所有钢丝断面积之和，m^2。

从立井凿井时的钢丝绳计算图（图5-4）可知，钢丝绳中的最大静拉力位于 A 点，于是

$$F_{zd} = Q_0 + P_s H_0 \tag{5-7}$$

式中　Q_0——钢丝绳的终端荷载重力，N；

$$Q = m_0 g$$

m_0——钢丝绳的终端荷载质量，kg；

g——重力加速度，9.8 m/s^2；

P_s——每米钢丝绳的重力，N/m；

$$P_s = m_s g$$

m_s——每米钢丝绳质量，kg/m；

H_0——钢丝绳的最大悬垂长度，m；

$$H_0 = H_{sh} + H_j$$

H_{sh}——井筒设计终深，m；

H_j——井口水平至井架天轮平台的高度，m。

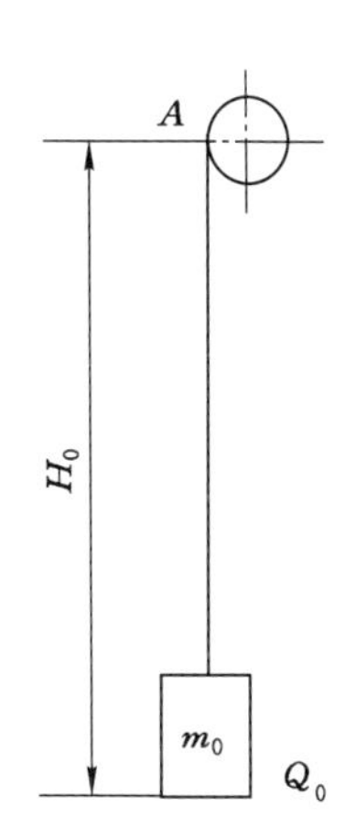

图5-4　钢丝绳计算示意图

则

$$m_a = \frac{\sigma_B S}{m_0 g + m_s g H_0} \tag{5-8}$$

钢丝绳的每米质量 m_s 可按下式估算：

$$m_s = \gamma_0 S \tag{5-9}$$

式中　γ_0——钢丝绳的平均密度，一般可取 9 500 kg/m^3。

式(5-9)经整理后得

$$m_s = \frac{m_0}{\dfrac{\sigma_B}{m_a \gamma_0 g} - H_0} \tag{5-10}$$

或

$$m_s = \frac{m_0}{11 \times 10^{-6} \times \dfrac{\sigma_B}{m_a} - H_0} \tag{5-11}$$

根据 m_s 计算值选择钢丝绳的标准直径 d_s，查出丝径 δ、钢丝绳总拉断力 Q_d 及标准 m_s 值等各项钢丝绳的技术特性，并进行安全系数校核，得

$$m_a = \frac{Q_d}{m_0 g + m_s g H_0} \geqslant [m] \tag{5-12}$$

当上述不等式不成立时，应重新选择。

钢丝绳的终端荷载随用途而异。提升钢丝绳的终端荷载包括提升容器质量和货载质量；悬吊钢丝绳的终端荷载为悬吊设备的全部质量；稳绳的终端荷载是施加于稳绳的张力，按规定，每 100 m 钢丝绳的张力应不小于 9.8 kN。

三、提升绞车

提升绞车由卷筒、主轴及轴承、减速器及电机、制动装置、深度指示器、配电及控制系统和润滑系统等部分组成。

根据卷筒的特点，提升绞车分缠绕式卷筒提升绞车和摩擦轮式提升绞车两大类。前者提升钢丝绳缠绕在卷筒表面，分为单卷筒和双卷筒两种；后者靠钢丝绳与摩擦轮之间的摩擦力传动，分为单绳和多绳两种。

用于建井的凿井提升绞车为缠绕式卷筒提升绞车(主要特征见表 5-7)，它们具有下列特点：

(1) 允许的最大静拉力和静拉力差较大，能用于深井提升 3～5 m^3 的单钩矸石吊桶和升降重型伞钻。

(2) 机器单个部件重量轻，易于装、拆和运输，减轻了安装工作。

(3) 所用的离合器调绳方便，减少了凿井辅助作业的工作量和工时。

(4) 提升机房可不设地下室，减少了临时建筑工程量，可缩短临时工程的工期。

表 5-7　凿井专用提升机技术性能表

提升机型号	2JKZ-3.6/13.4	2JKZ-3.0/15.5	JK2-2.8/15.5
滚筒数量×直径×宽度/(个×mm×mm)	2×3 600×1 850	2×3 000×1 800	1×2 800×2 200
钢丝绳最大净张力/kN	200	170	150
钢丝绳最大净张力差/kN	180	140	
钢丝绳最大直径/kN	46	40	40
最大提升高度/m	1 000	1 000	1 230
钢丝绳的速度/(m/s)	7.00	4.68,5.88	4.54,5.48
电动机最大功率/kW	2×800	800,1 000	1 000
两滚筒中心距/mm	1 986	1 936	
滚筒中心高/mm	1 000	1 000	1 000

(一) 选择提升机

用于建井的凿井提升机应满足凿井、车场巷道施工和井筒安装的不同要求。对于拟服务于车场巷道施工的井筒，在开凿井筒时就应配置双卷筒提升机，以便改装凿井罐笼。

当井筒的永久提升机为缠绕卷筒式时，只要条件许可，应尽量直接利用永久提升机凿井。

提升机的卷筒直径及宽度是选型的主要考虑因素，当然也要照顾提升机的强度要求。

1. 确定卷筒直径

卷筒直径应有利于改善钢丝绳的疲劳状态，使绳内产生较小的弯曲应力。根据《煤矿安全规程》的规定，凿井用提升机的卷筒直径 D_T 与钢丝绳直径 d_s 之比应不小于 60；同时，按照《煤矿在用缠绕式提升机安全检测检验规范》(AQ 1015—2005)要求，卷筒直径与钢丝绳中最粗钢丝直径 δ 之比应不小于 900，即

$$D_T \geqslant 60d_s \tag{5-13}$$

和

$$D_T \geqslant 900\delta \tag{5-14}$$

根据选定的钢丝绳便可确定提升机卷筒的最小直径。

2. 确定卷筒的宽度

卷筒的宽度取决于钢丝绳直径、卷筒直径和必备的容绳量，需要考虑以下几个部分：

(1) 与提升高度取值一致的钢丝绳长度；

(2) 供周期性检测试验用的钢丝绳长度，一般为 30 m；

(3) 必须缠绕在卷筒表面的摩擦圈钢丝绳，以减轻卷筒上固定钢丝绳处的拉张力，一般取 3 圈；

(4) 多层缠绕时，为避免上下层钢丝绳始终在同一绳段过渡，每季度应错动 1/4 圈，根据钢丝绳的使用年限，取错绳圈为 2～4 圈。

于是，提升机的宽度为：

单层缠绕：

$$B_T = \left(\frac{H + 30}{\pi D_{TB}} + 3\right)(d_s + \varepsilon) \leqslant B_{TB} \tag{5-15}$$

多层缠绕：

$$B_T = \left[\frac{H + 30 + (3 + n')\pi D_{TB}}{n\pi D_P}\right](d_s + \varepsilon) \leqslant B_{TB} \tag{5-16}$$

式中　B_T——提升机卷筒宽度，m；

D_{TB}——选型后的标准卷筒直径，m；

B_{TB}——选型后的标准卷筒宽度，m；

H——提升高度，m；

n'——错绳圈数；

n——缠绕层数，凿井时一般允许缠绕 2 层，当井深超过 400 m 时，允许缠绕 3 层，但要求卷筒边缘高出最外一层钢丝绳，其高出值应不小于 $2.5d_s$；

D_P——钢丝绳的平均缠绕直径，m；

$$D_P = D_{TB} + \frac{n-1}{2}\sqrt{4d_s^2 - (d_s - \varepsilon)^2} \tag{5-17}$$

ε——钢丝绳绳槽间的距离，一般为 2～3 mm。

其他符号含义同前。

3. 验算提升机强度

在选择机型时，必须校核提升机主轴和卷筒所能承受的最大静拉力和提升机减速器所能承受的最大静拉力差。这两项强度指标可按下式检验：

$$F_J \geqslant Q + Q_r + P_s H \tag{5-18}$$

$$F_{JC} \geqslant Q + P_s H \tag{5-19}$$

式中 F_J——提升机允许的最大静拉力，N；

F_{JC}——提升机允许的最大静拉力差，N；

Q——提升货载重量，N；

Q_r——提升容器重量，N；

P_s——选用钢丝绳的单位重量，N/m；

H——提升高度，m。

当上列不等式成立时，提升机满足要求。当采用单卷筒提升机做单钩提升时，可不检验最大静拉力差；当采用双卷筒提升机做单钩提升时，应视提升机的最大静拉力差为最大静拉力。

(二) 提升机的电机功率

电机功率应根据提升动力学做详细计算。对于凿井提升，则可按下式估算。

单钩提升：

$$N = \frac{Q + Q_z + P_s H}{1\,000\eta_c} v_m \tag{5-20}$$

双钩提升：

$$N = \frac{KQv_m}{1\,000\eta_c} \rho \tag{5-21}$$

式中 N——电机功率，kW；

K——矿井阻力系数，$K=1.15$；

v_m——提升机的最大提升速度，m/s；

η_c——提升机减速器的传动效率，一级传动时 $\eta_c=0.92$，二级传动时 $\eta_c=0.85$；

ρ——动力系数，吊桶提升时 $\rho=1.05\sim1.1$，罐笼提升时 $\rho=1.3$。

其他符号含义同前。

四、提升能力

1. 临时罐笼的提升能力

计算公式为：

$$A_T = \frac{3\,600 z v_{ch}}{1.2 T_1} \tag{5-22}$$

式中 A_T——临时罐笼的提升能力，m^3/h；

v_{ch}——矿车容积，m^3；

z——每次提升的矿车数；

1.2——提升不均匀系数；

T_1——实际一次提升循环时间，s。

2. 吊桶提升能力

计算公式为：

$$A_T = \frac{3\ 600 \times 0.9 V_T}{1.25 T_1} \tag{5-23}$$

式中　A_T——吊桶的提升能力，m^3/h；

V_T——吊桶容积，m^3；

1.25——提升不均匀系数；

T_1——实际一次提升循环时间，s。

从式(5-23)可知，吊桶提升能力与吊桶容积成正比，与一次提升循环时间成反比。吊桶容积越大，提升能力也越大，但吊桶容积受井筒断面布置的限制，实际一次提升循环时间越小，则提升能力越大。一次提升循环时间受两方面因素制约，当装桶时间大于提升时间时，可通过增大抓岩能力来降低一次提升循环时间；当提升时间大于装桶时间时，则可通过提高提升机的最大提升速度来降低提升循环时间，但最大提升速度应符合《煤矿安全规程》的规定。

根据实测，在提升绞车等功率的情况下，加大吊桶容积比提高提升速度能更有效地增大提升能力。在设计提升系统时，应优先考虑井内抓岩能力的装备程度和可容纳的吊桶容积，而后根据终端荷载和装岩生产率来选择适宜的提升机，使装矸提升的综合技术指标达到最佳水平。随着抓岩机械化程度和装矸生产率的提高，应进一步研究新型提升系统和研制功率更大的新型提升机，以利于发挥装备的综合效益和加快凿井速度。

五、凿井绞车

凿井绞车用于悬吊吊盘、吊泵、安全梯及管路缆线等凿井设备和拉紧稳绳。凿井绞车分单卷筒和双卷筒两种，前者用于单绳悬吊，后者用于双绳悬吊。采用双绳悬吊的设备也可用两台单卷筒凿井绞车来悬吊。凿井绞车有 55 型和 JZ 型两种，后者又有改进型 JZ2 型和摩擦传动型 JZM 型等系列。凿井绞车所允许的钢丝绳最大静张力为 50～400 kN，卷筒的容绳量为 400～1 000 m。凿井绞车的能力是根据允许的钢丝绳最大静张力来标定的，因此在选凿井绞车时，除了考虑设备的悬吊方式外，应使悬吊的终端荷载与钢丝绳自重之和不超过凿井绞车的最大静张力值。选用绞车的容绳量应大于悬吊深度。

六、天轮

凿井用的天轮按其用途可分为提升天轮和悬吊天轮两大类。

（一）提升天轮

凿井提升天轮按其公称直径有 1 500 mm、2 000 mm、2 500 mm 和 3 000 mm 等几种，其中前两种又可分为铸钢和铸铁两种，而后两种只有铸钢天轮一种。提升天轮的另一种产品为 TXG 系列，它们既可用于凿井，也可用于井下。

提升天轮应遵照以下原则选用：

① 天轮与钢丝绳的直径比：当提升天轮的钢丝绳围抱角大于90°时，应不小于60；当围抱角小于90°时，应不小于40。

② 天轮与钢丝绳中最粗钢丝的直径比应不小于900。

③ 选用天轮所允许的最大钢丝绳钢丝总破断力应大于钢丝绳的实际最大钢丝总破断力。

④ 当钢丝绳仰角大于35°时，应按实际受力情况验算天轮轴的强度。

（二）悬吊天轮

悬吊天轮分单槽和双槽两类，根据天轮的安全荷载，又可分轻型和重型两种，轻型可作为导绳轮或用于浅井悬吊设备。

悬吊天轮可遵照以下原则选用：

(1) 当悬吊设备由双绳悬挂，且绳距很近时，应尽可能采用双槽天轮，这样可简化天轮平台上天轮梁的布置；

(2) 天轮与钢丝绳的直径比应不小于20；

(3) 天轮与钢丝绳中最粗钢丝的直径比应不小于300；

(4) 选用天轮的安全荷载应大于钢丝绳的实际最大静拉力。

第四节 排矸方法

立井掘进时，矸石吊桶提至卸矸台后，通过翻矸装置将矸石卸出，矸石经过溜矸槽或矸石仓卸入运输设备，然后运往排矸场。

一、翻矸方式

翻矸方式有人工翻矸和自动翻矸两种。翻矸装置应满足下列要求：

① 翻矸速度快，休止时间短；

② 结构简单，使用方便；

③ 翻转卸矸时吊桶要平稳，冲击力小，安全可靠。

目前，我国常用的翻矸装置有人工摘挂钩翻矸和自动翻矸两种，其中自动翻矸包括翻笼式（普通翻笼式和半框翻笼式）、链球式（普通链球式和双弧板链球式）和座钩式三种，以座钩式自动翻矸装置应用最为普遍。

1. 人工翻矸

在吊桶提至翻矸水平后，关闭卸矸门，人工将翻矸吊钩挂住桶底铁环，下放提升钢丝绳，吊桶随之倾倒卸矸。这种翻矸方式提升休止时间长（占提升循环时间的20%～30%），速度慢，效率低，用人多，吊桶摆动大，矸石易倒在平台上，不安全，使用大吊桶提升时这些问题更突出。

2. 座钩式自动翻矸

座钩式自动翻矸装置由钩子、托梁、支架和底部带有中心圆孔的吊桶组成（图5-5）。其工作原理是：矸石吊桶提过卸矸台后，关上卸矸门，这时，由于钩子和托梁系统的重力作用，钩尖保持铅垂状态，并处在提升中心线上，钩身向上翘起与水平呈 20°。吊桶下落时，首先碰到尾架并将尾架下压，使钩尖进入桶底中心孔内。由于托梁的转轴中心偏离提升中心线 200 mm，放松提升钢丝绳时，吊桶借偏心作用开始倾倒并稍微向前滑动，直到钩头钩住桶底中心孔边缘钢圈为止，继续松绳吊桶翻转卸矸。提起吊桶，钩子借自重复位。

该装置具有结构简单、节省人力、减轻工人劳动强度、工作可靠、安全性好、翻矸时间短等优点，是目前较理想的自动翻矸装置。

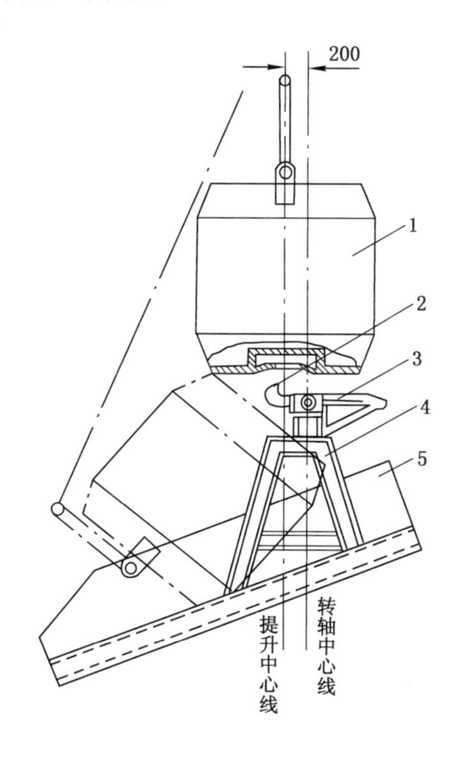

1—吊桶；2—坐钩；3—托架；4—支架；5—卸矸门。

图 5-5　座钩式自动翻矸装置

二、地面排矸

当翻矸装置将矸石卸出后，矸石一般经溜矸槽或矸石仓卸入运输设备，然后运往排矸场。由于目前井筒施工机械化程度不断提高，吊桶容积不断增大，装岩出矸能力明显增加，井架上溜矸槽的容量较小，往往满足不了快速排矸的要求。因此，可设置大容量矸石仓，以减少卸、排能力不均衡所造成的影响；也可直接卸到地面，在地面用装载机进行二次倒运，这样可保证装岩和提升的不间断进行，有利于加快出矸速度。

另外，亦可在溜槽的基础上，通过加高侧板、加上倾斜顶盖来提高溜矸槽的容量，这样简单省事，也可满足快速施工的要求。

近年来，随着我国立井施工机械化程度的大大提高，装岩提升能力增大，要求地面排矸必须加快速度。将井架上溜槽内的矸石直接卸到井架外地面上，利用装载机进行二次装载，汽车排矸，已成为目前各立井施工的主要排矸方法，其速度快，经济效益好，有利于加快立井井筒的施工速度。

立井井筒地面排矸除采用汽车运输外，还可以采用矿车运输，一般多采用窄轨运输和V型侧卸式翻斗矿车运输，用蓄电池或架线电机车牵引。这种运输方式设置复杂、灵活性差，目前只有在生产矿井的新建井筒，矸石需要运往矸石山，以及小井、浅井施工中采用。

第六章　井 筒 支 护

井筒在向下掘进一定深度后，便应进行支护工作，支护主要起支撑地压、固定井筒装备、封堵涌水以及防止岩石风化破坏等作用。

根据岩层条件、井壁材料、掘砌作业方式以及施工机械化程度的不同，可先掘进 1～2 个循环，然后在掘进工作面砌筑永久井壁。有时为了减少掘砌两大工序的转换次数和增强井壁的整体性，往往向下掘进一长段后，再进行砌壁。这样，应在掘进过程中，及时进行临时支护，维护岩帮，确保工作面的安全。

第一节　井筒临时支护

立井井筒采用普通法凿井时，一般临时支护与掘进工作面的空帮高度不超过 2～4 m。由于它是一种临时性的防护措施，除要求结构牢固和稳定外，还应力求拆装迅速和简便。

井筒掘进的临时支护技术是随着井筒作业方式的发展而变化的。20 世纪 70 年代前，大多数井筒掘砌是以长段单行作业为主，临时支护主要采用井圈背板方式。而目前井筒施工，不管采用何种作业方式，均以锚喷临时支护为主，个别井筒采用掩护筒做临时支护也取得较好的效果。

一、井圈背板临时支护

井圈背板临时支护的井圈规格视井筒直径而定，当井径为 3.0～4.5 m 时，一般选用[14a 槽钢；当井径为 5.0～5.5 m 时，一般选用[16a 槽钢；当井径为 6.0～7.0 m 时，一般选用[18a 槽钢；当井径为 7.5～8.0 m 时，一般选用[20a 槽钢。背板形式依围岩稳定程度而定，厚度一般为 30～50 mm，布置形式有倒鱼鳞式、对头式和花背式，见图 6-1。其中，倒鱼鳞式适用于表土层和松软岩层、淋水较大的岩层；对头式用于一般基岩掘进；花背式主要用于稳定岩层掘进。

随着锚喷支护的推广，目前井圈背板的临时支护形式已很少使用，但在井筒涌水量大，且采用长段单行作业或表土层中施工时，仍有它的优势。

二、锚喷临时支护

立井井筒施工采用的锚喷临时支护，根据围岩稳定条件有喷射砂浆或喷射混凝土、锚杆与喷混凝土、锚喷网等多种形式。支护参数可根据井筒围岩稳定性、岩层倾角、井筒直径等因素加以确定。喷射混凝土的强度不得低于 20 MPa，与岩石的黏结力(抗拉)不小于0.5 MPa。锚杆必须是金属锚杆。排列的方式，围岩好的一般选矩形或三花形，围岩差的一般选五花形。金属网的网格一般不小于 150 mm×150 mm，金属网所用的钢筋或钢丝直径为 2.5～10 mm。

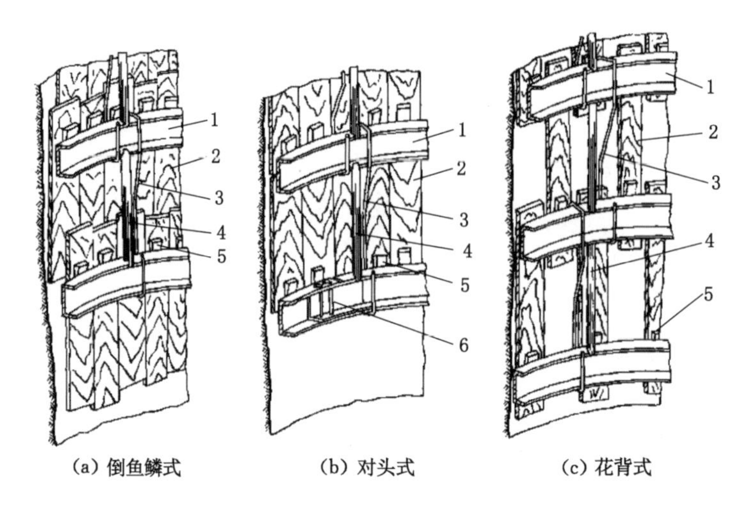

1—井圈；2—背板；3—挂钩；4—撑柱；5—木楔；6—插销。

图 6-1 井圈背板临时支护形式

立井锚喷临时支护方式，一般采用短段掘喷，即井筒掘出一个小段高后，随即在该段高进行锚喷，维护井帮稳定。为便于工人操作，每一掘喷循环段高不宜超过 2.0 m；对于施工段高大于 2.0 m 的情况，可通过控制出矸所形成的空帮高度来进行。

立井施工锚喷临时支护中，喷混凝土主要采用管路输送，喷射机设在井口，并配上料机械和贮料罐，管路下部接缓冲器、出料弯头、胶管，并与喷头连接，见图 6-2。

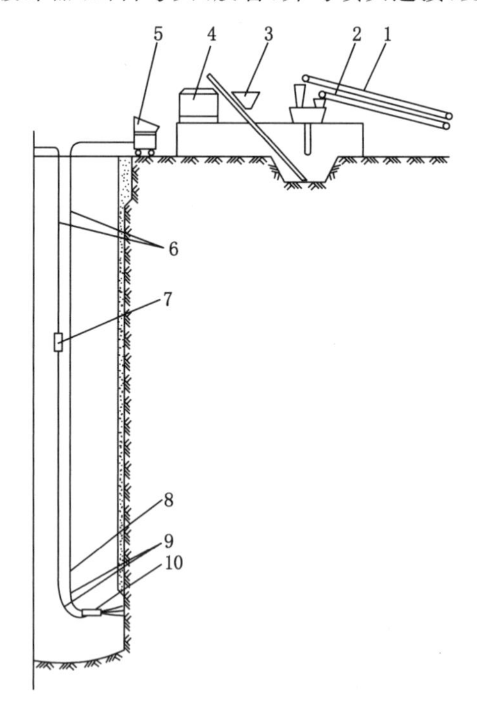

1—石子上料机；2—砂子上料机；3—上料斗；4—混凝土搅拌机；5—喷射机；6—输料管及供水管；7—降压水箱；8—缓冲器；9—高压软管；10—喷枪。

图 6-2 立井施工喷混凝土设备布置

(1) 混凝土的配料和拌合。混凝土的配料和拌合工作量是很繁重的，地面必须形成机械化作业线，其中包括储料、筛洗、计量、输送和搅拌等部分。整个作业线分水泥、砂子和石子三个输配料部分，然后进入搅拌机搅拌，再将拌合好的混凝土干料送入混凝土喷射机。其中石子由铲运车送入筛洗机，在旋转的洗筒中用水清洗，并沿倾斜面(倾角为 6°左右)自动下溜，经筛网筒，按不同粒径筛落至各自漏斗中，而大于孔径的石子溜出筒端落地。漏斗中的石子可采用胶带输送机上料，并依靠电开关磅秤的本身动作来控制上料和卸料。当石子达到规定的重量时，磅秤横梁抬起，切断控制回路，电动机停转，上料暂停，并打开计量斗出口卸料。

砂子一般不进行筛分，同上法从另一线路进入砂仓，按一定比例配合的砂石与水泥，用矿车或胶带输送机送至搅拌机料斗，上提进入搅拌机搅拌。由于是干式搅拌，为减少粉尘，一般用密闭式搅拌机。

上述是井筒施工常用的一种作业线，而筛洗、计量与输料的设备类型很多，可根据实际情况灵活选用。但不论选用哪种设备，均应能减轻劳动强度、提高工效，生产环节尽量简化，便于操作；并要充分利用地形使布置紧凑，且设备能力应满足连续搅拌、快速施工的需要。

(2) 混凝土干拌合料的输送。在井口附近喷混凝土机送出的干料是通过钢管送至工作面喷头的。在压风的推动下，管路中松散的拌合料，由于粒度大小不一，运动状态比较复杂，往往按颗粒大小发生自然分群。但是只要连续运输，喷头喷出的干料就接近于原来的配比。

干料的输送风压与输送距离、输送管直径及干料级配状态等因素有关。由于立井是垂直输送，拌料借助重力克服运输阻力，有时还因重力作用而加大喷出压力。故随着井深加大，要使喷射机出口风压保持常压，甚至将压力适当减小。总之应保证喷头喷出压力平稳衡定(一般为 0.1～0.25 MPa)。

输送管路采用直径 75～150 mm 厚壁钢管(有时可与永久井壁浇灌混凝土输送管共用)。为减少管壁的磨损，管路间连接要规整对齐，悬吊要垂直。在弯头处焊以耐磨的碳化钨钢板，或采用缓冲器。输送管内壁要干燥光滑，防止拌合料黏结堵塞。在易出现堵塞的输料管和喷头软管(一般为 ϕ50 mm 胶管)相接处的异径弯头，应加一压气小管助吹防堵。

(3) 混凝土的喷射。立井围岩经常有涌水流淌，此时应适当增加速凝剂和减少水灰比，并要认真处理好流淌水，一般可用压风吹赶水流。对于淋帮水，可在喷射岩面上方设截水装置；对成股涌水，应打眼埋设集水管导水，待四周喷完后，最后封堵；遇有小股裂隙水，可用五矾灰浆(以硅酸钠为基本原料，用水和明矾、兰矾、绿矾、红矾及紫矾，掺入少量水泥配成的浆液)封堵。

(4) 锚喷临时支护形式选择。锚喷临时支护是目前立井井筒基岩施工普遍采用的支护形式，对于围岩条件较好、施工中暴露时间较长的情况，可采用喷混凝土支护，起到封闭围岩的作用；对于节理裂隙发育并会产生局部岩块掉落，或夹杂较多的松软填充物，或易风化潮解的松软岩层，以及其他各类破碎岩层，可采用锚喷或锚喷网联合支护。喷射混凝土厚度一般为 50～100 mm；锚杆直径一般为 14～20 mm，长度为 1.5～1.8 m，间距一般为 0.5～1.5 m，可呈梅花形布置；金属网用 16 号镀锌(防腐)铁丝编成，网孔尺寸为 350 mm×350 mm，安设时，网片间互相搭接 100～200 mm，上片压下片，防止积存矸石。对于锚喷网联合支护这种形式，由于施工费工费时，一般只作为临时支护的局部辅助措施。

三、掩护筒保护

我国在20世纪50—60年代，立井井筒曾采用掘砌平行作业方式，临时支护除采用井圈背板外，个别施工单位曾采用钢丝绳网加角钢圈制成的柔性掩护筒进行施工保护。这种柔性掩护筒吊挂在吊盘(掘进盘)与工作面之间，高度可调节，随掘进工作面的推进而下移。这种掩护筒不起支护作用，只是用来隔离吊盘(掘进盘)下方的岩帮，防止片帮岩石掉落到掘进工作面。

第二节　井筒永久支护

一、锚喷永久支护

立井锚喷永久支护形式主要有喷射混凝土支护、锚喷支护和锚喷网支护3种。具体支护形式与参数，目前主要还是根据围岩稳定性、井筒断面、工程性质和服务年限等因素采用工程类比法确定，见表6-1。

表6-1　立井井筒锚喷支护类型和参数表

<table>
<tr><td colspan="2" rowspan="3">围岩分类</td><td colspan="12">锚喷支护参数值/mm</td></tr>
<tr><td colspan="6">净直径＞4.5 m</td><td colspan="6">净直径＜4.5 m</td></tr>
<tr><td colspan="3">岩层倾角＜30°</td><td colspan="3">岩层倾角＞30°</td><td colspan="3">岩层倾角＜30°</td><td colspan="3">岩层倾角＞30°</td></tr>
<tr><td rowspan="2">类别</td><td rowspan="2">名称</td><td rowspan="2">喷射厚度</td><td colspan="2">锚杆</td><td rowspan="2">喷射厚度</td><td colspan="2">锚杆</td><td rowspan="2">喷射厚度</td><td colspan="2">锚杆</td><td rowspan="2">喷射厚度</td><td colspan="2">锚杆</td></tr>
<tr><td>锚深</td><td>间距</td><td>锚深</td><td>间距</td><td>锚深</td><td>间距</td><td>锚深</td><td>间距</td></tr>
<tr><td>Ⅰ</td><td>稳定岩层</td><td>50~100</td><td></td><td></td><td>50~100</td><td></td><td></td><td>50</td><td></td><td></td><td>50</td><td></td><td></td></tr>
<tr><td>Ⅱ</td><td>稳定性较好岩层</td><td>100~150</td><td></td><td></td><td>100~150</td><td>1 400~1 600</td><td>800~1 000</td><td>100</td><td></td><td></td><td>100</td><td>1 400</td><td>800~1 000</td></tr>
<tr><td>Ⅲ</td><td>中等稳定岩层</td><td>100~150</td><td>1 400~1 600</td><td>800~1 000</td><td>100~150</td><td>1 600~1 800</td><td>600~800</td><td>100~150</td><td></td><td></td><td>100~150</td><td>1 600</td><td>800~1 000</td></tr>
<tr><td rowspan="2">Ⅳ</td><td rowspan="2">稳定性较差岩层</td><td rowspan="2"></td><td rowspan="2">1 600~1800</td><td rowspan="2">600~800</td><td>150~200</td><td>1 600~1 800</td><td rowspan="2">600~800</td><td rowspan="2">100~200</td><td rowspan="2">1 400~1 600</td><td rowspan="2">800~1 000</td><td rowspan="2">150~200</td><td rowspan="2">1 600~1 800</td><td rowspan="2">600~800</td></tr>
<tr><td colspan="2">加金属网</td></tr>
<tr><td rowspan="2">Ⅴ</td><td rowspan="2">不稳定岩层</td><td>150~200</td><td>1 600~1 800</td><td rowspan="2">600~800</td><td>200</td><td>1 600~1 800</td><td rowspan="2">600</td><td>150~200</td><td>1 600~1 800</td><td rowspan="2">600~800</td><td rowspan="2">150~200</td><td>1 600~1 800</td><td rowspan="2">600~800</td></tr>
<tr><td colspan="2">加金属网</td><td colspan="2">加金属网</td><td colspan="2">加金属网</td><td>加金属网</td></tr>
</table>

无论是锚喷永久支护还是锚喷临时支护，均可根据循环进度，实行一掘一喷或不超过安全段高的多掘一喷方式。

锚喷支护在立井井筒中，除在稳定岩层中使用之外，对于稳定性较差的部分松软岩层(如对遇水膨胀的泥岩、断层、破碎带以至于煤层)也有使用成功的先例(有的采用加金属网、金属井圈或钢筋等加固措施)。它的施工工艺与锚喷临时支护相类同,但施工质量要求更为严格,喷层厚度也较大(一般为 150～200 mm)。施工时,除掌握前述一般要求外,还应注意下列几点:

① 采用喷混凝土永久支护的井筒,均应实现光面爆破施工,以减少井筒开挖量,维护围岩的稳定性。

② 喷射前应利用井筒测量的中、边线,测定井筒荒径,如不合格,必须刷帮或喷填处理。遇有夹泥层时,要挖除 100～200 mm 深,然后喷射填补。在井壁四周设置一定数量的井筒内径标准(如钉上圆钉等),以控制喷喷射混凝土厚度。

③ 喷射时,岩帮的浮矸和岩粉一定要用水冲洗干净,严防夹层。若采用分次复喷(一般一次喷厚为 70 mm 左右),间隔时间较长(如 2 h 以上)时,则应对已喷面清洗,然后再喷。

④ 上下井段接茬时,要注意上段底部是否有岩块与回弹堆积物,否则应处理、清洗后再喷。

⑤ 根据井筒围岩的变化,正确选择喷混凝土及锚喷、锚喷网等支护型式,必要时可采取加钢筋、钢圈等加固措施。

与巷道一样,立井喷混凝土支护具有一系列优点。但作为矿井咽喉的立井井筒,服务年限长,对井壁的质量要求应该严格,要使喷射混凝土井壁的施工真正做到围岩充填密贴,井壁光整高强,不漏水。今后尚需进一步积累经验,提高施工质量,完善检查手段,以扩大这种支护方式的使用范围。

二、现浇混凝土永久支护

(一) 现浇混凝土支护工艺及流程

目前我国立井井筒主要采用现浇混凝土永久支护,其支护工艺根据采用的模板形式有金属活动模板短段筑壁和液压滑模长段筑壁两种。

金属活动模板短段筑壁的作业是穿插在掘进出矸工序之中进行的,当工作面掘进够一个模板高度后,即开始进行筑壁工作。筑壁完成后清除模板下座底矸石,进行打眼爆破和出矸,然后再转入下一个循环的筑壁工作。

当井筒采用机械化作业施工时,混凝土的浇灌作业工艺流程一般由下列环节组成:① 骨料筛洗→② 上料→③ 贮存→④ 计量→⑤ 输送→⑥ 搅拌→⑦ 下井→⑧ 二次搅拌→⑨ 浇灌、振捣→⑩ 混凝土掩护。在混凝土下井以前,应在上一砌壁段混凝土达到初凝的情况下进行脱模并完成即将砌壁段的立模(包括绑扎钢筋)等工作。上述施工环节中,①～⑥环节组成混凝土的搅拌系统或机组,⑦环节为下料系统,⑧～⑨环节组成浇灌系统。三个系统之间和系统内部的组合形式,应根据井上下空间、施工速度、技术设备条件等因素而定,在确定施工工艺的基础上,制订劳动组织。

液压滑模长段筑壁适用于长段作业方式,它是当井筒完成大段高掘进后,用液压爬升(或用凿井绞车提吊)模板由下而上连续浇筑混凝土井壁的工艺。按液压爬升的方式,又有压杆式和拉杆式。前者以井壁混凝土内的竖向钢筋为承压支柱,通过多个液压千斤顶,将模板随混凝土的浇筑水平不断地升高。一般每浇灌 300 mm 厚的混凝土上滑一次模板,直到与上段井壁衔接。拉杆式液压滑模的支承爬杆安装在两层吊盘的圈梁上,模板通过液压千斤顶顺承拉爬杆上滑,爬完吊盘层间行程后,再上提吊盘一个段高,继续浇灌混凝土。

液压滑模长段筑壁中的浇灌作业流程与活动模板短段筑壁过程基本相似。不同之处在于：一是液压滑模长段筑壁混凝土凝固时间较短，一般在 40 min 左右，而且在时间上与浇灌混凝土平行；二是脱模与立模工序在模板滑升中同时进行；三是模板连续滑升和浇灌，只有最后一个与井壁接茬；四是由于初凝脱模时间较短，刚脱模的混凝土井壁有时有粘块掉皮等现象，因此需在模板下方的辅助盘上进行井壁修补和养护。

立井井筒现浇混凝土施工除上述两种方法以外，部分井筒仍然有采用普通拆卸式模板进行混凝土浇灌的情况，这种施工工艺简单，但工人劳动强度大，不易实现机械化和加快砌壁速度。

（二）现浇混凝土支护模板的类型

在我国现阶段，金属伸缩式活动模板和液压滑升模板在井筒现浇混凝土施工中应用较多，普通拼装式或绳捆式模板仍有使用。

1. 金属伸缩式活动模板

金属伸缩式活动模板包括三缝式 MJS 型、ZYJM 型和单缝式 MJY 型。这些模板基本实现了脱模立模机械化，具有砌壁速度快等明显的优点。这三种金属伸缩式活动模板均适用于立井混合作业和短段单行作业，永久井壁紧跟掘进工作面，取消了临时支护，适用于不同的围岩条件，工作安全，但接茬缝较多。

MJS 型、ZYJM 型模板采用 3 块三缝式桶壳结构，即模板由 3 扇模块组成 1 个三联杆式稳定结构的模板体。模块之间有 3 条竖向伸缩缝，缝内设置水平导向槽钢和同步增力脱模装置，见图 6-3。在模板上部装有数十块合页挤压接茬板和折叠式自锁定位脚手架。在模板下部联有 45°刃脚圈。模板一般采用 3 台凿井绞车悬吊，并集中控制。

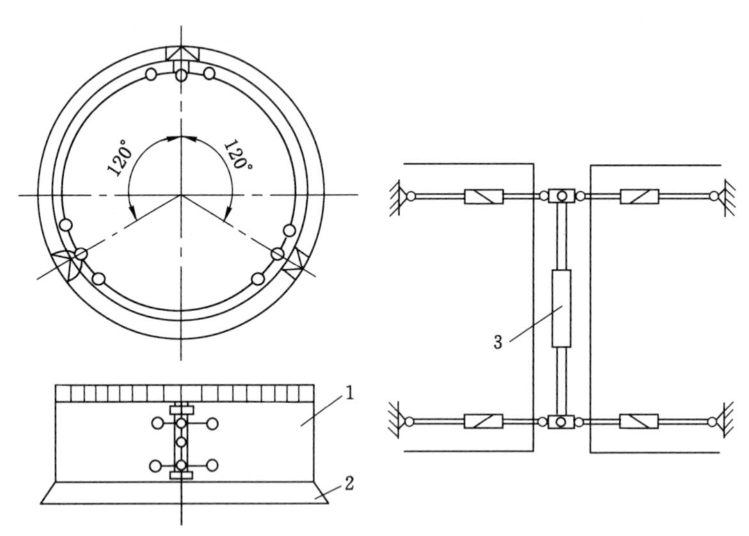

1—模板体；2—刃脚；3—增力装置。

图 6-3　三缝式同步增力模板示意图

MJY 型系列模板目前应用最为广泛，并且已经实现了标准化和系列化。该模板由模板主体、缩口模板、刃脚、液压脱模机构、悬吊装置、撑杆式工作台和浇注漏斗等 7 个部分组成，见图 6-4。模板主体由上下两段组合而成，刚度很大。上段模板顶部设 9 个浇注窗口和数十个工作台铰座；下段模板设有一个处理故障的门扇；缩口模板为T形，宽550 mm；刃脚分7段，由组合角钢与钢板焊接而成；液压脱模机构装在缩口两侧模板主体上，由4套推力双作用单活塞油缸、风动高压油泵、多种控制阀等组成；撑杆式工作台板铰接在模板上，台板下有活动撑杆以支撑平台板。由于模板刚度大，通过油缸的强力收缩，使金属模板产生弹性变形，可实现单缝收缩脱模，油缸撑开即恢复模板设计直径。MJY型系列模板的主要特征参数见表6-2。

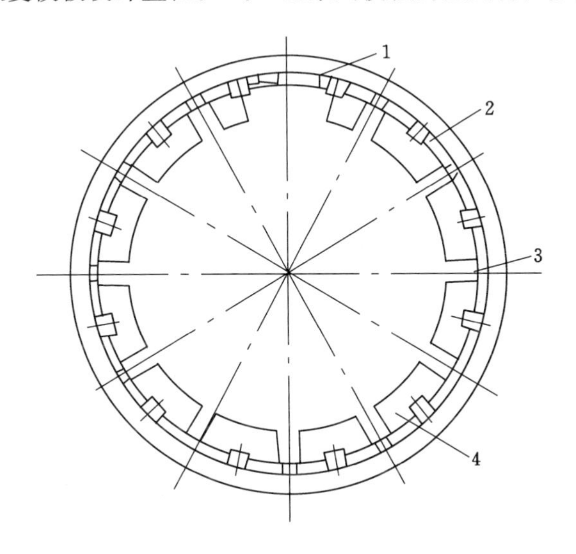

1—液压系统；2—基本模板块；3—变径加块；4—浇注窗口。

图6-4　MJY型模板结构简图

表6-2　MJY型系列模板的主要特征参数表

模板直径/m	模板块数	收缩口数	模板质量/t			
			高度2.5 m	高度3.0 m	高度3.5 m	高度4.0 m
4.54	9	1	6.82	7.72	8.80	10.05
5.04	9	1	7.56	8.88	10.21	11.54
5.55	12	1	8.32	9.79	11.25	12.71
6.05	12	1	9.68	11.37	13.08	14.77
6.55	12	1	10.48	12.32	14.16	16.00
7.06	12	1	11.30	13.28	16.00	17.25
7.56	15	1	14.45	16.68	19.27	21.58
8.06	15	1	15.41	17.98	20.55	23.12

模板属非标准设备，设计与制作多由施工单位承担，目前也有标准产品，其主要技术参数是直径。根据煤矿井巷工程施工质量标准、考虑模板制作误差、施工立模测量误差等因素，为脱模方便，又不造成结构尺寸过大，模板直径应满足：

$$D_3 = D_1 - 100 \tag{6-1}$$

式中　D_1——井筒设计净直径；

　　　D_3——模板缩后直径，mm。

实践证明，活动模板有效筑壁高主要取决于井筒基岩的稳定性，对稳定性好的基岩，可达到 5～6 m；反之，稳定性差的基岩，空帮达到 2 m 时就应特别注意安全。

模板脱离混凝土井壁所需的力与混凝土凝固期成正比；时间越长，模板与混凝土的黏结力越大，而与模板刚度成反比，刚度越大，脱模变形传递快而省力。经验公式计算如下：

$$P > F + (2.5 + 0.4R)S_{max}H \tag{6-2}$$

式中 P——脱模力，kN；

F——克服模板本身刚度的变形力，kN；

R——混凝土抗压强度，MPa；

S_{max}——脱模瞬时撕裂最大宽度，cm；

H——模板高度，cm。

克服模板本身刚度的变形力在设计模板时已为定值。脱模瞬时撕裂最大宽度，是指模板受脱模力作用后，与混凝土面一段一段地“撕开”的瞬间宽度，与模板刚度和直径成正比。

2. 液压滑升模板

井筒永久支护自 20 世纪 70 年代末引入滑升模板施工至今，已获得了迅速的发展。如对固定模板的盘架结构作适当修改，则还可用于井筒平行作业。滑升模板筑壁混凝土可连续浇灌，接茬少，井壁的整体性与封水性好，机械化程度高，由于脱模、立模、浇灌与绑扎钢筋均为同时进行，使筑壁速度月进尺可达 150 m。液压滑升模板按其结构方式大致由模板、围圈、滑模盘（包括操作盘、辅助盘）和滑升装置（包括液压千斤顶、支承杆、油压控制系统）组成。按其滑升方式，有压杆式和拉杆式两种，见图 6-5 和图 6-6。

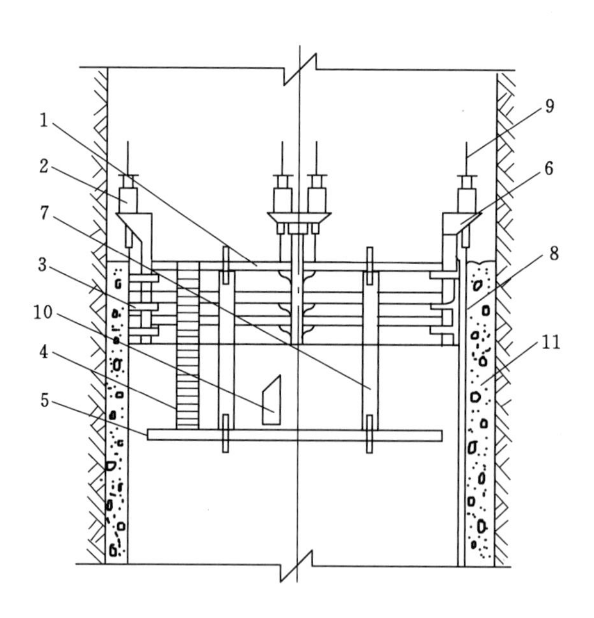

1—模板上盘；2—千斤顶；3—围圈；4—铁梯；5—滑模下盘；6—顶架；
7—立柱；8—滑模板；9—爬杆；10—控制柜；11—混凝土井壁。

图 6-5 压杆式液压滑升模板

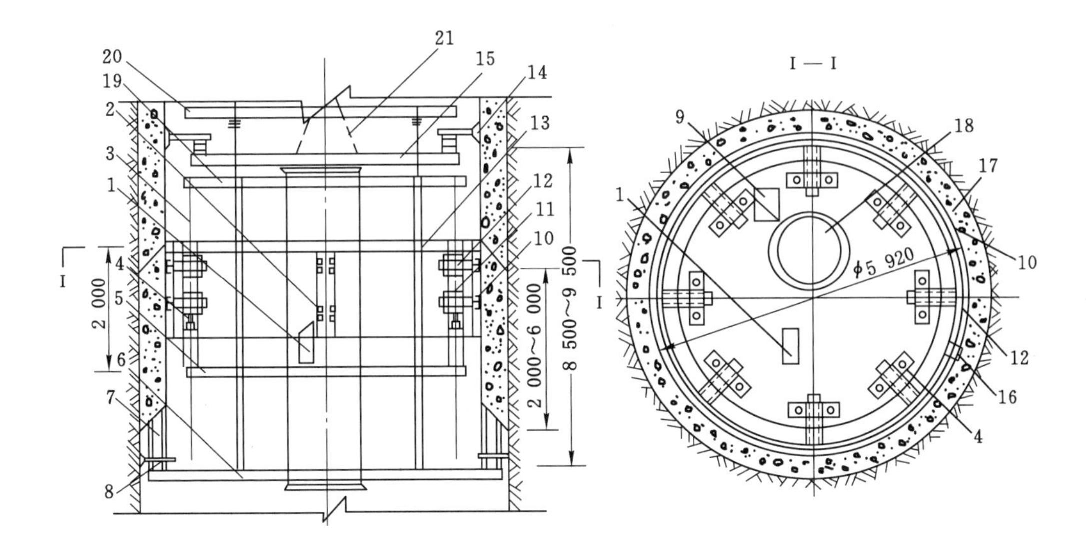

1—控制柜；2—松紧装置；3—爬杆；4—液压千斤顶；5—四层吊盘；6—五层吊盘；7—刃脚模板；
8,14—手动千斤顶；9—行人孔；10—模板；11—顶架；12—顶架支撑；13—三层吊盘；15—固定圈；
16—收缩装置；17—外盘；18—吊桶孔；19—二层吊盘；20—一层吊盘；21—悬吊固定圈钢丝绳。

图 6-6　拉杆式液压滑升模板

压杆式滑升模板是利用井壁混凝土内的竖向钢筋做支承杆，杆上部穿过爬升千斤顶，千斤顶固定在与楔板相连接的"T"形提升架上，"T"形提升架沿操作盘外圈每隔 1.2～1.8 m 布置 1 架。井筒直径越大，须克服模板滑升的阻力越大，因而提升架就布置越多。与千斤顶进出油管相连的控制台设在辅助盘上，是液压系统的动力源。

拉杆式滑升模板的上部和下部，比压杆式滑升模板多两个固定圈盘，但没有"T"形提升架，千斤顶穿过固定在上部固定圈下的爬杆上，因固定圈被多个千斤顶顶于井筒壁间，各爬杆方位也就被固定。筑壁模板滑升时，以爬杆为支点，各千斤顶在压力油的驱动下，带动模板和滑模盘上升，此时爬杆受拉，所以称拉杆式滑模。滑模下部的固定盘，主要做筑壁刃脚托架用。

3. 装配式金属模板

装配式金属模板是由若干块弧形钢板装配而成。每块弧板四周焊以角钢，彼此用螺杆连接。每圈模板由基本模板(2 块)和楔形模板(1 块)组成(图 6-7)，斜口和楔形模板的作用是为了便于拆卸模板。每圈模板的块数根据井筒直径而定，但每块模板不宜过重(一般为 60 kg 左右)，以便人工搬运安装，模板高一般为 1 m。

装配式金属模板可在掘进工作面爆破后的岩石堆上或空中吊盘上架设。自下而上逐圈灌筑混凝土，它不受砌壁段高的限制，可连续施工，且段高愈大，整个井筒掘砌工序的倒换次数和井壁接茬愈少。由于它使用可靠，易于操作，井壁成型好，封水性强，使用比较普遍。但这种模板存在着立模、拆模费时，劳动强度大及材料用量多等缺点。

(三) 混凝土的输送方式

现阶段，施工企业为适应矿区建设项目施工地点分散、流动性大、对象多变的特性，都没有设立固定的基地集中生产混凝土，通常采用的方法是在井口设置混凝土搅拌站，来满足井

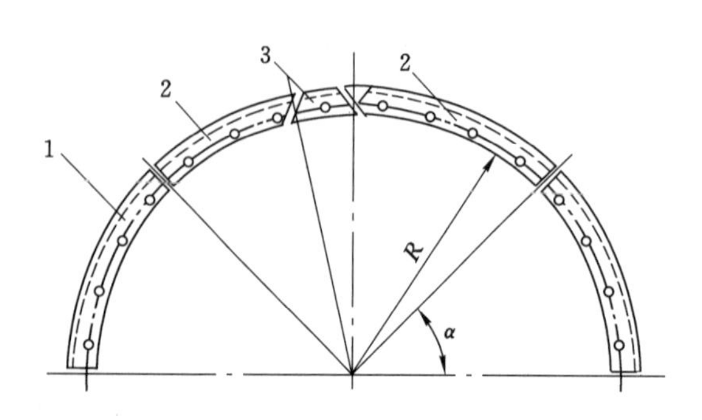

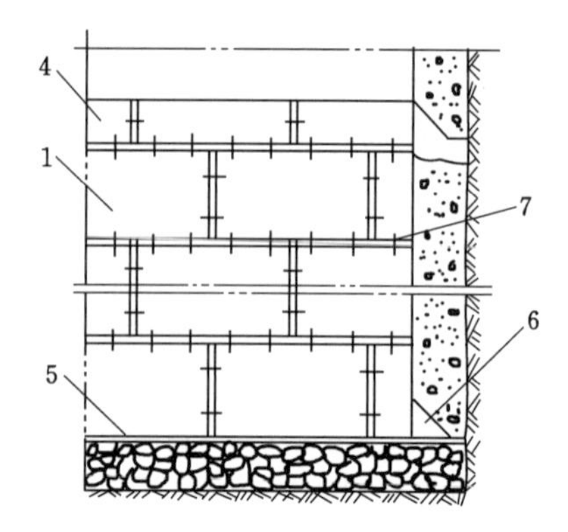

1—金属模板；2—斜口模板；3—楔形模板；4—接茬模板；5—底模板；6—接茬三角木块；7—联结螺栓。

图 6-7　装配式金属模板

筒砌壁的需要。

立井井筒现浇混凝土施工，所需混凝土量大又集中，应尽可能实现储料、筛选、上料、计量和搅拌等工艺流程的机械化作业线，确保井筒施工进度的要求。

在地面配制好的混凝土可采用吊桶或管路输送到井下浇灌地点。

1. 吊桶输送混凝土

利用吊桶输送混凝土是将混凝土装入底卸式吊桶内，利用提升机将底卸式吊桶运送到吊盘上方，卸入分灰器内，进入模板内进行混凝土的浇注工作。

底卸式吊桶是一种上圆下锥的桶形盛料容器。由于底卸料口铰接有滚轴组合的扇面压紧胶板闸门，装载混凝土不易漏浆，卸料时，闸门滚动脱开对胶板的压紧，省力省时。常用的底卸式吊桶容积为 1.0～2.4 m^3。底卸式吊桶在地面一般用轨道平板车转运、由平板车载着底卸式吊桶驶至井盖门上后，由提升机运送吊桶下放至井内吊盘受灰斗上方，打开底卸式吊桶闸门，将混凝土卸至受灰斗，然后分两路由斜溜槽、高压胶管、竹节铁管、导灰管等进入筑壁模板中。

利用吊桶下混凝土，可保证输送时的混凝土质量，适用混凝土的坍落度条件较宽，但下料受吊桶容积和提升能力的限制，速度较慢，输送工作占用提升设备，影响部分排矸和人员上下。它一般适用于多台提升机凿井，混凝土采用高标号、低坍落度的情况。

2. 管路输送混凝土

利用管路(溜灰管)输送混凝土是将混凝土直接通过悬吊在井筒内的钢管输送到井下，经缓冲器缓冲后，利用分灰器、竹节铁管、导灰管等进入筑壁模板中，见图 6-8。

利用管路(溜灰管)输送混凝土必须在井筒内悬吊 1～2 趟 ϕ150 mm 无缝钢管，并应保证其悬吊的垂直度，以减轻混凝土对管路的磨损。另外，管路的下端应安设缓冲器，以减轻混凝土出口时的冲击作用。常用的缓冲器有分岔式和圆筒式两种，其结构见图 6-9。

利用管路输送混凝土时，混凝土下落作用在缓冲器上的冲击力大小是输送管悬吊设计时必须要考虑的一个关键参数。

为防止堵管，一是漏斗上需设筛片，防止大块物料和 30～50 mm 直径大小的石子入管；二是保持管路清洁，每浇灌 15 min 用清水洗管 1 次，全段高筑壁完毕，用清水加石子彻底清洗；三是采用高效减水剂或大流态混凝土，并掌握好胶管弯度和防止坡度过小；四

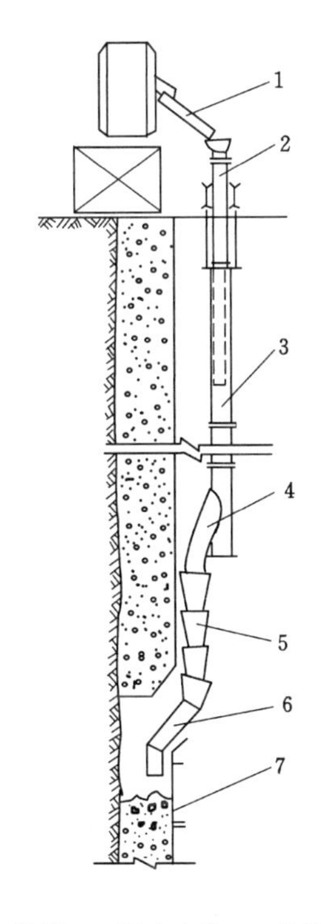

1—溜槽；2—漏斗套管；3—输送管；
4—缓冲器；5—活节溜灰筒；
6—导灰管；7—模板。

图 6-8　管路输送混凝土示意图

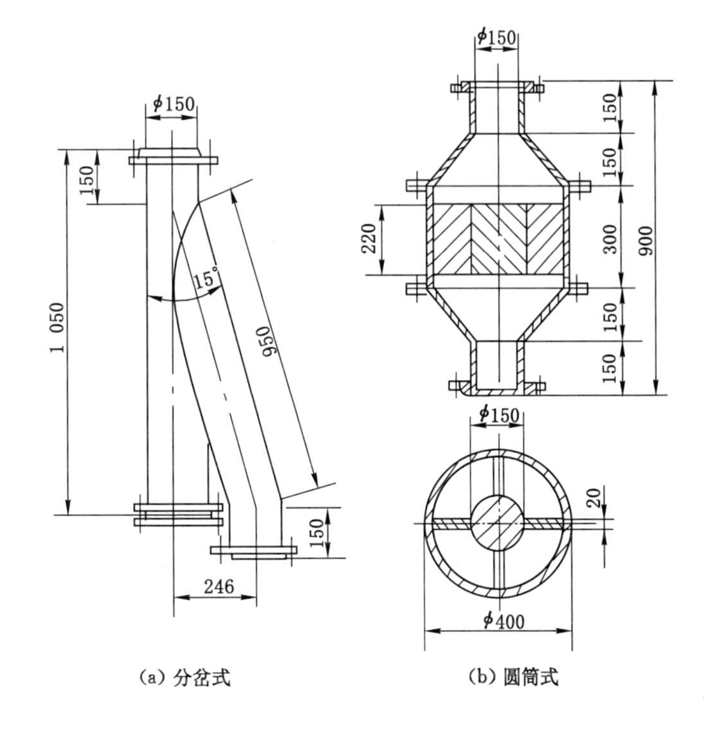

图 6-9　常用缓冲器的形式

是地面与筑壁工作面保持信号畅通，密切注意堵管预兆和易堵部位的运转情况，将堵管故障消灭在萌芽状态。

为防止管路磨损，一是管子悬吊尽量垂直，末端加缓冲器；二是严格掌握管子接头的质量，法兰盘必须与管轴线垂直；三是选用卵石做混凝土骨料，同时选用耐磨管材。

管路输送混凝土不占用提升设备，可节省提升电力费用，下料速度快。一般情况下宜采用大流态混凝土，坍落度小时容易堵管。

使用溜灰管输送混凝土，应符合下列要求：

① 石子粒径不得大于 40 mm，混凝土坍落度不应小于 150 mm；

② 灰管直径宜为 150 mm，末端应安设缓冲装置，直径大于 6.0 m 的井筒应安设分灰器；

③ 溜灰管送料前应先输送少量水泥砂浆，井壁浇筑完后应及时用水清洗；

④ 使用溜灰管送料时，应加强井上下的信号联系，一旦发生堵管现象，应立即停止送料，并及时予以处理。

（四）砌壁吊盘的基本结构

立井井筒砌壁时的立模、浇灌、捣固和拆模等工序，在时间上，可与井筒掘进同时进行，也可按先后顺序作业；在空间上，既可在井底工作面又可在井内高空进行。但不论采用哪种方式，都需要设置吊盘。砌壁吊盘的层数、层间距及其结构形式，可根据井筒掘、砌两大工序的时间与空间关系以及砌壁模板形式和施工工艺来确定。它可单独设置砌壁专用盘，也可直接利用掘进吊盘，还有的组成掘砌综合多层吊盘。常用的砌壁吊盘形式有二层吊盘和三层吊盘。

1. 二层吊盘

通常掘进吊盘多为两层盘，其上层作为保护盘，下层用以吊挂掘进设备和安置提升信号设备。当按照掘砌顺序作业时，可将掘进盘兼做砌壁吊盘。此时有两种情况：如砌壁段高较大，需分次立模、浇筑，则上层作为保护盘，兼设分灰器，下层进行立模、浇捣混凝土，它常配以装配式金属模板；如砌壁段高较小，在工作面一次砌筑，此时上层或下层盘均可放置分灰器，立模、浇捣混凝土及拆模均在工作面矸石堆上进行，它常与金属活动模板配套作业。当掘砌同时进行时，井壁砌筑在井筒内高空进行，这需单独设置砌壁双层盘。砌壁时，不管段高多大，下层盘除作为立模、浇捣混凝土施工外，还兼做该井段首次砌壁时的托盘；上层盘仍用以保障安全和设分灰器之用。

二层盘的上下层之间要有充分的操作空间，一般不小于 2.5 m。增加层间距，可加大一次浇筑混凝土井壁的高度，减少井壁接茬及吊盘起落次数，但若过大，则不利于浇捣上部混凝土和吊盘的整体稳定性，我国一般都不超过 6 m。两层盘之间为刚性连接，并设置爬梯，见图 6-10。

2. 三层吊盘

它在二层吊盘的下面增挂一层盘，用以拆除模板及检修井壁，见图 6-11。拆下的模板可提至上面一层砌筑盘上做循环使用。这样可加速模板的周转，减少一次砌壁段高内同时使用的模板套数，并使拆模和浇灌混凝土平行施工，加快了砌壁速度。底层盘用钢丝绳悬吊在二层盘上，层间距按井壁浇灌速度和混凝土凝固速度而定，以保证混凝土有足够拆模强度为准。

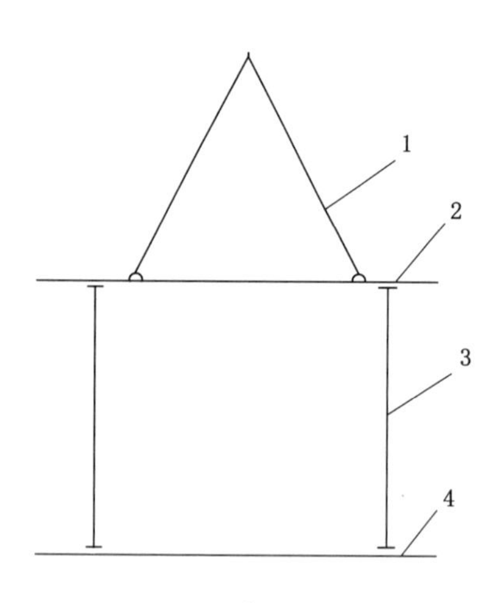

1—悬吊钢丝绳；2—上层盘；3—立柱；4—下层盘。

图 6-10　二层吊盘示意图

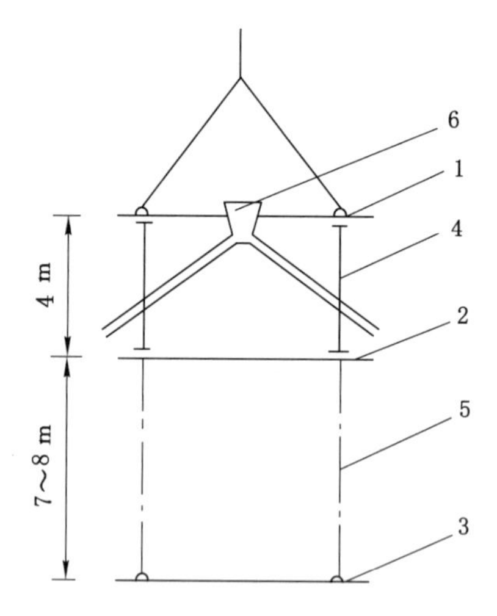

1—上盘；2—中盘；3—下盘；4—连接立柱；
5—连接钢丝绳；6—受料分灰器。

图 6-11　三层吊盘示意图

吊盘除常见的二层和三层吊盘外，还有四层、五层及掘砌综合吊盘，其结构一般与所采用的砌壁工艺相关。因此,吊盘的结构选择,应考虑掘砌作业方式、模板形式和施工操作等因素。要求吊盘应结构坚固稳定,重量轻,便于悬吊和施工。

（五）现浇混凝土井壁施工

立井井筒现浇混凝土井壁施工必须确保井壁的质量,保证达到设计强度和规格,并且不漏水。为此,施工时要注意下列几点:

(1) 立模。模板要严格按中、边线对中找平,保证井壁的垂直度、圆度和净直径。在掘进工作面砌壁时,先将矸石整平,铺上托盘或砂子,立好模板后,用撑木固定于井帮,见图 6-12。采用高空灌筑时,在砌壁底盘上架设承托结构,如图 6-13 所示。为防止浇灌时模板微量错动,模板外径应比井筒设计净径大 50 mm。图 6-14 为组合式模板和整体移动金属模板砌壁施工工艺图。对于液压滑模(尤其是压杆式),施工时要注意滑模盘的扭转和倾斜,以及爬杆的弯曲,必须经常检查模盘的中心位置和水平度。

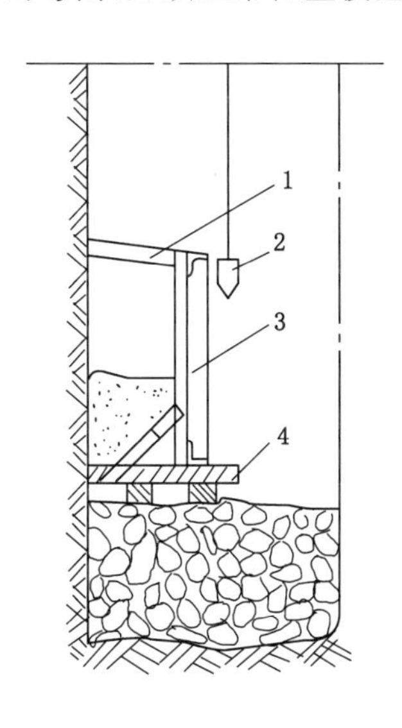

1—撑木;2—测量边线;3—模板;4—托盘。

图 6-12　工作面立模示意图

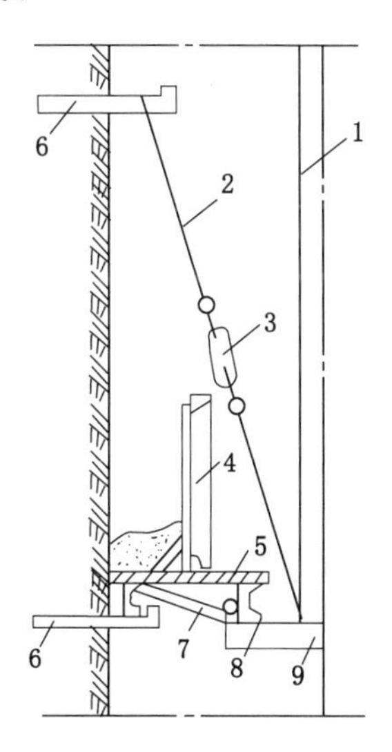

1—吊盘绳;2—吊盘辅助吊挂绳;3—紧绳器;4—模板;5—托板;6—托钩;7—吊盘折页;8—找平用槽钢井圈;9—吊盘的下层盘(三层盘)。

图 6-13　高空浇灌井壁施工示意图

(2) 浇灌和捣固。浇捣要对称分层连续进行,每层厚 250～350 mm 为宜,随浇随捣。若间隔时间较长,混凝土已有一定强度时,要把上部表层凿成毛面,用水冲洗,并铺上一层水泥浆后,再进行灌筑。人工捣固时,要使表面出现薄浆。用振捣器振捣时,振捣器要插入下层 50～100 mm。

(3) 井壁接茬。井段间的接缝质量直接影响井壁的整体性及防水性。接缝位置应尽量避开含水层。为增大接缝处的面积以及施工方便,接茬一般为斜面(也有双斜面)。常用的为全断面斜口接茬法和窗口接茬法,见图 6-15。全断面斜口接茬法用于拆卸式模板施工;窗口接茬法用于活动模板施工,窗口间距一般为 2 m 左右。接茬时,应将上段井壁凿毛冲刷,并使模板上端压住上段井壁 100 mm 左右。浇捣时,应将接茬模板(门)关严。对于少量出水的接缝可用快凝水泥或五矾防水剂封堵。

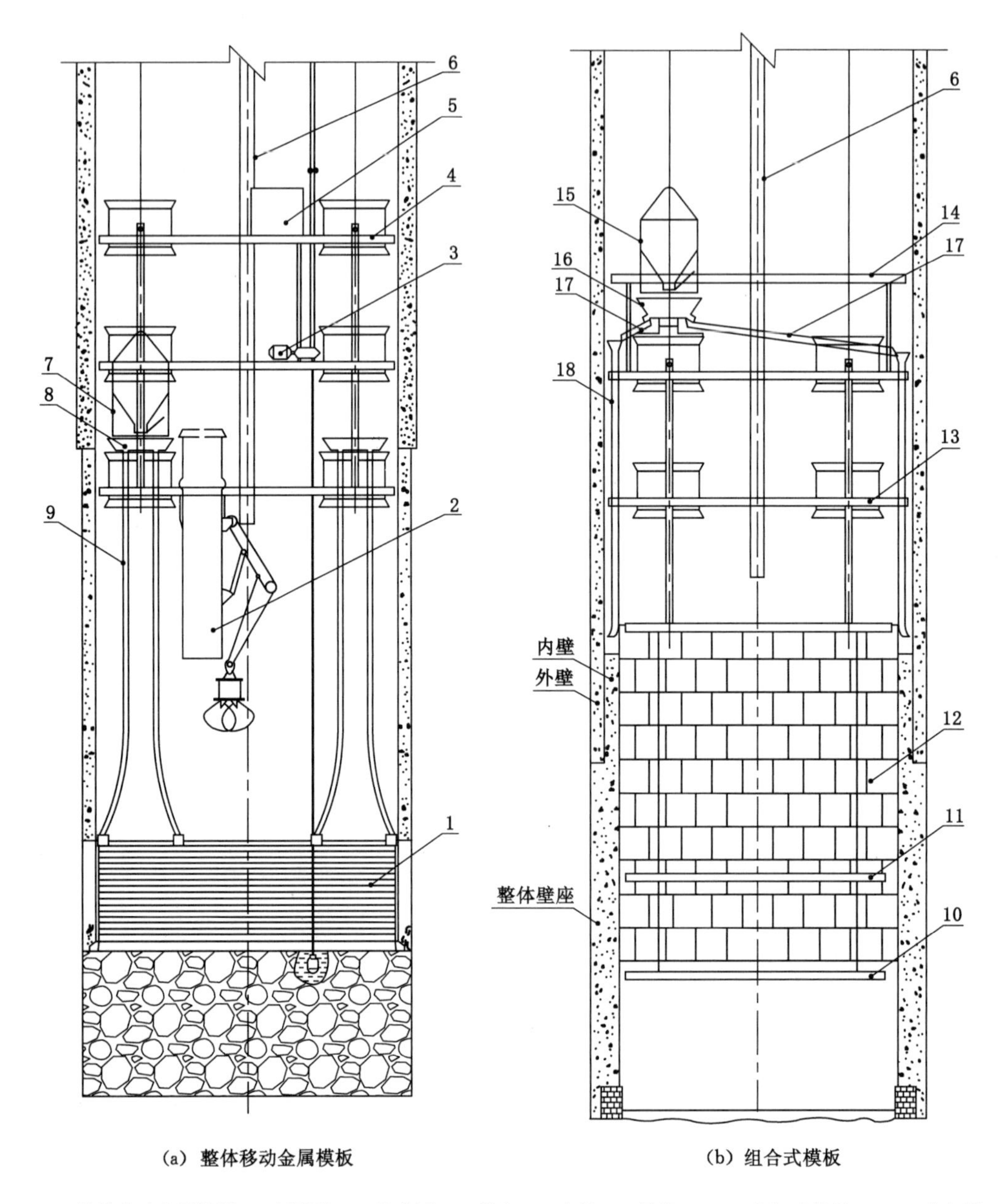

1—整体移动金属模板；2—抓岩机；3—排水泵；4—吊盘；5—水箱；6—风筒；7，15—底卸式吊桶；8，16—分灰器；9，18—溜灰管；10—拆模盘；11—拆模保护盘；12—组合式模板；13—吊盘；14—安全保护盘；17—溜槽。

图 6-14 不同模板砌壁施工工艺图

三、其他形式永久支护

20 世纪五六十年代，我国立井永久支护主要用块体砌筑。当时，采用最普遍的是料石井壁，它是用一面或多面光的料石，配以砂浆逐块砌筑而成，外壁与岩帮之间的空隙用混凝土充填。为防止砌缝漏水，往往需进行壁后注浆。这种井壁材料可就地取材，但因用人工砌筑，劳动强度大，效率低，成本高，并且井壁整体性和封水性差，现在已很少采用。

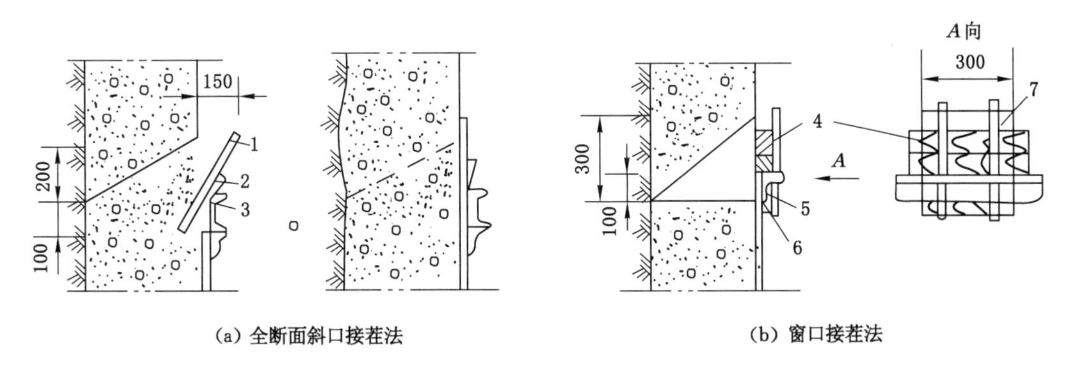

1—接茬模板；2—木楔；3—接茬碹胎；4—小块木模板；5—插销；6—木垫块；7—方窗口。

图 6-15　立井井壁接茬

井筒施工中也曾采用过预制钢筋混凝土弧板井壁。砌壁时，预制好的弧板用专用吊架送到工作面，对齐就位后与已安好的弧板用螺栓连接，接缝用堵水材料填封。井筒达到一定高度后，进行壁后注浆。目前这种井壁结构应用较少，只有特殊情况下才采用。

第七章　井筒施工辅助作业

第一节　井筒施工辅助工作

一、通风工作

立井井筒施工时，必须不断地进行人工通风，以便清洗和冲淡岩石中和爆破时产生的有害气体，经常保持工作面的空气新鲜。

1. 通风方式

立井的掘进通风是由地面通风机和设于井内的风筒完成的。由于井壁常有淋帮水(流淌)，使空气沿井壁四周向下流动，并由井筒中央上升，这对采用压入式通风十分有利。当采用压入式通风时，井筒中污浊空气排出缓慢，一般用于井深小于 400 m 的井筒。抽出式通风方式，使污浊空气经风筒排出，井内空气清新，激光光点清楚，爆破后，经短暂间隔，人员即可返回工作面。因此，对于深井，常采用抽出为主，辅以压入的混合式通风，以增大通风系统的风压，使风流不因自然风流的影响而造成反向。井筒常用通风方式及适用条件见表 7-1。

表 7-1　井筒通风方式及适用条件

项目	压入式	抽出式	混合式
适用条件	井深小于 400 m	井筒掘进与井壁支护平行作业	适用于瓦斯大或井筒直径大的深井掘进
优缺点	1. 出风速度大，射程远，冲洗及排出工作面瓦斯、炮烟的能力与降温效果较好。 2. 井筒经常处于污风状态中	1. 井筒经常处于新风状态，当井壁有淋水时水雾较小。 2. 采用硬质风筒悬吊重量大。 3. 当有瓦斯危险时只能用离心式风机或电机在机壳外的轴流式风机。 4. 当风筒距工作面较远时，爆破后工作面易出现炮烟停滞区，延长了排出炮烟的时间	通风效果好，兼有压入式和抽出式通风的优点

对于机械化作业线设备能力的匹配，主要内容包括：提升能力与装岩能力的匹配、一次爆破岩石量与装岩能力的匹配、吊桶容积与抓斗容积的匹配、地面排矸能力与提升能力的匹配、井筒的支护能力与掘进速度匹配等五个方面。

立井井筒支护机械化作业线较为成熟。在现浇混凝土的井筒中，由于采用了液压金属活动模板、大流态混凝土、混凝土输送管下料等新技术，使立模、拆模、下料、浇注混凝土等工序实现了机械化，砌壁速度大大加快，使砌壁占整个循环时间的比例在20%左右。因此，提高井筒支护工作能力的关键是选用一套完整的机械化程度高的筑壁作业线，加快其速度，降低其占用施工循环的时间比例。

2. 通风设备

通风设备首选凿井专用通风机，由于其配用调速电动机驱动，通过无级调速实现风量、风压的调节，通风机最高转数1 370 r/min，最高风压3 650 Pa，相应风量12 m^3/s，最高效率89%，噪声低于89 dB，既可满足爆破后大风量通风，也可满足工作中小风量通风，适用于深立井开凿。其次，可选用FDB型系列对旋式通风机，这种通风机为双级对旋轴流式，由2台隔爆型三相异步电动机分别驱动2个叶轮相对旋转达到通风目的，它有消声器，机壳中还安装有吸声材料，噪声低，风流稳定。

风筒的直径一般为0.6～1.0 m。井筒的深度和直径愈大，选用的风筒直径也应愈大。常用的风筒有铁风筒、玻璃钢风筒和胶皮风筒。目前普遍采用玻璃钢风筒，其质量轻、通风阻力小，适用于深井施工。布置时，风筒末端距工作面的垂距不宜大于$(3\sim4)\sqrt{S}$（S为井筒的掘进断面积，m^2）。风筒一般采用钢丝绳双绳悬吊，地面设置凿井绞车悬挂，也可直接固定在井壁上。

在通风方式确定后，通过计算出工作面所需的风量以及风机所需的风压，就可以进行通风设备的选择，并结合井内条件进行布置。

二、压风、供水工作

立井井筒施工中，工作面打眼、装岩和喷射混凝土作业所需要的压风和供水等是通过并列吊挂在井内的压风管（一般用ϕ150 mm左右钢管）和供水管（一般用ϕ50 mm左右钢管），由地面送至吊盘上方，然后经三通、高压软管、分风器、分水器和胶皮软管将风、水引入各风动机具。

井内压风管和供水管可采用钢丝绳双绳悬吊，地面设置凿井绞车悬挂，随着井筒的下掘不断下放；也可直接固定在井壁上，随着井筒的下掘而不断向下延伸。工作面的软管与分风（水）器均采用钢丝绳悬吊在吊盘上，爆破时提至安全高度。

三、照明

井筒施工中，良好的照明是提高施工质量与效率，减少事故的保障。在井口及井内，凡是有人操作的工作面和各盘台，均应设置足够的防爆、防水灯具。在掘进工作面上方10 m左右处应吊挂伞形罩组合灯或防溅式探照灯，并保证有20～30 W/m^2的容量，对安装工作面应有40～60 W/m^2的容量，井内各盘和腰泵房应有不少于10～15 W/m^2的容量，而井口的照明容量不少于5 W/m^2。

此外，抓岩机和吊泵上亦应设置灯具，砌壁后的井筒每隔20～30 m设置一盏照明灯，以便随时查看井内设施。装药连线时，需切断井下一切电源，用矿灯照明。

四、通信

立井井筒施工时，必须建立以井口为中心的全井筒通信系统。通信系统应保证井上下与调度指挥之间的联系。井下掘进工作面、吊盘及腰泵房与井口房之间，建立各自独立的信号联系。同时，井口信口房又可向卸矸台、提升机房及凿井绞车房发送信号。

信号分机械式和电气信号两种。机械式信号是指井下通过细钢丝绳拉动井口打击杆发出锤击信号。这种信号简单可靠,但笨重费力,只作井下发生突然停电等事故时的辅助紧急信号,或用于深度小于 200 m 的浅井中。目前普遍使用的是声、光兼备的电气信号系统。如 KJTX-SX-1 型煤矿井筒通信信号装置,是由 KT-X-1 型煤矿井筒提升机信号机、KT-T-1 型煤矿井筒通讯机,KJ-X-1 型煤矿井筒信号机、KDD-1 型矿用电话机组成的一套完整的安全火花型通信信号控制台,专门用于井筒施工联系和提升指挥系统,通信信号传送距离大于 1 000 m,井下噪声 120 dB 时,通话清晰度可达到 90%以上,声光显示,并备有记数和寄存装置。

五、测量

测量是确保井筒掘进、砌壁和安装等施工质量达到设计要求的关键之一。中心线是控制井筒掘、砌质量的指针,除应设垂球测量外,一般采用激光指向仪投点,即根据井筒的十字线标桩,把井筒中心移设到固定盘(封口盘以下4～8 m 处)上方 1 m 处的激光仪架上,并依此中心点安设激光仪。为使已校正好的中心点准确可靠,激光仪架应用型钢独立固定于井壁,严防与井内其他设施相碰。当井筒较大时,可采用千米激光指向仪或将仪器架移设到井筒深部适当位置的做法进行中心指向。

边线(包括中心线)可用垂球挂线。垂球质量不得小于 30 kg(井深大于 200 m),悬挂钢丝或铁丝应有两倍安全系数。边线一般设 6～8 根,固定点设在井盖上,也可固定在井壁中预埋木楔或预留梁窝木盒上。当井筒超过 500 m 时,为防止垂球摆动大,可用经纬仪将固定点投设在井筒中间的临时固定盘上。

六、安全梯

当井筒停电或发生突然冒水等其他意外事故时,工人可借助安全梯迅速撤离工作面。安全梯用角钢制作,分若干节拼装而成,如图 7-1 所示。安全梯的高度应满足使井底全部工人在紧急状态下都能登上梯子,然后被提至地面。为安全起见,梯子需设防护圈。安全梯必须使用安全梯专用凿井绞车悬吊。

七、井内设备及管线的挂设

井内设备和管线的挂设方式有钢丝绳悬吊、井壁固定和半悬吊半固定 3 种。

1. 钢丝绳悬吊

凿井时,井内设备及管线,一般都用钢丝绳经井架天轮吊挂在地面凿井绞车上,并随着掘砌施工的进行,经常需要提放,可在井口进行接长。

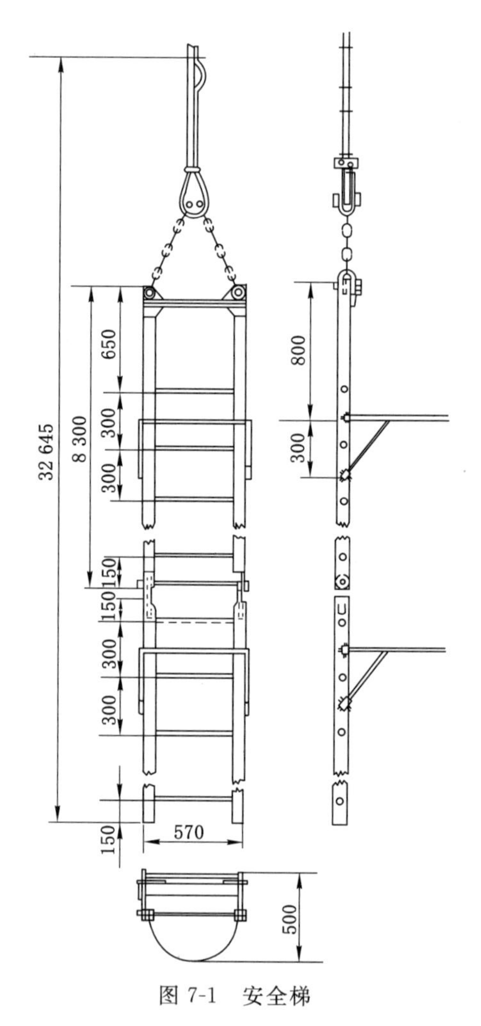

图 7-1　安全梯

钢丝绳悬吊可分单绳、双绳和多绳悬吊。通常,重量轻的电缆、安全梯等可用单绳悬吊[图 7-2(a)]。电缆每隔一定距离(4～6 m)用卡子固定在悬吊钢丝绳上。有时将数根电缆集中悬吊在一根绳上,有时也附挂在其他设备的吊挂绳上。对于比较重的吊盘、吊泵、风筒、压风管和混凝土输送管等,一般均采用双绳悬吊[图 7-2(b)],它虽比单绳悬吊增加了一套钢丝绳、天轮及凿井绞车,但挂设稳定,每台凿井绞车承担的荷载也小。对于金属整体活动模板等设备,要用多绳悬吊,以保证结构物悬吊受力均匀,移动平稳,减少变形。可能时,也可将悬吊绞车置于吊盘上,以减少钢丝绳长度及重量。

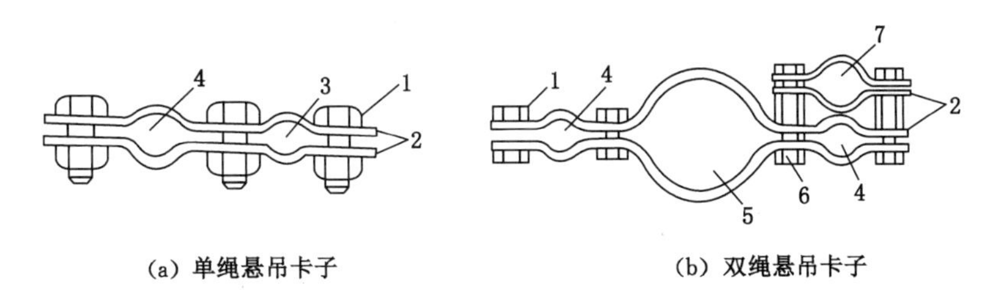

1—连接螺栓;2—卡子;3—电缆卡固位置;4—钢丝绳卡固位置;5—管路卡固位置;6—长连接螺栓;7—管线卡固位置。

图 7-2　井内管线悬吊卡子

2. 井壁固定

凿井时,将施工用的管路、缆线直接固定在永久井壁上,随着掘砌工作面的推进,在吊盘上自上而下接长管路。实践证明:井壁固定比在地面用钢丝绳、凿井绞车悬吊,减少了悬吊凿井绞车、天轮、钢丝绳等凿井设备和器材的用量;由于管线沿井壁固定,且不摆动,加大了提升容器与管线的安全距离,有利于施工安全;简化了天轮平台、地面提绞系统和井内布置;方便了地面运输;减少了井架吊挂荷载,为采用轻型井架和利用永久井架凿井创造了条件。

实践中,对风筒、压风管、供水管、爆破电缆、照明和通信信号电缆等采用井壁吊挂,可使凿井绞车由 10～12 台减少至 6～8 台,大大减少了井筒施工期间的资金投入。

根据管路荷重、用途和井筒施工方法的不同,施工管线可采用钢梁固定(图 7-3)、锚杆固定(图 7-4)等方式。

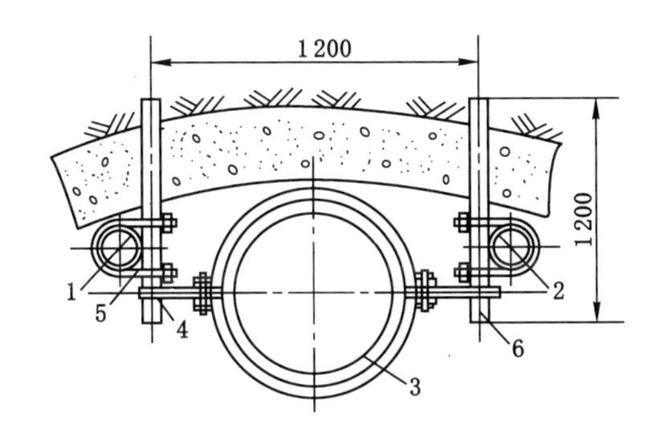

1—排水管;2—压风管;3—风筒;4—风筒卡子;5—U 形卡;6—悬臂梁。

图 7-3　钢梁吊挂图

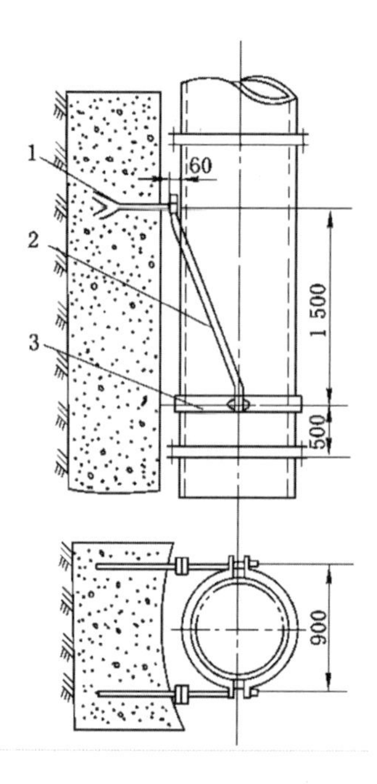

1—锚杆；2—拉杆；3—风筒卡子。

图 7-4　锚杆吊挂管路

3. 半悬吊、半固定的吊挂方式

半悬吊、半固定方式，是指上部管子固定在井壁上，或用钢丝绳固定在封口盘下面的主梁上，而下部管路则用钢丝绳、凿井绞车悬吊，接管用的专用工作盘设于管子悬吊部分的上端。这样可减轻悬吊重量，接长管路也方便。这种方法曾在千米深井，凿井绞车悬吊能力不足的条件下使用过。

管路的拆、接往往很麻烦，因此，实践中多采用快速接头连接管路，以提高工作效率。另外，要积极推广使用轻质塑料和玻璃钢管路，以减轻悬吊荷重，加快施工速度。

第二节　井筒涌水治理

立井井筒施工时，井筒内一般都有涌水，涌水较大时，会影响到施工速度、工程质量、劳动效率，严重时还会带来灾难性的危害。因此，根据不同的井筒条件，应采取有效措施，妥善处理井内涌水，以便为井筒的快速优质施工创造条件。

常用的治水方法有注浆堵水、钻孔泄水、井内截水和机械排水等。井筒涌水的治理方法，必须根据含水层的位置、厚度、涌水量大小、岩层裂隙及方向、井筒施工条件等因素来确定。合理的井内治水方法应满足治水效果好、费用低、对井筒施工工期影响小、设备少、技术简单、安全可靠等要求。

一、注浆堵水

1. 地面预注浆

井筒开凿之前，先自地面钻孔，穿透含水层，对含水层进行注浆堵水，而后再掘砌井筒的施工方法称作地面预注浆法。

地面预注浆法主要包括钻孔、安装注浆设备、注浆孔压水试验、测定岩层吸水率、注浆施工及注浆效果检查等工序，见图 7-5。

注浆孔的数目是根据岩层裂隙大小和分布条件、井筒直径、注浆泵的能力等因素确定的。在注浆孔数一般为 6～9 个，并按同心圆等距离布置，只有在裂隙发育、地下水流速大的倾斜岩层，才按不规则排列。注浆孔钻进工程量大，费用高，而且在非含水层岩石中的钻孔长度要占钻孔总长度的 1/2～1/3。为了减少注浆孔数，降低注浆孔的钻进费用，提高钻孔利用率，可采用高压注浆，或改变注浆孔的布置方式，最好采用定向钻进技术。

注浆段的孔径一般为 89～108 mm，表土层为 146～159 mm，钻孔偏斜率不应大于 1%。注浆孔口和表土段安设套管，以防塌孔和注浆时跑浆。注浆孔的深度，应超过所注含水层底板以下 10 m。当井筒底部位于含水层中，终孔的深度应超过井筒底部 10 m。注浆前应用清水洗孔和进行压水试验，为选择注浆参数和注浆设备提供依据，确保浆液的密实性和胶结强度。

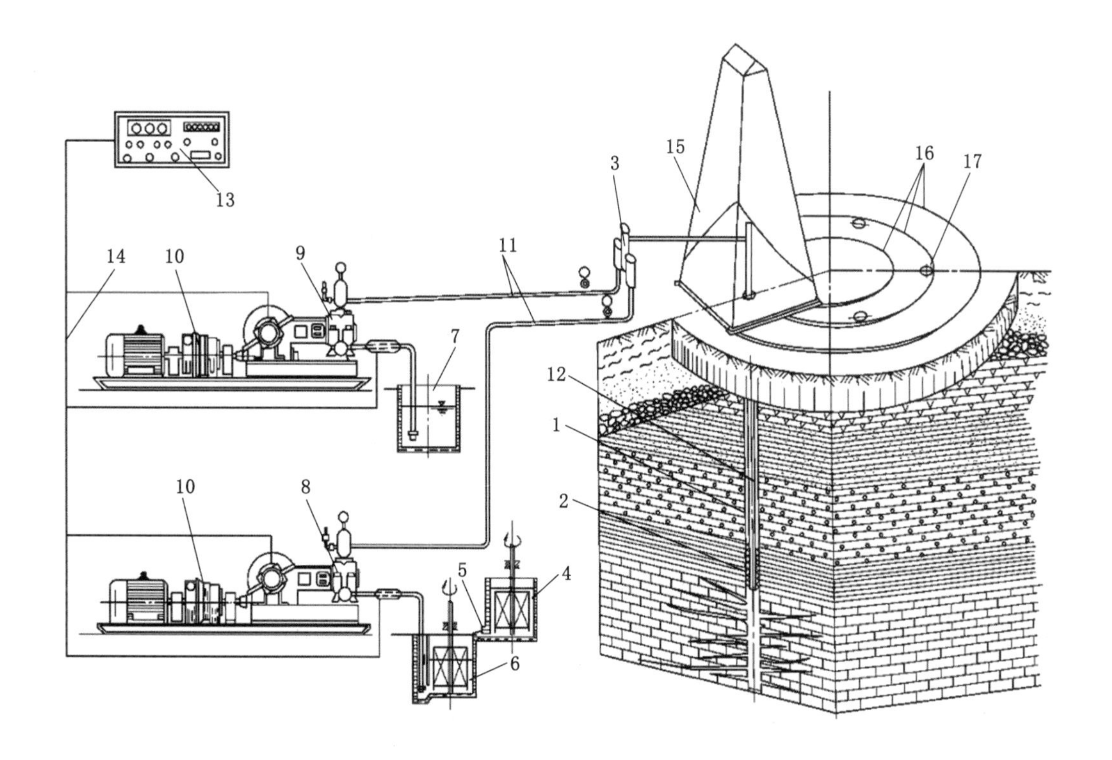

1—注浆孔；2—止浆塞；3—混合器；4—水泥搅拌机；5—放浆阀；6—水泥吸浆池；7—水玻璃吸浆池；
8—水泥注浆泵；9—水玻璃注浆泵；10—液力变矩器；11—注浆管；12—注浆管；13—流量计；
14—信号线；15—钻塔；16—环形道；17—注浆孔位。

图 7-5 地面预注浆工艺流程

在钻进注浆孔的同时，建立注浆站，安装注浆设备。安装及钻孔完工后，在孔内安设注浆管、止浆塞和混合器，进行管路耐压试验，待一切准备工作完成后，自上而下或自下而上分段进行注浆，当含水层距地表较近，裂隙比较均匀时，亦可采用一次全深注浆方式。

地面预注浆结束的标准，应符合下列规定：

(1) 采用水泥浆注浆，当注入量为 50～60 L/min 及注浆压力达到终压时，应继续以同样压力注入较稀的浆液 20～30 min 后方可停止该孔段的注浆工作。

(2) 采用水泥-水玻璃浆液注浆，当注入量达到 100～120 L/min 及注浆压力达到终压时，经稳定 10 min，可结束该孔段的注浆工作。

(3) 采用黏土-水泥浆浆液注浆，当注入量为 200～250 L/min 及注浆压力达到终压时，经稳定 20～30 min 后，可结束该孔段的注浆工作。

(4) 注浆施工结束的注浆效果宜采用压水检查方法。一般选取最后施工的注浆孔作为检查孔，测定注浆段的剩余漏水量是否满足设计要求。

地面预注浆不占用施工工期，在地面打钻，制备浆液，以及注浆施工均较安全方便，效率高，质量好。而且在注浆泵压力不足的情况下，浆液柱本身重量能形成补充压力。

一般认为：地面预注浆适用于含水层厚度较大，深度不超过 800 m，或者虽然含水层不厚,但是层数较多而且间距较小;预计涌水量大于 40 m^3/h 以及含水层有较大裂隙或溶洞,吸浆量较大的地层。这种条件下,地面预注浆具有较好的技术经济效果。

2. 工作面预注浆

工作面预注浆如图 7-6 所示。在井筒掘进到距含水岩层一定距离时停止掘进,构筑混凝土止水垫,随后钻孔注浆。当含水层上方岩层比较坚固致密时,可以留岩帽代替混凝土止水垫,然后在岩帽上钻孔注浆。止水垫或岩帽的作用,是为了防止冒水跑浆。注浆孔间距的大小取决于浆液在含水岩层内的扩散半径,一般为 1.0～2.0 m。当含水岩层裂隙连通性较好,而浆液扩散半径较大时,可以减少注浆孔数目。

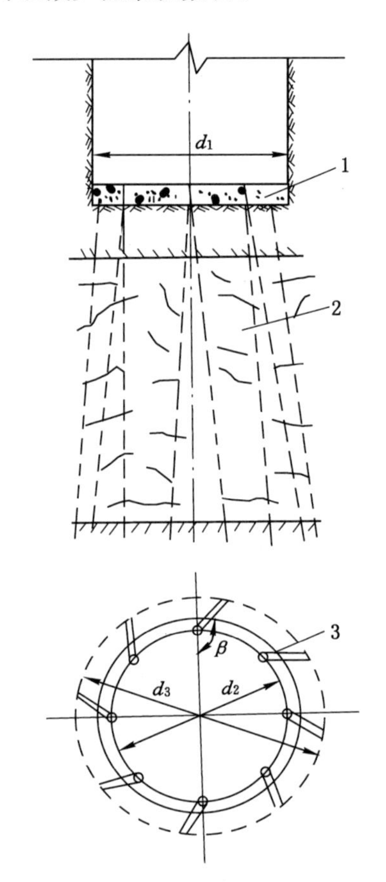

1—过水裂隙;2—止水垫;3—注浆钻孔;

d_1—注浆孔布置圈径;d_2—井筒净直径;d_3—注浆孔底直径;β—螺旋角(120°～180°)。

图 7-6　工作面预注浆示意图

工作面预注浆的优点是钻孔、注浆工程量小;可以根据裂隙方向布置钻孔,钻孔偏斜影响小;注浆效果可从后期注浆孔和检查孔的涌水量直接观察到。缺点是井下工作面狭窄,设备安装和操作不便;安拆注浆设备、浇灌和拆除止水垫、注浆等均需占用井筒施工工期,每次注浆一般要延误 2～3 个月。如浇灌止水垫和封堵孔口管施工不当,影响工期更长。

工作面注浆结束的标准，应符合下列要求：

(1) 各注浆孔的注浆压力达到终压，注入量小于 30～40 L/min。

(2) 直接堵漏注浆，各钻注孔的涌水已封堵，无喷水，涌水量小于施工设计规定。

3. 井筒壁后注浆

井筒施工掘砌完成后，由于井壁质量差或地层压力过大等原因，往往造成井壁渗水或呈现小股涌水，使井筒涌水量超过 6 m^3/h，或有 0.5 m^3/h 以上的集中漏水孔时，必须进行壁后注浆封水。实践证明，壁后注浆不但起到封水作用，而且也是加固井壁的有效措施。

壁后注浆是将可凝结的浆液，用注浆泵通过输浆管、注浆管和注浆孔注入岩层和井壁的裂缝中，充塞裂隙进行堵水。其注浆工艺流程见图 7-7。

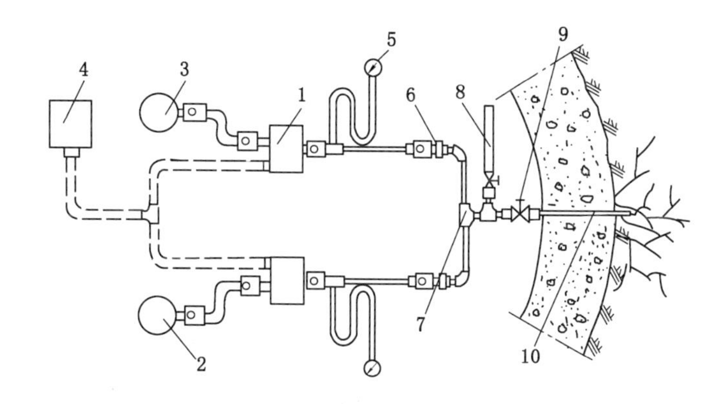

1—注浆泵；2,3—贮浆桶；4—清水桶；5—压力表；6—活接头；7—混合室；8—泄浆管；9—注浆阀；10—注浆管。

图 7-7 井筒壁后注浆工艺流程

井筒壁后注浆方式一般采用分段下行式。即在井壁淋水区段内，自上而下逐段(一般 15～20 m)进行注浆。这样有利于改善下段注浆作业条件。在各分段内则采取由下而上的注浆顺序，即先在各分段的底部注好一圈，使后注浆液不致向下渗漏，保证充塞致密，提高注浆效果。

注浆孔呈菱形交错均布，在淋水较大的地方，应缩小孔距，对集中出水点，可利用出水眼单独布孔注浆，含水层上下两段应增加注浆孔数，以形成有效的隔水帷幕，防止地下水被驱散至无水区渗出井壁。总之，布孔原则以有效封水为准，灵活掌握，随出水点变化而调整。

当注浆段壁后为含水砂层时，注浆孔的深度应小于井壁厚度 200 mm；双层井壁注浆孔应穿过内层井壁进入外层井壁，进入外层井壁深度不应大于 100 mm；当采用破壁注浆时，应制定专门措施；当漏水的井筒段壁后为含水岩层时，注浆孔宜布置在含水层的裂隙处，注浆孔的深度宜为进入岩层 1.0 m 以上。

按照上述孔位，顺次钻凿注浆孔，埋设注浆管。注浆管可用直径 38～50 mm 钢管制成，一端带有丝扣，便于安装注浆管阀门，另一端做成锥形。注浆管插入注浆孔要安装牢固，孔口处要严加密封，以防注浆压力（一般为 2～3 MPa）将管顶出或造成跑浆。注浆孔的管路布置可见图 7-8。

壁后注浆采用逐孔单进的方式，同水平的其他孔口必须将注浆管紧闭，以免漏浆、跑浆，上面排列的注浆管或泄水管，则应敞开，用于排水、放气，以防注浆时压力过大而损坏井壁。

浆液浓度应根据岩层裂隙大小和水流速度来确定，而且随着注浆过程来变化。当岩层孔隙较大时，浆液太稀，则扩散范围很大，既耗损大量浆液材料，亦不易收到快速堵水的效果。当岩层孔隙较小时，如果浆液过浓，则不易压入裂隙，影响浆液扩散范围，注浆亦难达到预期效果。

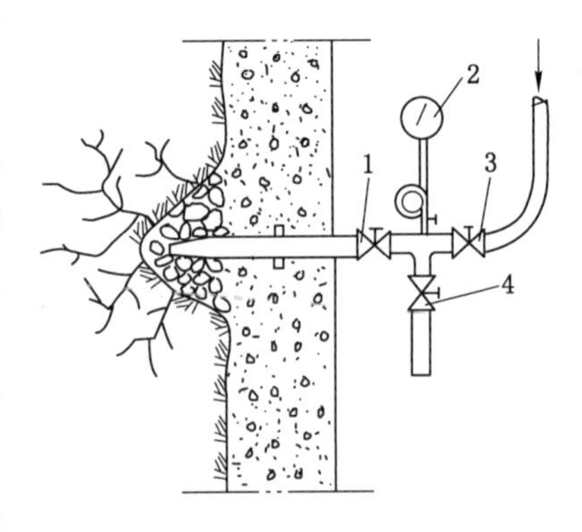

1—注浆管阀门；2—压力表；
3—进浆管阀门；4—泄浆管阀门。

图 7-8　井筒壁后注浆孔管路布置

为了确定浆液浓度，注浆前应做压水试验，即用注浆泵往注浆孔中注入清水，测定在一定压力下，一定深度的注浆孔其单位时间内的注入水量，或称注浆孔的吸水率。注浆孔吸水率小于 0.005 L/(min · mmH_2O)时，说明裂隙太细，应采用可注性好的化学浆液；吸水率在 0.005～1.0 L/(min · mmH_2O)时，宜采用水泥浆液；当吸水率大于 1.0 L/(min · mmH_2O)时，说明岩层裂隙很大，甚至有空洞，若纯注水泥浆液，会使水泥用量过大，宜在水泥中掺入一定比例（20%～40%）的其他充填材料，如膨润土、黏土、岩粉等。

压水试验除用于确定浆液浓度外，还可为浆液凝胶时间和注浆泵的流量等参数提供依据。浆液宜在自注水至井壁裂隙见水的间隔时间内凝胶。注浆泵的流量不应小于注浆孔涌水量的 1.2～1.4 倍。压水试验的另一作用，在于冲洗缝隙中的淤泥、杂质，使浆液能较密实地充填裂隙。

一般情况下，当地下水流速小于 30 m/h 时，宜采用水泥浆液，初注时，浆液的浓度可取 1∶2 或 1∶3（水泥∶水）的稀浆。若进浆快，压力表不升压，应换 1∶1 浓浆。若压力表仍不起压，则应停注，待 3～4 h 后再注。随着注浆压力逐渐上升，达到规定终压时，再换稀浆，以充塞裂隙的剩余空隙，直至不进浆随即关闭管阀，结束注浆。当地下水流的速度为 130～360 m/h 时宜采用水泥-水玻璃双液注浆。这种浆液可注性好，结石致密，透水性低，而且能够通过调整水玻璃浓度来控制凝胶时间。

根据壁后注浆工程实践，注浆初压应比静水压力大 0.25～0.35 MPa，终压可为静水压力的 2～2.5 倍，以不损坏井壁和不超出 2.2～3.0 MPa 为宜。当采用水泥-水玻璃双液注浆时，初压要比静水压力高 0.5～1.0 MPa，终压比静水压力高 1.0～1.5 MPa，但不应超过2.0～3.0 MPa。注浆孔的静水压力，可通过关闭孔口装置上的进浆、卸浆阀门，打开注浆管阀，经 20～30 min 稳定后，从压力表读得。

为了保证注浆作业顺利进行，防止堵管、跑浆事故，注浆时应注意以下几点：

(1) 当井上注浆泵压力突然增加，而井下注浆管口压力表却无明显升高，说明注浆管路堵塞，应立即处理，使其畅通。

(2) 注浆初期，若孔口压力表表压突然增大，这并非注浆已达终压，而是注浆孔堵塞，此时应立即停注，待浆液初凝后，重新扩孔至原深，再继续注浆。

(3) 注浆中发生注浆压力突然下降，吸浆量猛增，这表明可能某处井壁开裂跑浆，或沿着某一大裂隙或溶洞漏泄到远处，这时应立即检查，并做堵缝处理，或采取调整浆液浓度、缩短凝胶期、减少注浆压力等办法，视具体情况予以解决。

(4) 若注浆泵表压骤然下降为零，井下钻孔表压也小于液柱静压，表明注浆泵排浆阀发生故障，应立即修理。

待整段注浆工作结束后，往往还需自上而下进行复注，进一步填塞隙缝，以补遗漏。经检查，注浆区段无漏水，已达预期效果，即可卸下阀门，孔口加上压盖，并用水泥-水玻璃胶泥密封。

二、导水与截水

在井筒施工时，为了防止井筒淋水带走灰浆，保证混凝土井壁施工质量和减少掘进工作面淋水，根据岩层涌水情况和砌壁工序不同，可采取导水或截水的方法处理井壁淋水。

1. 导水

在立模和浇灌混凝土前，或在有集中涌水的岩层，预先埋设导管，将涌水集中导出，如图7-9所示。导管的数量以能满足放水为原则。导管一端埋入砾石堆，既便于固定，又利于滤水，防止壁后泥砂流失；导管的另一端伸出井壁，以便砌壁结束后注浆封水。导管伸出端的长度不应超过50 mm，以免影响吊盘起落和以后井筒永久提升。管口需带丝扣，以便安装注浆阀门。此方法仅适用于涌水较小的条件。

当涌水量较大时(20 m^3/h 左右)，可采用双层模板，外模板与井壁含水层之间用砾石充填，阻挡岩层涌水，如图7-10所示。底部埋设导水管，并迫使全部淋水由导水管流出，而后，向砾石内和围岩裂隙进行壁后注浆。

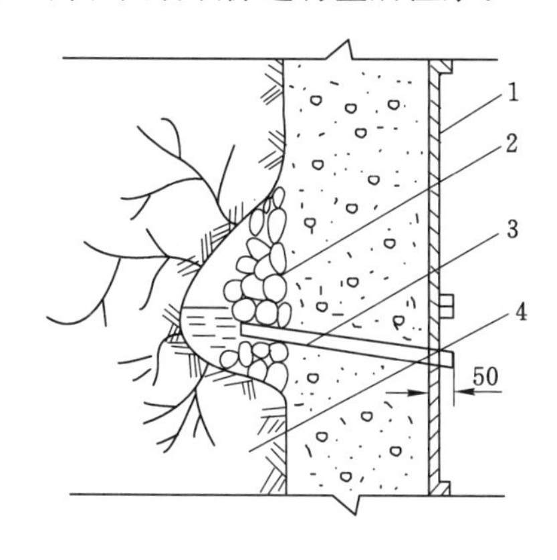

1—模板；2—砾石层；
3—导水管；4—含水层。
图7-9　导管泄水

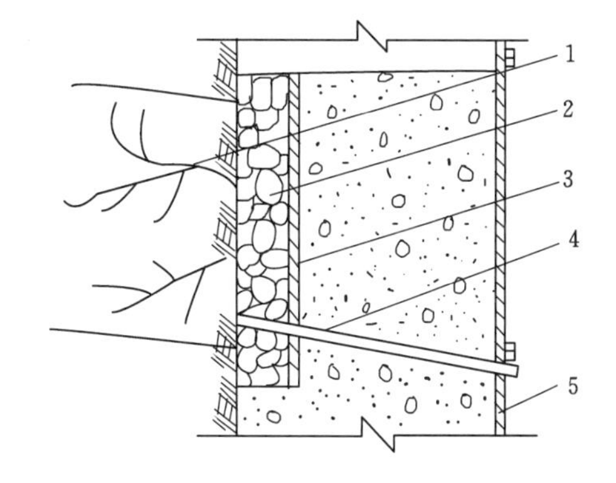

1—含水层；2—砾石层；3—外模板；
4—导水管；5—内模板。
图7-10　外模板挡水

2. 挡水板截水

模板立好后，在浇灌混凝土前，可用挡水板挡住砌壁工作面上方的淋水(图7-11)。挡水板可用木质或金属材料或塑料板制作。挡水板一端固定在井壁上，另一端用铁丝或挂钩与临时支护相连。有时可用吊盘折页挡水（图 7-12），折页一端搭在井圈上，并铺上塑料布或帆布，挡住上方淋水。这种方法只是在井底停止作业时才宜采用。

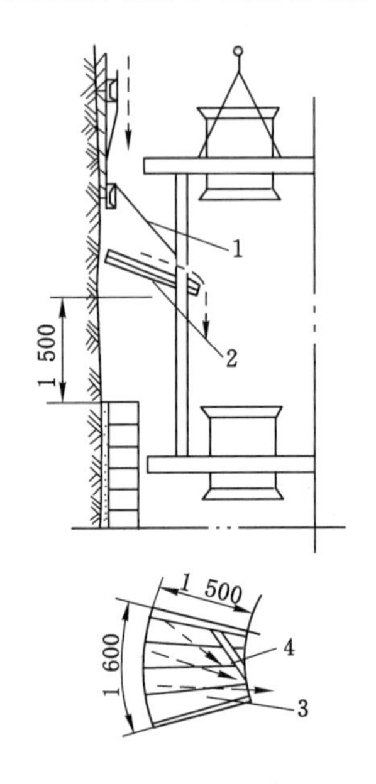

1—铁丝；2—挡水板；3—木板；4—导水木条。

图 7-11　挡水板截水

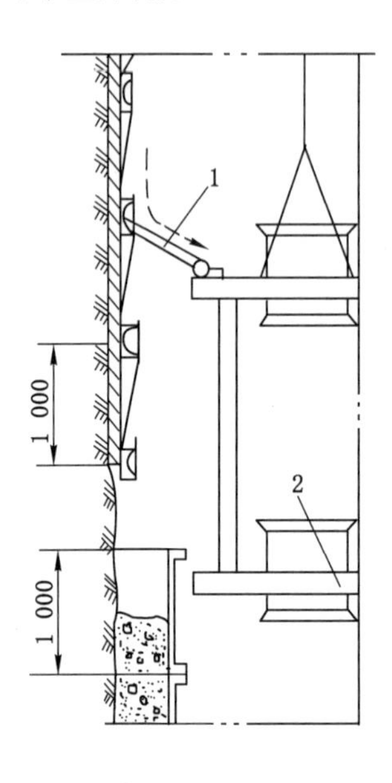

1—折页；2—吊盘。

图 7-12　吊盘折页挡水

3. 截水

对于永久井壁的淋水，应采用壁后注浆封水。如淋水不大，可在渗水区段下方砌筑永久截水槽，截住上方的淋水，然后用导水管将水引入水桶（或腰泵房），再用水泵排出地面（图 7-13）。若井帮淋水不大，且距地表较远时，不宜单设排水设备，可将截水用导水管引至井底与工作面积水一同排出。

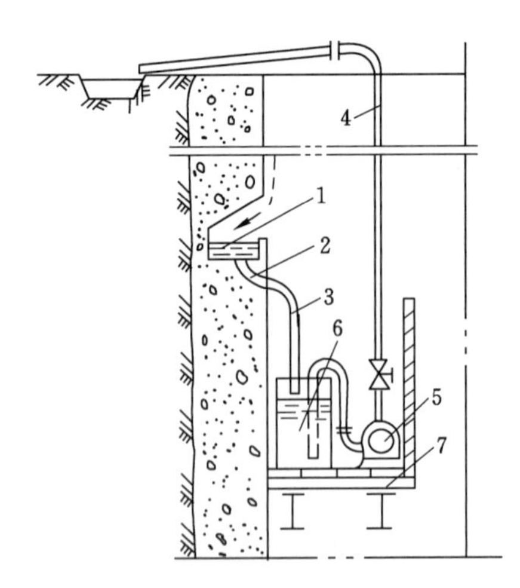

1—混凝土截水槽；2—导水钢管；3—胶皮管；4—排水管；5—小卧泵；6—贮水小桶；7—固定盘。

图 7-13　截水槽截水

三、钻孔泄水

采用钻孔泄水的条件是，井筒施工前，必须有巷道预先通往井筒底部，而且井底新水平已构成排水系统。这种方式可取消吊泵和腰泵房，简化井内凿井设备布置，利于井内涌水由钻孔自行泄走，为井筒顺利施工创造条件。一般多用于改建矿井。

提高钻孔质量，保证钻孔的垂直度，使偏斜值控制在井筒轮廓线内，是钻孔泄水的关键。因此，在泄水孔钻进过程中，应经常进行测斜，一旦发现偏斜，应及时查明原因，迅速纠偏。导向管安装不正，钻机主轴不垂直，钻杆弯曲，钻压过大，或钻机基础不稳，管理不善等都能造成钻孔偏斜。保护钻孔，防止井筒掘进矸石堵塞泄水孔是钻孔泄水的另一技术关键。泄水孔钻完后，为了防止塌孔，孔内需要安设筛孔套管，保护泄水孔。随着掘进工作面的推进，逐段将套管割除。

四、井筒排水

目前我国很多立井虽然已实现了注浆堵水打干井，但工作面仍有少量积水或者较小量的涌水，作为一种辅助和备用措施，井筒掘进工作面仍需要布置排水设备。根据井筒涌水量大小不同，工作面积水的排出方法有吊桶排水、吊泵排水和卧泵排水。

1. 吊桶排水

吊桶排水，是用风动潜水泵将水排入吊桶或排入装满矸石吊桶的空隙内，然后由提升机提到地面排出。吊桶的排水能力与吊桶容积和每小时提升次数有关。井筒工作面涌水量不超过 5 m^3/h 时，采用吊桶排水较为合适。

2. 吊泵排水

吊泵排水，是利用悬吊在井筒内的吊泵将工作面积水直接排到地面或排到中间泵房内。吊泵排水适合于井筒工作面涌水量不超过 40 m^3/h 的情况。目前我国生产的吊泵有 NBD 型吊泵和高扬程 80DGL 型吊泵，其主要技术特征见表 7-2。

表 7-2　立井排水吊泵的类型及技术特征

型号	流量/(m^3/h)	扬程/m	吸程/m	效率/%	转数/(r/min)	电机容量/kW	吸水口径/mm	吐水口径/mm	外形尺寸(长×宽×高)/mm	质量/kg
NBD-30/250	30	250	5.0		1 450	45	100	100	990×950×7 250	3 020
NBD-50/250	50	250	5.0		1 450	75	100	100	1 020×950×6 940	3 250
NBD-50/500	50	500	40		2 950	150	100	100	1 010×868×6 695	2 500
80DGL50×10	33 60	564 464	7.2 6.4	59 65	2 950	150	100	80	1 305×1 180×5 503	2 400
80DGL50×15	33 60	846 696	7.2 6.4	59 65	2 950	250	100	80	1 305×1 180×5 903	4 000
80DGL75×10	38.1 60.2	820 729	8.4 6.7	56 62	2 950	250	100	80		

当井筒深度超过水泵扬程时,就需要设中间泵房(腰泵房)进行多段排水。工作面积水由吊泵排到中间泵房(腰泵房),再用腰泵房的卧泵排到地面,见图 7-14。当附近的两个井筒同时施工时,可考虑共用一个腰泵房,以减少临时工程量及其费用。

吊泵排水时,还可以与风动潜水泵或隔膜泵进行接力排水,然后再用吊泵从水箱排到地面。此时,吊泵处在吊盘上方,不影响中心回转式抓岩机和环行轨道式抓岩机抓岩,见图 7-15。

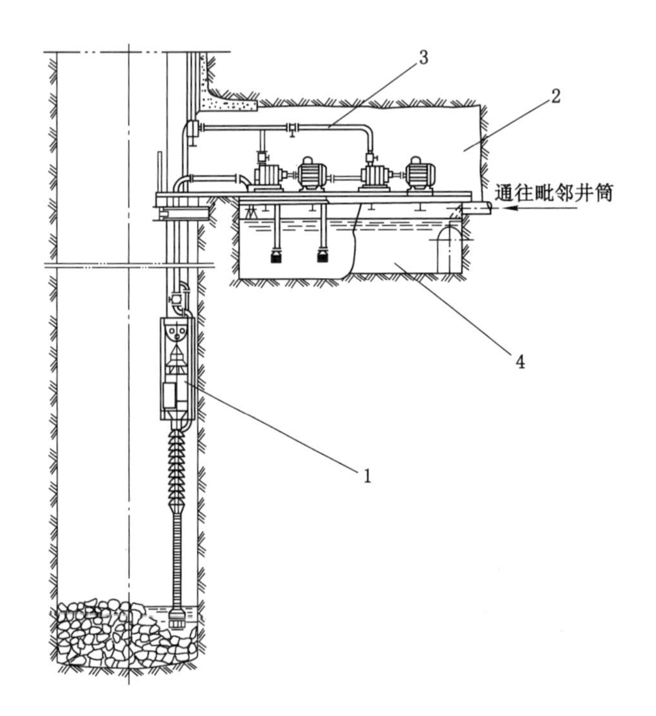

1—吊泵;2—腰泵房;3—卧泵;4—水仓。

图 7-14 吊泵与腰泵房接力排水

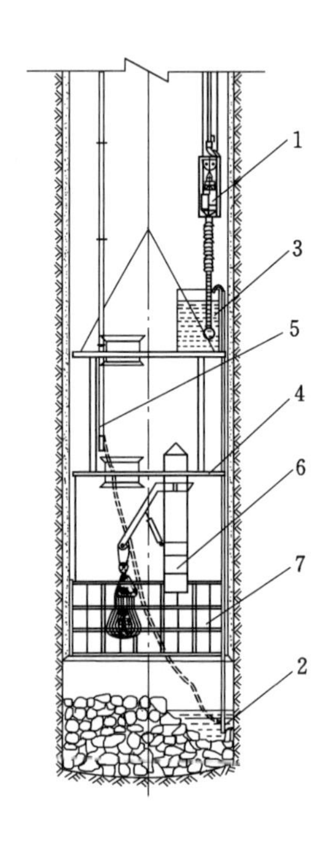

1—吊泵;2—潜水泵;3—转水箱;
4—吊盘 5—压风管;6—抓岩机;7—模板。

图 7-15 吊泵与潜水泵接力排水

3. 高扬程卧泵排水

吊泵排水以前采用较多,但因吊泵需悬吊在井筒中,不管是开泵人员,还是维修人员,都必须高空作业,危险性大,安全性差。此外,吊泵故障多,维护量大。而卧泵维护量小,配件价格相对较低,因而在立井施工中越来越受到欢迎。随着井筒深度的增大,深井泵的扬程往往不能满足一次排水到地面的需要,所以施工中不得不采用开掘中间泵房的方法,进行接力排水,大深度的井筒甚至需要开掘两个中间泵房进行多级排水。

井筒采用二级排水,即工作面排污泵将涌水排至吊盘水箱,吊盘卧泵再把水箱内的水直接排至地面。卧泵和排水管间用高压钢编软管连接,以方便吊盘或排水管的起落。如 D50-80×12 高扬程卧泵,其技术特征见表 7-3。

高扬程卧泵在千米立井施工中的应用,保证了施工期间的正常排水,消除了在深立井施工中设中间转水站带来的安全隐患,证实了该排水方案的优越性、可靠性和合理性。在实践中，为了彻底解决涌水对立井施工带来的影响，改善掘、砌工作面的作业条件，有时采用单一的方式难以将水彻底治理，采用综合治水方法，才能获得良好的效果。

表 7-3　D50-80×12 高扬程卧泵技术特征

级数	流量/(m^3/b)	总扬程/m	转速 n/(r/min)	功率/kW		效率 η/%	外观尺寸/(长×宽)/m	叶轮直径/mm	轴承代号
				轴功率	电机功率				
12	50.4	988	2 950	202	275	60	2.28×1.1	250	312

第三节　井筒施工安全技术

井筒掘进时，作业条件差，应严格按照《煤矿安全规程》和相关施工规范的规定进行作业。

一、井筒检查孔

井筒检查孔主要用于查明井筒穿过的地质和水文地质情况。井筒检查孔施工具有以下要求：

(1) 地质构造、水文条件中等以下类型的矿井，每个立井井筒至少应打 1 个检查孔，且应对主要含水层进行分层抽水试验。

(2) 地质构造、水文条件复杂以上类型的矿井，同一工业广场内布置 1 个井筒的，至少应打 2 个检查孔；同一工业广场内布置 2 个立井井筒的，至少应打 3 个检查孔；同一工业广场内布置 2 个以上立井井筒的，每个井筒至少应打 1 个检查孔。

(3) 检查孔距井筒中心不应超过 25 m，且不得布置在井筒掘进范围内。

(4) 检查孔孔深应超过井筒设计深度 30 m。

(5) 井筒检查孔必须全孔取芯，全孔数字测井。

二、井筒掘进

1. 表土掘进

立井掘进表土层时，应遵守下列规定：

(1) 立井井筒穿过冲积层、砂层、松软岩层或煤层时，必须制定专门措施。措施中必须明确规定一次开挖的深度、临时支护的形式。施工时应确保临时支护安全可靠，并及时进行永久支护。在建立永久支护前，每班应派专人观测地面沉降和临时支护及井帮变化情况；发现危险预兆时，必须立即停止工作，撤出人员，进行处理。

(2) 施工初期，井内应设梯子，不允许用其他简易设施升降人员。

(3) 在含水表土层中施工，要及时架设和加固井圈，并有降低水位措施，以防止井壁砂土流失导致空帮。

(4) 在流砂、淤泥、砂砾等不稳固的含水层中施工时，必须有专门的安全技术措施。

(5) 钻井的设计与施工最终位置必须通过风化带,并向不透水的完整基岩延深 5 m。

(6) 冻结深度必须根据井筒检查孔提供的冲积层厚度,风化带厚度,完整基岩深度及隔水性能,基岩含水层埋深、层厚,预计井筒掘进时涌水量以及井壁结构等资料确定,并应进入不透水完整岩层不小于 10 m。冻结段最深的掘砌位置必须浅于冻结深度 5～8 m;开凿冲积层冻结段时,可以采用爆破作业,但必须制定安全技术措施。

(7) 井筒穿过含水岩层或破碎带,采用地面或工作面预注浆法进行堵水或加固时,注浆施工前,必须编制注浆工程设计;注浆段长度必须大于注浆的含水岩层的厚度,并深入不透水岩层或硬岩层 5～10 m。井底的设计位置在注浆的含水岩层内时,注浆深度必须大于井深 10 m。

2. 普通法施工

(1) 冲积层段宜采用短段掘砌施工方法,掘进宜采用挖掘机挖土,提升吊挂系统形成后,宜采用挖掘机配合中心回转抓岩机挖土掘进;砾石等特殊地层宜采用钻爆法施工,并应采取防炮崩井内、井口设施的安全防护措施;施工中,应根据井筒水文地质条件,采取降排水措施。

(2) 冲积层段支护应根据地层及井帮的稳定性,确定合理的掘砌段高,可采用锚网喷或挂井圈背板等临时支护措施,临时支护段高不宜大于 2 m。

(3) 冲积层段,应通过事先设立的观测点,定期观测地表沉陷及井筒、地面设施的位移、变形情况。当位移、变形危及施工安全时,应及时采取加固措施。

(4) 井筒穿过断层破碎带时,掘进工作面距断层破碎带垂直距离大于 10 m 时,应进行瓦斯、煤及其他有害气体和涌水的探测,并应采取防治措施;根据实际情况缩小掘砌段高,采用锚网喷或井圈背板等临时支护措施,临时支护应紧跟工作面;永久支护应及时进行。

3. 特殊法施工

(1) 采用冻结法施工的井筒段,冻结段不大于 400 m 时,漏水量不应大于 0.5 m^3/h;冻结段大于 400 m 时,每百米漏水增加量不应大于 0.5 m^3/h。采用钻井法施工的井筒段,漏水量不应大于 0.5 m^3/h。采用地面预注浆后,井筒注浆段小于 600 m 时,漏水量不应大于 6.0 m^3/h;注浆段大于 600 m 时,每百米漏水增加量不应大于 1.0 m^3/h。井筒特殊法施工的井壁不应有集中漏水孔和含砂的水孔。

(2) 立井井筒的冻结深度应根据地层埋藏条件及井筒掘砌深度确定,并应深入稳定的不透水基岩 10 m 以上。基岩段涌水较大时,应延长冻结深度。

(3) 冻结孔偏斜率,位于冲积层的钻孔不宜大于 0.3%,位于风化带及含水基岩的钻孔不宜大于 0.5%。单圈冻结孔、多圈孔的主冻结孔在冲积层中相邻两个钻孔终孔间距不应大于 3.0 m;在风化带及含水基岩中相邻两个钻孔终孔间距不应大于 5.0 m;当相邻两个钻孔的孔间距不符合上述规定时,应进行补孔。

(4) 冻结法施工中,穿过马头门、硐室、巷道的冻结管与地层之间的环形空间应封堵充填,充填长度自马头门、硐室、巷道顶板向上不应小于 100 m。

(5) 钻井井筒进入不透水稳定岩层深度不应小于 10 m。钻井井筒锁口内径应大于最大钻井直径 0.4 m,锁口深度应大于 4 m,且进入稳定地层中 3 m 以上,遇特殊情况应采取专门措施加固地层。

(6) 钻井的偏斜,钻进深度不大于 300 m 时,偏值不得大于 240 mm;钻进深度大于 300 m时,偏斜率不得大于 0.8%;最后一级钻孔的有效断面应满足井壁下沉要求。

(7) 钻井机钻进时,每隔 7～10 d 应起钻检查钻头、中心管、导向器、钻杆的状态及损耗程度;钻井期间,应封盖井口,并应采取防坠措施。

(8) 钻井泥浆参数应根据钻进地层确定,在稳定岩层中可采用清水钻进。在其他地层中钻进时,钻井泥浆参数应按不同的施工条件选用。钻进时,井筒内泥浆浆面应高于地下静水位 0.5 m,且不宜低于临时锁口 1 m,井口应安装泥浆高度报警装置。

三、吊桶提升

立井施工期间,采用吊桶、吊笼升降人员时,必须遵守下列规定:

(1) 关闭井盖门之前,禁止装卸吊桶或往钩头上系扎工具和材料。

(2) 吊桶、吊笼上方必须设保护伞装置。

(3) 井盖门要有自动启闭装置,在吊桶通过时,能及时打开和关闭。

(4) 井架须设防止吊桶过卷装置。

(5) 吊桶内装岩高度要低于桶口边缘,装入桶内的长件必须牢固绑在吊桶梁上。

(6) 应采用不旋转提升钢丝绳。

(7) 吊桶、吊笼必须沿钢丝绳罐道升降。

(8) 在凿井初期尚未装设罐道时,吊桶升降距离不得超过 40 m,凿井时吊盘下面不装罐道的部分也不得超过 40 m。

(9) 悬挂吊盘的钢丝绳可以兼作罐道使用,但必须制定安全措施。

(10) 吊桶边缘上不得坐人,装有物料的吊桶不得乘人。

(11) 严禁用自动翻转式、底卸式吊桶升降人员。

(12) 提升到地面时,人员必须在井盖门关闭,吊桶、吊笼停稳后从井口平台进出。

(13) 吊桶、吊笼内每人占有的有效面积不得小于 0.2 m^2。每次能容纳的人数应明确规定,严禁超员。

(14) 严禁从吊罐上往下投掷工具或材料。

四、爆破

(1) 开凿或延深立井井筒向井底工作面运送爆炸物品和在井筒内装药时,除负责装药爆破的人员、信号工、看盘工和水泵司机外,其他人员必须撤到地面或上水平巷道中。

(2) 为开凿或延深立井井筒制作起爆药卷的,可在地面专用的房间内进行。专用房间距井筒、厂房、建筑物和主要通路的安全距离必须符合国家有关规定,且距离井筒不得小于 50 m。延深井筒时经批准后允许在井下某一水平的专用硐室内加工。

(3) 严禁将起爆药卷与炸药装在同一爆炸物品容器内运往井底工作面。

(4) 开凿或延深立井井筒时,必须在地面或在生产水平巷道内实施起爆。

(5) 在爆破母线与电力起爆接线盒引线接通之前,井筒内所有电气设备必须断电。

(6) 只有在爆破人员完成装药和连线工作,将所有井盖门打开,井筒、井口房内的人员全部撤出，设备、工具提升到安全高度以后，方可爆破。

(7) 爆破通风后，必须仔细检查井筒，清除崩落在井圈上、吊盘上或其他设备上的矸石。

(8) 爆破后乘吊桶检查井底工作面时，吊桶不得蹾撞工作面。

(9) 基岩爆破作业时必须制定防止爆破损坏井口及井内设施的专门安全措施。

(10) 爆破后，应进行通风，处理浮石，清扫井圈，处理好残爆、拒爆后，方可开始作业。

五、壁后注浆

立井井筒采用井壁注浆堵水时，必须编制施工措施并遵守下列规定：

(1) 井壁必须有承受最大注浆压力的强度。

(2) 钻孔发生涌砂时，应采取套管法或其他安全措施。采用套管法注浆时，安装套管的钻孔深度应小于井壁厚度 200 mm。必须对套管的固结强度进行耐压试验，只有达到注浆终压力后，方可在套管内打透井壁并注浆封堵。井筒采用双层井壁支护进行壁间注浆时，注浆孔应穿过内壁进入外壁 100 mm。当井壁破裂必须采用破壁注浆时，必须制定专门措施。

(3) 注浆管、套管必须固结在井壁中，并装有抗压能力大于注浆终压的球形阀门。

(4) 在罐笼顶上进行钻孔注浆作业时，必须安设牢固的工作台和注浆管路安全阀，作业人员必须佩戴保险带，并在井口设专职值班人员。

(5) 井上、下都必须有可靠的通信设施，升降注浆作业吊盘或工作台时，必须得到值班人员的允许。

(6) 井筒内进行钻孔注浆作业时，井底不得有人。注浆过程中必须观察井壁，发现问题必须停止作业，及时处理。

(7) 钻孔时应经常检查孔内涌水量和含砂量。涌水量较大或涌水中含砂时，必须停止钻进，及时注浆；钻孔中无水时，必须及时严密封孔。

(8) 注浆管露出井壁的管端与提升容器之间的间隙，必须符合相关规定。

六、佩戴安全带

在下列情况下，作业人员必须佩戴安全带：

(1) 在井筒内或井架上安装或拆除设备；

(2) 在井筒内处理悬吊设备、管、缆或在吊盘上进行工作；

(3) 乘吊桶或随吊盘升降时；

(4) 在井圈、模板及井内临时作业平台上作业时；

(5) 拆除保险盘或掘凿保护岩柱时；

(6) 在倒矸台上围栏外作业时。

保险带定期按有关规定试验。保险带必须拴在牢固的构件上，每次使用前必须检查，发现损坏时，立即更换。

七、防止坠物

(1) 井筒施工时，必须采取防止往井下坠物的措施。

(2) 立井井口必须用栅栏或金属网围住,进出口设置栅栏门。井筒与各水平的连接处必须有栅栏。栅栏门只准在通过人员或车辆时打开。

(3) 立井井筒与各水平车场的连接处,必须设有专用的人行道,严禁人员通过提升间。如果在立井井筒一侧设人行道,人行道上方必须设防护设施。

(4) 井口必须安装严密可靠的井口盖和井盖门。在翻矸台翻矸时,井口所有盖门不得开启;双钩提升在井口上下人员时,另一个井盖门也不得开启。翻矸设施必须严密,不许向井下漏矸渗水。

(5) 井下作业人员所携带的工具、材料,必须系牢固或置于工具袋内。任何人员进入井口区域,必须戴安全帽,禁止向井筒内投掷物料。

(6) 井筒施工时,必须架设牢固可靠的安全梯。

(7) 井筒内各作业地点要有联系信号装置和通风设备。

(8) 井筒延深时,必须用坚固的保护盘或留保护岩柱与上部生产水平隔开。只有在井筒装备完毕、井筒与井底车场连接处的开凿和支护完成,制定安全措施后,方可拆除保护盘或掘凿保护岩柱。

第八章　凿井设备布置与吊挂

立井井筒施工时，为了满足掘进提升、翻卸矸石、砌筑井壁和悬吊井内施工设施的需要，必须设置凿井井架、天轮平台、卸矸台、封口盘、固定盘、吊盘、稳绳盘以及砌壁模板等凿井结构物。有一些凿井结构物是定型的，可以根据施工条件选取(如凿井井架)，有一些则要根据施工条件进行设计计算。本章重点介绍几个主要凿井结构物的结构特点和设计的原则，以及凿井设备的布置。

第一节　凿井设备与设施

一、凿井井架

凿井井架是专为凿井提升及悬吊掘进设备而设立的，建井结束后将其拆除，再在井口安装生产井架。因此，凿井井架亦称临时井架。

我国凿井时大都采用亭式钢管井架，这种井架的四面具有相同的稳定性，天轮及地面提绞设备可以在井架四周布置。亭式井架采用装配式结构，其优点是：可以多次重复使用，一般不需要更换构件；每个构件重量不大，安装、拆卸和运输都比较方便；防火性能好；承载能力大，坚固耐用，可以满足井下和井口作业的需要。

除亭式钢管井架外，个别地方还使用过三腿式钢凿井井架，在地方小煤矿也使用过木井架。

近年来，一些单位开始利用永久井架或永久井塔代替凿井井架开凿立井，省去了凿井井架的安装拆卸工序，虽延长了凿井准备期，但对整个建井工期影响不大，提高了投资效益。有设计单位又设计出生产建井两用井架，它既服务于建井提升用，又服务于矿井生产提升用，是一种将凿井井架和生产井架的特点相结合的新型井架。永久井架和永久井塔是专为生产矿井设计的，利用永久井架和永久井塔凿井，必须对其改造或加固，以满足凿井的要求。

亭式钢凿井井架在目前建井工程中使用最为广泛。根据井架高度、天轮平台尺寸及其适用的井筒直径、井筒深度等条件，亭式钢管井架共有六个规格，其编号为Ⅰ、Ⅱ、Ⅲ、Ⅳ、新Ⅳ和Ⅴ型，分别适用于井深200 m、400 m、600 m、800 m、800 m及1 100 m。随着我国井筒深度的加大及凿井机械化程度的提高，Ⅳ型以下的凿井井架已很少应用。新Ⅳ型与原Ⅳ型井架相比，主要是增大了天轮平台面积，提高了井架全高及基础顶面至第一层平台的高度，便于在卸矸台下安设矸石仓及用汽车运矸，也便于伞形钻架等大型设备进出井筒，同时亦增大了井架的承载能力。而Ⅴ型井架则是专为千米立井而设计的，它具有较大的天轮平台，可满足多种凿井设备的吊挂，具有较大的工作荷重和断绳荷重。各型号井架的技术规格见表8-1。

表 8-1　MZJ 型亭式凿井井架技术规格

井架型号	井筒深度/m	井筒直径/m	主体架角柱跨距/m	天轮平台尺寸/m	由基础顶面至第一层平台高度/m	井架总质量/t	悬吊总荷重/kN	
							工作时	断绳时
Ⅰ	200	4.6～6.0	10×10	5.5×5.5	5.0	25.649	666.4	901.6
Ⅱ	400	5.0～6.5	12×12	6.0×6.0	5.8	30.584	1 127.0	1 470.0
Ⅲ	600	5.5～7.0	12×12	6.5×6.5	5.9	32.284	1 577.8	1 960.0
Ⅳ	800	6.0～8.0	14×14	7.0×7.0	6.6	48.215	2 793.0	3 469.2
新Ⅳ	800	6.0～8.0	16×16	7.25×7.25	10.4	83.020	3 243.8	3 978.8
Ⅴ	1 100	6.5～8.0	16×16	7.5×7.5	10.3	98.000	4 184.6	10 456.6

随着我国井筒深度的加大及凿井机械化程度的提高，Ⅳ型以下的凿井井架已很少应用。近年，为了进一步满足超深、超大井筒的施工，设计研制了Ⅵ型、Ⅶ型及 SA-3 型亭式凿井井架。

选择凿井井架的原则是：能够安全地承担施工荷载；保证足够的过卷高度；角柱跨距和天轮平台尺寸应满足井口施工材料、设备运输及天轮布置的需要。一般情况下，可参照表 8-1 选用井架。当施工工艺及设备与井架技术规格有较大差异，如总荷载虽相近但布置不平衡时，必须对井架的天轮平台、主体架及基础等主要构件的强度、稳定性及刚度进行验算。

（一）凿井井架结构

亭式钢凿井井架是由天轮房、天轮平台、主体架、卸矸台、扶梯和基础等主要部分所组成的，如图 8-1 所示。

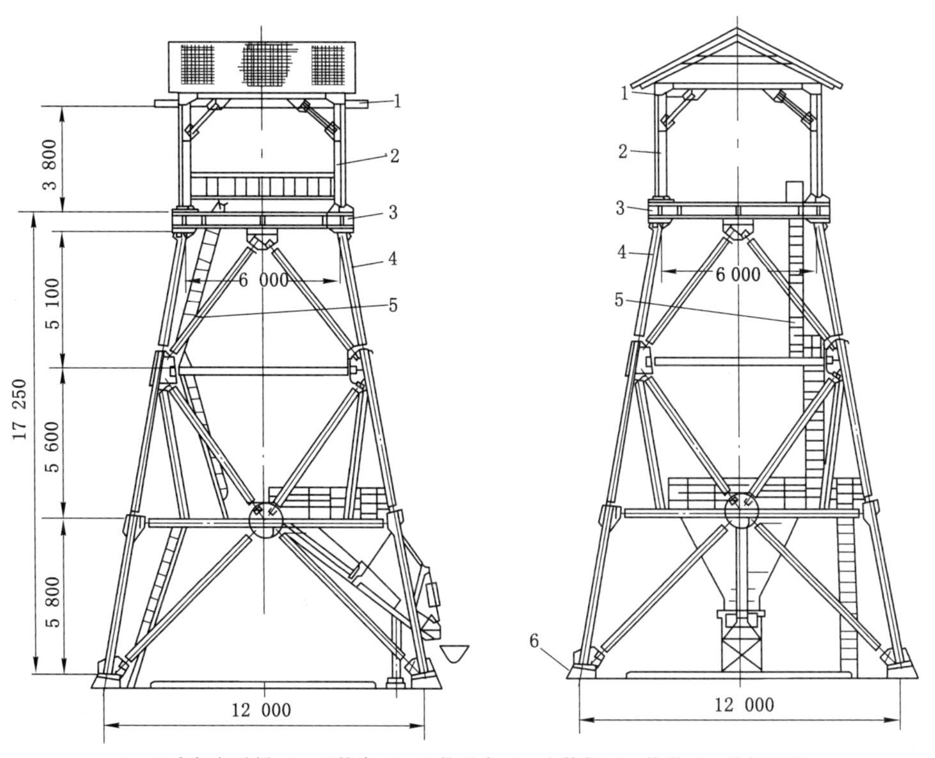

1—工字钢起重梁；2—天轮房；3—天轮平台；4—主体架；5—扶梯；6—井架基础。

图 8-1　亭式凿井井架结构示意图

1. 天轮房

天轮房位于井架顶部，由四根角柱、上部横梁、水平联杆及两根用来安装和检修天轮的工字钢梁组成。为防雨雪，上部设有屋面并装有避雷针。天轮房的作用是安装、检修天轮，保护天轮免受雨雪侵袭。其角柱为两条角钢对焊成十字形截面；上部横梁为两条 14 号槽钢对焊成工字截面；斜撑为角钢；水平交叉联杆，以两条角钢对焊成倒 T 形截面，工字钢吊车梁一般选用 25 号工字钢，其长度要保证超出天轮平台每边 1 m。

2. 天轮平台

天轮平台位于凿井井架顶部，为框形平台结构，用于安置天轮梁。天轮由天轮梁支撑，并直接承受全部提升物料和悬吊掘砌设备的荷载。荷载经由天轮、天轮梁、天轮平台主梁传递给凿井井架的主体架。天轮平台是由四条边梁和一条中梁组成的曰字形框架，如图 8-2 所示。

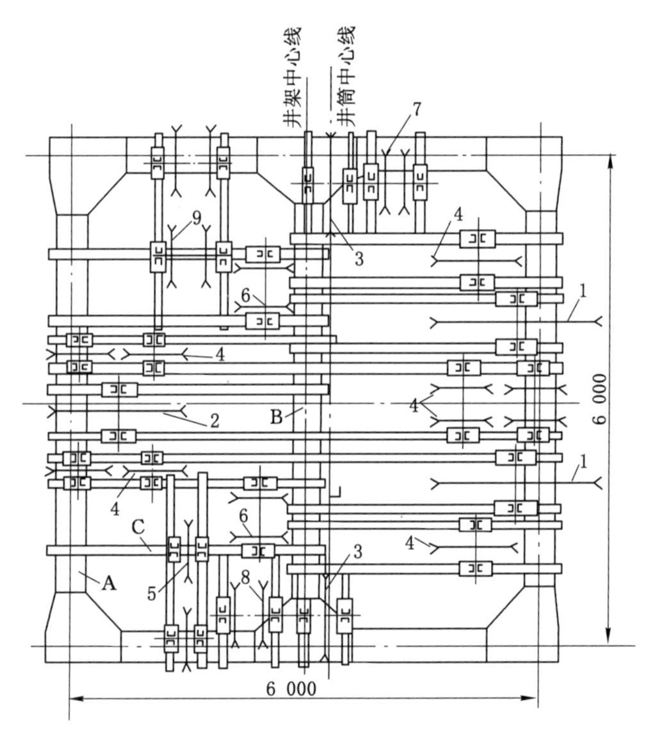

A—边梁；B—中梁；C—天轮梁；
1，2—提升天轮；3—吊盘天轮；4—稳绳天轮；5—安全梯天轮；6—吊泵天轮；
7—压风管天轮；8—混凝土输送管天轮；9—风筒天轮。

图 8-2　天轮平台

边梁为焊接钢板组合工字型梁，中梁为焊接组合工字型变截面梁。边梁和中梁称为天轮平台主梁，各主梁的挠度不应超过其跨度的 1/400。天轮梁一般都成双地摆放在天轮平台上，承托各提升天轮和悬吊天轮。天轮梁在天轮平台上的位置以井内施工设备布置而定。其规格一般是根据其承担的荷载计算选型。除验算其强度和稳定性外，还要使天轮梁的挠度不超过其计算跨距的 1/300。天轮梁以计算选型，其规格必定繁多。为了简化安装，保持天轮平台上天轮梁的平整，一般尽量选用同规格的工字钢加工。现场多用 25 号工字钢。其长度要求搭接时超过主梁不少于 150 mm，以便在其上钻孔，用 U 形螺栓将其与主梁固定，主梁上不准打孔，亦不准焊接。

在天轮梁上架设天轮时，应尽量使天轮轴承座直接支撑在天轮梁的上翼缘上，如图 8-3(a)所示。但有时为了调整钢丝绳的高度，避免与井架构件相碰，而不得不将天轮轴承座安装得高于或低于天轮梁的上翼缘，如图 8-3(b)(c)(d)所示。或者增设导向轮，如图 8-4 所示。但应该注意，不论采用哪种方式，天轮、钢丝绳与井架结构之间的安全间隙都不得小于 60 mm。

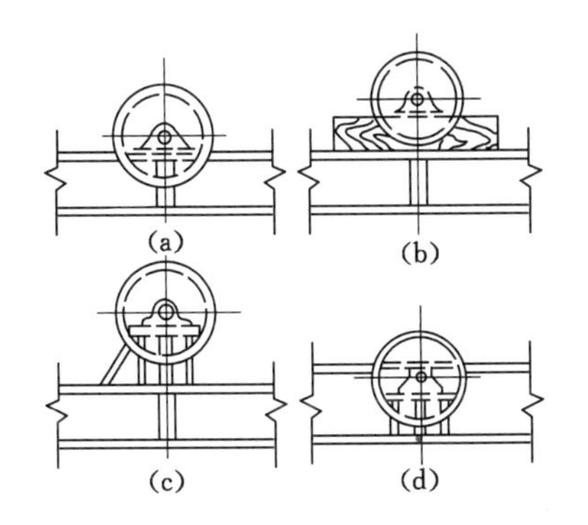

图 8-3　天轮在天轮上的支承

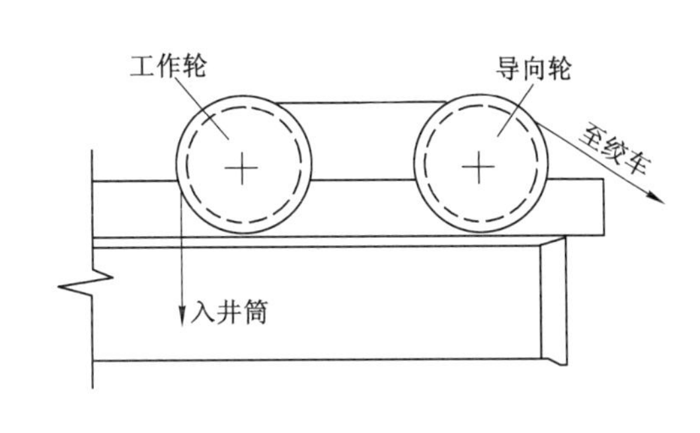

图 8-4　导向轮的布置

天轮梁支承在主梁上时[图 8-5(a)]，天轮梁与主梁之间通常都采用 U 形螺栓连接，如图 8-5(b)所示。天轮梁与天轮梁、天轮梁与支承梁之间通常采用连接角钢和螺栓进行连接，如图 8-5(c)所示。

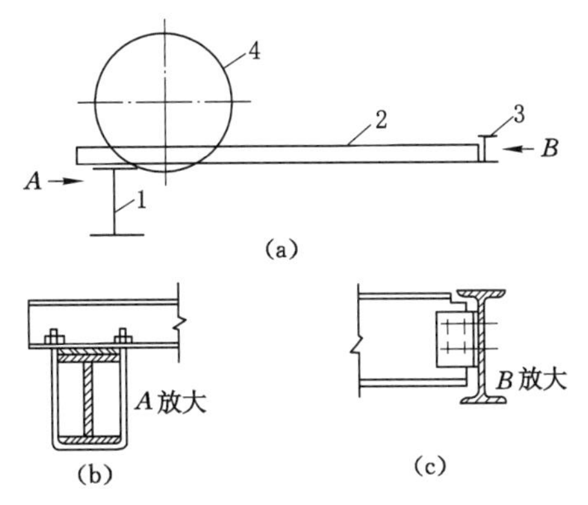

1—主梁；2—天轮梁；3—支承梁；4—天轮。

图 8-5　天轮梁的连接

3. 主体架

主体架是一个由四扇梯形桁架组成的空间结构。上部与天轮平台的中梁和边梁用螺栓连接，下部则立于井架基础上。主体架主要承受天轮平台传递来的荷载，并将其传给基础。

主体架的每扇桁架通常采用双斜杆式。最上节间的斜杆布置形成天轮平台边梁的中间支点，使边梁在其桁架平面内，由单跨变为双跨。在桁架下部第一层水平腹杆上，利用水平连杆组成平面桁架，以便支撑卸矸平台。

主体架的角柱和撑柱一般用无缝钢管制成。构件之间用法兰盘和螺栓联结。

4. 卸矸台

立井施工时，井内爆破下的岩石，由抓岩机装入矸石吊桶，由提升机提到井口上方的卸矸台上，经卸矸装置卸矸入矸石仓，由运输设备运往排矸场。卸矸台是用来翻卸矸石的工作平台，它是一个独立的结构，通常布置在主体架的第一层水平联杆上。它的主梁和次梁采用工字钢或槽钢。梁上设置方木，用U形螺栓卡紧，然后铺设木板，如图8-6所示。溜矸槽的上端连接在中间横梁上，下端支撑在独立的金属支架上。

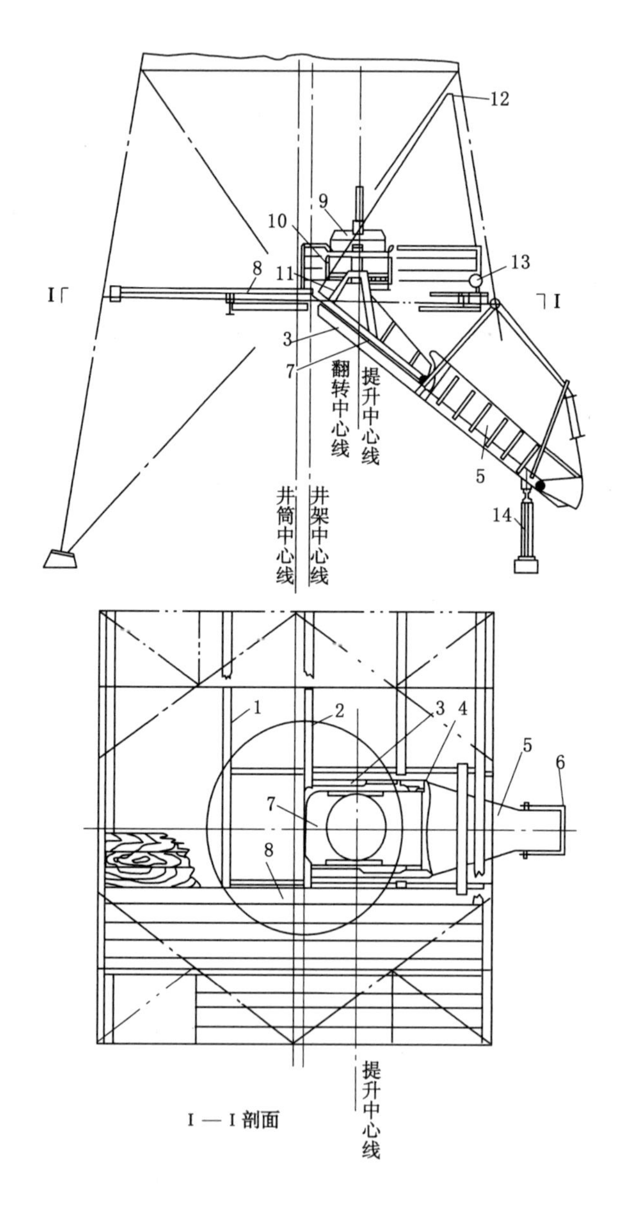

1,2—卸矸台横梁；3—卸槽梁；4—翻矸门轴承支架；5—溜矸槽、矸石仓；6—溜矸闸门；7—卸矸门；8—卸矸平台；9—吊桶；10—翻笼；11—翻笼回转轴承支架；12—滑轮；13—卸矸门电动启闭装置；14—溜矸槽独立支架。

图8-6 卸矸台结构示意图

卸矸台下设矸石仓，仓体由型钢及钢板制成，下有支架及基础。仓体容积一般为20～30 m^3。落地式矸石仓容积为500～600 m^3。卸矸台的高度应保证矸石仓的设置与溜矸槽的倾斜角度，而且矸石溜槽下要有足够的装车高度，此外，应便于大型设备如伞形钻架等出入井口。

5. 扶梯

为了便于井架上下各平台之间的联系，在主体架内设置有轻便扶梯，通常由三个梯段组成。梯子架采用扁钢，踏步采用圆钢，扶手和栏杆采用扁钢或角钢制作。第一段梯子平台设在卸矸台上。梯子平台采用槽钢和防滑网纹钢板制作。

6. 基础凿井井架

基础有四个，分别支承主体架的四个柱脚。基础的浇筑材料通常为规格C15以上的混凝土。浇筑时，将底脚螺栓预埋在基础内，安装井架时，就利用伸出基础顶面的螺栓来固定井架柱脚。基础顶面应抹平，并与柱脚中心线垂直，如图8-7所示，而底面则应保持水平。基础底面积由地基土的允许承载力决定，一般地基土体允许承载力为0.25 MPa。

（二）凿井井架结构验算

1. 凿井井架主要尺寸的验算

立井施工时要选择相应的凿井井架，其原则是：满足施工要求，保证施工安全，设备配套合理，使用操作方便。凿井井架的主要尺寸都应进行验算，为设备选型提供依据。井架的主要尺寸是指井架高度、天轮平台及井架底部平面尺寸。

(1) 井架高度验算

井架高度是指井口水平至天轮平台的垂距H(图8-8)，可用下式验算：

$$H = h_1 + h_2 + h_3 + h_4 + 0.5R \tag{8-1}$$

式中　h_1——井口轨面水平至卸矸台高度，m；

h_2——吊桶翻转所需高度，m，与卸矸台装置的结构有关，用人力卸矸及座钩式自动卸矸时可取1.5 m，用链球式卸矸装置时须根据溜槽及链球的总长确定；

h_3——吊桶、钩头、连接装置和滑架的总高度，m；

h_4——提升过卷高度，按《煤矿安全规程》规定采用吊桶提升时不小于4 m；

R——提升天轮的公称半径，m。

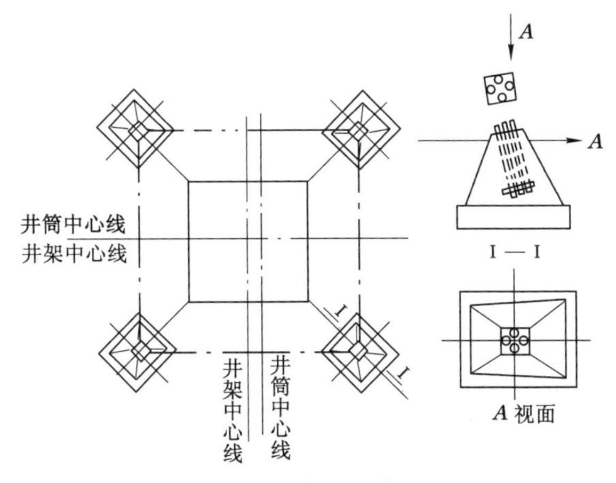

图8-7　井架基础布置

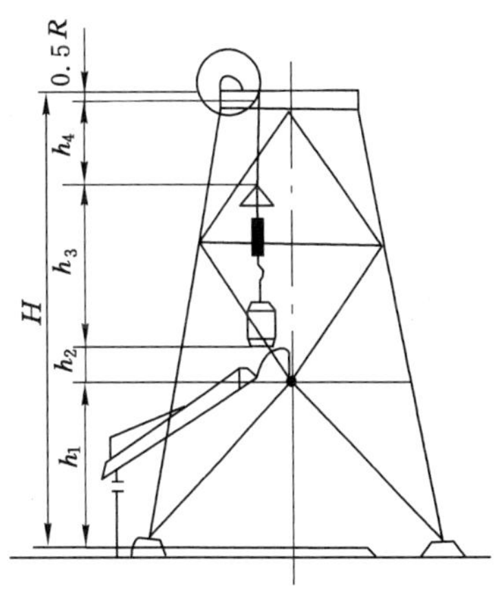

图8-8　井架高度计算图

当已有井架的卸矸台高度不能满足卸矸和设置矸石仓的需要或妨碍大型施工材料和设备出入井口时，应将井架增高。当增加高度在 1.5 m 以内时，可采用加高井架基础或在井架柱脚与基础顶面间设置钢垫座的方法。

（2）天轮平台尺寸验算

天轮平台的形式为正方形，其平面尺寸取决于井筒净直径和悬吊凿井设备的天轮数量及其布置方式。天轮平台的面积在满足使用要求的情况下，应尽量缩小，因为这样可以选用较小规格的井架。Ⅰ～Ⅴ型凿井井架的天轮平台尺寸为 5.5 m×5.5 m～7.5 m×7.5 m。

（3）井架底部的平台尺寸验算

井架底部的平台尺寸，亦即主体桁架角柱在下部张开的距离，应满足下列要求：

① 基础应离开井壁一定距离，使井壁不致受到井架基础的侧压力影响。用冻结法凿井时，应使井架基础避开环形沟槽的位置；

② 要有足够的底面面积，保证施工人员的正常工作与运输需要；

③ 保证井架有足够的稳定性。

2. 凿井井架的荷载验算

（1）井架荷载的种类

作用于井架上的荷载有恒荷载、活荷载和特殊荷载三类。

① 恒荷载是指长期作用在井架上的不变荷载，如井架自重和附属设备重量等。

a. 井架自重：包括天轮房、天轮平台、主体架和扶梯的重量等。

b. 附属设备重量：包括整套天轮重量、卸矸台重量以及井架围壁板重量等。

② 活荷载是指井架在使用过程中，可能发生变动的荷载，如悬吊设备钢丝绳的荷载、风荷载等。

a. 悬吊设备钢丝绳的荷载：包括各悬吊设备和钢丝绳自重。

b. 风荷载：即作用在井架迎风面上的风力。

③ 特殊荷载是指因偶然事故而作用在井架上的荷载，如提升钢丝绳拉断时的断绳荷载等。

（2）井架荷载的确定

① 井架自重。

在立井施工之前，可根据井内设备的多少和地面稳绞的数量确定选用标准井架，其自重及其他参数均可从设备手册中查得。若不采用标准井架，需要自己设计井架时，通常是根据已有的类似井架进行估算，估算的井架重量与计算后的井架实际重量比较，如果相差不超过10%，一般认为可以满足设计要求。根据设计经验，钢凿井井架的自重，也可以根据所有悬吊设备钢丝绳工作拉力总和的 15%～25%来估算。井架验算时，应按实际自重考虑。

② 附属设备重量。

整套天轮的重量，可根据所选用的天轮规格从设备手册中查得；卸矸台的荷载可根据实际情况取值，或者按 4～5 kN/m^2 估算；井架围壁的重量按所采用的材料进行计算。当采用石棉瓦时，可按 200 N/m^2 计算；当采用 1.5 mm 厚的薄钢板时，可按 120 N/m^2 计算。

③ 悬吊钢丝绳的工作荷载。

悬吊凿井设备钢丝绳的工作荷载，是指钢丝绳与天轮轮缘相切处的静拉力，它等于钢丝绳自重及其悬吊设备重量的总和。

当用 1 根钢丝绳悬吊时，钢丝绳的工作拉力可按下式计算：

$$S = Q + q(H + h) \tag{8-2}$$

当用两根钢丝绳悬吊时，每根钢丝绳的工作拉力可按下式计算：

$$S = \frac{Q}{2} + q(H + h) \tag{8-3}$$

式中　Q——悬吊于钢丝绳的凿井设备的重量，N；

q——每米钢丝绳重量，N/m；

H——井筒最大掘进深度，m；

h——井架天轮平台高度，m。

凿井设备重量 Q，包括设备自重、附属件重以及荷载重量等，可以根据选用设备实际情况通过计算确定。需要指出，稳绳作为滑架的导轨，必须在拉紧状态下工作。当稳绳盘与井帮卡紧并拉紧稳绳时，稳绳内应有较大的拉力，所以稳绳的工作荷载不应只考虑稳绳盘的重量和稳绳的自重。按照《煤矿安全规程》的规定，稳绳张紧力需要满足最小张紧力和最小刚性系数的要求。

凿井设备悬吊重量 Q，除按照上述方法计算外，还可以根据所选用的凿井设备规格、井筒深度和井筒直径参考《建井工程手册》凿井设备悬吊重量表取值。

④ 风荷载

作用在井架迎风面单位面积上的风荷载 W，可按下列公式计算：

$$W = \beta_z \cdot \mu_s \cdot \mu_z \cdot W_0 \tag{8-4}$$

式中　W_0——基本风压，N/m^2，从《建筑结构荷载规范》(GB 50009—2012)查出；

μ_z——风压高度变化系数，表示风压随高度不同而变化的规律，以 10 m 高处的风压为基础，离地面愈高风压愈大；

β_z——z 高度处的风振系数，$\beta_z = 1.0 \sim 1.15$，井架 $\beta_z = 1.0$；

μ_s——风载体形系数，与构筑物体形、尺寸等有关，井架 $\mu_s = 1.3$。

基本风压、风振系数、风压高度变化系数、风载体形系数也可以由《建筑结构荷载规范》(GB 50009—2012)中查出。

⑤ 提升钢丝绳的断绳荷载

提升容器与其他设备相比，升降频繁，运行速度快，因此有可能发生与吊盘相撞卡住，或提升严重过卷，或钢丝绳从天轮上滑脱等引起断绳事故。井架设计和验算时，应考虑这种偶然的荷载。

提升钢丝绳的断绳荷载就是提升钢丝绳的破断拉力，可从有关手册中查得，也可按下式计算：

$$S_d = \eta \cdot Q_d \tag{8-5}$$

式中　η——钢丝绳破断拉力换算系数，18×7、6×19 钢丝绳，$\eta = 0.85$；6×37 钢丝绳，$\eta = 0.82$；

Q_d——钢丝绳全部钢丝破断拉力总和，N，可由钢丝绳规格型号表中查得。

(3) 井架荷载的组合

验算井架结构构件时，应根据使用过程中可能同时作用的荷载进行组合，一般考虑以下两种荷载组合，即正常荷载组合和特殊荷载组合。

① 正常荷载组合：包括全部恒荷载，即井架的自重、附属设备的重量、全部提升悬吊设备

钢丝绳的工作荷载。组合系数都是1.0。其目的是保证井架在正常工作情况下有充分的安全度。计算时按Q235钢第一组的许用应力$[\sigma]=170$ MPa、屈服应力$\sigma_s=240$ MPa进行验算。此时安全系数$m=\frac{\sigma_s}{[\sigma]}=\frac{240}{170}=1.4$，可以保证井架在正常荷载组合下有充分的安全性。

② 特殊荷载组合：包括全部恒荷载，即井架自重、附属设备重量，组合系数为1.0；一根钢丝绳的断绳荷载及与之共轭的钢丝绳两倍的工作荷载、其他钢丝绳的工作荷载及50%的风荷载。按特殊荷载组合计算时，钢材的许用应力乘以提高系数1.25，即$[\sigma]=170\times1.25=210$ MPa，此时的安全系数$m=\frac{\sigma_s}{[\sigma]}=\frac{240}{210}=1.14$，即说明假设断绳事故发生时，仍有一定安全度。

二、凿井工作盘

立井施工时，需要在井内设置一系列的凿井工作盘，如封口盘、固定盘、吊盘、稳绳盘及其他特殊用途的作业盘等。这些盘一般都是钢结构。

（一）封口盘

封口盘是设置在井口地面上的工作平台，又称井盖。它是作为升降人员、设备、物料和装拆管路的工作平台。同时也是防止从井口向下掉落工具杂物，保护井上下工作人员安全的结构物。

1. 封口盘的结构

封口盘一般采用钢木结构，如图8-9所示。封口盘由梁格、盘面铺板、井盖门和管道通过孔口盖门等组成。封口盘一般做成正方形平台，盘面尺寸应该与井筒外径相适应，但必须盖住井口。盘面标高必须高于最高洪水位，并应高出地面200～300 mm。

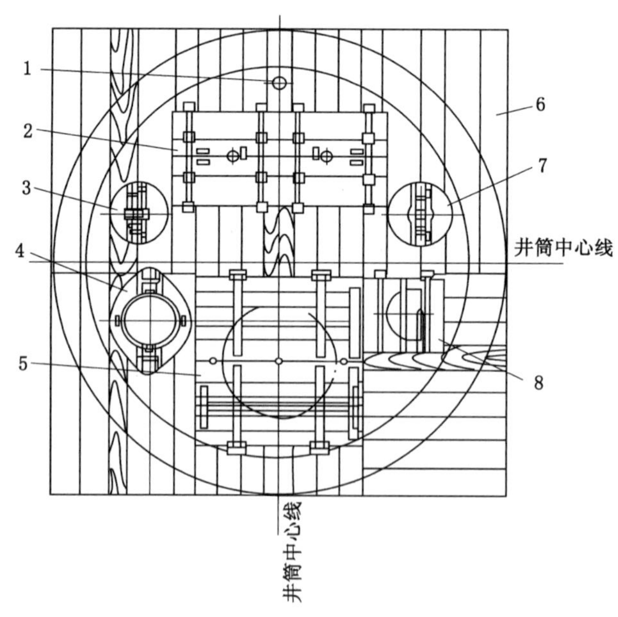

1—电缆通过孔；2—吊泵通过孔；3—压风管通过孔；4—风筒通过孔；
5—井盖门；6—盘面板；7—混凝土输送管通过孔；8—安全梯。

图8-9　封口盘结构

封口盘的梁格布置，如图 8-10 所示。它的主梁采用工字钢，次梁可采用工字钢、槽钢或木梁。钢梁之间可以焊接、螺栓联结，钢梁和木梁之间要用埋头螺栓联结。木梁应用 200 mm×200 mm 的硬质木材，盘面铺板采用防滑网纹钢板。

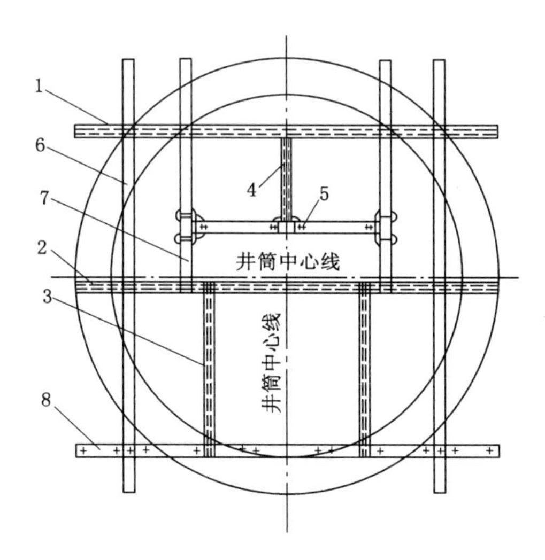

1，2—工字钢主梁；3，4—工字钢副梁；5，6，7—方木副梁；8—方垫木。

图 8-10　封口盘梁格结构

主梁一般支承在临时锁口或邻近井口的料石垛上，料石垛的位置，可根据主梁端部位置确定，但应尽量缩短主梁跨度，以保证主梁的承载能力。盘面上的各种孔口，除设置盖板外，其缝隙均应以软质材料严密封口。封口盘的梁格布置和各种凿井设备通过孔口的位置，都必须与井上下凿井设备相对应。

吊桶提升孔口上设井盖门，井盖门由厚度 75 mm 厚的木板和扁钢组成。提升吊桶提出井口前将井盖门打开，让吊桶通过封口盘；吊桶进入井筒后将井盖门关闭，以防坠物。在两扇井盖门中间留有提升钢丝绳孔道，以利钢丝绳运行。井盖门的开启和关闭由电动绞车或气动绞车拉动，控制开关一般设在井口信号房内，由信号工统一控制。电动启闭井盖门如图 8-11 所示。

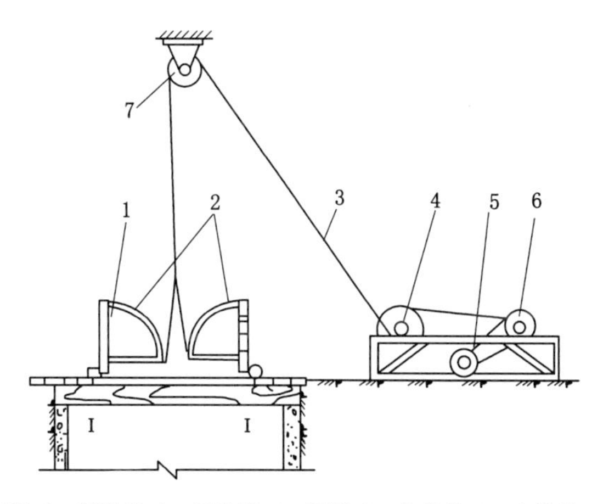

1—井盖门；2—门弓子；3—钢丝绳；4—绳筒；5—电动机；6—皮带轮；7—滑轮。

图 8-11　电动启闭井盖门

2. 封口盘的荷载

封口盘的荷载，主要包括封口盘的自重、施工荷载、装卸设备或较重物料时的荷载等。施工荷载是指工作人员、一般工具和物料等的重量。

封口盘的自重以及施工荷载可以近似地作为盘面均布荷载处理。两者的总荷载集度，通常约取 3 kN/m²。并且根据梁格布置情况，划分梁的承载区域，确定梁的荷载集度。

装卸设备和较重物料的荷载，例如装卸吊泵和矸石吊桶可能墩罐时的情况，按照集中荷载处理，并应作为动力荷载，适当乘以动力系数，一般约取 1.2～2.0。

在计算荷载时，根据梁格布置情况，次梁通过铺板承受盘面荷载。主梁除了承受它自己的承载区域的盘面荷载以外，还将承受由次梁传递给它的荷载，这种荷载等于次梁端的支承反力，但方向相反。在设计计算时，应根据实际施工条件，考虑最不利的荷载组合情况。

3. 封口盘结构设计

封口盘的设计主要是设计它的梁系结构。当梁的荷载确定后，根据支承情况，把次梁和主梁简化为简支梁或连续梁，按受弯构件选择梁的截面和验算梁的强度、刚度和稳定性。

为了保持盘面平整及构造简单，对于梁的截面型号，应该根据计算结果，予以适当调整，使梁的规格型号不致过多。次梁与主梁连接，一般通过连接角钢，采用焊缝和螺栓连接。木梁可采用 U 形卡固定。

根据工程实际经验，封口盘的常用材料规格列于表 8-2，供设计时参考。

表 8-2　封口盘常用材料规格参考表

井径/m	主梁	次梁	方木/cm	木板厚度/cm	连接角钢	螺栓、U 型卡
≤4.5	120～128	120	15×20～20×20	7～7.5	∟ 75×8	M16
5.0～5.5	125～132	120	15×20～20×20	7～7.5	∟ 75×8	M16
6.0～6.5	132～140	120	15×20～20×20	7～7.5	∟ 75×8	M18～M20
7.0～8.0	136～145	120～125	15×20～18×25	7～7.5	∟ 75×8	M18～M20

（二）固定盘

固定盘是设置在井筒内邻近井口的第二个工作平台，一般位于封口盘以下 4～8 m 处。固定盘主要用来保护井下安全施工，同时还用做测量和接长管路的工作平台。固定盘以梯子与地面相通。

固定盘采用钢木混合结构。它的结构和设计要求，与封口盘大致相同。其不同点是吊桶的通过孔口不设盖门，而设置栏杆或喇叭口。固定盘的荷载一般较小，因此固定盘的梁系结构，可根据工程实际经验，酌情选择梁的截面型号。盘面孔口位置和大小必须与上下凿井设备布置相一致。固定盘的常用材料规格列于表 8-3，供设计时参考。

表 8-3　固定盘常用材料规格参考表

井径/m	主梁	次梁	方木/cm	木板厚度/cm	连接角钢	螺栓、U 型卡
≤5.5	120	118	15×20	7	∟ 75×8	M16
6.0～6.5	122	120	15×20	7	∟ 75×8	M16
7.0～8.0	125	120	15×20	7	∟ 75×8	M20

（三）吊盘和稳绳盘

1. 吊盘和稳绳盘的构造

吊盘是井筒内的工作平台，多以双绳悬吊，它可以沿井筒上下升降。它主要用做浇筑井壁的工作平台，同时还用来保护井下安全施工，在未设置稳绳盘的情况下，吊盘还用来拉紧稳绳。吊盘上有时还安装抓岩机的气动绞车或大抓斗的吊挂和操纵设备以及其他设备。在井筒掘砌完毕后，往往还要利用吊盘安装井筒设备。

由于吊盘要承受施工荷载（包括施工人员、材料和设备的重量），且上下升降频繁，因而要求吊盘结构坚固耐用。吊盘采用金属结构，吊盘的盘架由型钢组成，一般用工字钢做主梁、槽钢做圈梁，并根据井内凿井设备布置的需要，用槽钢或小号工字钢设置副梁，并留出各通过孔口。盘面铺设防滑网纹钢板。

稳绳是吊桶上下运行的滑道。为减小吊桶的横向摆动，吊桶以滑架和稳绳相连。吊桶在滑架（导向架）的限位下，与吊桶沿稳绳共同高速运行。为此，稳绳需要给以一定的张紧力，用来拉紧稳绳的盘体称为稳绳盘。它是井筒内的第二个可移动盘体。稳绳盘位于吊盘之下，离井筒掘进工作面 10～20 m，伴随掘进工作面的前进而下移，爆破时上提到一定安全高度处。因此，它是掘进工作面的又一安全保护盘。有时在稳绳盘上还安装悬挂抓岩机的气动绞车。如稳绳不足以使盘体保持平衡时，应增设悬吊钢丝绳，使盘体保持平衡，防止偏盘事故的发生。稳绳盘的设置与否，取决于井筒施工作业方式。当采用长段平行作业时，一定要设稳绳盘。在采用单行作业、混合作业或短段平行作业时，稳绳盘的作用由吊盘取代，因而也不必设置稳绳盘了。

稳绳盘的构造和设计要求，与吊盘大致相同，其各通过孔口也完全相同，因此可以参照吊盘设计稳绳盘。稳绳盘为单层盘，梁格同吊盘。

吊盘有双层（图 8-12）或多层。当采用单行作业或混合作业时，一般采用双层吊盘，吊盘层间距为 4～6 m；当采用平行作业时，可采用多层吊盘。多层吊盘层数一般为 3～5 层，为适应施工要求，中间各层往往做成能够上下移动的活动盘，其中主工作盘的间距也多为 4～6 m。多层吊盘的盘面布置和构造要求，与双层吊盘基本相同。

吊盘（图 8-13）由梁格、盘面铺板、吊桶通过的喇叭口、管线通过孔口、扇形活页、立柱、固定和悬吊装置等部分组成。吊盘的梁格由主梁、次梁和圈梁组成（图 8-14）。两根主梁一般对称布置并与提升中心线平行，通常采用工字钢；次梁需根据盘上设备及凿井设备通过的孔口以及构造要求布置，通常采用工字钢或槽钢；圈梁一般采用槽钢冷弯制成。梁格布置需与井筒内凿井设备相适应，并应注意降低圈梁负荷。各梁之间采用角钢和连接板，用螺栓连接。盘面的防滑网纹钢板也用螺栓固定在梁上。

各层盘吊桶通过的孔口，采用钢板围成圆筒，两端做成喇叭口。喇叭口除保护人、物免于掉入井下外，还起提升导向作用，防止吊桶升降时碰撞吊盘。喇叭口与盘面用螺栓连接。上、下喇叭口离盘面高度一般为 0.5 m，操作盘上的喇叭口应高出盘面 1.0～1.2 m。采用多层吊盘时，可设整体喇叭筒贯串各层盘的吊桶孔口，以免吊桶多次出入盘口而影响提升速度。盘上作业人员可另乘辅助提升设备上下。吊泵、安全梯及测量孔口，采用盖门封闭。其

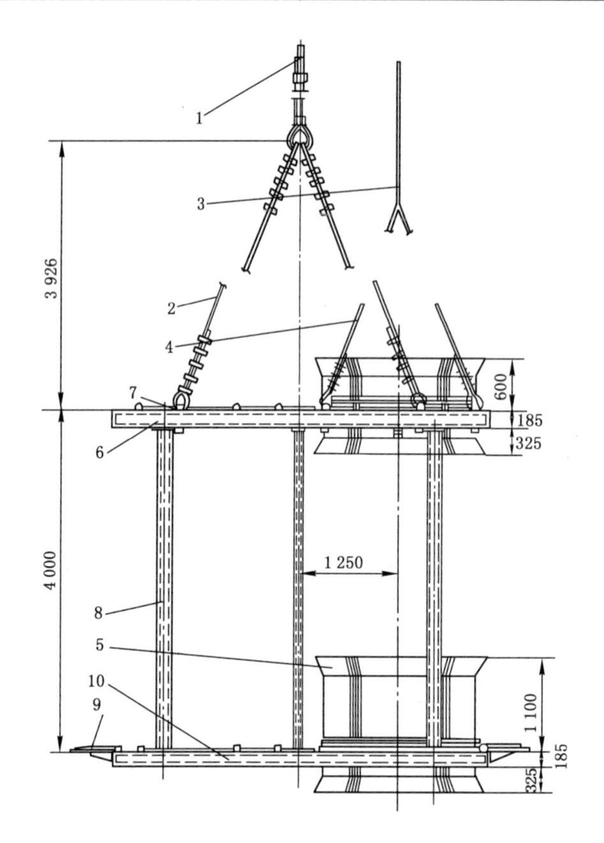

1—吊盘悬吊绳；2—悬吊绳双叉支绳（裤衩绳）；3—稳绳；4—稳绳双叉支绳；5—吊桶喇叭口；
6—上层盘；7—悬吊装置；8—立柱；9—折页；10—下层盘。

图 8-12　双层吊盘立面图

他管路孔口亦设喇叭口，其高度应不小于 200 mm。

各层盘沿周长设置扇形活页，用来遮挡吊盘与井壁之间的孔隙，防止吊盘上坠物。吊盘起落时，应将活页翻置盘面。活页宽度一般为 200～500 mm。

立柱是连接上下盘并传递荷载的构件，一般采用 ϕ100 mm 无缝钢管或 18 号槽钢，其数量应根据下层盘的荷载和吊盘空间框架结构的刚度确定，一般为 4～8 根。立柱在盘面上适当均匀布置，但力求与上、下层盘的主梁连接。

为防止吊盘摆动，通常采用木楔、固定插销或丝杆撑紧装置，使之与井壁顶住，数量不少于 4 个。盘上装有环形轨道或中心回转式大型抓岩机时，为避免吊盘晃动，影响装岩和提升，宜采用液压千斤顶装置撑紧井帮。

吊盘的悬吊有单绳单绞车、双绳单绞车和多绳多绞车等方式。目前使用最多的是双绳双叉双绞车悬吊方式。悬吊钢丝绳的下端由分叉绳与吊盘的主梁连接，盘面上的四个悬吊点可以保证盘体平衡。如果吊盘荷载较大，两根悬吊钢丝绳可以采用回绳悬吊。这种悬吊方式，要求两根悬吊钢丝绳的一端固定在天轮平台上，而另一端向下并绕过与两组分叉绳相连的滑轮，然后折返井口再绕过天轮而固定在凿井绞车上。这种悬吊方式将使每根悬吊钢丝绳承受的拉力降低一半，因此可以承受较大吊盘荷载。

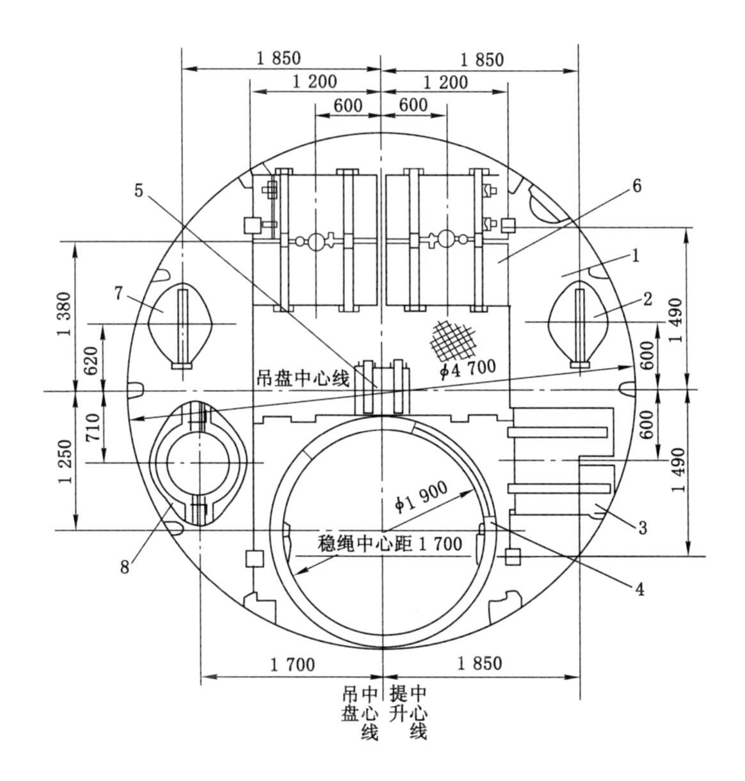

1—网纹钢板；2—混凝土输送管通过孔；3—安全梯通过口；4—吊桶喇叭口；
5—中心测锤通过孔；6—吊泵通过孔；7—压风管通过孔；8—风筒通过孔。

图 8-13　吊盘平面布置

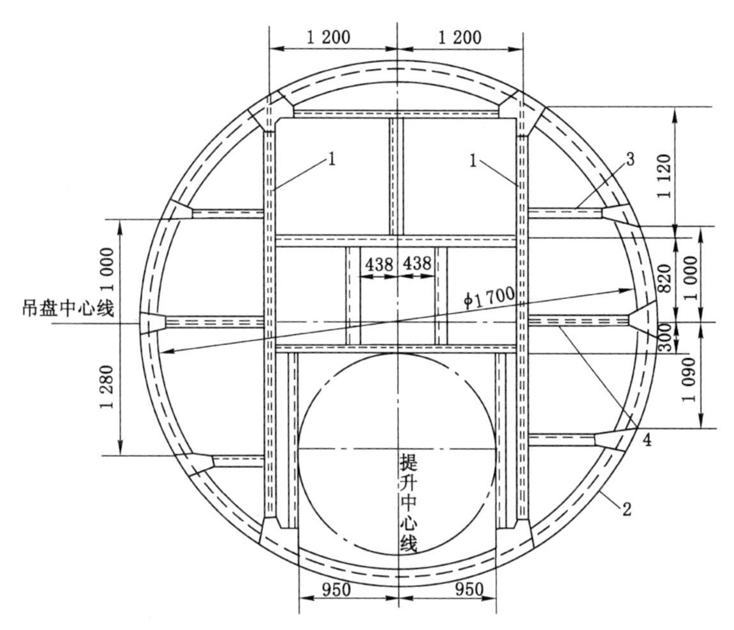

1—工字钢主梁；2—槽钢圈梁；3—槽钢副梁；4—工字钢副梁。

图 8-14　吊盘盘架钢梁结构

2. 吊盘荷载分析

吊盘是立井施工时的主要工作平台。它的盘面留有不少孔口，使承载区域被划分为许多部分，而且施工时的荷载情况比较复杂。吊盘荷载通常可以按照下述几项荷载酌情考虑：

(1) 吊盘盘架结构自重以及施工荷载，可以近似地作为盘面均布荷载处理。盘面的总荷载应该根据实际情况确定。当计算均布荷载集度时，根据吊盘施工情况，应该考虑受力不均匀的影响，适当乘以受力不均匀系数。然后根据梁格布置情况，划分梁的承载区域，确定梁的荷载集度。

(2) 立模或拆模时，可以按照一圈模板、一圈模板的围圈和少量钢筋的重量，根据堆放位置作为局部均布荷载处理。模板和井圈按 600 kg 计算，少量钢筋按 750 kg 计算。

(3) 当浇筑混凝土或钢筋混凝土井壁时，如果采用管路运输，可以不必考虑混凝土荷载。如果采用自卸式吊桶输送，应该考虑倾斜在漏斗内的混凝土荷载。在漏斗安装处，按照局部均匀荷载处理，并应作为动力荷载，适当乘以动力系数 1.2。

(4) 当采用平行作业，浇筑混凝土或钢筋混凝土井壁时，壁圈荷载的一部分将通过支撑装置传递给立模盘。在支撑安装处按照集中荷载处理，并应作为动力荷载，适当乘以动力系数 1.2。

(5) 抓岩机的气动绞车以及其他设备，可以根据安装位置作为集中荷载处理。

当悬挂于吊盘的抓岩机或环形轨道式抓岩机启动抓岩时，应该根据抓岩机和岩石的重量，按照集中荷载处理，并应作为动力荷载，适当乘以动力系数 1.2。

(6) 悬吊钢丝绳通过分叉绳作用于吊卡的荷载，以及自下而上依次通过立柱传递的荷载，都应分别计算确定。

必须注意，吊盘荷载比较复杂，还应根据实际施工情况考虑其他荷载。而且上述几项荷载，并不同时存在，因此在设计计算时，必须分析最不利的荷载组合，作为计算依据。

3. 吊盘结构设计原理

吊盘的设计顺序，一般自下而上依次进行。首先设计吊盘的梁系结构，然后设计立柱、悬吊装置。

(1) 吊盘梁系结构

吊盘的梁系结构应根据实际情况进行简化，去掉构造次梁，然后计算支承次梁、主梁和圈梁。

次梁一般为以主梁或圈梁为支点的单跨简支梁；主梁一般为支承于立柱(下盘主梁)或吊卡(上盘主梁)的外伸简支梁。次梁和支撑于立柱的主梁(下盘主梁)承受均布和集中垂直荷载，因此为单向受弯构件。支承于吊卡的主梁(上盘主梁)因受悬吊裤衩绳的斜向拉力，因此为偏心受压构件。

圈梁的计算比较复杂，要根据吊盘梁格的布置形式进行结构的合理简化。常见的闭合形圈梁[图 8-15(a)]为对称布置，荷载也基本对称，圈梁与主梁的连接处可近似地看作固定端。两固定端间圈梁跨度中点的连接处可以近似视作铰接[图 8-15(a)]，只要取出四段圈梁中受力最不利的一段进行计算即可。每一段圈梁为对称结构，在对称荷载作用下，对称截面上的反对称内力为零，所以在铰接处的剪力和扭矩为零，同时铰接处的弯矩也为零，因此圈梁可进一步简化为悬臂曲梁加以计算[图 8-15(b)]。

作用于受力最不利一段圈梁上的荷载有该段圈梁所承受的盘面垂直均布荷载 q 和由与

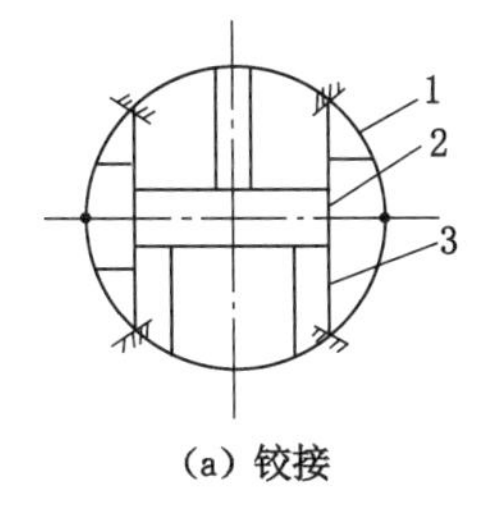

(a) 铰接

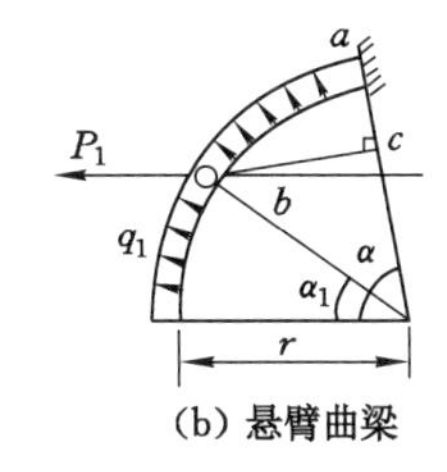

(b) 悬臂曲梁

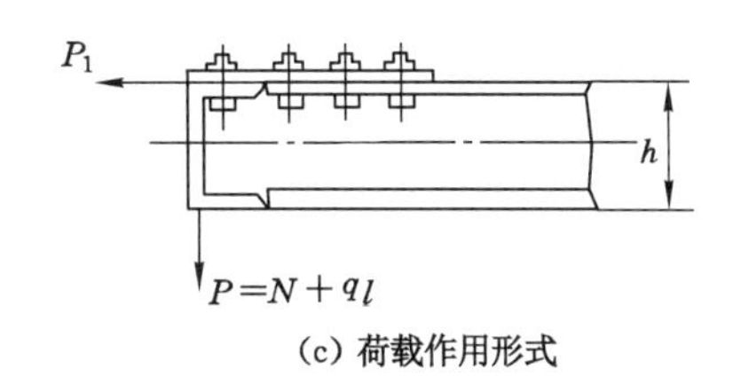

(c) 荷载作用形式

1—圈梁；2—主梁；3—次梁支梁。

图 8-15　圈梁计算简图

该段圈梁连接的承载次梁传来的垂直集中荷载 N。为了简化计算，可将均布荷载 q 作为集中荷载考虑，作用点在圈梁与次梁连接处[图 8-15(c)]。

(2) 立柱

吊盘工作时，立柱为轴心受拉构件；吊盘组装时，立柱则为轴心受压构件。立柱的计算长度为上下盘的层间距。必须注意，立柱是连接上、下盘的重要构件，参照《煤矿安全规程》规定，比照吊盘悬吊绳的安全系数，其安全系数应不小于 6。

(3) 悬吊装置

一般采用双绳双叉悬吊时，每组分叉绳的两端与上层盘的两个吊卡相连。四个吊卡应在盘面适当对称布置，并应安装在上层盘的主梁上。吊盘吊卡的结构见图 8-16。在荷载确定后，要对吊卡的销轴、耳柄及吊卡底部进行强度验算。

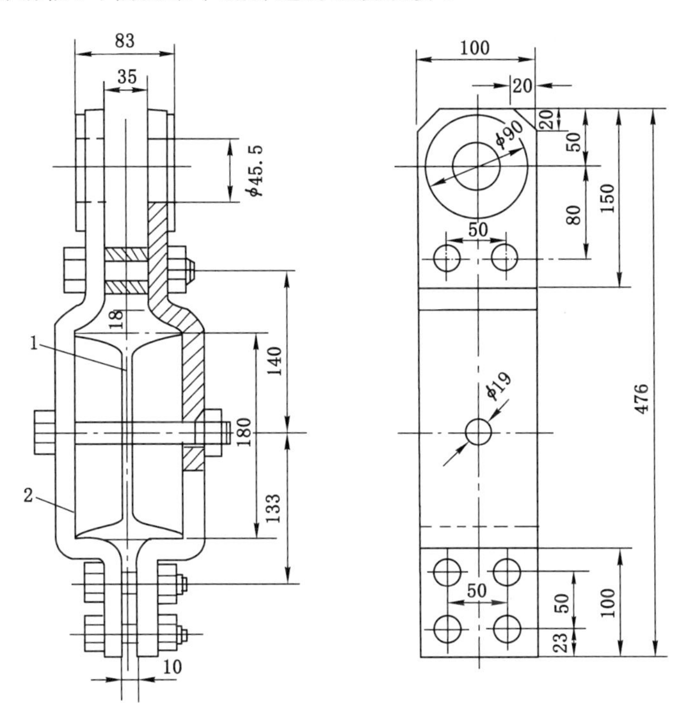

1—吊盘主梁；2—吊卡。

图 8-16　吊卡结构示意图

吊卡装置是连接吊盘和分叉绳的重要部件，因此它的安全系数，亦应按照吊盘悬吊绳的安全系数考虑，吊卡采用 $k\geqslant6$。销轴安全系数参考《煤矿安全规程》关于连接装置的规定，采用 $k\geqslant10$。吊盘常用材料规格列于表 8-4，供设计参考。

表 8-4 吊盘常用材料规格参考表

井径/m	主梁	次梁	圈梁	网纹钢板厚度/mm	立柱槽钢、钢管	连接角钢	连接钢板厚度/mm	螺栓
≤5.0	Ⅰ16～Ⅰ18	Ⅰ16～Ⅰ18 [16～[18	[16～[18	4	[16	∟75×8	8～12	M16～M18
6.0	Ⅰ18～Ⅰ20	Ⅰ18～Ⅰ20 [18～[20	[18～[20	4	[16～[18	∟75×8	8～12	M16～M18
6.5	Ⅰ20～Ⅰ25	Ⅰ20～Ⅰ22	[20～[25	4	[18～[20 Φ114×5～6	∟75×8	8～12	M16～M20
7.0	Ⅰ25～Ⅰ28	Ⅰ20～Ⅰ25	[25～[28	4	[18～[20 Φ114×5～6	∟75×8	8～12	M16～M20
7.5	Ⅰ25～Ⅰ28	Ⅰ20～Ⅰ25	[25～[28	4	[18～[20 Φ114×5～6	∟75×8	8～12	M16～M20
8.0	Ⅰ28～Ⅰ32	Ⅰ20～Ⅰ25	[28～[32	4	[18～[20 Φ114×5～6	∟75×8	8～12	M16～M20

（四）凿井工作盘设计要求

封口盘、固定盘、吊盘、稳绳盘和滑模工作盘等凿井施工用盘，均为立井施工时的重要施工设施。设计时应注意以下几点：

(1) 各种凿井工作盘的设计计算方法步骤一般都包括盘面布置和结构布置，估算结构自重，计算荷载数值，确定计算简图，并对结构进行受力分析，按照构件类型，根据强度、刚度和稳定性的要求，选择构件截面。

(2) 凿井工作盘的盘面布置和结构布置要合理，要根据凿井工作盘的用途以及有关规程、规范的要求确定孔口位置和梁系布置。吊盘和稳绳盘悬吊点的布置应注意使盘保持平稳。

(3) 凿井工作盘属于施工设施，构造应该力求坚固耐用。构件之间一般采用螺栓连接，便于安装拆卸。为了保证构件之间连接牢固，必须采取适当加固措施，并应重视连接强度验算。

(4) 凿井工作盘上的荷载比较复杂，设计时，应该根据实际情况，具体分析各种荷载及荷载的组合。

(5) 结构设计程序通常可根据传力过程进行。例如对于梁格，由次梁到主梁；对于吊盘，由下层盘到上层盘；对于滑模，由操作盘、辅助盘到提升架。

(6) 结构设计应该综合考虑自重较轻、材料较省、构造简单、制造方便和符合钢材规格等方面的因素。对于构件截面型号应根据计算结果进行适当调整,使其规格型号不要过多。

(7) 设计时的容许应力和安全系数的取值,必须符合《钢结构设计标准》(GB 50017)和《煤矿安全规程》的规定。

第二节　凿井设备的布置

凿井设备布置是一项比较复杂的技术工作,它要在有限的井筒断面内,妥善地布置各种凿井设备。除了满足立井施工需要外,还要兼顾矿井建设各个阶段的施工需要。

一、凿井设备布置原则

凿井设备布置包括井内设备、凿井盘台和地面提绞设备布置。其原则是:

(1) 凿井设备布置,应兼顾矿井建设中凿井、开巷、井筒永久安装三个施工阶段充分利用凿井设备的可能性,尽量减少各时期的改装工程量。

(2) 井口凿井设备布置要与井内凿井设备布置协调一致,还要考虑与邻近的另一井筒的协调施工。

(3) 各种凿井设备和设施之间要保持一定安全距离,其值应符合《煤矿安全规程》和《煤矿井巷工程质量验收规范》(GB 50213)规定。

(4) 设备布置要保证盘台结构合理。悬吊设备钢丝绳要与施工盘(台)梁错开,且不影响卸矸和地面运输。

(5) 地面提绞设备布置,应使井架受力平衡,绞车房及其他临时建筑不妨碍永久建筑物的施工。

(6) 设备布置的重点是提升吊桶和抓岩设备。

总之,井内以吊桶布置为主,井上下应以井内布置合理为主,地面与天轮平台,应以天轮平台布置合理为主。

二、布置方法及步骤

凿井设备的布置受多种因素的牵制,难于一次求成。为便于互相调整设备之间的位置,减小设计工作量,往往将各种设备按一定比例用硬纸制成模板,在同样比例画出的井筒设计掘进断面内,反复布置、多次调整,直到合理。方案确定后,绘出井筒断面布置图,其比例一般为1∶20或1∶25。也可以采用计算机软件进行凿井设备布置。设备的布置应由掘进工作面逐层向上布置,由井筒中心向四周布置,避免遗漏和产生矛盾。

布置的步骤是:

(1) 根据工业场地总平面布置图与井下巷道出车方向确定凿井提升机的方位,初步定出井内提升容器的位置;

(2) 布置井内凿井设备,如抓岩机、吊泵、钻架、安全梯、风筒等,并确定其悬吊方式;

(3) 确定各种管线位置及其悬吊方式;

(4) 确定凿井吊盘、固定盘、封口盘的设备孔口位置和尺寸;

(5) 布置盘梁和盘面设备；

(6) 确定井架与井筒的相对位置，确定翻矸平台上设备通过口的位置、大小和梁格布置；

(7) 选择天轮和天轮梁，并确定其在平、立面的位置；

(8) 布置地面提升机和凿井绞车。

(9) 进行校对、调整，绘制各层平面及立面布置图，编写计算书。

三、井内设备的布置及吊挂

(一) 吊桶布置

提升吊桶是全部凿井设备的核心，吊桶位置一经确定，提升机房的方位、井架的位置就基本确定，井内其他设备也将围绕吊桶分别布置。

提升吊桶可按下列要求布置；

(1) 凿井期间配用一套单钩或一套双钩提升时，矸石吊桶要偏离井筒中心位置，靠近提升机一侧布置，以利天轮平台和其他凿井设备的布置。若双卷筒提升机用作单钩提升时，吊桶应布置在固定卷筒一侧。天轮平台上，活卷筒一侧应留有余地，待开巷期间改单钩吊桶提升为双钩临时罐笼提升。

采用双套提升设备时，吊桶位置在井筒相对的两侧，使井架受力均衡，也便于共同利用井架水平联杆布置翻矸台。

无论采用哪种提升方式，吊桶布置还应考虑地面设置提升机房的可能性。

(2) 井筒施工中装配两套或多套提升时，吊桶外缘与永久井壁间的距离按《煤矿井巷工程施工标准》(GB 50511—2022)规定应不小于 450 mm，两个提升容器导向装置最突出部分之间的间隙不得小于 $0.2\ m+H/300$(H 为提升高度，m)，当井筒深度小于 300 m 时上述间隙不得小于 300 mm。

(3) 对于罐笼井，吊桶一般应布置在永久提升间内，并使提升中心线方向与永久出车方向一致；对于箕斗井，当井筒装配刚性罐道时，至少应有一个吊桶布置在永久提升间内，吊桶的提升中心线可与永久提升中心线平行或垂直，但必须与车场临时绕道的出车方向一致。这样有利于井筒安装工作和减少井筒转入平巷施工时，吊桶改换临时罐笼提升的改绞工作。

(4) 吊桶(包括滑架)应避开永久罐道梁的位置，以便后期安装永久罐道梁时，吊桶仍能上下运行。

(5) 吊桶两侧稳绳间距，应与选用的滑架相适应；稳绳与提升钢丝绳应布置在一个垂直平面内，且与地面卸矸方向垂直。

(6) 吊桶应尽量靠近地面卸矸方向一侧布置，使卸矸台少占井筒有效面积，以利其他凿井设备布置和井口操作。但吊桶外缘与永久井壁之间的最小距离应不小于 500 mm。

(7) 为了进行测量，吊桶布置一般应离开井筒中心，采用普通垂球测中时，吊桶外缘距井筒中心应大于 100 mm；采用激光指向仪测中时应大于 500 mm。采用环形轨道抓岩机时，桶缘距井筒中心一般不小于 800 mm。采用中心回转抓岩机时，因回转座在吊盘的安设位置不同，吊桶外缘与井筒中心间距视具体位置而定。

(8) 为使吊桶顺利通过喇叭口，吊桶最突出部分与孔口的安全间隙应大于或等于 200 mm，滑架与孔口的安全间隙应大于或等于 100 mm。

(9) 为了减少由井筒转入平巷掘进时临时罐笼的改装工作量，吊桶位置应尽可能与临时罐笼的位置一致，使吊桶提升钢丝绳的间距等于临时罐笼提升钢丝绳的间距。

(二) 临时罐笼的布置

当由立井井筒施工转入井底车场平巷施工后，为适应排矸及上下人员、物料的需要，一般要将吊桶改为临时罐笼。当临时罐笼采用钢丝绳罐道时，临时罐笼和井壁之间的安全间隙应不小于 350 mm；两套相邻提升容器之间，设防撞钢丝绳时，安全间隙应不小于 200 mm；不设防撞钢丝绳时，安全间隙应不小于 450 mm；临时罐笼和井梁之间的安全间隙则应不小于350 mm。具体的布置方法是：以井筒中心为圆心，以井筒半径与临时罐笼到井壁安全间隙的差为半径作圆，即为临时罐笼的外圈布置界限；通过吊桶悬吊点，作提升中心线的平行线，作为临时罐笼的中心线来布置临时罐笼，可使罐笼与吊桶的提吊点重合或在所作的平行线上，这样可以减少临时改绞的工作量。若不具备上述条件时，应按各安全间隙进行调整。

(三) 抓岩机的布置

(1) 抓岩机的位置要与吊桶的位置配合协调，保证工作面不出现抓岩死角。当采用中心回转抓岩机(HZ)和一套单钩提升时，吊桶中心和抓岩机中心各置于井筒中心相对应的两侧，在保证抓岩机外缘距井筒中心大于 100 mm 的条件下，尽可能靠近井筒中心布置，以扩大抓岩范围，防止吊盘扁重。当采用两套单钩提升时，两个吊桶中心应分别布置在抓岩机中心的两侧。为便于进行井筒测量工作，抓岩机中心要偏离井筒中心 650～700 mm；为保证抓岩机有效地工作，除一台吊泵外，其他管路不许伸至吊盘以下，抓斗悬吊高度不宜超过 15 m。环形轨道抓岩机因中轴留有 ϕ210 mm 的测量孔，故抓岩机置于井筒中心位置。

(2) 人力操作抓岩机的布置应满足以下几点要求：

① 每台抓岩机的抓取面积应大致相等，其悬吊点处于区域的形心上。

② 布置一台抓岩机使用一个吊桶提升时，抓岩机的悬吊点应靠近井筒中心，吊桶中心则偏于井筒中心的另一侧；长绳悬吊抓岩机既可地面悬吊，也可井内悬吊。

③ 布置两台抓岩机使用一个吊桶时，两台抓岩机的悬吊点在井筒一条直径上，而与吊桶中心约呈等边三角形；抓岩机风动绞车的布置，应使吊盘不产生偏重。

④ 布置两台抓岩机使用两个吊桶时，两台抓岩机的悬吊点连线与两个吊桶中心连线相互垂直或近似垂直；抓岩机的悬吊点，可能远离吊泵的位置。

⑤ 布置三台抓岩机使用两个吊桶提升时，两台抓岩机的悬吊点连线平行于两个吊桶中心连线，另一台抓岩机的悬吊点则居中，主要用作辅助集岩。

无论采用哪一种抓岩机，当抓岩机停用、抓斗提至安全高度时，抓片(抓斗张开时)与吊桶之间的距离不应小于 500 mm。

(3) 根据经验，当抓岩机停止工作时，抓斗与运行的吊桶间的安全间隙应不小于200 mm。

(4) 为使中心回转式抓岩机在吊盘上安装、检修、拆卸方便，应在吊盘上为它专设通过口，并在地面专设凿井绞车进行悬吊。

（四）吊泵的布置

吊泵应靠近井帮布置，便于大型抓岩机工作，但与井壁的间隙应不小于300 mm，并使吊泵避开环形轨道抓岩机和环形钻架的环形轨道；吊泵与吊桶外缘的间隙不小于500 mm，井深超过400 m时不小于800 mm；吊泵与吊盘孔口的间隙不小于50 mm；当深井采用接力排水时，吊泵要靠近腰泵房(或转水站)一侧布置，便于主、副井共同用一套排水系统和装卸排水管；吊泵一般与吊桶对称布置，置于卸矸台溜矸槽的对侧或两侧，以使井架受力均衡和便于吊泵在井口提放。

（五）立井凿岩钻架的布置

为保证吊桶运行的安全，环形钻架与吊桶之间要留有500 mm以上的距离，与井壁之间要留有不小于200 mm的安全间隙；钻架悬吊点应避开吊盘圈梁位置，钻架的环轨与吊泵外缘间隙应不小于100 mm。环形钻架用地面凿井绞车悬吊或吊盘上的气动绞车悬吊，悬吊点不少于三个，并均匀布置。

在井筒施工中，伞形钻架是利用提升机大钩及吊桶提升孔口的空间起落的，一般吊桶孔口直径要比伞形钻架收拢后的最小直径大400 mm。伞形钻架在井口的吊运，一般利用安在井架一层平台下的滑车或单轨吊车。因此，在翻矸平台下须留有比伞钻高2.0 m的吊运空间，其宽度不应小于伞钻的最小收拢直径。

（六）安全梯的布置

安全梯应靠近井壁悬吊，与井壁的距离不应大于500 mm，要避开吊盘圈梁和环形钻架环轨的位置。通过孔口时，与孔口边缘的间隙不得小于150 mm。安全梯用专用绞车JZA25/800悬吊，它具有电动和手动两种功能。

（七）管路和电缆的布置

(1) 管路、缆线以及悬吊钢丝绳均不得妨碍提升、卸矸和封口盘上轨道运输线路的通行；井口通过车辆及货载最突出部分与悬吊钢丝绳之间的距离不应小于100 mm。另外，管路位置应充分考虑建井第二时期管路的使用。

(2) 风筒、压风管和混凝土输送管应适当靠近吊桶布置，以便于检修，但管路突出部分至桶缘的距离，应不小于500 mm；小于500 mm时，宜采用井壁固定吊挂。此外，风筒、压风管、混凝土输送管应分别靠近通风机房、压风机房、混凝土搅拌站布置，以简化井口和地面管线布置。

(3) 照明、动力电缆和信号、通讯、爆破电缆的间距不得小于300 mm，信号与爆破电缆应远离压风管路，其间距不小于1.0 m，爆破电缆须单独悬吊。

(4) 当凿井管路采用井内吊挂时，管路应靠吊筒一侧集中布置，直径大的风筒置于中间;压风管、供水管和混凝土输送管对称安设在风筒的两侧。这样便于管路的下放和安装,避免几趟管路分散吊挂在井筒四周,造成吊盘圈梁四处留管路缺口,给吊盘的加工和使用造成困难。井内凿井设备的平面布置实例见图 8-17 和图 8-18。

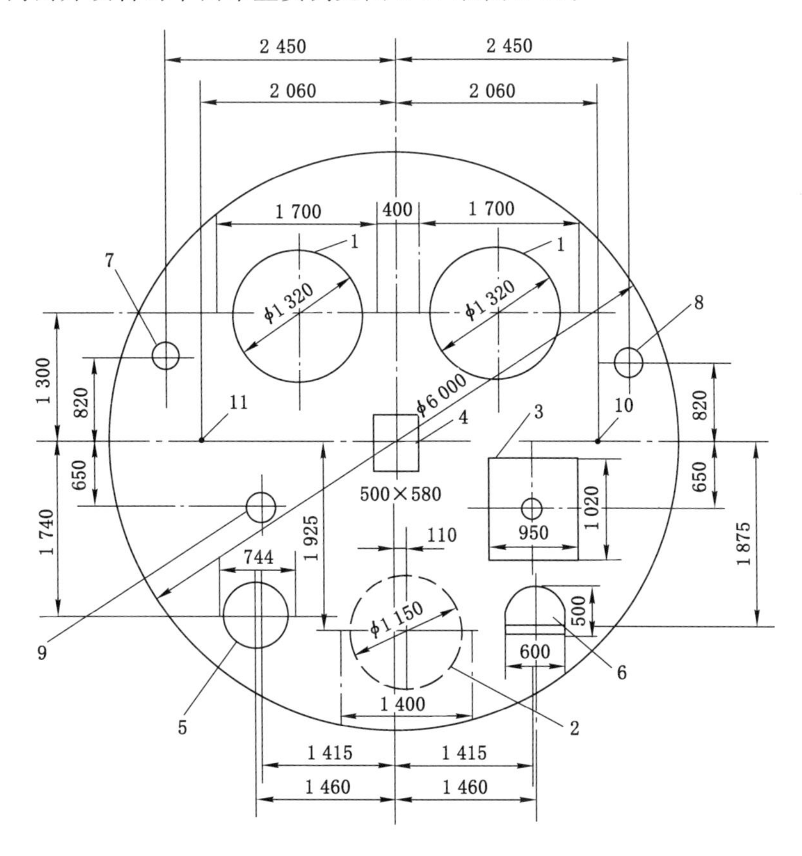

1—吊桶;2—备用吊桶;3—吊泵;4—环行轨道抓岩机;5—风筒;6—安全梯;
7—压风管;8,9—混凝土输送管;10,11—吊盘绳。

图 8-17　环行轨道抓岩机的平面布置图(实例)

(八) 井内各吊盘的布置

井内各盘的布置包括盘的梁格和孔口布置及盘面上施工设施的布置等。布置时可参考下列要求进行。

(1) 吊盘圈梁一般为闭合圆弧梁,吊盘主梁(吊盘悬吊钢丝绳的生根梁)必须为两根完整的钢梁,一般与提升中心线平行,两梁尽量对称布置。盘梁的具体位置应按吊桶、吊泵、安全梯和管线的位置及其通过孔口大小来确定,并结合盘面上的抓岩机、吊盘撑紧装置等施工设施的布置一并考虑。

(2) 吊盘绳的悬吊点一般布置在通过井筒中心的连线上,尽量避开井内罐道和罐道梁的位置,以免井筒安装时重新改装吊盘。吊盘、稳绳盘各悬吊梁之间及其与固定盘、封口盘各梁之间均需错开一定的安全间距,严禁悬吊设备的钢丝绳在受荷载的各盘、台梁上穿孔通过。

(3) 吊盘上必须设置井筒测孔,其规格为 200 mm×200 mm;吊盘采用单绳集中悬吊时,悬吊钢丝绳应离开井筒中心 250～400 mm。

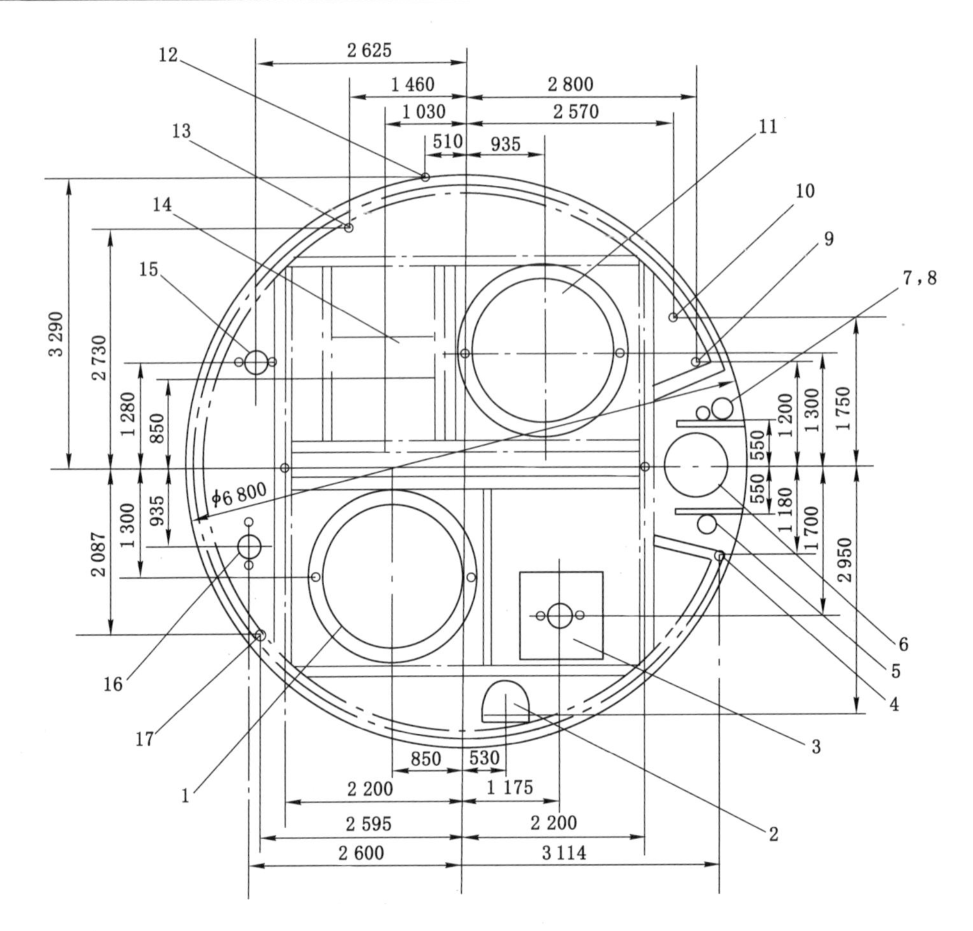

1—吊桶(3 m^3);2—安全梯;3—吊泵;4,12,17—模板悬吊绳;5—排水管;6—风筒;
7—供水管;8—压风管;9—动力电缆;10—通讯、信号电缆;11—吊桶(2 m^3);
13—爆破电缆;14—中心回转抓岩机;15,16—混凝土输送管。

图 8-18 中心回转抓岩机的平面布置图(实例)

(4) 吊盘上安置的各种施工设施应均匀分布,使两根吊盘绳承受荷载大致相等,以保持吊盘升降平稳。

(5) 采用伞形钻架打眼时,为将伞形钻架置于井筒中心固定,吊盘上应留有宽 100 mm 提升伞钻钢丝绳的移位孔。

(6) 中心回转抓岩机的回转机构底座要安装在吊盘的两根钢梁上,两根钢梁内侧边距为 1 230～1 250 mm。环形轨道抓岩机与吊盘的连接应根据机械安装要求布置钢梁。

(7) 吊盘之突出部分与永久井壁或模板之间的间隙不得大于 100 mm;各盘口、喇叭口、井盖口、翻矸门与吊桶最突出部分之间的间隙不得小于 200 mm,与滑架的间隙不得小于 100 mm。吊桶喇叭口直径除满足吊桶安全升降外,还应满足伞形钻架等大型凿井设备的安全通过;吊盘下层盘底喇叭口外缘与中心回转抓岩机臂杆之间应留有 100～200 mm 的安全间隙,以免相碰或影响抓岩机的抓岩范围。

(8) 吊泵通过各盘孔口时,其周围间隙不得小于 50 mm;安全梯孔口不小于 150 mm;风筒、管路及绳卡不得小于 100 mm。

封口盘和固定盘的孔口布置基本上和吊盘相同。由于各盘的用途不同，主、副梁的布置及结构尺寸也各有差异，但各种悬吊设备所占孔口位置上下应协调一致。

（九）井内设备吊挂

1. 吊盘的吊挂

吊盘是井筒施工中在井筒内升降频繁的盘体，是最重要的吊挂设备，一般都重数十吨，多需大型凿井绞车悬吊。其悬吊方法主要有以下几种：

（1）稳绳兼吊盘绳悬吊法

在不需要设稳绳盘的情况下，常用吊盘来拉紧稳绳。稳绳起到了悬吊吊盘的作用。

当稳绳不足以保证盘体稳定时，可增设吊盘绳悬吊，以使吊盘平衡。运行时，稳绳绞车和吊盘悬吊绞车必须同步（机械同步和电同步）。

稳绳兼吊盘绳悬吊这种方式钢丝绳的用量少，简化了天轮平台和地面布置。但由于稳绳易磨损，滑架滑套中的衬垫应采用耐磨塑料。

（2）双绳双叉绳双绞车悬吊法

这是应用最为广泛的一种悬吊方法。它是用悬吊钢丝绳的下端以护绳环与分叉绳一端连接，分叉绳下端用护绳环和吊卡（或 U 形卡）与吊盘梁连接，钢丝绳上端经天轮由凿井绞车悬吊，见图 8-19。这种方法，悬吊钢丝绳和分叉绳都在同一竖直平面内，悬吊装置占空间小，便于井内布置其他设备。但需两台凿井绞车悬吊，地面及天轮平台布置较复杂，绞车需同步。

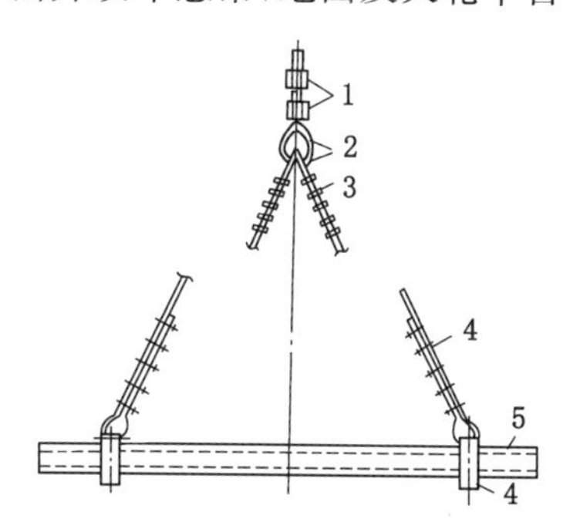

1—夹板型绳卡；2—护绳环；3—绳卡；4—吊卡；5—吊盘主梁。

图 8-19　双绳双叉绳双绞车悬吊吊盘示意图

（3）双绳滑轮组双绞车悬吊法

这种方法是将钢丝绳的一端固定在天轮平台上，而另一端通过固定在吊盘上的滑轮组经天轮由凿井绞车悬吊，见图 8-20。它适用于井深大、吊盘重的井筒施工。

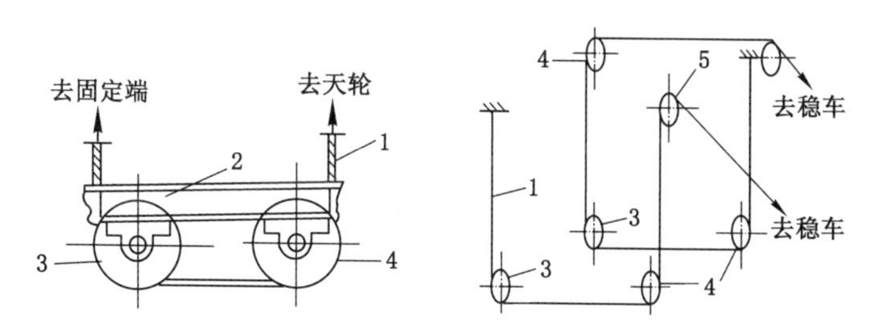

1—钢丝绳；2—吊盘主梁；3—滑轮组；4—导向轮；5—天轮。

图 8-20　双绳滑轮组双绞车及反绳双绞车悬吊吊盘示意图

(4) 返绳滑轮组单绞车悬吊法

这种方法是将钢丝绳的一端固定在井口梁上，另一端经固定在吊盘梁上的滑轮组再过天轮悬吊于地面凿井绞车上，见图 8-21。由于无绳叉，它比单滑轮少占空间，便于布置其他设备。

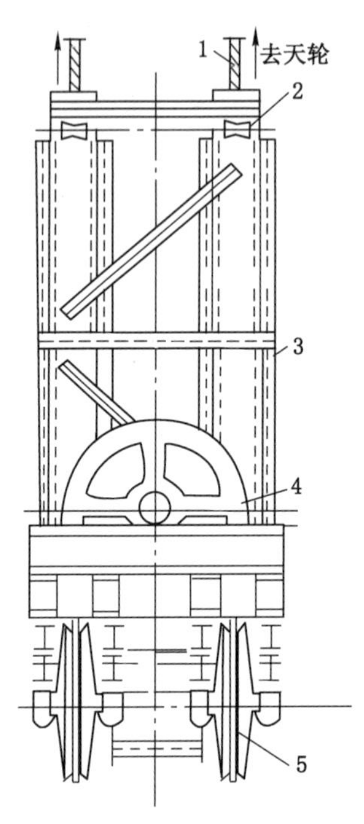

1—钢丝绳；2—导向轮；3—导向架；4,5—导向滑轮盘。

图 8-21　返绳滑轮组单绞车悬吊吊盘示意图

(5) 多绳多绞车悬吊法

当井筒深度大、吊盘重量大，缺少大吨位绞车的情况下，可采用多绳多绞车悬吊。这种方法绞车与吊盘可用分叉绳连接，也可用滑轮组连接。其缺点是地面和天轮平台布置复杂，多台绞车不易同步，悬吊钢丝绳受力不均衡。

吊盘与井壁的固定方法有楔紧法、插销法、丝杠法、插销丝杠法、气动法、液压法等。

2. 吊泵的悬吊

吊泵为双绳悬吊，由于吊泵需要修理或更换，因此常用钢丝绳将其直接挂在横担上，以便拆卸。为了缓冲吊泵启动时因向上窜动而冲击排水管和由于泵体的扭转造成管卡位移而损害悬吊绳以及减轻停泵时水锤对水泵的冲击，吊泵和排水管联结处一般均设置伸缩器，如图 8-22 所示。

3. 管路及电缆的悬吊方式

管路、风筒、电缆的悬吊方式可分为钢丝绳悬吊和井壁固定吊挂两种类型。而钢丝绳悬吊又可分为凿井绞车悬吊、钢丝绳固定悬吊和钢丝绳分段接力悬吊三种方式。

(1) 凿井绞车悬吊

指将管线卡在一根或几根钢丝绳上，钢丝绳经天轮后由凿井绞车悬吊。这样，管线的接长均可在地面或固定盘上进行，悬吊灵活可靠，安装拆卸方便。其最大缺点是井内、地面布

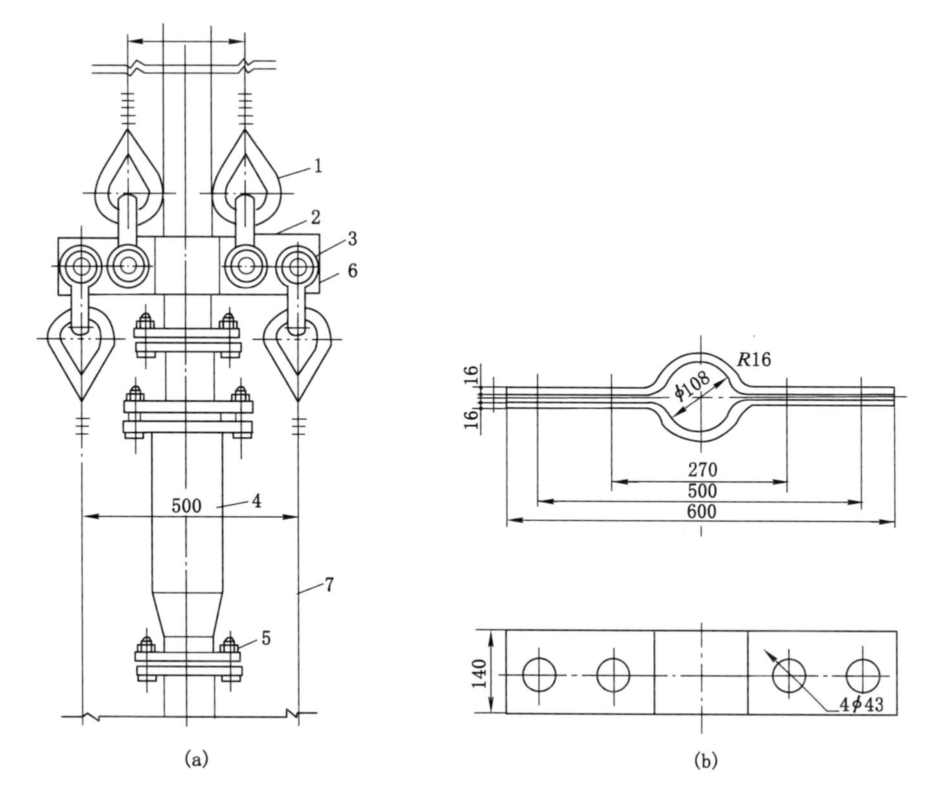

1—护绳环；2—U形环；3—U形环螺栓螺母；4—伸缩器；5—伸缩器螺栓螺母；6—吊泵；7—钢丝绳。

图 8-22　吊泵吊挂示意图

置拥挤，装备量大，钢丝绳用量多。

凿井绞车悬吊，根据悬吊方式的不同又分为单绳单绞车、双绳双卷筒绞车及双绳双单卷筒绞车、多绳多绞车等几种。单绳单绞车悬吊，就是钢丝绳的下端接双叉绳，与折角型的终端卡子连接，使钢丝绳紧贴管路。钢丝绳的另一端经天轮绕于凿井绞车上。管路每隔 6 m 用一个卡子固定在钢丝绳上。管路的上端设一平衡卡子，安设一段钢丝绳吊在井架上，以防单绳悬吊时管路随钢丝绳扭转。双绳悬吊时，两条钢丝绳对称地布置在管路两侧，最下端与管路的始端卡子相接，每隔 6 m 设一管卡。钢丝绳的另一端分别绕在两台单卷筒绞车上或一台双卷筒绞车上。多绳多绞车悬吊与上述方法相类似，只是钢丝绳数量增加、绞车也增加。

(2) 钢丝绳固定悬吊

指将管线固定在钢丝绳上，再将钢丝绳固定在井口或天轮平台的钢梁上。这样可少用凿井绞车，少占用井筒面积。其主要缺点是，接长管线需在井下进行，占用井筒施工时间，多余的钢丝绳需要盘放在吊盘上。

(3) 分段接力悬吊

这种方式是当施工井筒很深，又无大吨位的凿井绞车时采用的。具体做法是同一趟管线，上段采用钢丝绳固定悬吊，下段用凿井绞车悬吊。其优点是可用小吨位凿井绞车打深井。其缺点是要在井内增设一固定盘，接长管线时均在井内进行，占用井筒工作时间，操作也不方便。一般是上部管路用钢丝绳吊挂在井口钢梁上，下部管路用凿井绞车双绳悬吊，其上部无管路段的双绳，应隔 10 m 设一绳卡，防止两绳缠绕在一起。

（4）井内吊挂

管线井内吊挂，也即井壁固定吊挂。就是将管线通过连接装置，直接固定在预埋的钢梁上或锚杆上。这种方式安全、可靠，节省大量绞车和钢丝绳，简化井上下布置。如果安排得当，临时改绞时，管线可不拆，缩短改装工期，甚至到永久设备时仍可利用。其缺点是拆卸、安装均在井内作业，占用井筒施工时间较长，操作不便。但当井筒断面小，场地受到限制时，部分管线井壁固定，则显示出优越性。尤其是深井开凿时，优点显著，国外深井施工也多用此法。管线井内吊挂的方法很多，有管路钢梁吊挂、钢梁挂钩吊挂、管路井壁悬臂梁固定、管路锚杆井壁固定、锚杆起重链井壁吊挂和预埋挂钩井壁固定等。

四、井口设备的布置

（一）天轮平台的布置

天轮平台的布置主要是将井内各悬吊设备的天轮和天轮支承梁妥善布置在天轮平台上，充分发挥凿井井架的承载能力，合理使用井架结构物。

我国凿井用的井架，多为标准金属亭式井架，天轮平台是由四根边梁和中间主梁组成的“曰”字形平台结构，也有部分井架设计成“目”字形或者双层平台形式。

天轮平台布置原则如下：

（1）天轮平台中间主梁轴线必须与凿井提升中心线互相垂直，即与井下巷道出车方向垂直，使凿井期间的最大提升动荷载与井架最大承载能力方向一致，并通过主梁直接将提升荷载传递给井架基础。

（2）天轮平台中梁轴线应离开与之平行的井筒中心线一段距离，并向提升吊桶反向一侧错动，以便吊桶提升改为罐笼提升时，将提升钢丝绳平移至井筒中心线处，提升天轮无须跨越天轮平台主梁，天轮轴承座无须抬高，便于凿井期间在井筒中心线处设置吊盘悬吊天轮。错开距离控制在 450 mm 以内，以吊盘悬吊天轮和临时罐笼提升天轮不碰撞天轮平台主梁为原则。否则，吊桶提升天轮将过多地探出天轮平台边梁，而主梁另一翼的天轮平台面积不但得不到充分利用，还需增设许多导向绳轮，反而使天轮平台的布置复杂化。

（3）天轮平台另一中心线和另一井筒中心线可以重合，也可以错开布置，应视凿井期间主提升卸矸操作是否方便，开巷期间临时罐笼出车线路是否便于从井架下面通过而定。当凿井期间主提升为双钩提升时，往往采取天轮平台中心线与井筒中心线错开，而与提升中心线重合的布置方式。

（4）天轮平台上各天轮的位置及天轮的出绳方向应根据井内设备的悬吊钢丝绳落绳点位置、井架均衡受载状况、地面提绞位置，以及天轮平台设置天轮梁的可能性等因素综合考虑确定。

（5）悬吊天轮的出绳方向，力求与井架中心线平行。只有天轮平台过分拥挤或主、副井相邻一侧地面凿井绞车布置相互干扰时，才采取斜交布置，其夹角可取 30°或 45°。

（6）当凿井设备需用两台凿井绞车悬吊同一设备时，两个天轮应布置在同一侧，使出绳方向一致，以便于集中布置凿井绞车和同步运转。双绳悬吊的管路尽量采用双槽天轮悬吊。

（7）稳绳天轮应布置在提升天轮两侧，出绳方向与提升钢丝绳一致，以便两台稳车同步运行。

(8) 提升天轮应尽量布置在同一水平，一般不一高一低布置。

(9) 尽可能少设导向轮，必要时可从天轮台边梁下面出绳。

(10) 考虑出绳方向和天轮梁布置方向时，应注意使井筒转入平巷施工和井筒安装时的改装工作量最小。

(11) 布置天轮梁时，应使天轮梁中心线与天轮轴承中心线垂直，与天轮平台中心线平行布置。

(12) 尽量采用通梁或相邻两个天轮共用一根支承梁，以减少天轮梁数目。

(13) 悬吊钢丝绳与天轮平台构件的间隙应不小于 50 mm，天轮与天轮平台各构件间应不小于 60 mm。

(14) 天轮布置应使井架受力基本平衡，标准亭式凿井井架可采用两面或四面布置，但是无论采用哪种布置方式，各钢丝绳作用在井架上的荷载不许超过井架实际承载能力。

布置天轮平台时，当出现天轮和天轮梁过分拥挤，甚至难于布置，提升天轮与悬吊天轮及其悬吊钢丝绳与天轮平台边梁、主梁和井架主体构件相互碰擦时，可采取下列方法进行调整：

① 改变双槽天轮的轴承间距，减少所占天轮平台有效面积。

② 改变梁的支承点位置，采用通梁或短梁。

③ 采用桁架梁、组合梁、改变梁的型式和梁号。

④ 采用天轮副梁与天轮平台中心线斜交布置。

⑤ 增设垫梁抬高天轮轴承座，或在出绳方向一侧增设导向天轮，将钢丝绳抬高，挪开。但悬吊天轮及其相应的导向天轮的绳槽方向应完全一致，以免磨损钢丝绳和天轮的轮缘。

⑥ 在天轮主梁下翼缘加托梁，或采用地轮悬吊方法。

⑦ 通过改变梁与梁之间的连接方法，调整竖向位置。

⑧ 钢丝绳由天轮平台边梁下面出绳。

以上措施均无法解决时，可重新调整井内悬吊设备和管线位置，以便更换天轮和天轮梁的位置。

(二) 卸矸台的布置

根据矸石吊桶的布置和数目的不同，卸矸台可分为单侧单钩，单侧双钩，双侧单钩和一侧单钩、一侧双钩四种布置型式。

一套单钩提升的井筒，采用单侧单钩式，这种型式适用于小断面浅井筒的施工，如图 8-23(a)所示。

布置一套双钩提升的井筒，在卸矸台的一侧布置卸矸溜槽，适用于大断面深井施工，卸矸溜槽的布置型式如图 8-23(b)所示。

当布置两套单钩的时候，两套翻矸装置应相对布置在卸矸台的两侧，其布置型式如图 8-23(c)所示。它适用于大断面深井施工。

当布置两套提升，一套双钩和一套单钩时，翻矸装置应布置在卸矸台的两侧，其布置形式如图 8-23(d)所示。它亦适用于大断面深井施工。

卸矸台的高度应保证一定容积矸石仓的设置及卸矸溜槽下端有足够的装车高度，并便于大型凿井设备、材料出入井口。卸矸溜槽的坡度一般为 36°～40°，应使矸石顺利下溜。

操作平台既可以支承在井架上，也可以为独立支承结构。操作平台上要留设管线和设备的通过口，吊桶通过口周围需设栏杆。

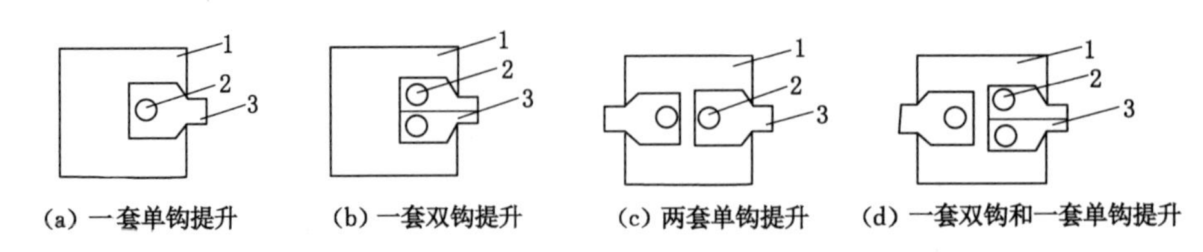

1—卸矸平台;2—吊桶位置;3—溜槽。

图 8-23　卸矸台布置示意图

五、地面提绞设备的布置

提绞设备布置包括临时提升机布置和凿井绞车布置两个内容。

(一) 临时提升机布置

临时提升机位置应适应凿井和开巷两个施工阶段的需要,且不影响永久提升机房及箕斗井地面永久生产系统的施工。为此,罐笼井的临时提升机多半布置在永久提升机的对侧[图 8-24(d)],使提升中心线与井底车场水平的出车方向一致。只有当场地窄小、地形限制或使用多套提升机施工时,才采用同侧布置方式,将临时提升机房布置在永久提升机房前面[图 8-24(e)],但应以不影响永久提升机房的施工为前提。对于箕斗井,临时提升机与永久提升机多数呈 90°布置,有时也可呈 180°布置,这要根据车场施工时增设的临时绕道的出车方向而定,使提升中心线与井下出车方向一致[图 8-24(a)(b)]。在特殊情况下,由于地形或其他条件的限制,凿井提升机与永久提升机可呈斜角布置[图 8-24(c)],此时天轮平台上的提升天轮应设法前后错开布置,以便开巷期间利用该提升机进行临时罐笼提升时能满足出车的需要。

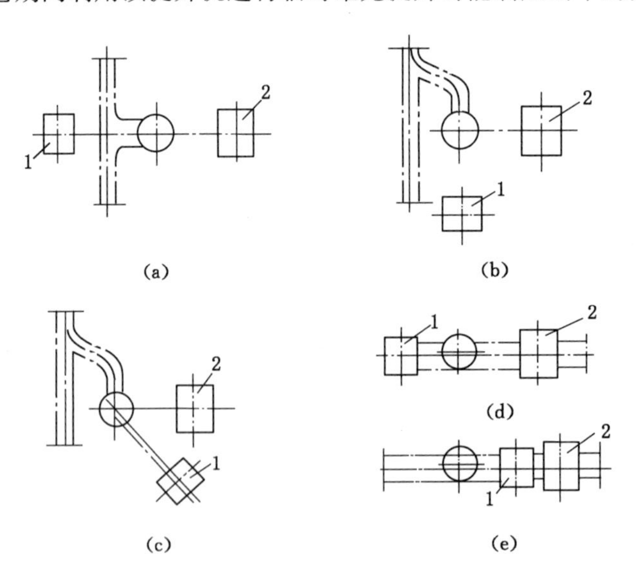

1—凿井提升机房;2—永久提升机房。

图 8-24　临时提升机的布置示意图

(2) 提升机的位置,应满足使提升钢丝绳的弦长、绳偏角、出绳仰角三项技术参数值符合规定,见表 8-5。

表 8-5　提绞设备布置技术参数规定值

<table>
<tr><th colspan="4">项　　目</th><th>规　定　值</th><th>备　　注</th></tr>
<tr><td rowspan="2">钢丝绳最大弦长/m</td><td colspan="3">提升机</td><td>60</td><td rowspan="2">过 60 m 钢丝绳振动跳槽</td></tr>
<tr><td colspan="3">凿井绞车</td><td>55</td></tr>
<tr><td rowspan="2">钢丝绳最大偏角/(°)</td><td colspan="3">提升机</td><td>1.5</td><td rowspan="2">超过最大偏角钢丝绳磨损严重</td></tr>
<tr><td colspan="3">凿井绞车</td><td>2</td></tr>
<tr><td rowspan="4">钢丝绳最小仰角(下绳)/(°)</td><td colspan="3">提升机</td><td>30</td><td>JK 新系列为 15</td></tr>
<tr><td rowspan="3">凿井绞车</td><td colspan="2">JZ2 系列</td><td>无规定</td><td></td></tr>
<tr><td rowspan="2">55 型</td><td>5 t</td><td>19</td><td>最大值 52</td></tr>
<tr><td>8 t</td><td>27</td><td>最大值 50</td></tr>
</table>

（二）凿井绞车的布置

在满足钢丝绳弦长、绳偏角和出绳仰角规定值的条件下，将凿井绞车布置于井架四面，使井架受力均衡。

同侧凿井绞车应集中布置，以利管理和修建同一绞车房。为便于操作、检修，保证凿井绞车之间互不干扰，凿井绞车钢丝绳之间以及与邻近地面线路运输工具之间应有足够的安全间距（见表 8-6），以保安全。

表 8-6　提绞设备安全距离

<table>
<tr><th colspan="3">项　　目</th><th>安全距离/mm</th></tr>
<tr><td colspan="3">凿井绞车钢丝绳与其所越过的前一台绞车的最高部分距离</td><td>≥300</td></tr>
<tr><td colspan="3">悬吊设备钢丝绳与侧面通过车辆最突出部分的距离</td><td>≥100</td></tr>
<tr><td colspan="3">悬吊设备钢丝绳与下面通过车辆最突出部分的距离</td><td>≥500</td></tr>
<tr><td rowspan="6">55 型凿井绞车两卷筒中心线之间最小间距</td><td rowspan="2">并列布置</td><td>两台均有手把</td><td>5 000</td></tr>
<tr><td>一台有手把</td><td>3 500</td></tr>
<tr><td rowspan="4">前后布置</td><td>前 5 t 后 8 t</td><td>2 700</td></tr>
<tr><td>前后均 5 t</td><td>2 300</td></tr>
<tr><td>前 8 t 后 5 t</td><td>2 390</td></tr>
<tr><td>前后均为 8 t</td><td>2 610</td></tr>
<tr><td colspan="3">JZ2 系列两台凿井绞车之间最突出部分的间距</td><td>≥700</td></tr>
</table>

几个井筒在同一广场施工时，凿井绞车的位置要统一考虑，协调布置。

（三）提绞设备的布置方法

根据最大绳偏角时的允许绳弦长度和最大绳弦长度时的最小允许出绳仰角算出提绞设备与井筒间的最近和最远距离，画出布置的界限范围，对照工业广场布置图，根据永久建筑物的位置、施工进度计划及地面运输线路等条件，选定提升机及凿井绞车的具体位置。提升机一般布置在最近界限附近（通常，提升机主轴到悬垂钢丝绳轴线的距离约为 20～40 m）。对于各台凿井绞车，由于悬吊钢丝绳落绳点相对井筒中心坐标不同，计算所得到的布置界限值，须变换成与井筒中心相对应的界限值，然后综合考虑出绳方向及凿井绞车群间的关系，定出各台绞车的布置。

初步确定凿井绞车位置后，可用作图方法检验钢丝绳是否与天轮平台边缘相碰，或按下式进行验算：

$$\varphi' < \theta$$

即：

$$\arctan\frac{H-C}{b-R} < \arctan\frac{h}{L} + \arcsin\frac{R}{\sqrt{L^2+h^2}} \tag{8-5}$$

式中 φ'——钢丝绳的实际出绳仰角，(°)；

θ——钢丝绳与天轮槽始触点与边梁外缘连线水平夹角(图 8-25)，(°)；

H——天轮轴线距井口水平的高度，m；

C——卷筒轴心线距井口水平的高度，m；

b——卷筒轴心线至悬垂钢丝绳的实际水平距离，m；

R——天轮半径(绳槽至天轮中心)，m；

h——天轮轴中心距边梁的高度(包括天轮梁的高度)，m；

L——天轮轴中心至边梁外缘的水平距离(包括边梁宽度)，m。

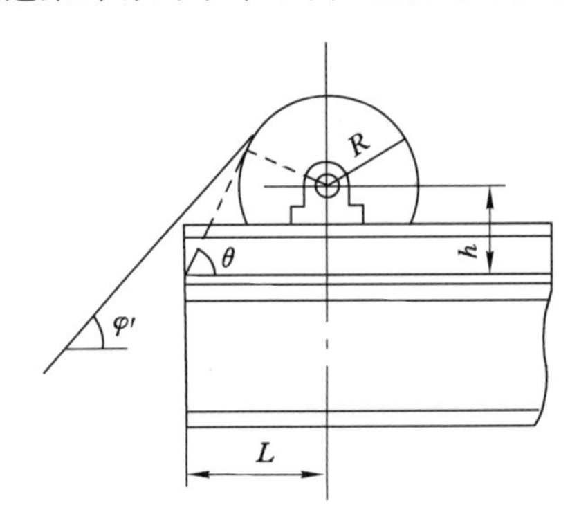

图 8-25　钢丝绳碰边梁检查图

只有满足上述条件，钢丝绳才不致碰磨天轮平台边梁，否则应加设导向轮、增加垫梁抬高天轮位置以及钢丝绳由天轮平台下面出绳等措施来调整。

当天轮梁无空余空间加设导向轮时，可增设垫梁抬高天轮轴承座，垫梁高度可按下式计算：

$$\Delta h = \frac{l \cdot \sin\varphi'' - R}{\cos\varphi''} - h \tag{8-6}$$

式中 φ''——钢丝绳碰边梁时，凿井绞车的出绳仰角(见图 8-26)，(°)；

R，h——符号意义同式(8-5)；

l——天轮轴中心至边梁外缘的水平距离(包括边梁宽度)。

$$\tan\varphi'' \approx \frac{H_1}{b-(l+R+R_1)} \tag{8-7}$$

式中 H_1——井架天轮平台高度，m；

R_1——凿井绞车卷筒半径，m。

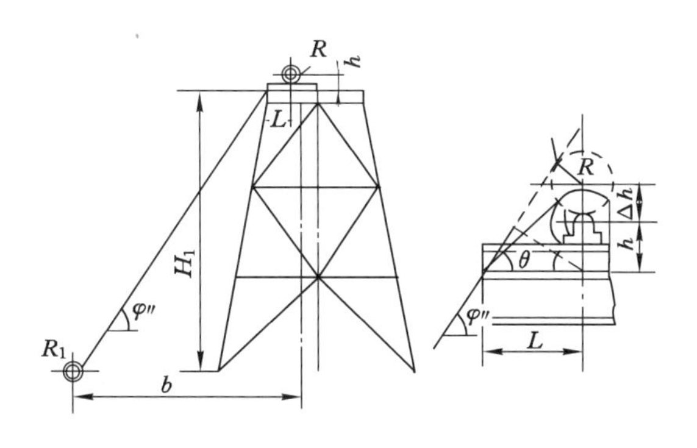

图 8-26 垫梁高度计算图

当采取上述调整措施均无效时，可重新调整井内悬吊设备位置，移动天轮，直至井内、天轮平台和地面提绞布置达到合理为止。

六、凿井设备布置总校验

当对井内的施工设备、设施、天轮、天轮梁及地面提绞设备进行了平面和立面的初步布置后，还应进行凿井设备的总校验，其基本内容如下：

(1) 检查各凿井设备、设施及管线是否互相错开，各安全间隙是否符合规定。

(2) 当用作图法确定天轮及其钢丝绳悬吊点在天轮平台上的位置时，必须用计算法进行验算。

(3) 对预选的天轮梁、支承梁都要进行强度验算。同一型号的梁，只验算受力最不利的梁即可。若通过计算发现原选的副梁规格小时，应按计算选型重新设置副梁。

(4) 对照井筒平面布置图，检查各盘台的梁格及孔口、设备及悬吊点是否一致，孔口尺寸是否满足使用和安全间隙的要求。

(5) 检查中发现有不符合要求或彼此矛盾时，应进行调整。调整时，应分清主次，首先考虑主要设备布置及主要施工项目的需要，如吊桶与其他设备的布置发生矛盾时，应以吊桶布置为主；井内与地面设备布置有矛盾时，应以保证井内布置合理为主；井筒掘进、车场施工及井筒安装在布置要求上有矛盾时，应以满足井筒掘进工作要求为主。

最后，绘制井筒凿井设备平面布置图，吊盘、固定盘、封口盘平面布置及梁格图，天轮平台布置图，地面提升机及凿井绞车平面、立面布置图。同时附上提绞设备布置计算书。

七、利用永久设备凿井

目前，我国多采用专用凿井设备凿井，如凿井井架、临时提升机、凿井绞车、压风及通风设备等，待井筒到底或建井第二期逐渐将其拆除，然后安设永久设备。这样势必增加建井期间第二次设备安拆工程量，若能直接利用永久设备凿井，不仅简化了凿井装备过程，有利于工业广场的布置，缩短建井工期，而且能节约大量投资。因此，利用永久设备凿井是矿井建设中一个重要技术发展方向。

随着矿井设计改革的发展，新井建设中煤巷增多、岩巷减少，矿井开拓方式由传统的后退式改为前进式，并实行矿井分期投产，矿建总工程量及总工期也要减少。因此，在深井广泛采用多绳轮井塔提升的情况下，主副井的交替改装便成为决定建井总工期的主要矛盾。利用永久井塔（或永久井架）和永久设备凿井，是新井建设的一个主要发展方向。

（一）利用永久井塔凿井

利用永久井塔凿井，施工单位要与设计部门密切配合，井塔设计前，施工单位应预先向设计单位提供施工荷载、设备布置等详细资料，在设计井塔时充分考虑凿井施工要求，设计部门也应及时向施工单位提供井塔图纸，为井筒按期开工创造条件。利用永久井塔凿井应做好以下几项技术工作：

（1）多绳轮提升井塔，生产时主要承受竖向荷载，侧向只考虑风荷载。凿井时，横向荷载增加，为了减少横向荷载对井塔的影响，布置凿井设备时，为求均匀对称，同一平台两边布置的天轮支撑梁要用拉杆连接起来，以抵消部分横向荷载。

（2）凿井天轮平台要采用分层布置方式，使施工荷载与各层楼板在生产时的荷载大小相近，避免凿井荷载过大而需增加梁板截面或采取型钢等临时加固措施。

（3）为了保持井塔强度和塔体结构的完整性，提绞设备的各种绳孔和溜矸槽孔应尽量利用门窗洞，避免在塔体上临时开凿出绳孔洞。当门窗洞口不能满足凿井设备布置和悬吊要求时，施工单位应及早向设计部门提出预埋件和绳孔大小及位置，以便在设计时留出，满足施工要求。

（4）凿井天轮平台采用多层布置时，靠近井帮的设备或管路尽量布置在较低的平台上，靠近井筒中心的设备应布置在较高的平台上，以方便设备布置和避免相互干扰。

（5）在表土不太稳定的情况下，要预先加固处理好土层，确保井塔基础牢固可靠。若表土较浅，可将井塔基础落在基岩上。

（6）为了保护出车水平的钢筋混凝土楼板，凿井期间出车水平应比楼板标高高出20～30 mm，并在井筒掘进时铺上木板。

采用井塔凿井有以下优点：

（1）利用永久井塔凿井，井塔在建井准备期内一次完成，简化了工序，并为主副井永久装备创造了有利条件，缩短了主、副井永久装备时间和建井总工期；

（2）利用永久井塔凿井，节省了临时建筑和安装所需的材料、设备、劳力和临时工程的总费用；

（3）井塔承载能力大，为深井采用大型凿井设备机械化快速掘进创造了条件，并能保证具有足够的安全过卷高度；

（4）井口防火、保温条件好，改善了施工条件。

（二）利用永久金属井架凿井

永久金属井架常为带斜撑的单向受力井架，天轮平台只设一对提升天轮，在承载能力、受力特点及天轮平台面积等方面都不能适应凿井的要求，必须采取以下措施方可满足凿井技术的要求：

（1）尽量采用井内吊挂管路的办法，减少悬吊设备，以减轻井架负荷，简化天轮平台布置；

（2）充分利用永久井架高度大的特点，采用多层平台布置天轮，或将某些轻型管路、设备采用地轮悬吊；

(3) 根据悬吊布置要求，对井架构件采取适当的加固、补强措施，但必须注意保持永久井架的结构完整，不做多的结构改装，保证不影响永久井架在矿井生产期间的正常使用；

(4) 布置悬吊设备时，应考虑地面凿井绞车的方位，充分分析永久井架的结构特点，保持受力均衡，发挥其承载能力。

如鹤壁梁峪矿副井和包头长汉沟副井，均对永久金属井架进行加固后布置凿井设备，分别如图 8-27 和图 8-28 所示。

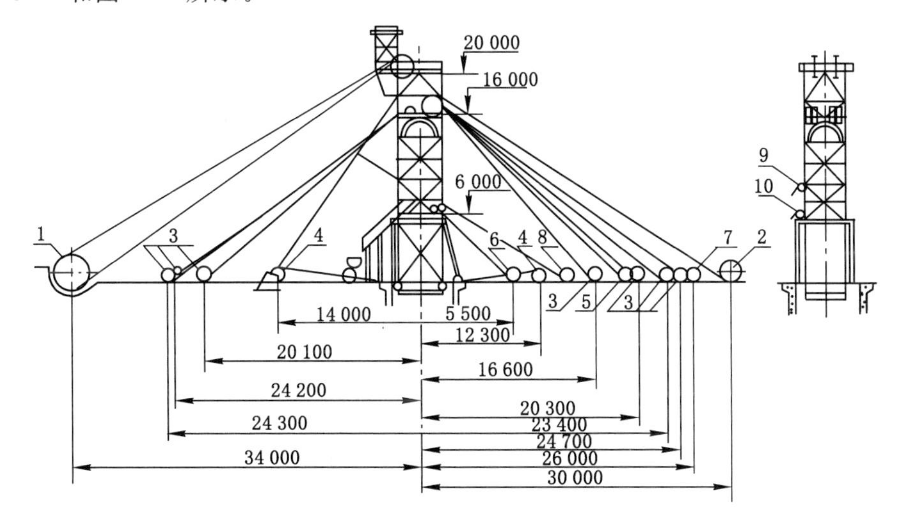

1—3 m 直径双滚筒绞车；2—材料绞车；3—5 t 稳绳稳车；4—8 t 吊盘稳车；5—8 t 稳绳稳车；6—5 t 溜灰管稳车；7—辅助材料绞车；8—8 t 吊泵稳车；9—1.5 t 下部风管稳车的天轮；10—1 t 下部风筒稳车的天轮。

图 8-27　鹤壁梁峪副井金属井架凿井示意图

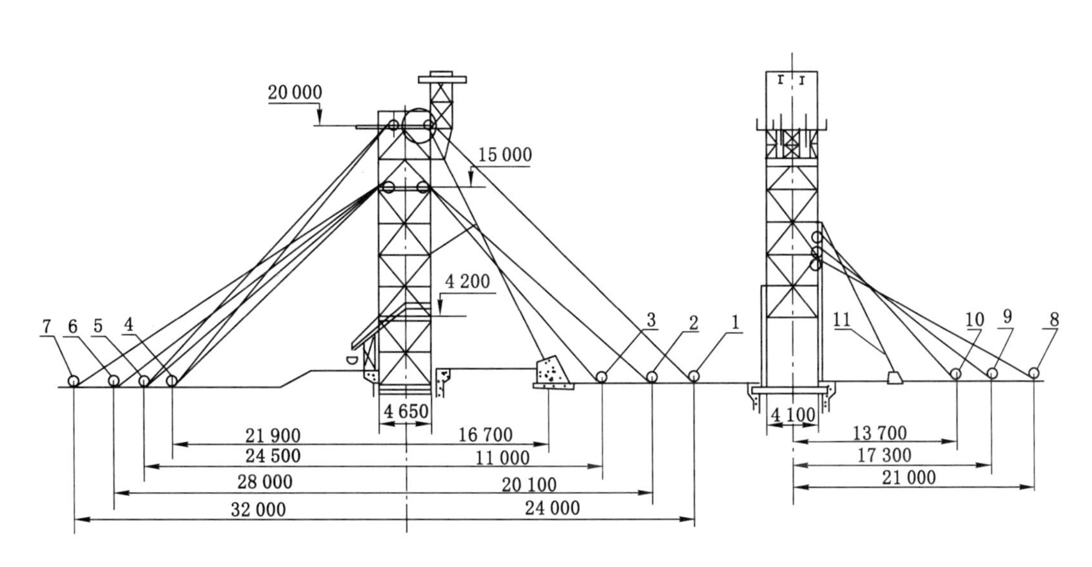

1—5 t 安全梯稳车；2，3—5 t 压风管稳车；4，5—8 t 吊盘稳车；6，7—8 t 风筒稳车；8，10—水管稳车；9—卧泵稳车；11—独立套架斜撑。

图 8-28　包头长汉沟副井金属井架凿井示意图

（三）利用生产建井两用井架凿井

目前我国大型基本建设矿井都实行矿井设计与施工单位联合投标竞争体制。为了以低造价、短工期而中标，促使设计单位与施工单位紧密协作，很多单位研制并使用了以生产为主兼顾凿井要求的两用井架，为使用永久金属井架凿井开拓了新局面。

兖州济宁二号井副井井筒净径 8 m，凿井时采用生产、凿井两用井架，井架高 52 m，主体架角柱跨距 18 m×25.5 m，为满足生产期间落地式摩擦轮提升要求，井架上分别布置了 4 层天轮平台，见图 8-29。凿井用的 31 套天轮全部安装在第四平台上（标高＋26.0 m），天轮平台面积为 10.89×9.0 m²，直径为 4.0 m 的落地摩擦式永久提升机布置在井筒的东侧，而凿井提绞系统则呈南北向布置。卸矸台设在＋11.8 m 处，利用永久套架相应位置处的杆件作为支承座，所有钢梁支座与套架通过 U 形卡连接，卸矸台面积为 6×7.6 m²。为了防止永久井架不均匀下沉造成井架偏斜，在井架结构设计、井架基础构造、土层加固等方面都采取了特殊的防沉措施。

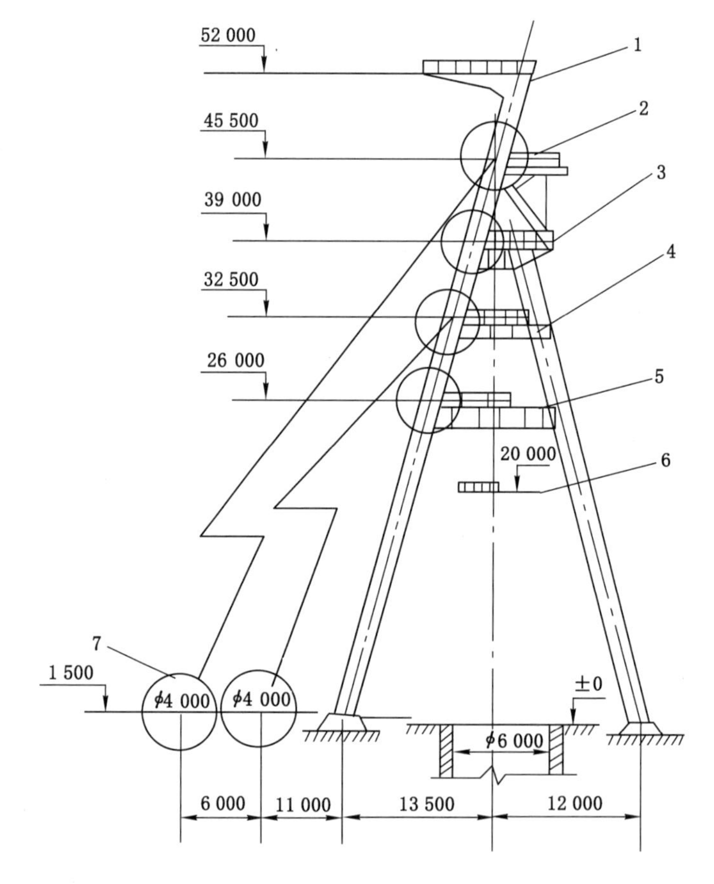

1—立体渠；2—一平台；3—二平台；4—三平台；5—四平台；6—永久套架，7—落地摩擦轮。

图 8-29　兖州济宁二号井副井生产凿井两用井架

据统计，陈四楼矿井采用生产、凿井两用井架，节省占用井口建设工期 4 个月，节省一部 V 型凿井井架，累计节省投资约 300 万元。由于缩短建井工期和节省投资，采用生产、凿井两用井架凿井，具有明显的经济效益和社会效益，是矿井建设发展的方向。

第三节　井内凿井装备的吊挂

井内凿井装备的吊挂可分为钢丝绳悬吊和井壁固定吊挂两种。钢丝绳悬吊，通常采用地面凿井绞车，通过天轮，用钢丝绳悬吊井内凿井设备、设施、管路和缆线，使井内凿井装备的重量悬挂在井架（井塔）上。井壁固定吊挂，将凿井用的管路（包括风筒）、缆线等直接安放在井内钢梁上或通过连接装置挂卡在锚杆、螺杆上，吊挂的重量由井壁承担。采用井壁固定吊挂，不仅能节省大量的凿井装备及投资，简化井上下布置，而且有利于加快建设速度，并为利用永久井架（井塔）凿井创造了条件。

一、钢丝绳悬吊

钢丝绳悬吊可分为凿井绞车悬吊和钢梁固定悬吊两种方式。钢丝绳凿井绞车悬吊，即钢丝绳通过天轮或地轮，由地面凿井绞车悬吊；钢丝绳固定钢梁悬吊，即将钢丝绳固定在井口或天轮平台的钢梁上，管路、缆线等固定在钢丝绳上。

（一）吊盘的悬吊

吊盘广泛采用钢丝绳地面凿井绞车悬吊。钢丝绳悬吊吊盘的方式有单绳单绞车、返绳单绞车、双绳双绞车、返绳双绞车、多绳多绞车和稳绳兼吊盘绳 6 种。

（1）单绳单绞车悬吊系钢丝绳一端用护绳环和吊卡（或形环）与吊盘主梁相连，另一端经天轮由地面凿井绞车悬吊。这种悬吊方式的悬吊点偏离井筒中心，易使吊盘倾斜，吊盘升降困难，吊盘孔口与悬吊设备、设施、管路易卡碰，影响测量中心，这种悬吊方法仅用于凿井绞车不足的浅井及小井中。

（2）返绳单绞车悬吊分双三角板滑轮和滑轮组悬吊两种，见图 8-30 和图 8-31。双三角板滑轮悬吊是将钢丝绳一端固定在井口钢梁上，另一端绕过装在双层三角板上的单滑轮，经天轮由地面凿井绞车悬吊。其悬吊点偏离井筒中心，吊盘易倾斜，吊盘孔口与悬吊设备、设施、管路易卡碰影响测量中心，绳叉多，占用空间大，影响其他设备的布置，因此不能利用它来进行井内的永久安装，一般用于凿井绞车不足的浅井。返绳单绞车滑轮组悬吊是将钢丝绳一端固定在井口钢梁上，另一端绕过固定在吊盘钢梁上的一套滑轮组，经天轮由地面凿井绞车悬吊，由于通过滑轮组使悬吊绳避开井筒中心，无绳叉，比单滑轮少占空间，易于用吊盘的设备和堆放器材来平衡吊盘偏重，常用于凿井绞车不足、悬吊能力不够的井筒。

（3）双绳双绞车悬吊法分为双叉绳和多叉绳两种，见图 8-32 和图 8-33。双绳双绞车双叉绳悬吊是将钢丝绳下端用护绳环与两分叉绳上端相连，两分叉绳下端用护绳环和吊卡（或 U 形）与吊盘主梁连接，钢丝绳上端经天轮由地面凿井绞车悬吊。因其悬吊稳定，不占井筒中心，悬吊装置占用空间小，故使用很普遍。双绳双绞车多叉绳悬吊是在钢丝绳下端有两个以上的分叉，固定方式则与双叉绳相同。与双叉绳相比，该方式不致因两绳升降不同步而使吊盘倾斜，但悬吊装置多，占用空间大，故使用较少，适用于悬吊设备、设施、管路较少而直径较大的井筒或需使用不同步凿井绞车时。

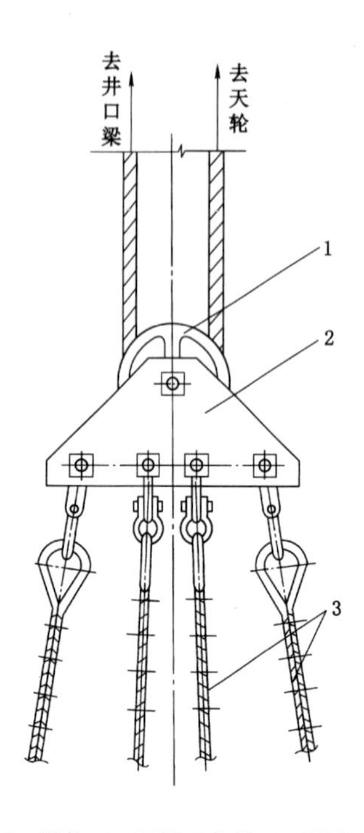

1—滑轮；2—双层三角板；3—绳叉。

图 8-30　返绳单绞车双三角板悬吊系统图

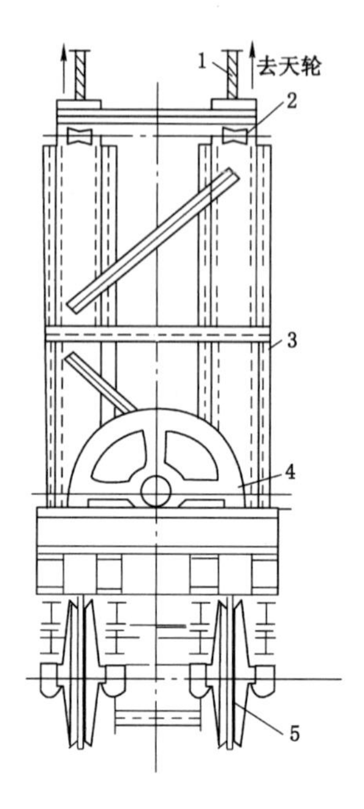

1—钢丝绳；2—导向轮；3—导向架；4,6—滑轮组；5—吊盘钢梁。

图 8-31　返绳单绞车滑轮组悬吊系统图

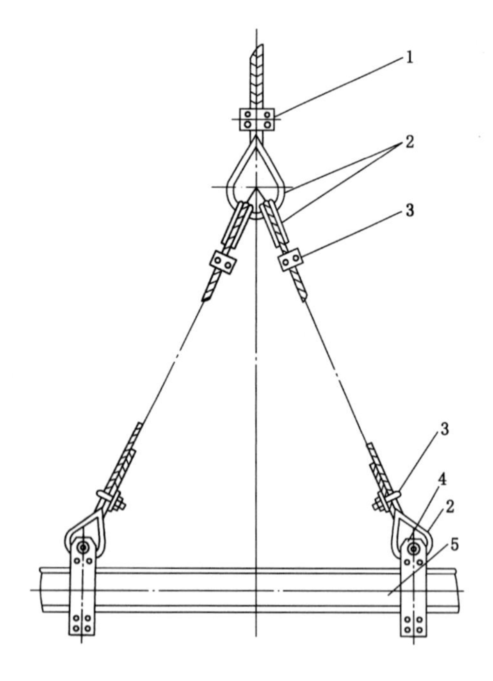

1—夹板型绳卡；2—护绳环；3—U 形绳卡；
4—吊卡；5—吊盘主梁。

图 8-32　双绳双绞车双叉绳悬吊系统图

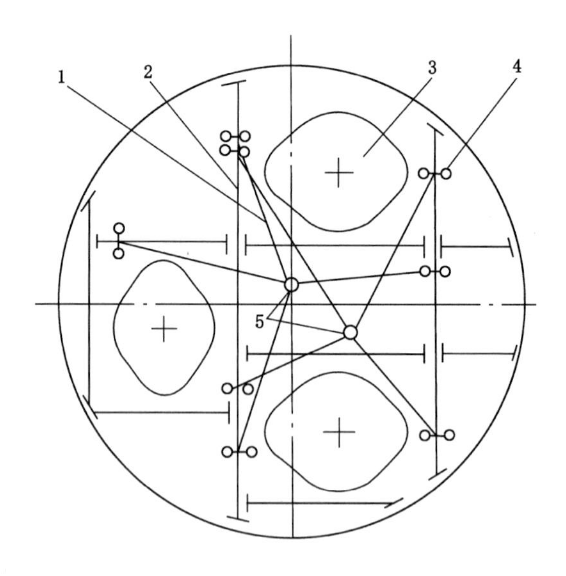

1—吊盘分叉绳；2—吊盘主梁；3—吊桶喇叭口；
4—分叉绳连接点；5—吊盘悬吊点。

图 8-33　双绳双绞车多叉绳悬吊系统图

(4) 返绳双绞车悬吊是将钢丝绳一端固定在天轮平台钢梁上，而另一端绕过固定在吊盘主梁上的滑轮组经天轮由地面凿井绞车悬吊，见图 8-34。它具有双绳双绞车双叉绳悬吊法相同的优缺点，但悬吊重量增加了 1 倍。其适用于深井、吊盘重又缺少大能力凿井绞车时。

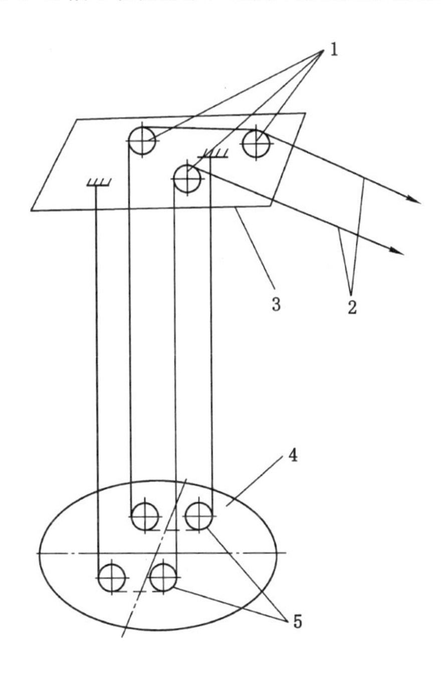

1—天轮；2—钢丝绳；3—天轮平台；4—吊盘；5—吊盘上导绳轮。

图 8-34　双绳双绞车滑轮组悬吊系统图

(5) 多绳多绞车悬吊是采用两台以上的绞车，采用滑轮组或分叉绳吊挂。它适用于深井、吊盘重又缺少大能力凿井绞车的井筒。如辽宁台吉千米井，用 3 台凿井绞车滑轮组四绳悬吊吊盘，悬吊总重 28.854 t。

(6) 在国内吊盘和稳绳多为单独分开悬吊，但在实际施工中，提升吊桶的稳绳可兼做吊盘绳。如淮南矿区的潘集一号井、潘集二号井、潘集三号和谢桥 4 个矿井的 17 个立井井筒，井深 450～750 m，采用长段单行作业方式，均用稳绳兼作吊盘绳，吊盘既是工作盘，又是稳绳盘。江苏基建公司施工的摩洛哥杰拉达Ⅲ号井，采用短段混合作业方式，也用稳绳兼吊盘绳。施工实践证明，稳绳兼吊盘绳在技术上是可行的，既可节省凿井绞车、悬吊天轮及钢丝绳，又可简化井上下布置。在国外，德国、波兰等许多国家广泛利用稳绳兼吊盘绳。德国鲁尔矿区洛贝格风井，除采用稳绳兼吊盘绳外，还采用滑轮串绳多点悬吊吊盘的方法，利用 1 台同轴双卷筒凿井绞车悬吊吊盘，固定端在井架上，吊盘升降时不会倾斜或靠向一帮；当采用重型吊盘时，用 2 台凿井绞车形成 8 根提吊绳，固定端在井口的专用荷重梁上。采用稳绳兼吊盘绳与回绳轮悬吊法的优点是：吊盘受力均匀，且稳绳兼吊盘绳使稳绳自动调节，保持一定的张力，减少因稳绳张力不足，吊桶摆动大而发生事故，吊盘升降平稳、易于同步，简化操作，节省时间，比较安全。稳绳兼吊盘绳悬吊分双叉绳悬吊和滑轮组悬吊两种方式。双叉绳悬吊，是将钢丝绳下端用护绳环与分叉绳上端相连接，分叉绳下端用护绳环和吊卡(或 U 形卡)与吊盘钢梁相连接，钢丝绳上端经天轮由地面凿井绞车悬吊。滑轮组悬吊有多种形式,钢丝绳长度和在吊盘上设置悬吊绳的根数,可根据吊桶在井筒的布置情况决定。钢丝绳固定端可在吊盘上,也可在井架上或封口盘下面专用钢梁上。固定端在吊盘梁上时,串绳数为奇数;固定盘在井架上或封口盘下面的钢梁上时,串绳数为偶数。目前新井建设立井施工中正越来越多地采用此种悬吊方式,但必须有严格的检验制度,并应在技术上采取以下措施:

① 为保证吊盘平稳悬吊,提升吊桶在井内要匀称布置。在井内非匀称布置提升吊桶的情况下,除稳绳兼吊盘绳外,还需增设专用吊盘绳,才能保证吊盘平稳悬吊。

② 稳绳易磨损,因此吊桶上滑架滑套的材质宜改为硬塑料或塑料滑轮,以减少钢丝绳的磨损,并注意对钢丝绳的定期检查。

③ 为防止吊盘升降时发生偏斜,悬吊凿井绞车升降要同步,因而应采用同一厂家生产的同型号凿井绞车,并对凿井绞车实行集中控制。

德国、原苏联、加拿大等国研制和应用了包括吊盘、抓岩机和整体移动式模板在内的迈步式凿井设备。这些设备借助于附加装置直接挂在永久井壁中预留的沟槽或梁窝内。德国将迈步式设备用顶端带有锚卡的吊杆挂在混凝土井壁预留的环形槽内,原苏联的迈步式凿井设备有适用井筒直径 4.8 m、6 m、7 m的 3 种规格。迈步式综合凿井设备由迈步三层吊盘、分段式滑动模板、操作机构及两台风动抓岩机组成,抓岩机由安装在下层盘上的 2 台小绞车悬吊,模板用设在中层盘上的 3 台小绞车悬吊。中层盘为活动盘,自身带有升降机构,下放时,首先收缩上层盘上的横向液压缸,同时拨出插销,再开动竖向液压缸,使整个工作盘金属框架下降,降到一层深度后,伸出横向液压缸,使插销进入并支撑在下一层环形槽内,以同样的方式,把活动盘下降至下层。如需将工作盘提升一层高度,则按相反程序,依次移动各层盘。迈步式吊盘的上层、中层盘各设 4 个横向液压缸,带动插销,按迈步方式依次缩回和插入环型槽(或梁窝)内,固定和挂住整个吊盘,见图 8-35。

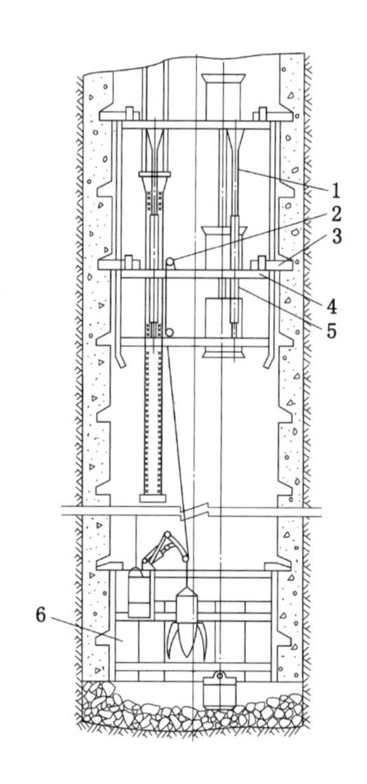

1—迈步式吊盘;2—抓岩机下放与提升机构;
3—插梁;4—中间盘;5—垂直油缸;
6—工作面节式模板。
图 8-35 迈步式凿井设备布置图

我国煤矿系统曾进行过迈步式吊盘的试验,至今尚未推广。采用迈步式吊盘,具有节省悬吊凿井绞车、钢丝绳、天轮,减轻凿井井架荷载等优点,但需事先在井壁上预留梁窝。施工中预留梁窝存在着工序麻烦、梁窝位置难以准确等问题。但是采用井壁固定吊挂井内凿井装备,配合应用迈步式吊盘,将是非常有利的。如 WMP 型液压迈步式凿井工作盘有 3 层,上、下层盘间 4 根立柱连接成整体框架,在上、下层盘间设有活动的中层盘。中层盘与上层盘用 3 个垂直油缸连接,可使它以主柱为导轨在上、下盘之间移动。上层与中层盘分别装有 4 个可用水平油缸伸缩的水平插梁,它们可插入井壁梁窝内,使工作盘托挂在井壁上。整个工作盘靠垂直油缸及水平插梁实现其迈步动作。上、中层盘水平油缸有闭锁装置,可确保上、中层盘的插梁同时伸出和同时缩回。WMP 型液压迈步式凿井工作盘的技术特征是:盘体直径 4.3 m,盘体总高 7.4 m,垂直缸推力 11 t,垂直油缸拉力 7.5 t,水平油缸推力 2 t,水平油缸拉力 1.3 t,迈步步距 1.8 m,盘体总重 25 t。这种工作盘平面与立面布置较为合理,符合井筒施工工艺要求,盘体结构具有足够的强度与刚度,液压系统设计比较合理,油路系统密封好,迈步机构的动作灵活,安全可靠,操作方便,但仍需改进与完善。

(二) 吊泵的悬吊

吊泵需经常检修和更换,通常用钢丝绳直接挂在横担上,以便吊泵的拆卸。为了缓冲吊泵启动时因向上串动而冲击排水管和由于泵体扭转造成管卡位移而损坏悬吊绳,以及减轻停泵时水锤对水泵的冲击,常在吊泵和排水管连接处设置缓冲器。吊泵一般采用双绳地面凿井绞车悬吊,用提升钩头经提升孔口下放井下。

(三) 管路及缆线的悬吊

当井内管路(包括风筒)、缆线采用钢丝绳悬吊时,其方式有凿井绞车悬吊、钢丝绳固定悬吊和钢丝绳分段接力悬吊等 3 种。

(1) 凿井绞车悬吊,是将管路、缆线用卡子固定在钢丝绳上,钢丝绳经天轮(或地轮)由地面凿井绞车悬吊。用凿井绞车悬吊可分为单绳单绞车、双绳单绞车、多绳多绞车 3 种悬吊方式。单绳悬吊是将钢丝绳下端接双叉绳,与呈折角形的终端卡子连接,使钢丝绳紧贴管路,而钢丝绳上端经天轮(或地轮)绕于凿井绞车上,管路每隔 4～6 m 用一副卡子卡固在钢丝绳上,管路上端设一平衡卡子,增设 1 根钢丝绳吊于井架上,以平衡管路的悬吊偏心力。这种悬吊方法的缺点是管路升降时因悬吊点偏心,易发生扭转偏斜和位移,与吊盘孔口易相碰,拆接管路不方便,法兰盘易损坏,因而一般只用于电缆(不设始端卡子)或井深 200～250 m 以下重量不大的供水管、压风管、玻璃钢风筒或胶质风筒等的悬吊。双绳悬吊法是将两条钢丝绳对称布置在管路两侧,钢丝绳下端与管路始端卡子相接,每隔 4～6 m 设 1 副管卡,卡固在两钢丝绳上,钢丝绳上端经天轮(或地轮)分别缠绕于每台双卷筒凿井绞车的卷筒上。这种悬吊法,悬吊稳定,安全可靠,拆接管路方便,使用很普遍。多绳悬吊法与双绳双、单绞车悬吊方式相同,只相应增加了悬吊钢丝绳及凿井绞车,由于这种悬吊方法增加了悬吊设备及钢丝绳,只适用于凿井绞车能力小而悬吊物很重时。

(2) 钢丝绳固定悬吊,是每隔 4～6 m 设副管卡子,将管路、电缆卡固在 1 根悬吊钢丝绳上,再将钢丝绳固定在井口或天轮平台钢梁上。为防止管路摆动,一般在管路的下端设管托梁,或者用锚杆固定在井壁上。这种悬吊方法,多用于不再延接的管路及缆线,如井内转水管,或立井转入平巷开拓时的临时排水、压风、供水、风筒等管路。

(3) 钢丝绳分段接力悬吊是将同一趟管路、缆线分成上、下两部分,其上部用钢丝绳固定悬吊在井口钢梁上,其下部用凿井绞车与双钢丝绳悬吊,上部无管路段的双悬吊绳每隔 10 m 设 1 副卡子,防止两绳绞缠在一起。这种悬吊方法,拆、接管路时需在井下吊盘上进行,操作不方便,但当井深大而无大能力凿井绞车时,可采用此法。

为了减少管路、缆线在悬吊中的扭转,同一管线的卡子力求布置在同一垂直平面内。双绳悬吊管路时,应采用左右捻钢丝绳组合使用,以减少管路的扭转。单绳悬吊管路、电缆时,宜选用不旋转钢丝绳,以减少管路、电缆的扭转。除爆破电缆需单独用地面凿井绞车与钢丝绳悬吊外,其他电缆一般可附带在管路上,也可联合共用 1 台凿井绞车悬吊。国外,电缆多采用专用电缆绞车直接悬吊。

二、井壁固定吊挂

在立井施工中，采用地面凿井绞车悬吊井内凿井装备，施工1个井筒，一般地面需布置凿井绞车15台以上，天轮平台需安设凿井悬吊天轮30个以上，悬挂钢丝绳18条以上，这不仅使井口附近拥挤不堪，增加井架（井塔）负荷，不利于井筒的掘砌施工及机械化配套，而且也增加了许多工作量及施工费用。特别在深井施工时，按《煤矿安全规程》规定还需定期更换钢丝绳，严重影响工期。随着井筒深度逐步加深，井筒直径加大，凿井绞车及凿井井架级别也要不断升级，导致悬吊设备增多，型号增大，建井成本增高，施工管理复杂，且不利于井筒的安全。井内凿井装备采用钢丝绳吊挂的问题更加突出。

目前，国内采用全部井壁固定吊挂和部分井壁固定吊挂凿井管路的井筒日益增多。

（一）管路、缆线井壁固定吊挂的要求

在立井施工中，由于采用的作业方式、井壁支护形式、井内凿井装备等的不同，施工所需吊挂的管路品种、规格、数量、荷载等多种多样，因此对管路井壁固定吊挂的结构与布置，要在确保安全、可靠、方便及经济的前提下，结合实际，因地制宜地采取不同的吊挂结构、吊挂方法和布置形式。

管路应采用集中吊挂。为了便于吊挂管路的安装及维修，吊盘面应留出管路通过的孔口。为便于用边线控制井壁吊挂物件的位置和在吊盘圈梁上集中开豁口，多趟管路的吊挂宜集中布置在井筒内的一个区间。通常多布置在提升吊桶的两侧，便于用提升钩头下放、对接管路和在使用过程中乘吊桶进行管路故障的检查与维修，以及有利于施工后期管路的拆除和立井转入巷道开拓时管路的敷设。为了充分挖掘吊挂装置的潜力，便于施工和维修，节约卡固装置的材料和安装人工，减少管路布置空间，管路固定吊挂宜采用多管路共用一组吊挂装置的方法。吊挂结构采用可调式。由于井壁不可能在一条垂线上，一般情况下有20～50 mm的偏差，装在井壁上的吊挂物件外露长度不相同，难以保证管路安装后垂直成线，同时给管路的连接带来困难，既延误进度，又影响安全。为此吊挂物件与管卡间应有伸缩结构，以调节管卡的悬臂长度。为管路安装方便和克服吊挂物件安装时产生的左右水平误差，管路的接头应采用可微弯或自动调节管路垂直的快速管接头，使接管省力，做到快速安装。凿井用的各种管路，多采用普通钢管，管壁厚、强度低；管子接头多采用法兰盘螺栓，管路重量较大。井壁固定吊挂这种管路时，不仅操作不便、搬运困难、安装速度慢，而且不利于安全施工。管路宜采用强度高、重量轻的高强薄壁管和管接头，风筒宜采用重量轻的玻璃钢风筒。

现场使用情况表明，管路与吊挂物件的连接形式：管路较少时，宜采用端头抱卡的吊挂形式；管路多时，只能用侧面U形卡的吊挂形式；重型刚性接头管路，宜采用吊挂点接近吊挂物件根部的悬吊形式。井壁固定吊挂在设计中应核算吊挂物件根部的抗弯强度及扭矩，其最大弯矩值可按系统内力叠加法计算前两道固定装置，从第三道固定装置起按内重分布原理设计。对排水管路要增加托梁，并计算因停泵造成的水锤动载所需强度。井壁固定吊挂应尽可能地利用永久设施，并与永久设计相结合。

冻结段施工时，采用井壁固定吊挂不利于以后套筑内井壁。表土掘进可借用吊泵、模板、伞钻等悬吊绳暂吊压风管、供水管、风筒等管路。待到内井壁施工完后，再一次埋设固定装置和固定管路。

（二）管路、缆线井壁固定吊挂类型

根据吊挂物件的不同，固定吊挂可分为钢梁固定吊挂、锚杆固定吊挂、组合螺栓和管路自身吊挂等类型。

钢梁固定吊挂是将管路、缆线用卡子或挂钩直接卡挂在井内的钢梁上。钢梁有通长梁和短臂（悬臂）两种。利用原设计的永久梯子梁、管子梁或罐道梁进行管路吊挂时，为通长梁，无永久钢梁可利用时采用悬臂梁。一般悬臂梁在砌壁时预埋。钢梁固定吊挂管路方式在煤矿使用较早，应用得较普遍。它的优点是悬吊力大，安全可靠，安装简便，一根钢梁上可同时吊挂几趟管路和缆线。其缺点是钢梁预埋位置难以做到准确，上下层梁易错位。只有一次成井的作业方式才能利用永久梁。因此，钢梁固定吊挂一般用于设计有钢梁的井筒，或者井筒井壁固定吊挂管线较多而集中，需悬吊力大时。

锚杆固定吊挂是将管路、缆线通过连接装置卡挂在锚杆上，见图 8-36。通常在锚杆与管路管卡间加伸缩梁，调节管卡悬臂长度。其优点是：锚杆的水平和竖直位置容易保证准确；结构简单，应用灵活，适应性强，施工方便；劳动强度低，工效高；体积小，重量轻，运输与安装方便；井壁整体性好，井壁强度不受影响。其缺点是：设有调位装置，管路易发生偏斜，一般不宜悬吊多趟大型的重型管路，故当井内无永久钢梁可利用时才采用。

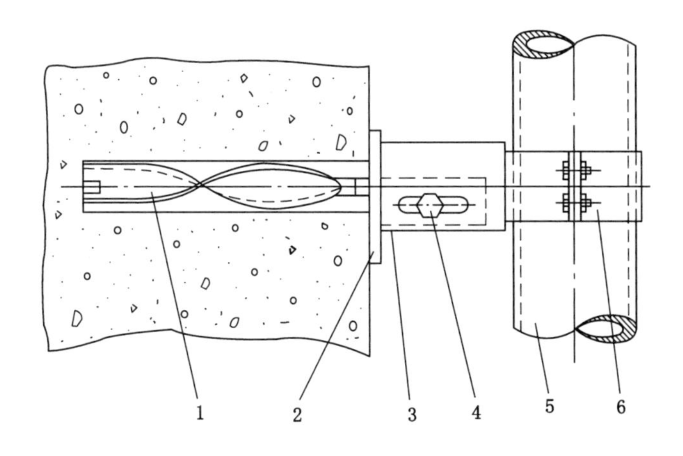

1—锚杆；2—锚杆垫板；3—伸缩梁；4—导板螺栓；5—管路；6—管卡子。

图 8-36　锚杆伸缩梁吊挂示意图

组合螺栓吊挂是将管路卡挂在井内预埋的组合螺栓上，见图 8-37。预埋组合螺栓通过专用连接板与砌壁模板直接相连，砌壁结束后，预埋组合螺栓便预埋在井壁里，基本不占用井筒掘砌时间。由于预埋组合构件与模板方便地固定成一体，形成了很好的定位机构。接长管路时，将悬臂梁通过连接板与预埋螺栓连接为一体，形成完整的井壁固定管路系统。组合螺栓吊挂方式定位准确，承载能力大，井壁整体性好，基本不占用井筒掘砌时间，管路拆除快，是井壁固定吊挂较理想的吊挂方式，这种方法适用于多管路集中吊挂的井筒。管路自身吊挂是利用管路自身强度悬吊自身重。每节管路间采用在接口处加管箍后焊接，然后由凿井绞车放入井内，管路两端固定在井壁钢梁上。管路中间每隔 50 m 左右用钢梁或锚杆固定。安装时，要借助于凿井绞车或有足够能力的提升设备。这种方法只适用于一次性的管路安装，如转水站的管路安装。

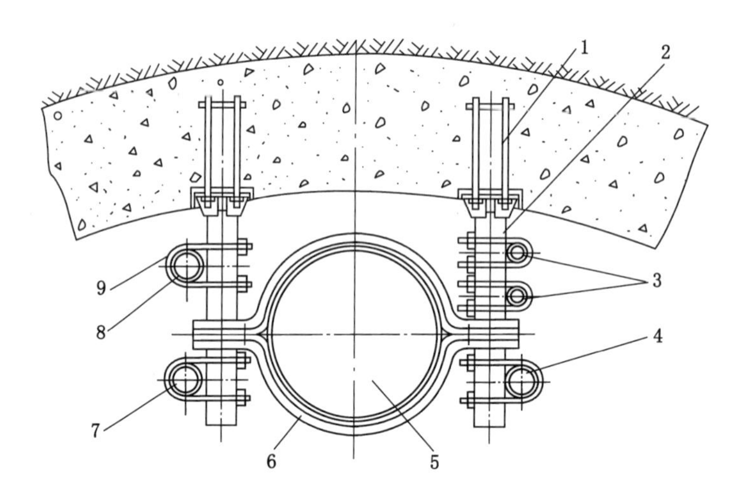

1—组合螺栓；2—支撑梁；3—ϕ20 mm 钢管；4，7—ϕ108 mm 钢管；5—ϕ800 mm 塑料风筒；6—风筒卡子；8—ϕ159 mm 钢管；9—U 形卡。

图 8-37　预埋组合螺栓集中吊挂示意图

第四节　凿井装备的改装

立井转入井底车场和平巷施工后，为适应排矸及上下人员、提升物料的需要，通常是副井进行永久装备，主井、风井采用临时罐笼提升。如仍采用吊桶提升，可继续沿用原有的吊桶和稳绳，将吊盘(或稳绳盘)固定在马头门水平的上方，作为固定稳绳和保护盘，在车场水平设一卸矸溜槽支承盘，矿车运来的矸石由此卸入吊桶。也可将吊盘直接固定在车场水平做卸矸溜槽支承盘。还可以不设卸矸溜槽，将矿车运来的矸石直接卸入井底水窝，矸石堆到一定高度时，利用原有抓岩机集中装矸，但一般只能用于井底水窝较深的主、副井。吊桶提升具有改装工程量小、时间短、所用设备材料少、占井内面积小的优点，但提升材料和上下人员很不方便，占用时间长，提升能力小，不能适应井下开拓工程的需要，因而只适用井筒马头门、两井筒短路贯通和临时改绞期间的巷道施工。

临时罐笼提升是将井内的吊盘、稳绳盘、固定盘及封口盘拆除，提升容器由吊桶改为临时罐笼。临时罐笼的罐道仍用钢丝绳罐道，在车场水平设托罐盘，井口设钢(木)罐道。临时罐笼的特点是重量轻，但加工工艺复杂，成本高。铝合金罐笼只有在提升能力不够的情况下，为减轻钢丝绳终端荷重时才采用。每个提升罐笼通常设 4 根钢丝绳罐道，四角对称布置。罐笼和井壁之间、两套相邻罐笼之间、罐笼和钢梁之间的间隙要符合相关要求。在进行布置时应以井筒中心为圆心，以净半径减去罐笼与井壁之间最小间隙的差为半径作圆，即为罐笼布置的外圈界限，以井下巷道出车方向的井筒中心线为轴，以两个相邻罐笼之间的最小间距为间距，作两条平行线，即为罐笼布置的内界限。通过吊桶的悬吊点，作提升线的平行线，作为罐笼中心线来布置罐笼，并画出罐笼外缘轮廓线。如罐笼与吊桶的悬吊点重合或者在一条直线上，可减少临时改装工程量。如罐笼位置与吊桶位置不一致时，用罐笼的硬纸片轮廓模型，在内外界限范围内另行布置，直到满意为止。布置双车罐笼时，如罐笼外侧边角与井壁的安全间隙不够，可根据实际情况切去边角，一般可切去 200 mm 左右，以保证它与井壁的安全间隙。

立井临时罐笼改装后，井内的管路、缆线不再频繁地起落和延伸，直到井筒永久装备时才更换和拆卸。由于罐笼占用井筒面积较大，这就要求管路、缆线尽量靠近井壁布置，以免影响临时罐笼的提升。原采用井壁固定吊挂和钢丝绳凿井绞车悬吊的管路、缆线，如不影响临时改绞罐笼和盘(台)梁的布置，可仍继续使用，以减少临时改绞工程量。原采用井壁固定吊挂管路、缆线的井筒，临时改绞时，通常仍采用井壁固定吊挂的方式；原采用钢丝绳凿井绞车悬吊管路、缆线的井筒，临时改绞时，如能利用原有凿井绞车悬吊，一般仍采用钢丝绳凿井绞车悬吊，避免重新安装凿井绞车，增加临时改绞工程量。但为防止悬吊管路、缆线的摆动，应将其下部(或沿管路全长每隔一定距离)用钢梁或锚杆固定在井壁上。

第五节　凿井设备布置示例

一、井径 4.5 m、井深 500 m，一套单钩提升布置

1. 设计条件

中等水文地质条件，无煤与瓦斯突出，涌水量不大于 20 m^3/h；岩石硬度系数 $f=6\sim8$；采用普通法施工(钻爆法)。

2. 设计原则

按井径 4.5 m，井深 500 m，混凝土井壁，混合作业施工法，月平均成井 90 m 布置；选用 $Ⅲ_G$ 型井架，井内布置一个 3 m^3 吊桶、一台排水卧泵、一套安全梯；风筒、压风管、供水管、排水管采用井壁固定。

3. 井筒内布置(见图 8-38)

(1) 吊桶：布置一套单钩提升，吊桶容积 3 m^3。

(2) 风筒：采用一趟 ϕ700 mm 风筒，压入式通风，采用井壁固定方式。风机选用 FBD-№7.1 2×30 kW 凿井风机。

(3) 管路：压风管采用一趟 ϕ159 mm×6 mm 无缝钢管，供水管采用一趟 ϕ50 mm×6 mm无缝钢管，排水管采用一趟 ϕ159 mm×6 mm 无缝钢管，钢管间用法兰盘连接。

(4) 安全梯：安全梯平时不通过吊盘，悬在吊盘上，吊盘下设软梯，需要时通过吊盘放到工作面，采用 JZA-5/800 型手、电两用绞车悬吊。

(5) 抓岩机：井筒内布置一台 HZ-6 型中心回转抓岩机，抓岩机设一根钢丝绳做保险绳用。

(6) 管缆：爆破电缆、动力电缆按规定要求单独悬吊，设计选用 JZ2-10/600 型凿井绞车；信号电缆、照明电缆和通信电缆分别敷设在吊盘绳上。

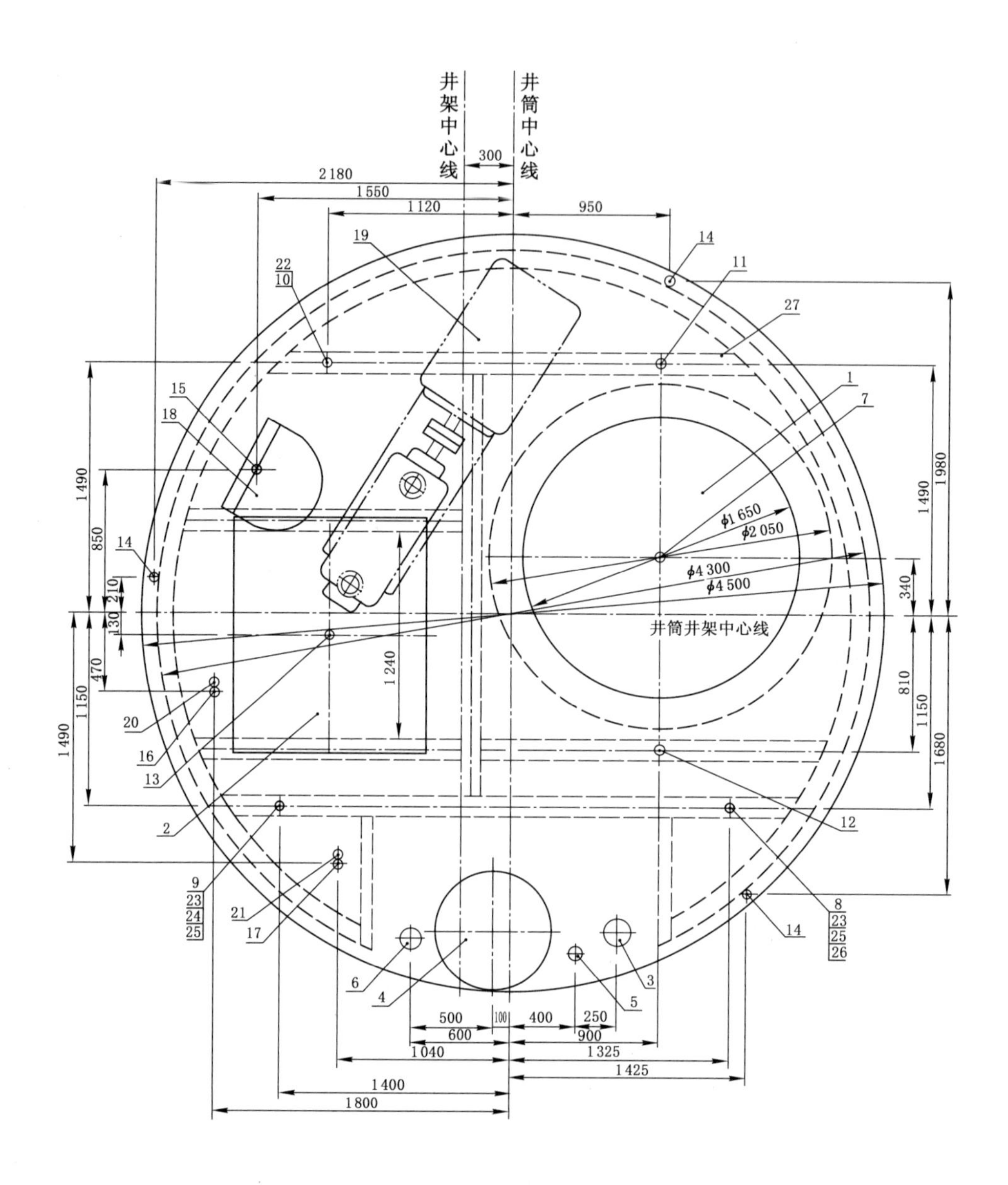

1—吊桶；2—中心回转抓岩机；3—压风管；4—风筒；5—供水管；6—排水管；7—吊桶提升钢丝绳；8—1# 吊盘悬吊绳；9—2# 吊盘悬吊绳；10—3# 吊盘悬吊绳；11—4# 吊盘悬吊绳；12—稳绳；13—抓岩机悬吊绳；14—模板悬吊绳；15—安全梯悬吊绳；16—动力电缆悬吊绳；17—爆破电缆悬吊绳；18—安全梯；19—排水泵；20—动力电缆；21—爆破电缆；22—照明电缆；23—信号电缆；24—通讯电缆；25 监控电缆；26—视频电缆；27—凿井吊盘。

图 8-38　井筒内设备布置图(一套单钩)

4. 地面提绞布置(见图 8-39)

设计采用Ⅲ$_G$ 型钢管井架，两侧出绳，基本保持井架受力均匀。提升机选用 2JZ-3.5/15.5 型提升机，除能提升 3 m^3 吊桶外，还能满足 1 t 单层一车或双层二车凿井防坠罐笼提升，钢丝绳选用 18×7-36-1770 纤维芯钢丝绳。凿井绞车均选用 JZ$_2$ 型，分别按照悬吊物的总荷总计算后选择的，静张力均满足要求；钢丝绳均选用 18×7 纤维芯钢丝绳，左右交互捻向组合使用。

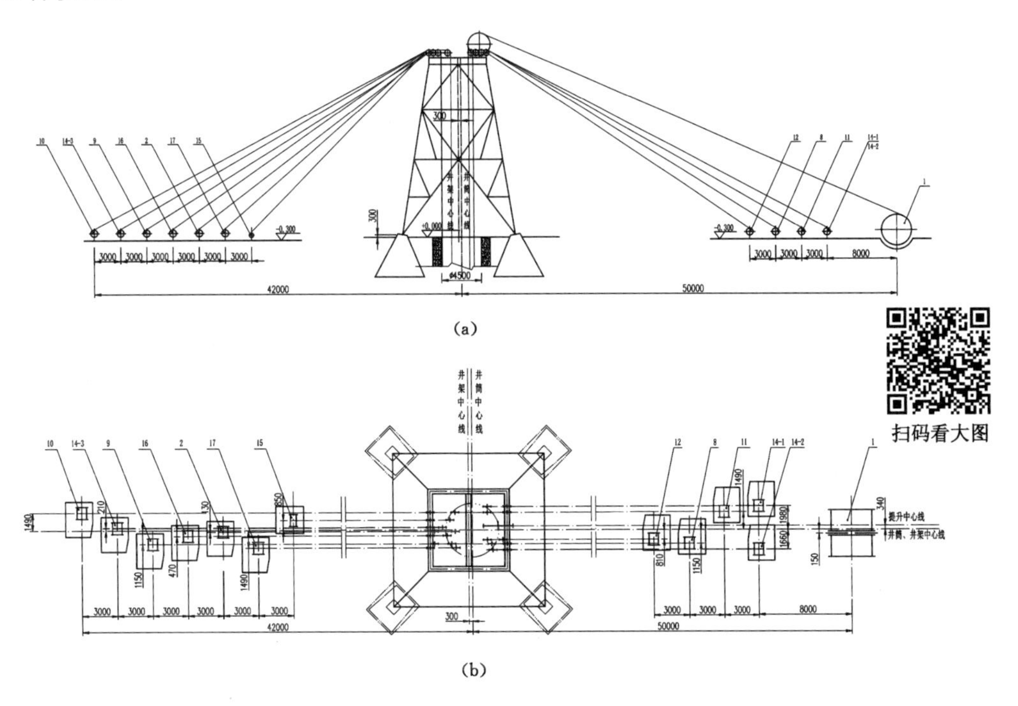

1—提升机；2—抓岩机用凿井绞车；8—1[#]吊盘悬吊凿井绞车；9—2[#]吊盘悬吊凿井绞车；
10—3[#]吊盘悬吊凿井绞车；11—4[#]吊盘悬吊凿井绞车；12—稳绳用凿井绞车；14-1，14-2，14-3—模板悬吊用凿井绞车；
15—安全梯悬吊用凿井绞车；16—动力电缆悬吊用凿井绞车；17—爆破电缆悬吊用凿井绞车。

图 8-39　提绞立面、平面布置图(一套单钩)

提升、悬吊钢丝绳参数如表 8-7 所列。

表 8-7　提升、悬吊钢丝绳参数表

序号	名称	钢丝绳型号	钢丝绳倾角/(°)	钢丝绳长度/m	钢丝绳重量/kg	终端载荷/kg	总重量/kg
1	提升机	18×7-36-1770	23.1	700	2 664	8 245	10 909
2	抓岩机用凿井绞车	18×7-28-1770	26.84	650	1 614	7 920	9 534
8	1[#]吊盘悬吊用凿井绞车	18×7-30-1670(交左)	31.33	650	1 852	7 410	9 262
9	2[#]吊盘悬吊用凿井绞车	18×7-30-1670(交右)	31.48	650	1 852	7 600	9 696
10	3[#]吊盘悬吊用凿井绞车	18×7-30-1670(交左)	27.62	650	1 852	8 013	9 635
11	4[#]吊盘悬吊用凿井绞车	18×7-30-1670(交右)	29.17	650	1 852	6 825	9 152
12	稳绳用凿井绞车	18×7-24-1670	33.45	650	1 187	5 000	6 187
14-1	模板悬吊用凿井绞车	18×7-28-1670	27.26	650	1 614	7 000	8 614
14-2	模板悬吊用凿井绞车	18×7-28-1670	27.26	650	1 614	7 000	8 614
14-3	模板悬吊用凿井绞车	18×7-28-1670	29.58	650	1 614	7 000	8 614
15	安全梯悬吊用凿井绞车	18×7-20-1670	45.12	650	823	2 500	3 323
16	动力电缆悬吊用凿井绞车	18×7-20-1670	40.61	650	823	3 450	4 273
17	爆破电缆悬吊用凿井绞车	18×7-20-1670	34.33	650	823	1 328	2 151

5. 天轮平台布置(见图 8-40)

井架天轮平台梁为主梁,天轮梁为副梁。根据悬吊物重量和钢丝绳直径确定提升天轮、悬吊天轮的规格。提升天轮副梁按特殊载荷进行计算(即提升钢丝绳破断力,许用应力[σ]=206 MPa,并计算临时改绞后罐笼在特殊载荷作用下所需梁的规格,取最大值)并符合规程规定。

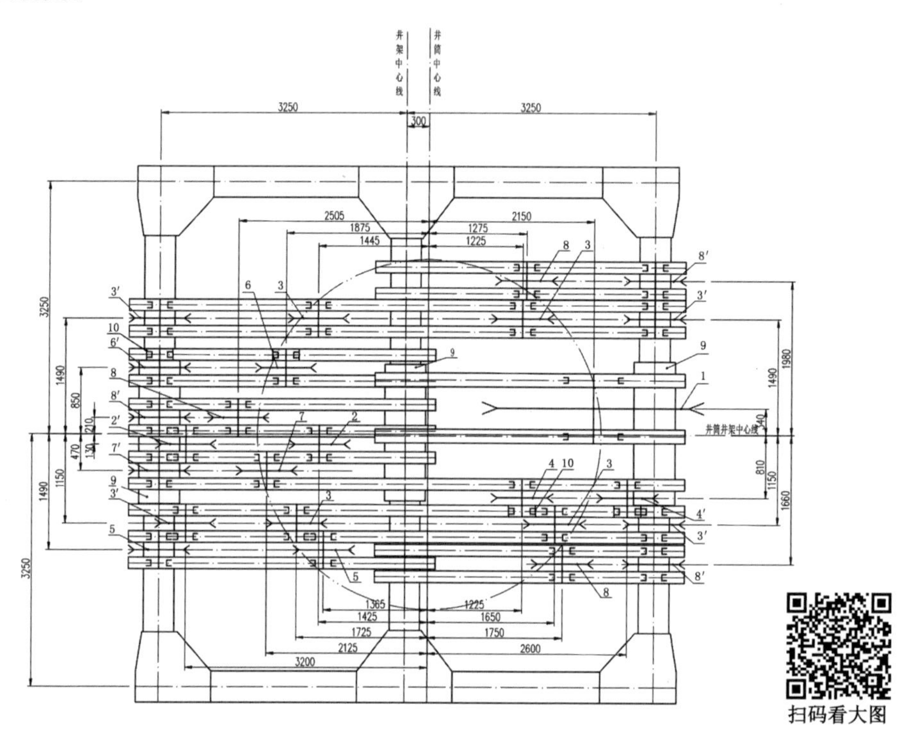

1—提升天轮;2—抓岩机天轮;2′—抓岩机导向天轮;3—吊盘天轮;3′—吊盘导向天轮;4—提升稳绳天轮;4′—提升稳绳导向天轮;5—动力电缆天轮;5′—动力电缆导向天轮;6—安全梯天轮;6′—安全梯导向天轮;7—爆破电缆天轮;7′—爆破电缆导向天轮;8—模板悬吊天轮;8′—模板悬吊导向天轮;9—垫板 1;10—垫板 2。

图 8-40 天轮平台布置图

考虑到凿井防坠罐笼改绞后副梁强度以及位置的要求,提升天轮的副梁可以不变位置(只移动提升天轮),强度满足提 1 t 单层一车或双层二车凿井防坠罐笼的要求。

为避免减弱天轮平台主梁强度,主、副梁搭接处不采用在主梁上钻孔,而只在副梁上钻孔的方法,用 U 形卡连接。为克服 U 形卡所受副梁传递过来的水平分力,在副梁安装好后,必须在副梁两端下翼板与主梁接触处各焊一条长 50 mm 的限位角钢或方钢。天轮平台副梁全部安装完后,各副梁之间可用角钢或槽钢、扁钢等以焊接方式连接起来,形成一个整体。

天轮平台安装后可在平台中部铺设检修平台,天轮平台周边设围栏。安装各提升天轮和悬吊天轮时,必须以井筒十字中心线为基准,将井筒中心线坐标定到天轮平台上,提升钢丝绳与稳绳的位置误差不得大于 2 mm,其他钢丝绳位置误差不得大于 3 mm。

天轮平台钢梁布置如图 8-41 所示,其规格如表 8-8 所列。

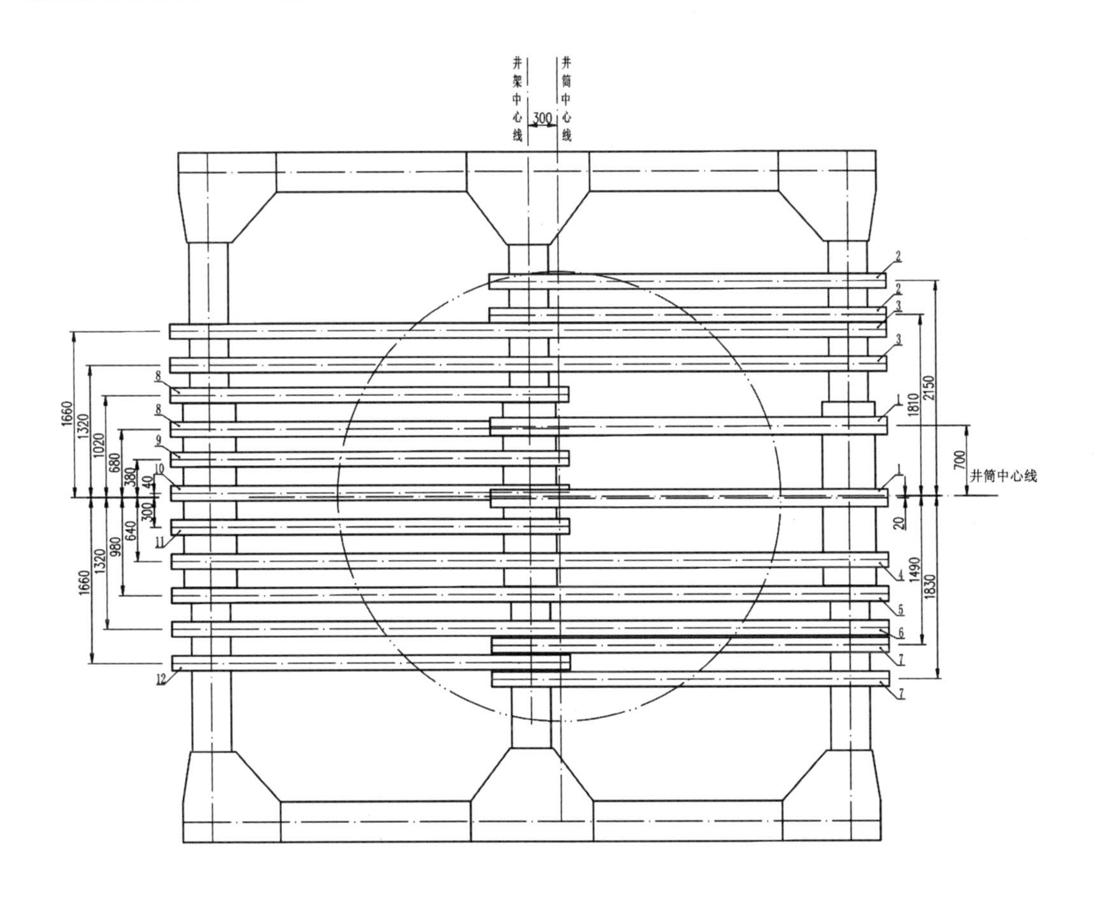

图 8-41　天轮平台梁系布置图

表 8-8　天轮平台钢梁及配件规格表

图 4-41 中序号	名称	规格	单位	数量	备注
1	钢梁 N1	I 63a	根	2	L=4 050 mm
2	钢梁 N2	I 45a	根	2	L=4 050 mm
3	钢梁 N3	I 45a	根	2	L=7 300 mm
4	钢梁 N4	I 45a	根	1	L=7 300 mm
5	钢梁 N5	I 45a	根	1	L=7 300 mm
6	钢梁 N6	I 45a	根	1	L=7 300 mm
7	钢梁 N7	I 45a	根	2	L=4 050 mm
8	钢梁 N8	I 45a	根	2	L=4 050 mm
9	钢梁 N9	I 45a	根	1	L=4 050 mm
10	钢梁 N10	I 45a	根	1	L=4 050 mm
11	钢梁 N11	I 45a	根	1	L=4 050 mm
12	钢梁 N12	I 45a	根	1	L=4 050 mm
	U 型卡	M27	个	52	
	螺母	M27	个	208	GB/T 41—2000
	工字钢用方斜垫圈	ϕ27	个	104	GB/T 852—1988

二、井径 6.5 m、井深 700 m，两套单钩提升布置

1. 设计概况

井筒布置两套单钩提升，井内布置两个吊桶，随着深度的增加，更换主提吊桶（5 m^3/4 m^3）。施工选用Ⅳ$_G$ 型井架，采用三层吊盘，一套安全梯，风筒、压风管、供水管、排水管采用井壁固定。FJD-6 伞钻打眼，掘砌混合作业。

2. 井筒内布置（见图 8-42）

（1）吊桶：布置两套单钩提升，吊桶容积 4 m^3 或 5 m^3。

（2）风筒：采用一趟 ϕ800 mm 风筒，压入式通风，采用井壁固定方式。

（3）管路：压风管采用一趟 ϕ159 mm×6 mm 无缝钢管，供水管采用一趟 ϕ50 mm×6 mm 无缝钢管，排水管采用一趟 ϕ159 mm×7 mm 无缝钢管。管路采用井壁固定。

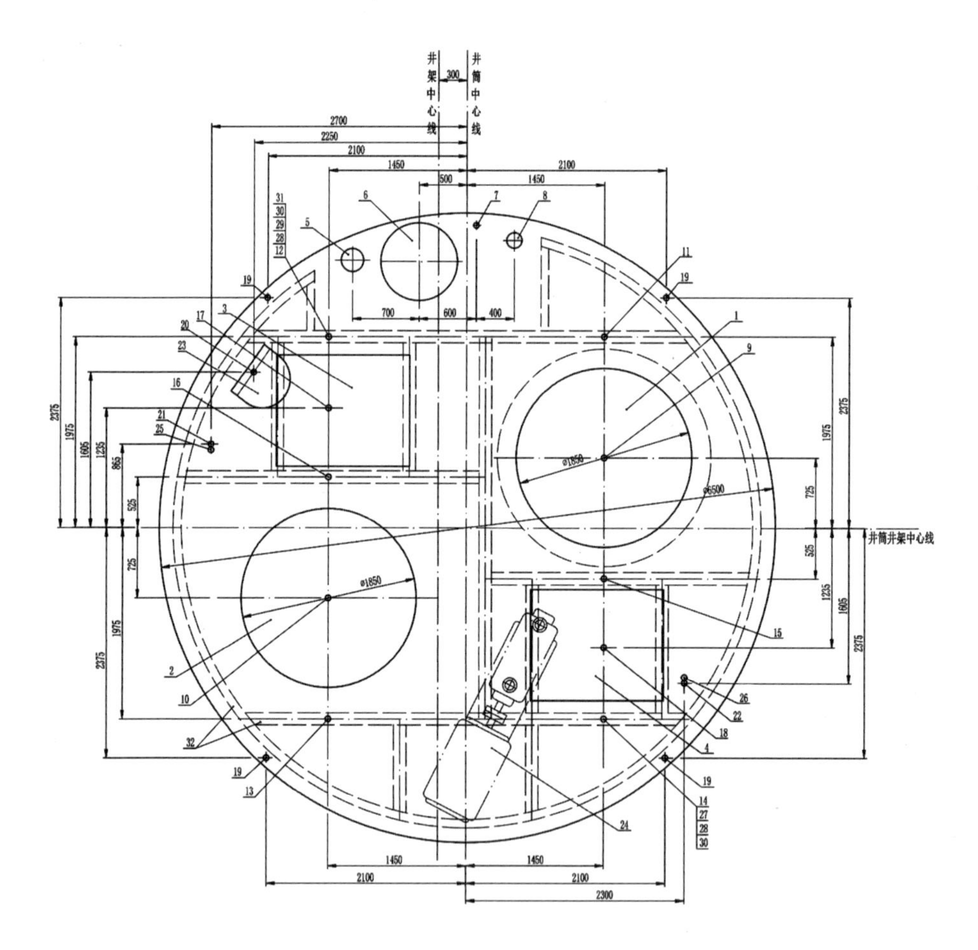

1—主提吊桶（5/4 m^3）；2—副提吊桶（4 m^3）；3，4—中心回转抓岩机；5—风筒；6—压风管；7—供水管；8—排水管；9—主提吊桶提升钢丝绳；10—副提吊桶提升钢丝绳；11～14—吊盘悬吊绳；15—主提稳绳；16—副提稳绳；17，18—抓岩机悬吊绳；19—模板悬吊绳；20—安全梯悬吊绳；21—动力电缆悬吊绳；22—爆破电缆悬吊绳；23—安全梯；24—排水泵；25—动力电缆；26—爆破电缆；27—照明电缆；28—信号电缆；29—通信电缆；30—监控电缆；31—视频电缆；32—凿井吊盘。

图 8-42　井筒内设备布置图（两套单钩）

(4) 安全梯:安全梯平时不通过吊盘,悬在吊盘上,吊盘下设软梯,需要时通过吊盘放到工作面,采用 JZA-5/800 型手、电两用绞车悬吊。

(5) 抓岩机:井筒内布置 2 台 HZ-6 型中心回转抓岩机,抓岩机设一根钢丝绳做保险绳用。

(6) 管缆:爆破电缆、动力电缆按规定要求单独悬吊,设计选用 JZ2-10/600 型凿井绞车;信号电缆、照明电缆和通信电缆分别敷设在吊盘绳上。

(7) 模板与混凝土输送方式:整体金属模板,段高 4 m;底卸式吊桶输送混凝土。

(8) 水泵:DC50-80/9 型卧泵一台。

3. 地面提绞布置(见图 8-43)

设计采用Ⅳ$_G$ 型钢管井架,两侧对称出绳。主提升机选用 2JKZ-3.6/15.5 型提升机,副提升机选用 JKZ-3.0×2.5/15.5 型;凿井绞车选用 JZ_2-16/800 和 JZ_2-10/800 型;钢丝绳均选用 18×7 纤维芯钢丝绳,左右交互捻向组合使用。

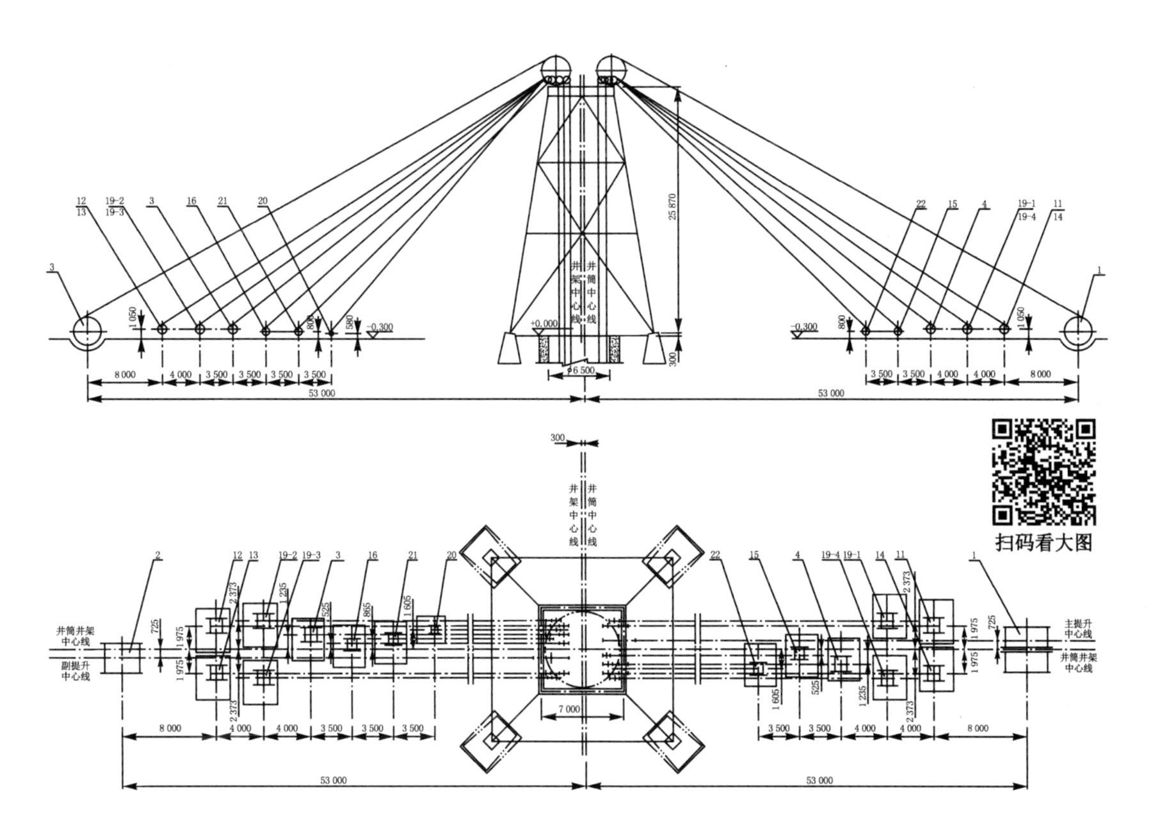

1—主提升机;2—副提升机;3,4—抓岩机用凿井绞车;11～14—吊盘悬吊凿井绞车;15,16—稳绳用凿井绞车;19(1-4)—模板悬吊用凿井绞车;20—安全梯悬吊用凿井绞车;21—动力电缆悬吊用凿井绞车;22—爆破电缆悬吊用凿井绞车。

图 8-43　提绞立面、平面布置图(两套单钩)

提升、悬吊钢丝绳参数如表 8-8 所列。

表 8-8 提升、悬吊钢丝绳参数表

序号	设备名称	钢丝绳型号	钢丝绳仰角/(°)	钢丝绳长度/m	钢丝绳重量/kg	终端载荷/kg	总重量/kg
1	主提升机	18×7-12-1770	28.19	900	5 019	9 659	14 678
2	副提升机	18×7-42-1770	28.65	900	5 019	9 659	14 678
3	抓岩机用凿井绞车	18×7-30-1770	37.3	850	2 561	7 920	10 481
4	抓岩机用凿井绞车	18×7-30-1770	34.54	850	2 561	7 920	10 481
11	1# 吊盘悬吊用凿井绞车	18×7-36-1870(交左)	31.86	850	3 687	10 200	13 887
12	2# 吊盘悬吊用凿井绞车	18×7-36-1870(交右)	31.99	850	3 687	11 620	15 307
13	3# 吊盘悬吊用凿井绞车	18×7-36-1870(交左)	31.99	850	3 687	10 200	13 887
14	4# 吊盘悬吊用凿井绞车	18×7-36-1870(交右)	31.86	850	3 687	12 110	15 797
15	主提升稳绳用凿井绞车	18×7-28-1770	40.88	850	2 232	6 000	8 232
16	副提升稳绳用凿井绞车	18×7-28-1770	40.98	850	2 232	6 000	8 232
19-1	模板悬吊用凿井绞车	18×7-32-1670	34.01	850	2 911	7 200	10 111
19-2	模板悬吊用凿井绞车	18×7-32-1670	34.64	850	2 911	7 200	10 111
19-3	模板悬吊用凿井绞车	18×7-32-1670	34.64	850	2 911	7 200	10 111
19-4	模板悬吊用凿井绞车	18×7-32-1670	34.01	850	2 911	7 200	10 111
20	安全梯悬吊用凿井绞车	18×7-20-1670	48.98	850	1 138	2 500	3 638
21	动力电缆悬吊用凿井绞车	18×7-24-1670	43.77	850	1 643	4 802	6 445
22	爆破电缆悬吊用凿井绞车	18×7-20-1670	43.67	850	1 138	1 849	2 987

4. 天轮平台布置

天轮与钢梁采用螺栓连接，安装完毕后用∟ 75×8 角钢或[12 槽钢焊接在天轮轴承座两侧作为限位，提升天轮的两端，安装剪力撑。天轮平台安装完毕后，用∟ 75×8 角钢把天轮梁连成一个整体。

天轮平台安装后在平台中部铺设检修平台，检修平台宽 1 500 mm，用网纹板现场制作，天轮平台周边设围栏。

天轮平台布置如图 8-44 所示。

三、井径 9.5 m、井深 900 m，两套单钩提升布置

1. 设计概况

井筒布置两套单钩提升，井内布置 2 个吊桶，随着深度的增加，更换主提吊桶(7 m^3/5 m^3)。施工选用Ⅵ型井架，采用 3 层吊盘，一套安全梯，两路风筒，压风管、供水管、排水管各一路。FJD-8 伞钻打眼，掘砌混合作业。

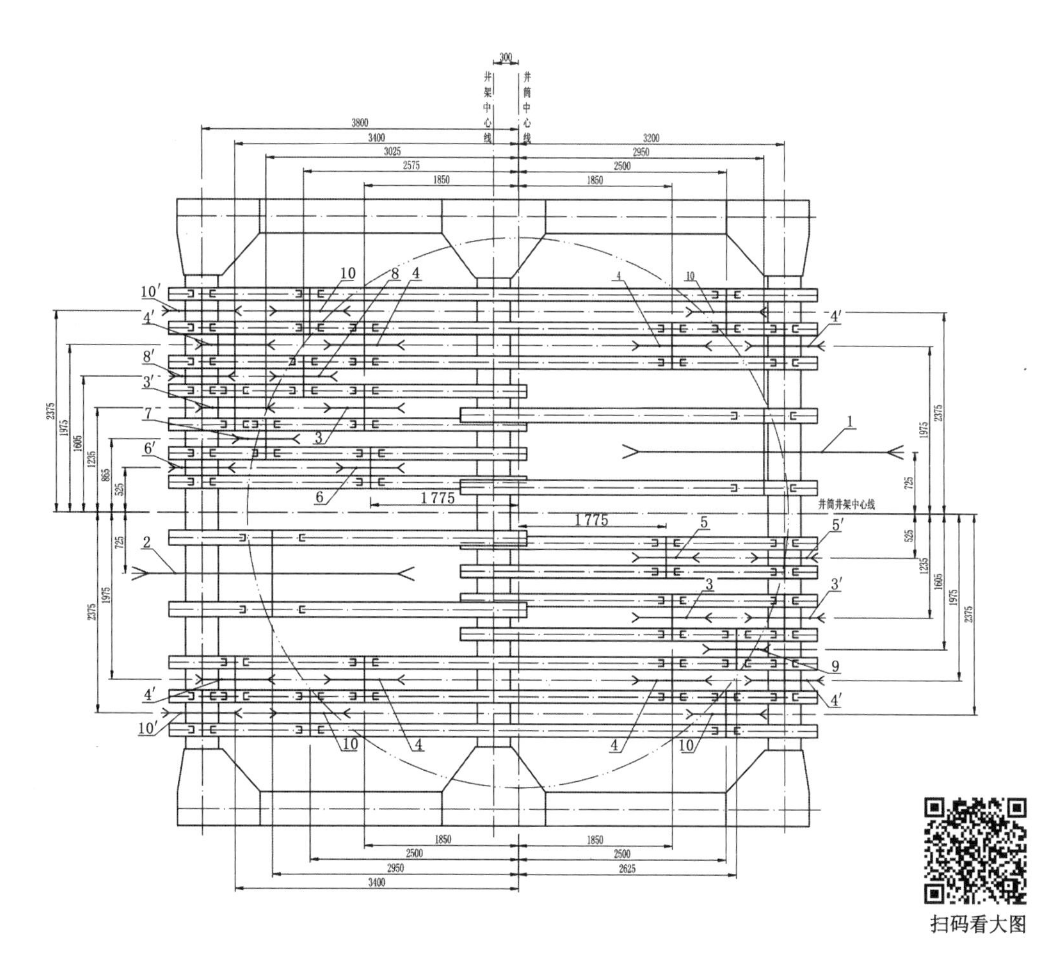

1—主提升天轮；2—副提升天轮；3—抓岩机天轮；3′—抓岩机导向天轮；4—吊盘天轮；4′—吊盘导向天轮；5—主提升稳绳天轮；5′—主提升稳绳导向天轮；6—副提升稳绳天轮；6′—副提升稳绳导向天轮；7—动力电缆天轮；8—安全梯天轮；9—爆破电缆天轮；10—模板悬吊天轮；10′—模板悬吊导向天轮。

图 8-44　天轮平台布置图

2. 井筒内布置(见图 8-45)

(1) 吊桶：布置两套单钩提升，吊桶容积 7 m^3、5 m^3。

(2) 风筒：采用两趟 ϕ1 000 mm 风筒，压入式通风，采用井壁固定方式。

(3) 管路：压风管采用一趟 ϕ250 mm×6 mm 无缝钢管，供水管采用一趟 ϕ50 mm×6 mm无缝钢管，排水管采用一趟 ϕ159 mm×9 mm 无缝钢管。压风管采用钢丝绳悬吊，设计选用 2JZ-16/1000 型凿井绞车悬吊；供水管和排水管采用井壁固定。

(4) 安全梯：安全梯平时不通过吊盘，悬在吊盘上，吊盘下设软梯，需要时通过吊盘放到工作面，采用 JZA-5/1000 型手、电两用绞车悬吊。

(5) 抓岩机：井筒内布置 2 台 HZ-6 型中心回转抓岩机，抓岩机设一根钢丝绳做保险绳用。

(6) 管缆：爆破电缆和动力电缆单独悬吊，信号电缆、照明电缆和通讯电缆分别敷设在吊盘绳上。

(7) 模板与混凝土输送方式：整体金属模板，段高 4 m；底卸式吊桶输送混凝土。

(8) 水泵：DC50-90/10 型卧泵一台。

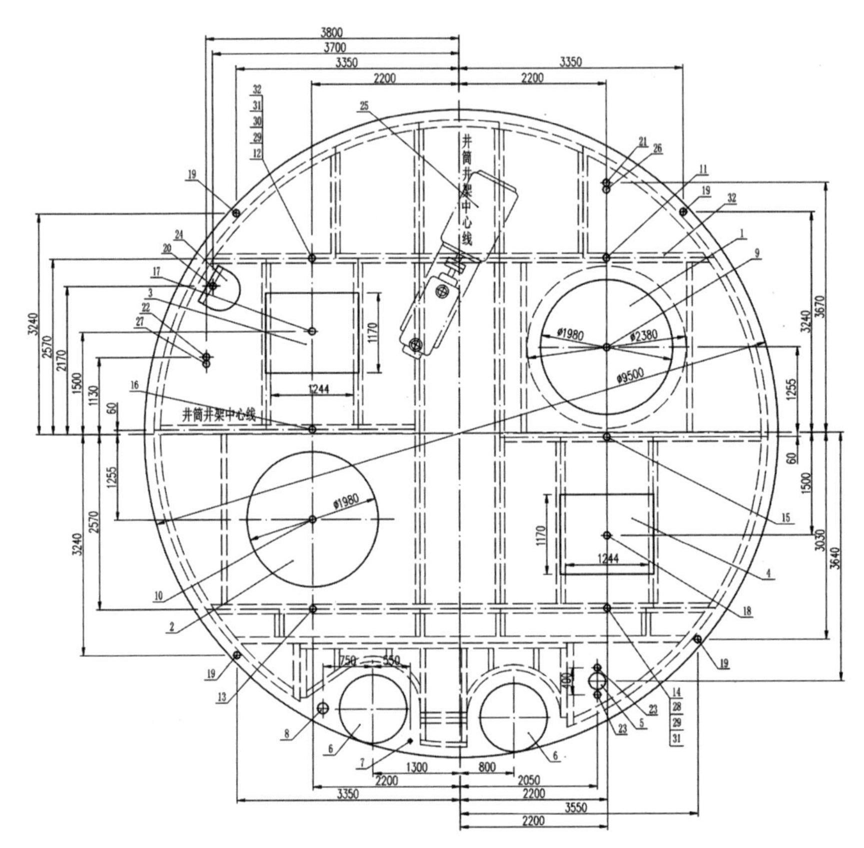

扫码看大图

1—主提吊桶($7/5\ m^3$)；2—副提吊桶($7/5\ m^3$)；3，4—抓岩机(HZ-6)；5—压风管；6—风筒；7—供水管；8—排水管；9—主提吊桶提升钢丝绳；10—副提吊桶提升钢丝绳；11～16—吊盘悬吊绳(11、13兼稳绳)；17，18—抓岩机悬吊绳；19—模板悬吊绳；20—安全梯悬吊绳；21—动力电缆悬吊绳；22—爆破电缆悬吊绳；23—压风管悬吊绳；24—安全梯；25—排水泵；26—动力电缆；27—爆破电缆；28—照明电缆；29—信号电缆；30—通讯电缆；31—监控电缆；32—视频电缆；33—凿井吊盘。

图 8-45　井筒内设备布置图(两套单钩)

3. 地面提绞布置(见图 8-46)

设计采用Ⅵ型钢管井架，两侧对称出绳。主提升机选用 2JKZ-4/18E 型提升机，副提升机选用 JKZ-4.0×3/18 型提升机。吊盘和模板凿井绞车选用 JZ_2-25/1300 型，抓岩机用凿井绞车选用 JZ_2-16/1000 型，爆破电缆悬吊选用 JZ_2-10/1000 型凿井绞车，动力电缆悬吊选用 JZ_2-16/1000 型凿井绞车。钢丝绳均选用 18×7 纤维芯钢丝绳，左右交互捻向组合使用。

提升、悬吊钢丝绳参数如表 8-10 所列。

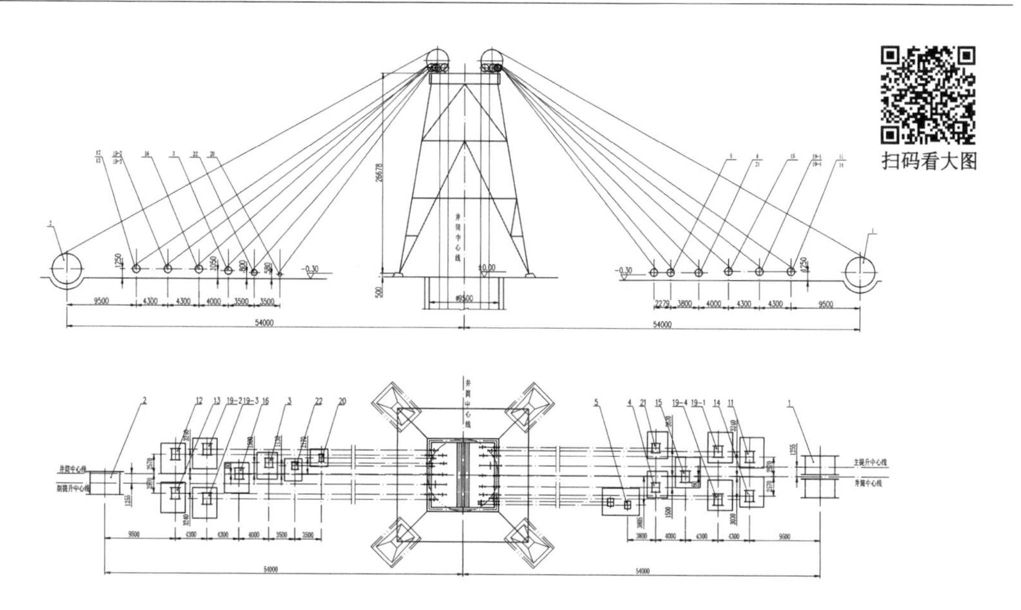

1—主提升机；2—副提升机；3，4—抓岩机用凿井绞车；5—压风管悬吊凿井绞车；11～16—吊盘悬吊凿井绞车；19(1-4)—模板悬吊用凿井绞车；20—安全梯悬吊用凿井绞车；21—动力电缆悬吊用凿井绞车；22—爆破电缆悬吊用凿井绞车。

图 8-46　提绞立面、平面布置图(两套单钩)

表 8-10　提升、悬吊钢丝绳参数表

序号	设备名称	钢丝绳型号	钢丝绳倾角/(°)	钢丝绳长度/m	钢丝绳重量/kg	终端载荷/kg	总重量/kg
1	主提升绞车	18×7-44-1870	28.85	1 100	7 025	11 461	18 486
2	副提升绞车	18×7-44-1870	28.85	1 100	7 025	11 461	18 486
3	抓岩机用凿井绞车	18×7-34-1670	40.48	1 050	4 200	8 500	12 700
4	抓岩机用凿井绞车	18×7-34-1670	40.63	1 050	4 200	8 500	12 700
5	压风管悬吊凿井绞车	18×7-32-1770 (交左/交右)	48.89 /51.74	1 050	3 711 /3 711	12 925	18 621
11	1# 吊盘悬吊用凿井绞车	18×7-44-1870(交左)	34.01	1 050	7 025	9 450	16 475
12	2# 吊盘悬吊用凿井绞车	18×7-44-1870(交右)	34.01	1 050	7 025	12 323	19 348
13	3# 吊盘悬吊用凿井绞车	18×7-44-1870(交左)	34.01	1 050	7 025	9 450	16 475
14	4# 吊盘悬吊用凿井绞车	18×7-44-1870(交右)	34.01	1 050	7 025	12 624	19 649
15	5# 吊盘悬吊用凿井绞车	18×7-44-1870(交左)	40.69	1 050	7 025	9 450	16 475
16	6# 吊盘悬吊用凿井绞车	18×7-44-1870(交右)	40.69	1 050	7 025	9 450	16 475
19-1	模板悬吊用凿井绞车	18×7-40-1870	36.6	1 050	5 807	6 857	12 664
19-2	模板悬吊用凿井绞车	18×7-40-1870	36.6	1 050	5 807	6 857	12 664
19-3	模板悬吊用凿井绞车	18×7-40-1870	36.6	1 050	5 807	6 857	12 664
19-4	模板悬吊用凿井绞车	18×7-40-1870	36.75	1 050	5 807	6 857	12 664
20	安全梯悬吊用凿井绞车	18×7-20-1670	41.47	1 050	1 452	2 500	3 952
21	动力电缆悬吊用凿井绞车	18×7-32-1670	44.63	1 050	3 711	6 316	10 027
22	爆破电缆悬吊用凿井绞车	18×7-20-1670	40.77	1 050	1 452	2 372	3 824

4. 天轮平台布置

天轮平台布置如图 8-47 所示。天轮与钢梁采用螺栓连接,安装完毕后用∟ 75×8 角钢或[12 槽钢焊接在天轮轴承座两侧作为限位,提升天轮的两端,安装剪力撑。天轮平台安装完毕后,用∟ 75×8 角钢把天轮梁连成一个整体。

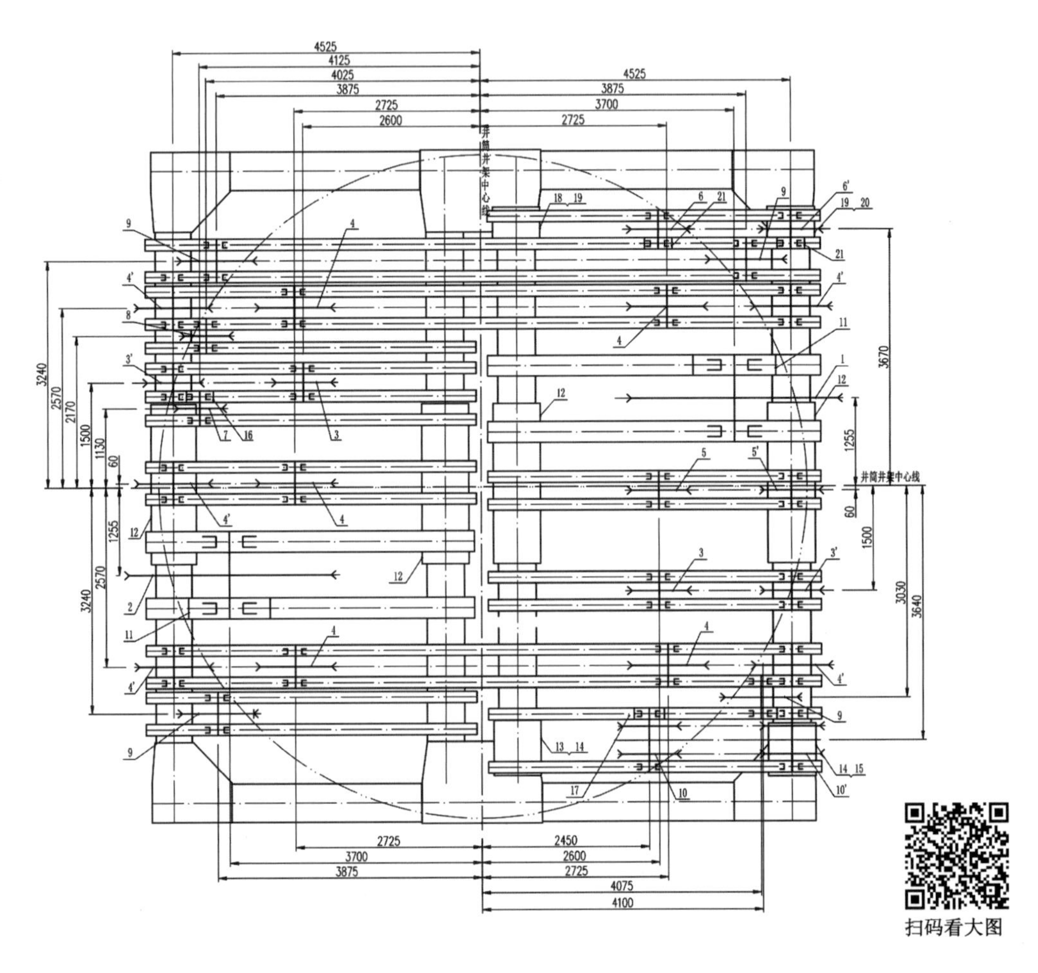

1—主提升天轮;2—副提升天轮;3—抓岩机天轮;3′—抓岩机导向天轮;4—吊盘绳(兼稳绳)天轮;4′—吊盘绳导向天轮;5—副提升稳绳天轮;5′—副提升稳绳导向天轮;6—动力电缆天轮;6′—动力电缆导向天轮;7—爆破电缆天轮;8—安全梯天轮;9—模板悬吊天轮;10—压风管悬吊天轮;10′—压风管悬吊导向天轮;11—提升天轮轴承座垫板;12～21—垫板。

图 8-47 天轮平台布置图

天轮平台安装后在平台中部铺设检修平台,检修平台宽 1 500 mm,用网纹板现场制作,天轮平台周边设围栏,围栏高度不得低于 1 200 mm,现场制作。

四、井径 10.5 m、井深 800 m,三套单钩提升布置

1. 设计概况

井筒布置 3 套单钩提升,随着深度的增加,3# 提升机更换吊桶(7 m^3/5 m^3)。施工选用

Ⅵ型井架，采用 3 层吊盘，两路风筒，压风管、供水管、排水管各一路，一台卧泵，一套安全梯。SYZ×2-15 型双伞钻打眼，整体移动金属模板砌筑井壁，掘砌混合作业。

2. 井筒内布置（见图 8-48）

（1）吊桶：布置 3 套单钩提升，吊桶容积 7 m^3、5 m^3。

（2）风筒：采用两趟 ϕ1 000 mm 胶质风筒，压入式通风，采用井壁固定方式。

（3）管路：压风管采用一趟 ϕ250mm×6 mm 无缝钢管，供水管采用一趟 ϕ50 mm×6 mm无缝钢管，排水管采用一趟 ϕ159 mm×8 mm 无缝钢管。压风管采用钢丝绳悬吊，设计选用 2JZ-16/800 型凿井绞车悬吊；供水管和排水管采用井壁固定。

（4）安全梯：安全梯平时不通过吊盘，悬在吊盘上，吊盘下设软梯，需要时通过吊盘放到工作面，采用 JZA-5/800 型手、电两用绞车悬吊。

（5）抓岩机：井筒内布置 2 台 HZ-6 型中心回转抓岩机，抓岩机设一根钢丝绳做保险绳用。

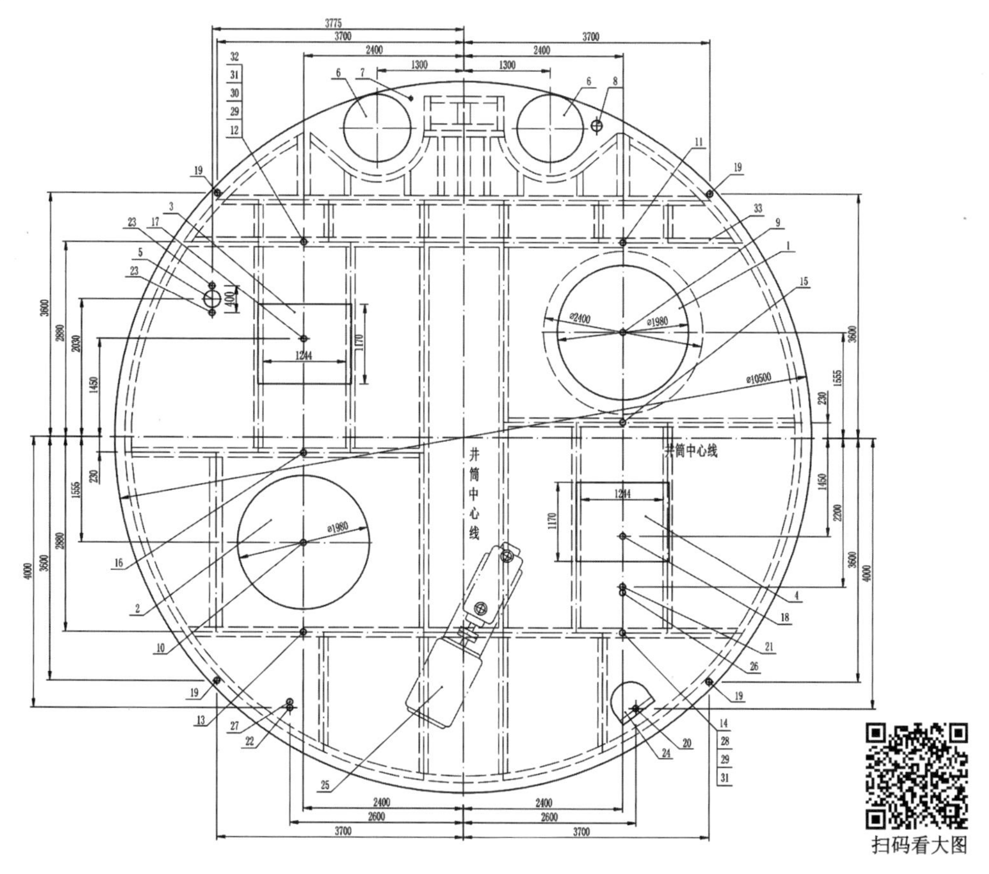

1—1# 吊桶（7 m^3）；2—2# 吊桶（7 m^3）；3—3# 吊桶（7/5 m^3）；4，5—抓岩机（HZ-6）；6—压风管；7—风筒（2 路）；8—供水管；9—排水管；10-12—吊桶提升钢丝绳；13～18—吊盘悬吊绳（6 根，14-18 兼稳绳）；19—稳绳；20，21—抓岩机悬吊绳；22—模板悬吊绳；23—安全梯悬吊绳；24—动力电缆悬吊绳；25—爆破电缆悬吊绳；26—压风管悬吊绳；27—安全梯；28—排水泵；29—动力电缆；30—爆破电缆；31—照明电缆；32—信号电缆；33—通讯电缆；34—监控电缆；35—视频电缆；36—凿井吊盘。

图 8-48　井筒内设备布置图（三套单钩）

(6) 管缆:爆破电缆和动力电缆单独悬吊,信号电缆、照明电缆和通讯电缆分别敷设在吊盘绳上。

(7) 模板与混凝土输送方式:整体金属模板,段高 4 m;底卸式吊桶输送混凝土。

(8) 水泵:DC50-80/9 型卧泵一台。

3. 地面提绞布置(见图 8-49)

设计采用Ⅵ型钢管井架,两侧对称出绳。1^#^、2^#^提升机选用 JKZ-4.0×3/18 型,3^#^提升机选用 JKZ-3.2×3/18 型,吊盘和模板凿井绞车选用 JZ_2-25/1300 型,抓岩机用凿井绞车选用 JZ_2-16/800 型,爆破电缆悬吊选用 JZ_2-10/800 型凿井绞车,动力电缆悬吊选用 JZ_2-10/800 型凿井绞车,压风管悬吊选用 2JZ-10/800 型凿井绞车。钢丝绳均选用 18×7 纤维芯钢丝绳,左右交互捻向组合使用。

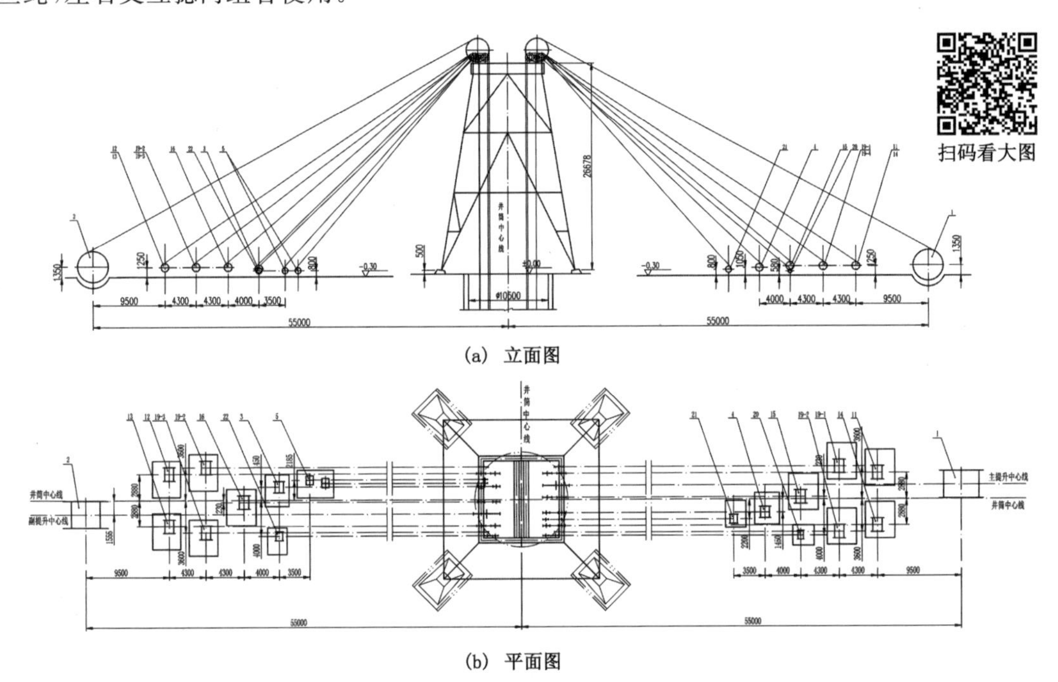

(a) 立面图

(b) 平面图

1—主提升机;2,3—副提升机;4,5—抓岩机用凿井绞车;13～18—吊盘悬吊(14～18 兼稳绳)凿井绞车;
19—稳绳用凿井绞车;22(1～4)—模板悬吊用凿井绞车;23—安全梯悬吊用凿井绞车;
24—动力电缆悬吊用凿井绞车;25—爆破电缆悬吊用凿井绞车。

图 8-49 提绞立面、平面布置图(三套单钩)

提升、悬吊钢丝绳参数如表 8-11 所列。

表 8-11 提升、悬吊钢丝绳参数表

序号	设备名称	钢丝绳型号	钢丝绳倾角/(°)	钢丝绳长度/m	钢丝绳重量/kg	终端载荷/kg	总重量/kg
1	主提升机	18×7-44-1870	28.08	1 000	6 270	13 024	19 294
2	副提升机	18×7-44-1870	28.55	1 000	6 270	13 024	19 294

表 8-11(续)

序号	设备名称	钢丝绳型号	钢丝绳倾角/(°)	钢丝绳长度/m	钢丝绳重量/kg	终端载荷/kg	总重量/kg
3	副提升机	18×7-42-1870	32.56	1 000	5 711	11 461	17 172
4	1# 抓岩机用凿井绞车	18×7-34-1670	43.21	950	3 746	8 500	12 246
5	2# 抓岩机用凿井绞车	18×7-34-1670	43.61	950	3 746	8 500	12 246
6	压风管悬吊凿井绞车	18×7-26-1670(交左/交右)	44.59/46.47	950	2 193/2 193	11 526	15 912
13	1# 吊盘悬吊用凿井绞车	18×7-44-1870(交左)	33.36	950	6 270	16 971	23 241
14	2# 吊盘悬吊用凿井绞车	18×7-44-1870(交右)	37.25	950	6 270	13 000	19 270
15	3# 吊盘悬吊用凿井绞车	18×7-44-1870(交左)	36.34	950	6 270	13 000	19 270
16	4# 吊盘悬吊用凿井绞车	18×7-44-1870(交右)	33.36	950	6 270	13 000	19 270
17	5# 吊盘悬吊用凿井绞车	18×7-44-1870(交左)	39.8	950	6 270	13 000	19 270
18	6# 吊盘悬吊用凿井绞车	18×7-44-1870(交右)	49.13	950	6 270	13 000	19 270
19	稳绳用凿井绞车	18×7-32-1670	44.84	950	3 314	8 000	11 314
22-1	模板悬吊用凿井绞车	18×7-42-1870	36.01	950	5 714	16 000	21 714
22-2	模板悬吊用凿井绞车	18×7-42-1870	40.47	950	5 714	16 000	21 714
22-3	模板悬吊用凿井绞车	18×7-42-1870	40.8	950	5 714	16 000	21 714
22-4	模板悬吊用凿井绞车	18×7-42-1870	36.12	950	5 714	16 000	21 714
23	安全梯悬吊用凿井绞车	18×7-20-1670	40.58	950	1 296	2 500	3 796
24	动力电缆悬吊用凿井绞车	18×7-26-1670	47.2	950	2 192	5 623	7 815
25	爆破电缆悬吊用凿井绞车	18×7-20-1670	49.42	950	1 296	2 112	3 408

4. 天轮平台布置

天轮平台置如图 8-50 所示。天轮和钢梁连接要求同示例三。

主、副提升天轮均为 ϕ3 000 mm，抓岩机、副提升稳绳天轮为 ϕ800 mm 单槽天轮，安全梯天轮为 ϕ650 mm 单槽天轮，压风管悬吊及导向天轮为 ϕ650 mm 双槽天轮。

五、井径 12.0 m、井深 1 200 m，三套单钩提升布置

1. 设计概况

井筒布置三套单钩提升，随着深度的增加，三套提升机均更换吊桶(7 m^3/5 m^3/4 m^3)。施工选用Ⅵ型井架，采用三层吊盘，两路风筒，压风管、供水管、排水管各一路，两台卧泵(750 m以下利用转水站接力排水)，一套安全梯。SYZ×2-15 型双伞钻打眼，整体移动金属模板砌筑井壁，掘砌混合作业。

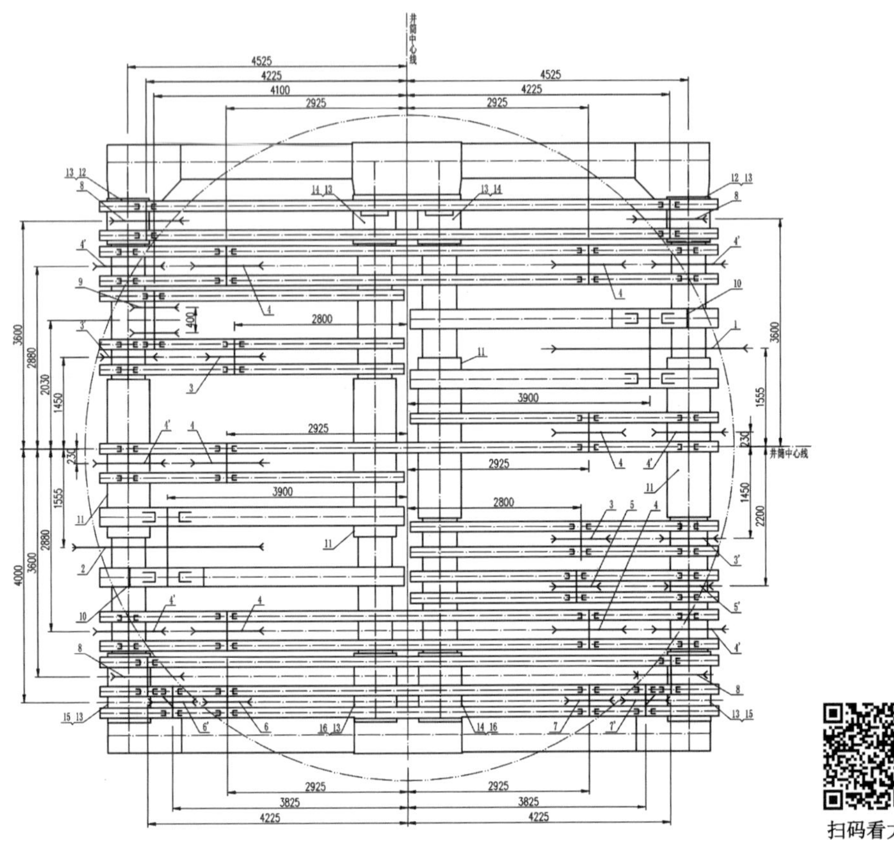

扫码看大图

1—主提升天轮；2—副提升天轮；3—抓岩机天轮；3′—抓岩机导向天轮；

4—吊盘绳天轮；4′—吊盘绳导向天轮；5—副提升稳绳天轮；5′—副提升稳绳导向天轮；

6—动力电缆天轮；7—爆破电缆天轮；7′—爆破电缆导向天轮；8—安全梯天轮；9—模板悬吊天轮；

10—压风管悬吊天轮；10’—压风管悬吊导向天轮；11—提升天轮轴承座垫板；12～25—垫板(23 为垫梁)。

图 8-50　天轮平台布置图

2. 井筒内布置(见图 8-51)

(1) 吊桶：布置三套单钩提升，吊桶容积 7 m^3、5 m^3、4 m^3，根据施工深度更换。

(2) 风筒：采用两趟 ϕ1 000 mm 胶质风筒，压入式通风，采用井壁固定方式。

(3) 管路：压风管采用一趟 ϕ159 mm×6 mm 无缝钢管，供水管采用一趟 ϕ57 mm×7 mm无缝钢管，排水管采用一趟 ϕ108 mm×8 mm 无缝钢管。压风管、供水管和排水管均采用井壁固定。

(4) 安全梯：安全梯平时不通过吊盘，悬在吊盘上，吊盘下设软梯，需要时通过吊盘放到工作面，采用 JZA-10/1500 型手、电两用绞车悬吊。

(5) 抓岩机：井筒内布置三台 HZ-6 型中心回转抓岩机，每台抓岩机设一根钢丝绳做保险绳用。

(6) 管缆：爆破电缆和动力电缆单独悬吊，信号电缆、照明电缆和通信、监控电缆分别敷设在吊盘绳上。

(7) 模板与混凝土输送方式：整体金属模板，段高 4 m；底卸式吊桶输送混凝土。

(8) 水泵：DC50-80/9 型卧泵两台，吊盘上安设一台，另外一台安设在 750 m 水平转水站接力排水。

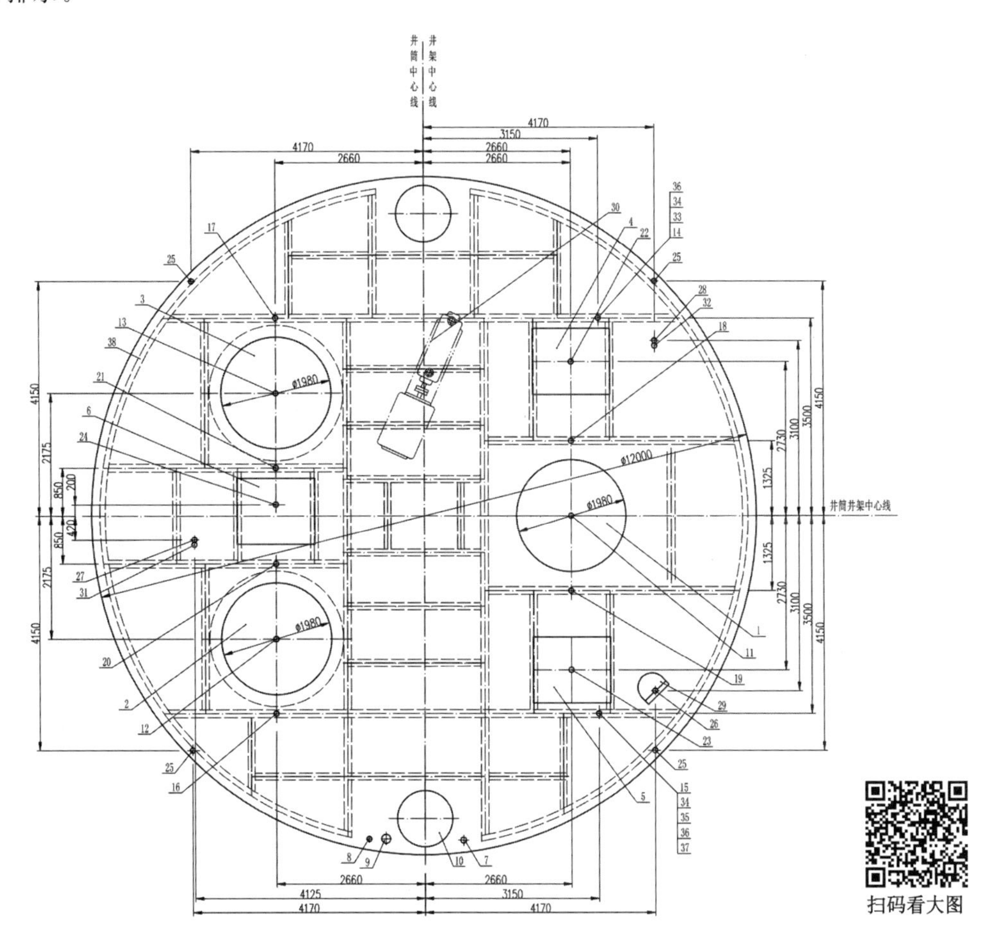

1～3—提升吊桶(7/5/4 m^3)；4～6—抓岩机(HZ-6)；7—排水管；8—供水管；9—压风管；10—风筒；11～13—提吊桶提升钢丝绳；14～21—吊盘悬吊绳(8 根，18～21 兼稳绳)；22～24—抓岩机悬吊绳；25—模板悬吊绳；26—安全梯悬吊绳；27—动力电缆悬吊绳；28—爆破电缆悬吊绳；29—安全梯；30—排水泵；31—动力电缆；32—爆破电缆；33—照明电缆；34—信号电缆；35—通信电缆；36—监控电缆；37—视频电缆；38—吊盘。

图 8-51　井内设备布置图(三套单钩)

3. 地面提绞布置(见图 8-52)

设计采用Ⅵ型钢管井架，两侧对称出绳。1# 提升机选用 2JKZ-4/18E 型提升机，2#、3# 提升机选用 JKZ-4.0×3/18 型提升机，吊盘和模板凿井绞车选用 JZ_2-25/1300 型，抓岩机用凿井绞车选用 JZ_2-16/1300 型。爆破电缆悬吊选用 JZ_2-10/1300 型凿井绞车，动力电缆悬吊选用 JZ_2-16/1300 型凿井绞车。钢丝绳均选用 18×7 纤维芯钢丝绳，左右交互捻向组合使用，吊盘绳兼稳绳。

提升、悬吊钢丝绳参数如表 8-12 所列。

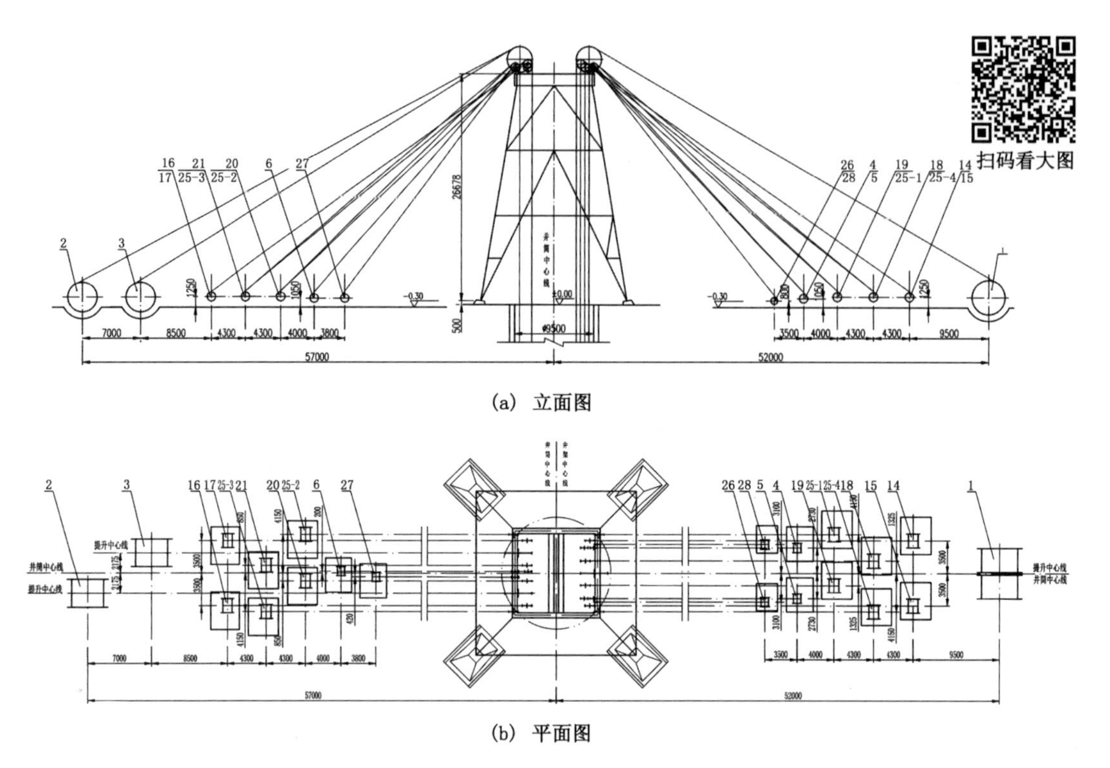

(a) 立面图

(b) 平面图

1～3—提升机；4,5—抓岩机用凿井绞车；14～21—吊盘悬吊(18-21 兼稳绳)凿井绞车；25(1-4)—模板悬吊用凿井绞车；26—安全梯悬吊用凿井绞车；27—动力电缆悬吊用凿井绞车；28—爆破电缆悬吊用凿井绞车。

图 8-52　提绞立面、平面布置图(三套单钩)

表 8-12　提升、悬吊钢丝绳参数表

序号	设备名称	钢丝绳型号	钢丝绳倾角/(°)	钢丝绳长度/m	钢丝绳重量/kg	终端载荷/kg	总重量/kg
1	1# 提升机	18×7-44-1870	29.8	1 400	9 287	9 659	18 946
2	2# 提升机	18×7-44-1870	27.66	1 400	9 287	9 659	18 946
3	3# 提升机	18×7-44-1870	31.13	1 400	9 287	9 659	18 946
4	1# 抓岩机用凿井绞车	18×7-36-1870	42.73	1 350	6 211	8 500	14 711
5	2# 抓岩机用凿井绞车	18×7-36-1870	46.3	1 350	6 211	8 500	14 711
6	3# 抓岩机用凿井绞车	18×7-36-1870	47.94	1 350	6 211	8 500	14 711
14	1# 吊盘用凿井绞车	18×7-44-1870(交左)	34.79	1 350	9 287	13 595	22 882
15	2# 吊盘用凿井绞车	18×7-44-1870(交右)	34.79	1 350	9 287	13 285	22 572
16	3# 吊盘用凿井绞车	18×7-44-1870(交左)	35.15	1 350	9 287	9 375	18 662
17	4# 吊盘用凿井绞车	18×7-44-1870(交右)	35.15	1 350	9 287	9 375	18 662
18	5# 吊盘用凿井绞车	18×7-44-1870(交左)	38.02	1 350	9 287	9 375	18 662
19	6# 吊盘用凿井绞车	18×7-44-1870(交右)	41.17	1 350	9 287	9 375	18 662
20	7# 吊盘用凿井绞车	18×7-44-1870(交左)	42.66	1 350	9 287	9 375	18 662
21	8# 吊盘用凿井绞车	18×7-44-1870(交右)	38.83	1 350	9 287	9 375	18 662

表 8-12(续)

序号	设备名称	钢丝绳型号	钢丝绳倾角/(°)	钢丝绳长度/m	钢丝绳重量/kg	终端载荷/kg	总重量/kg
25-1	模板用凿井绞车	18×7-44-1870	42.73	1 350	9 287	13 500	22 787
25-2	模板用凿井绞车	18×7-44-1870	43.73	1 350	9 287	13 500	22 787
25-3	模板用凿井绞车	18×7-44-1870	39.69	1 350	9 287	13 500	22 787
25-4	模板用凿井绞车	18×7-44-1870	38.84	1 350	9 287	13 500	22 787
26	安全梯用凿井绞车	18×7-20-1670	52.69	1 350	1 919	2 500	4 419
27	动力电缆用凿井绞车	18×7-34-1670	51.25	1 350	5 547	8 400	13 947
28	爆破电缆用凿井绞车	18×7-22-1670	51.25	1 350	2 325	3 820	6 145

4. 天轮平台布置

天轮平台置如图 8-53 所示。天轮和钢梁连接要求同示例三。

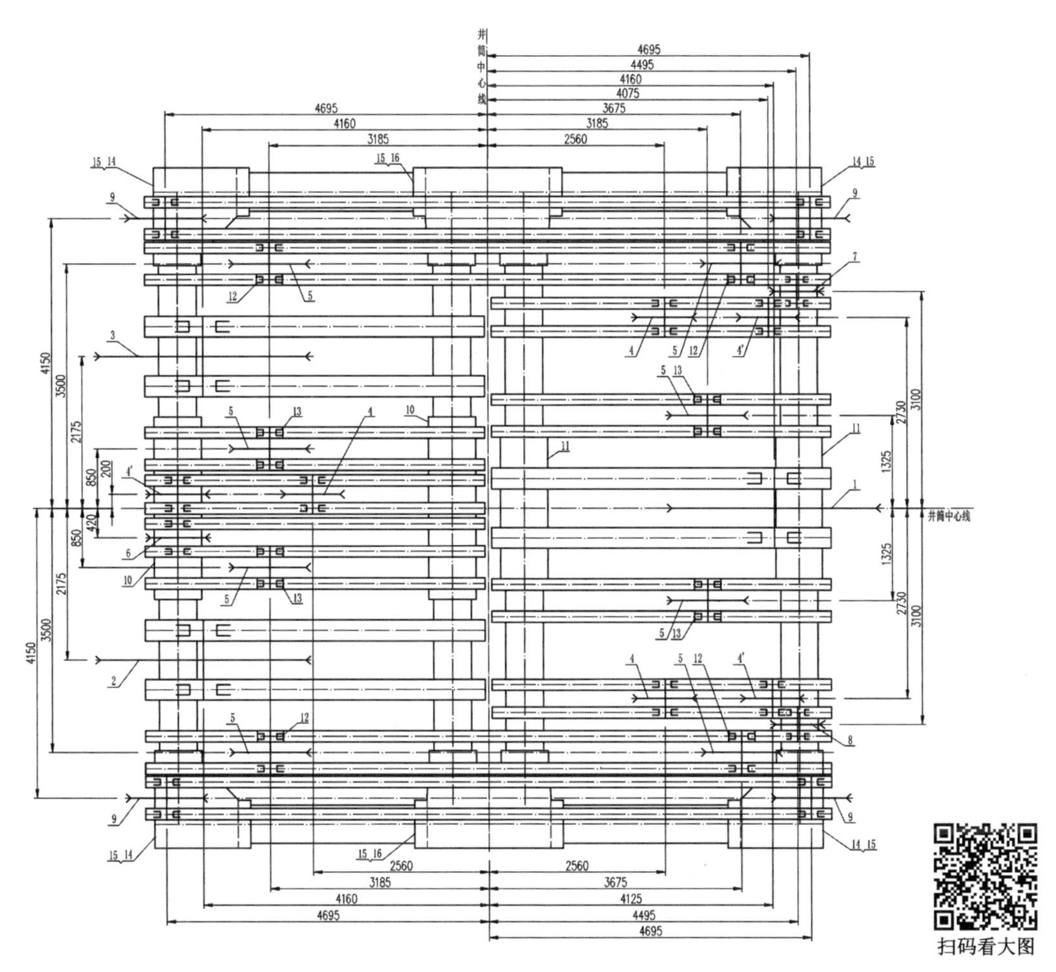

1～3—提升天轮；4—抓岩机天轮；4′—抓岩机导向天轮；5—吊盘绳天轮；6—动力电缆天轮；7—爆破电缆天轮；8—安全梯天轮；9—模板悬吊天轮；10～16—垫板。

图 8-53　天轮平台布置图

提升天轮均为 ϕ3 000 mm，抓岩机、动力电缆悬吊天轮为 ϕ800 mm 单槽天轮，爆破电缆、安全梯天轮为 ϕ650 mm 单槽天轮，吊盘、模板悬吊天轮为 ϕ1 050 mm 单槽天轮。

六、井径 7.5 m、井深 1 000 m，利用永久井架打井

1. 设计概况

井筒布置两套单钩提升，井内布置两个吊桶。施工利用永久井架，采用三层 ϕ7 200 mm 吊盘，一套安全梯，两路风筒，压风管、供水管、排水管各一路，采用井壁固定。FJD-6 伞钻打眼，掘砌混合作业。

2. 井筒内布置（见图 8-54）

（1）吊桶：布置两套单钩提升，吊桶容积 4 m^3 或 5 m^3，随着深度的增加，更换提升吊桶（5 m^3/4 m^3）。

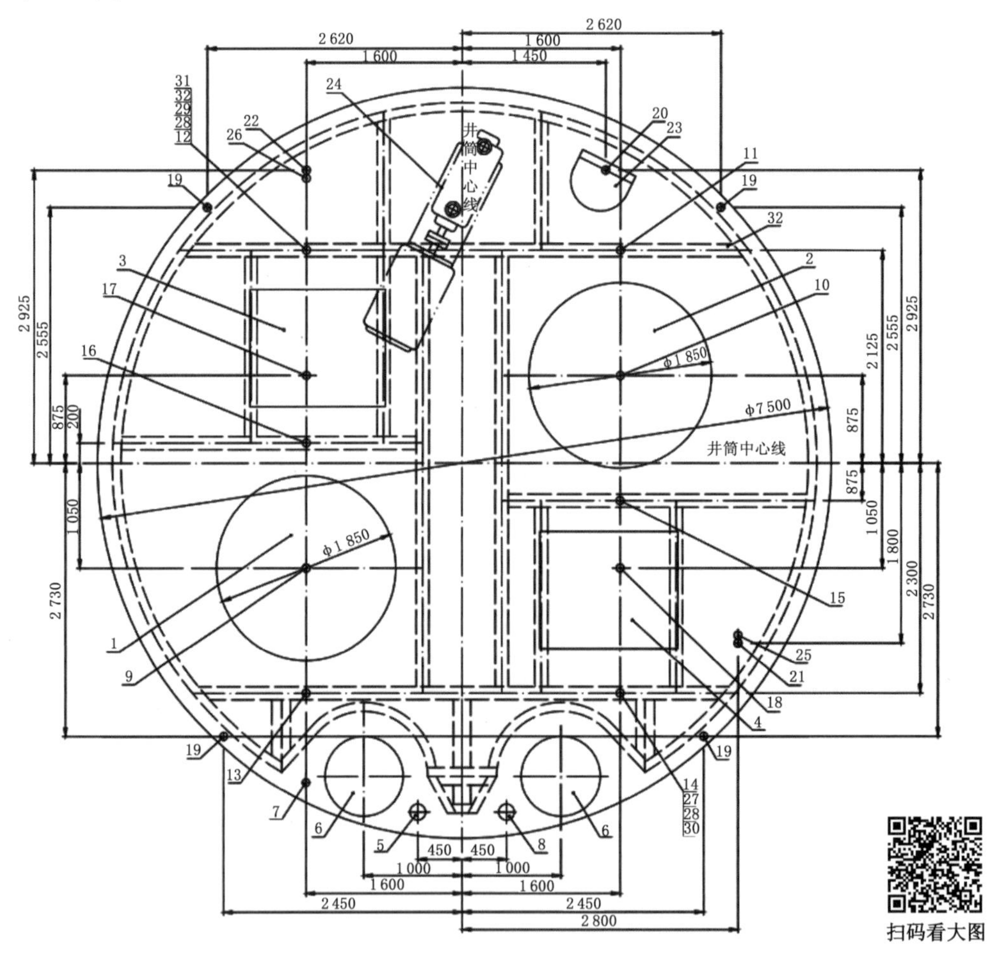

1—主提吊桶（5/4 m^3）；2—副提吊桶（5/4 m^3）；3，4—抓岩机（HZ-6）；5—压风管；6—风筒；7—供水管；8—排水管；9—主提升机吊桶提升钢丝绳；10—副提升机吊桶提升钢丝绳；11～16—吊盘悬吊绳（6 根，11、13 兼稳绳）；17，18—抓岩机悬吊绳；19—模板悬吊绳；20—安全梯悬吊绳；21—动力电缆悬吊绳；22—爆破电缆悬吊绳；23—安全梯；24—排水泵；25—动力电缆；26—爆破电缆；27—照明电缆；28—信号电缆；29—通讯电缆；30—监控电缆；31—视频电缆；32—凿井吊盘。

图 8-54　井筒内设备布置图（两套单钩）

（2）风筒：采用两路 ϕ800 mm 风筒，压入式通风，采用井壁固定方式。

（3）管路：压风管采用一趟 ϕ159 mm×6 mm 无缝钢管，供水管采用一趟 ϕ50 mm×6 mm无缝钢管，排水管采用一趟 ϕ159 mm×10 mm 无缝钢管。管路均采用井壁固定。

（4）安全梯：安全梯平时不通过吊盘，悬在吊盘上，吊盘下设软梯，需要时通过吊盘放到工作面，采用 JZA-5/1000 型手、电两用绞车悬吊。

（5）抓岩机：井筒内布置两台 HZ-6 型中心回转抓岩机，抓岩机设一根钢丝绳做保险绳用。

（6）管缆：爆破电缆、动力电缆按规定要求单独悬吊，信号电缆、照明电缆和通信、监控电缆敷设在吊盘绳上。

（7）模板与混凝土输送方式：整体金属模板，段高 4 m；底卸式吊桶输送混凝土。

（8）水泵：DC50-90/12 型卧泵一台。

3. 地面提绞布置

地面提绞布置见图 8-55。

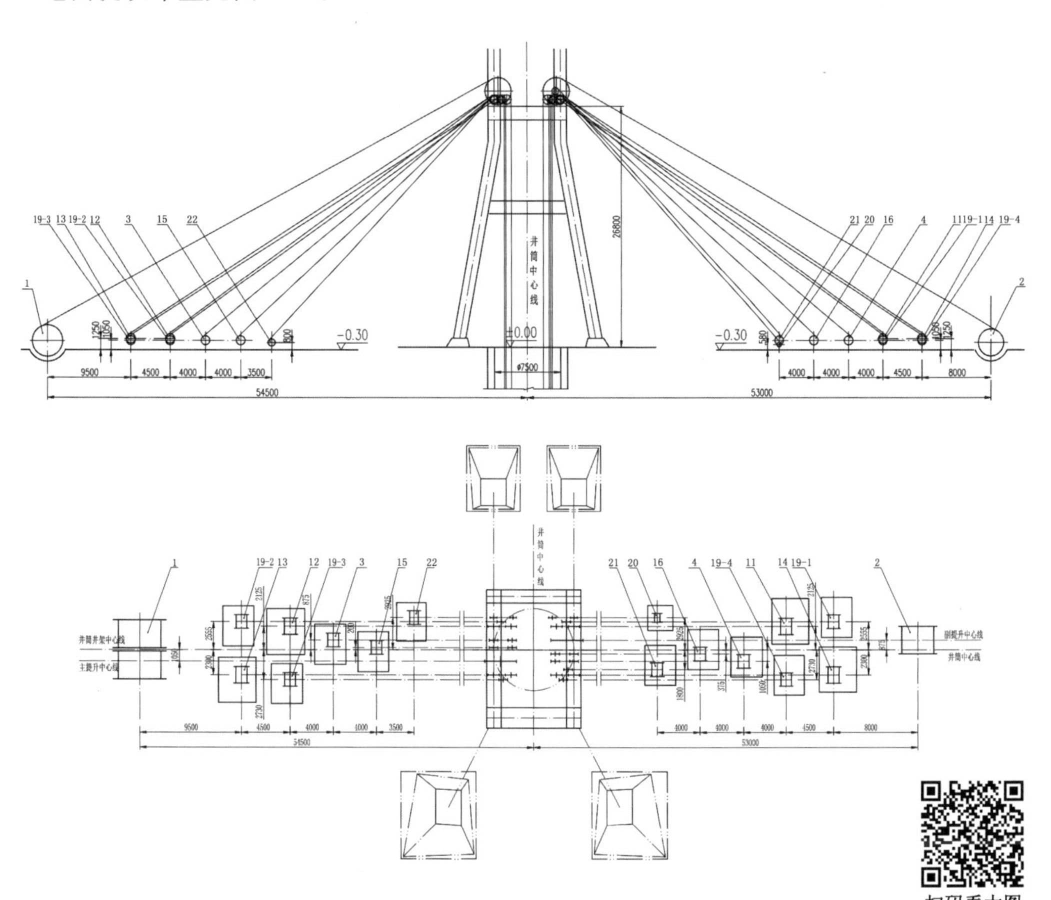

1—主提升机；2—副提升机；3，4—抓岩机用凿井绞车；11～16—吊盘悬吊凿井绞车；19(1-4)—模板悬吊用凿井绞车；20—安全梯悬吊用凿井绞车；21—动力电缆悬吊用凿井绞车；22—爆破电缆悬吊用凿井绞车。

图 8-55　提绞立面、平面布置图(两套单钩)

主提升机选用 2JKZ-4/18E 型提升机，副提升机选用 JKZ-3.0×2.5/15.5 型提升机；吊盘凿井绞车选用 JZ_2-25/1300 型，模板、抓岩机用凿井绞车选用 JZ_2-16/1000 型。爆破电缆悬吊选用 JZ_2-10/1000 型凿井绞车，动力电缆悬吊选用 JZ_2-16/1000 型凿井绞车。钢丝绳均选用 18×7 纤维芯钢丝绳，要求左右交互捻向组合使用。

提升、悬吊钢丝绳参数如表 8-13 所列。

表 8-13　提升、悬吊钢丝绳参数表

序号	设备名称	钢丝绳型号	钢丝绳倾角/(°)	钢丝绳长度/m	钢丝绳重量/kg	终端载荷/kg	总重量/kg
1	主提升机	18×7-42-1870	28.25	1 200	7 087	9 659	16 746
2	副提升机	18×7-42-1870	29.38	1 200	7 087	9 659	16 746
3	1# 抓岩机用凿井绞车	18×7-34-1770	39.15	1 150	4 645	7 920	12 565
4	2# 抓岩机用凿井绞车	18×7-34-1770	39.15	1 150	4 645	7 920	12 565
11	1# 吊盘悬吊用凿井绞车	18×7-42-1870(交左)	32.82	1 150	7 087	8 335	15 422
12	2# 吊盘悬吊用凿井绞车	18×7-42-1870(交右)	32.82	1 150	7 087	11 523	18 610
13	3# 吊盘悬吊用凿井绞车	18×7-42-1870(交左)	35.43	1 150	7 087	8 335	15 422
14	4# 吊盘悬吊用凿井绞车	18×7-42-1870(交右)	35.43	1 150	7 087	11 857	18 944
15	5# 吊盘悬吊用凿井绞车	18×7-42-1870(交左)	42.91	1 150	7 087	8 335	15 422
16	6# 吊盘悬吊用凿井绞车	18×7-42-1870(交右)	42.91	1 150	7 087	8 335	15 422
19-1	1# 模板悬吊用凿井绞车	18×7-34-1770	35.43	1 150	4 645	8 250	12 895
19-2	2# 模板悬吊用凿井绞车	18×7-34-1770	35.43	1 150	4 645	8 250	12 895
19-3	3# 模板悬吊用凿井绞车	18×7-34-1770	32.32	1 150	4 645	8 250	12 895
19-4	4# 模板悬吊用凿井绞车	18×7-34-1770	32.32	1 150	4 645	8 250	12 895
20	安全梯悬吊用凿井绞车	18×7-22-1670	47.87	1 150	1 947	2 500	4 447
21	动力电缆悬吊用凿井绞车	18×7-30-1770	47.49	1 150	3 615	7 010	10 625
22	爆破电缆悬吊用凿井绞车	18×7-20-1670	46.83	1 150	1 607	2 632	4 239

4. 天轮平台布置

利用永久井架，天轮平台置如图 8-56 所示。天轮和钢梁连接要求同示例三。

主、副提升天轮均为 ϕ3 000 mm，抓岩机悬吊、模板悬吊、动力电缆、提升稳绳天轮为 ϕ800 mm 单槽天轮，爆破电缆、安全梯及导向天轮为 ϕ650 mm 单槽天轮，吊盘悬吊及导向天轮为 ϕ1 050 mm 单槽天轮。

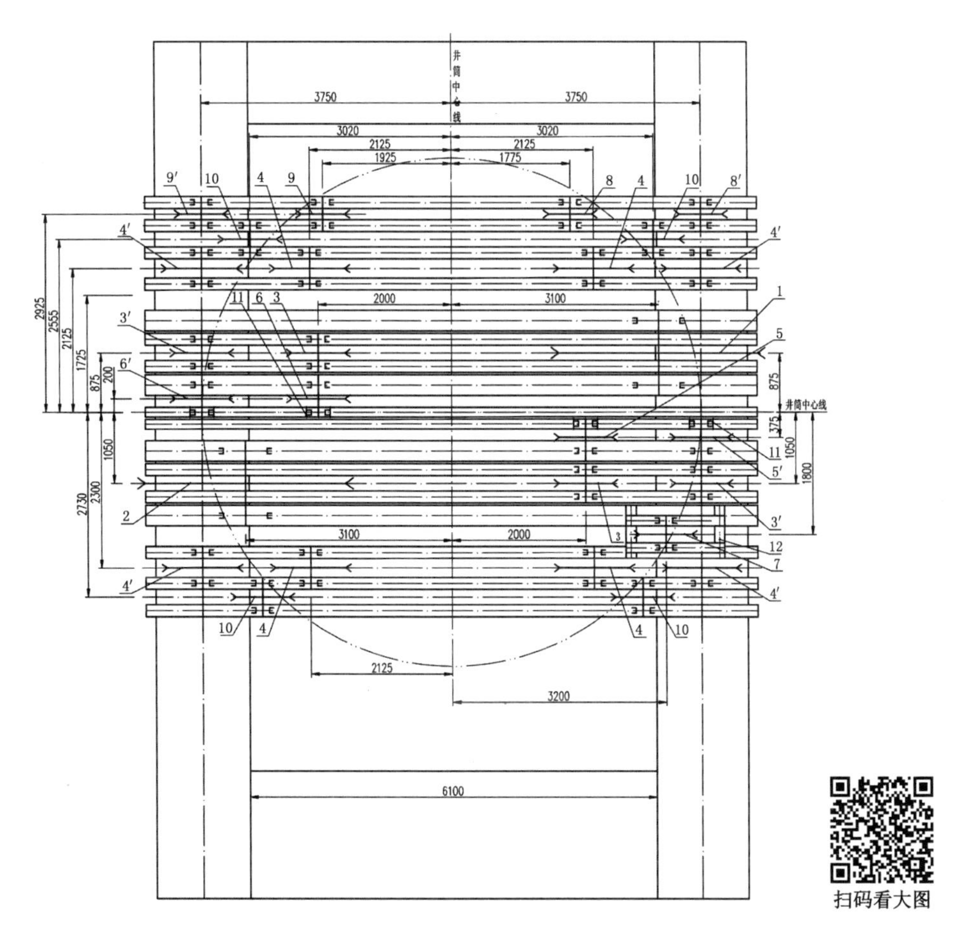

1—主提升天轮；2—副提升天轮；3—抓岩机天轮；3′—抓岩机导向天轮；4—吊盘天轮；
5—主提升稳绳天轮；5′—主提升稳绳导向天轮；6—副提升稳绳天轮；6′—副提升稳绳导向天轮；7—动力电缆天轮；
8—安全梯天轮；8′—安全梯导向天轮；9—爆破电缆天轮；9′—爆破电缆导向天轮；
10—模板悬吊天轮；11—稳绳天轮垫梁；12—动力电缆天轮垫梁。

图 8-56　天轮平台布置图

第九章　凿井施工机械化配套

立井施工机械化配套，就是根据立井工程条件、施工队伍素质和技术装备情况将凿井各主要工序用的施工设备进行优化，使之能力匹配，前后衔接组成一条工艺系统完整的机械化作业线，并与各辅助工序设备相互协调，在保证安全的条件下，充分发挥各种施工机械的效能，快速、高效、优质、低耗地完成作业循环。

立井井筒施工是矿井建设的关键工程，技术复杂、工况条件差、施工速度慢、占用建井工期长，因此，世界各国都把提高凿井机械化程度和完善设备配套，作为提高立井施工速度和工效的突破口。

第一节　概　　述

立井施工机械化作业线及其配套设备在设计时，应遵循以下原则：

(1) 综合考虑工程条件，施工队伍素质和已具有的设备条件等因素，选定配套类型。例如，井筒直径、深度较大，施工队伍素质较好时，应尽量选择重型或轻型机械化配套设备。否则应考虑选用轻型或半机械化设备。

(2) 各设备之间的能力要匹配，应主要保证提升能力与装岩能力、一次爆破矸石量与装岩能力、地面排矸与提升能力、支护能力与掘进能力和辅助设备与掘砌能力的匹配。

(3) 配套方式应与作业方式相适应。例如采用重型或轻型机械化作业线时，一般采用短段单行作业或混合作业。若采用长段单行作业，则凿井设备升降、拆装频繁，设备能力受到很大的影响。

(4) 配套方式应与设备技术性能相适应，选用寿命长、性能可靠的设备。

(5) 配套方式应与施工队伍的素质相适应。培训能熟练使用和维护机械设备的队伍，保证作业线正常运行。

在进行设备配套设计时，通常应重点解决两个方面的问题：一是作业线设备能力的匹配，二是辅助作业设备配套，同时还应该解决好凿井设备与凿井方式及工艺的配套。

对于机械化作业线设备能力的匹配，主要内容包括：提升能力与装岩能力的匹配、一次爆破岩石量与装岩能力的匹配、吊桶容积与抓斗容积的匹配、地面排矸能力与提升能力的匹配、井筒的支护能力与掘进速度的配备等五个方面。

辅助作业设备的配套，包括通风、排水、照明、通信、测量以及安全梯等，也是立井正常施工的保证，因此必须按照机械化作业线主要设备的要求予以正确地选择。

第二节　立井施工设备配套方案设计

在设备配套设计中要综合考虑各设备之间能力的匹配、设备与作业方式协调、设备与组织适应、设备及工艺的适应等多环节的一致，以便充分发挥其效能。在我国立井施工中，曾因设备可靠性差或使用、维修质量低，工艺安排不当，配套设备不匹配存在薄弱环节，关键技术未能及时解决，再加上井筒涌水未能很好解决等原因，使较现代的装备不能发挥应有的作用。反之，在井筒涌水大的情况下也有曾选用较小的施工设备，由于设备配套合理而创造了好的纪录。总之，这是一项综合的系统工程。

一、提升能力与装岩能力的匹配

抓岩和提升能力的大小对于立井施工速度的影响最大，因此，首先使装岩能力和提升能力匹配。为了充分发挥抓岩机的生产能力，加快出矸速度，减少出矸时间，提升能力应大于抓岩机的生产能力。抓岩机的生产能力可由抓岩机技术特征查得，或根据抓岩机生产率实测资料选用。

单钩提升和双钩提升能力，除查表外，也可按公式进行计算。

单钩提升能力 A_1：

$$A_1=\frac{3\ 600\times 0.9V}{KT_1},\mathrm{m^3/h} \tag{9-1}$$

式中　V——吊桶容积，$\mathrm{m^3}$；

K——提升不均衡系数，$K=1.25$；

0.9——吊桶装满系数；

T_1——一次提升循环时间，s。

$$T_1=2T_y+2T_{WS}+Q_S \tag{9-2}$$

式中　T_{WS}——无稳绳段总运行时间，27 s；

Q_S——一次提升休止时间，90～150 s；

T_y——有稳绳段运行时间，s。

$$T_y=\frac{v_{max}}{a_4}+\frac{h_5}{v_{max}}+\frac{v_{max}}{a_6} \tag{9-3}$$

式中　a_4,a_6——运行加、减速度，0.5～0.6 $\mathrm{m/s^2}$；

v_{max}——有稳绳段最大速度，m/s，$v_{max}\leqslant 0.5\sqrt{H-40}$；

h_5——沿稳绳最大速度运行高度，m。

$$h_5=H-40-h_4-h_6 \tag{9-4}$$

式中　H——最大提升高度，m；

40——无稳绳最大高度，m；

h_4,h_6——沿稳绳加、减速运行段高，m。

$$h_4=\frac{1}{2}v_{max}t_4,h_6=\frac{1}{2}v_{max}t_6 \tag{9-5}$$

双钩提升能力：

$$A_2=\frac{3\ 600\times 0.9V}{KT_1},\mathrm{m^3/h} \tag{9-6}$$

式中符号意义同公式(9-2)。

$$T_1=\frac{v_{\max}}{a}+\frac{H-80}{v_{\max}}+54+Q_S,\mathrm{s} \tag{9-7}$$

式中 a——运行加、减速度,0.5～0.7 m/s²;

$v_{\max}$——最大提升速度,m/s;

Q_S——一次提升休止时间,110～170 s;

54——无稳绳段总运行时间,s。

当井深600 m,井内布置1套5 m³ 吊桶,用双钩提升,1套3 m³ 吊桶,单钩提升时,提升能力为65 m³/h,而2HH-6型抓岩机的实际生产能力为60～70 m³/h,提升能力基本上能满足装岩生产能力的要求。当井深超过600 m以后,提升能力和装岩生产能力就不相适应,井筒越深提升能力越小,装岩能力与提升能力的匹配性愈差。在井筒断面条件允许的情况下,可采用多套提升。为了彻底解决国内深井提升能力与大斗容高效抓岩机生产能力相匹配的技术问题,应着手研制大功率提升机。

提升机的选择除了满足抓岩机生产能力的要求外,还要保证伞型钻架等大型设备的有效升降。如FJD-9型伞钻自重8.5 t,如选用JKZ-2.8/15.5型提升机,其钢丝绳最大静张力为15 t,提升能力完全符合要求。

二、一次爆破岩石量与装岩能力的匹配

抓岩机的生产能力与一次爆破岩石量的多少有密切关系。炮眼越深,一次爆破矸石量越大,抓岩机连续工作的时间就长,装岩准备、清底和收尾时间所占的比例就相对减少,因而获得的平均装岩生产率将有所提高。

抓岩机的生产率主要有两个变化阶段:第一阶段爆破后岩堆情况较好、高度较高,抓岩生产率高于平均生产率20%～30%;第二阶段岩堆较低,而且有的处在震裂状态,因此其生产率比第一阶段低70%左右。而且一次爆破岩石量增加时,第一阶段的抓岩时间也增加,第二阶段的抓岩时间则基本不变。所以一次爆破岩石量越大,则抓岩机的平均生产率越高。提高一次爆破岩石量,必须设法加深每循环的炮眼深度,改善爆破技术,提高爆破效果。一般要求一次爆破岩石量是抓岩生产能力的4～5倍。第二阶段的岩石量与抓岩机的一次抓取量、井筒的断面和抓岩机的叶片数有关,可按下式估算:

$$Q=hS=S\sigma\sqrt[3]{q} \tag{9-8}$$

式中 Q——第二阶段的岩石量,m³;

h——第二阶段的岩石厚度,m;

S——井筒掘进断面积,m²;

q——抓斗容积,1 m³;

σ——抓斗片数影响系数,6片时可取0.5,8片时取0.7。

三、吊桶容积与抓斗容积的匹配

随着抓斗容积的不断增大,抓斗的张开尺寸也越大,抓斗装桶时的岩石流直径也越大,

为了不使抓取的岩石在装入吊桶时撒落到吊桶外，试验资料表明，抓斗张开直径与吊桶直径一般应满足下式：

$$d_r \leqslant \frac{d_D}{0.8} \tag{9-9}$$

式中　d_r——抓斗张开直径，m；

d_D——吊桶直径，m。

$0.8d_r$ 是从抓斗卸出来的岩石流断面的最大直径(已考虑到抓斗在吊桶上方的位置的不对正的情况)。若岩石流断面积大于吊桶，则有岩石撒落。以吊桶口断面积和岩石流面积之比率 P 表示抓斗容积的利用率，即：

$$P = \frac{d_D}{0.8d_r} \tag{9-10}$$

当 $P \geqslant 1$ 时，抓斗容积的利用率最高。例如采用 2HH-6 型抓岩机，抓斗张开时的直径为 2.13 m，主提升采用 5 m^3 吊桶，桶口直径 1.63 m，则其抓斗利用率为 0.91。计算结果表明，2HH-6 型抓岩机和 5 m^3 吊桶匹配使用较为合适。

四、地面排矸能力与提升能力的匹配

排矸能力一定要满足装岩和提升能力的要求，以不影响装岩提升工作连续进行为原则。排矸方法有自卸汽车排矸和矿车排矸两种。自卸汽车排矸机动灵活，简单方便，排矸能力强，排矸距离在 500 m 左右，单车(7 t)小时排矸能力可达 50～60 m^3，是国内大型矿井用得最多的一种方法。

为了解决在生产中提升和排矸不均衡的矛盾，可在井架卸矸方向设置矸石仓，其容量可达 30 m^3，亦可采用落地矸石仓。

五、井筒的支护能力与掘进速度匹配

立井井筒支护机械化作业线较为成熟，施工速度快，特别是采用锚喷支护技术后，井筒支护占整个循环时间的比例大幅度下降，一般为 15%左右；在现浇混凝土的井筒中，由于采用了液压金属活动模板、大流态混凝土、混凝土输送管下料等技术，立模、拆模、下料、浇注混凝土等工序实现了机械化，砌壁速度大大加快，使砌壁占整个循环时间的比例减小至 20%左右。因此，提高井筒支护工作能力的关键是选用一套完整的机械化程度高的筑壁作业线，加快其速度，降低其占用施工循环的时间比例。

第三节　常用的机械化作业线及其配套设备

目前我国立井井筒施工已基本实现机械化。根据设备条件、井筒条件和综合经济效益不同，立井井筒施工机械化作业线的配套方案主要有重型设备机械化作业线、轻型设备机械化作业线和半机械化作业线。

一、重型设备机械化作业线

重型设备机械化作业线及其配套设备内容见表 9-1。

表 9-1 重型设备机械化作业线及其配套设备内容

序号	设备名称		型 号	单位	数量	主要技术特征
1	凿岩钻架		FJD-9	台	1	动臂 9 个，推进行程 4 m，收拢直径 1.6 m，高 5 m，重 8.5 t
2	抓岩机		2HH-6	台	1	抓斗 2 个，斗容 2×0.6 m^3，生产能力 80～100 m^3/h，重 13～15 t
			HZ-6	台	2	
3	提升机	主提	2JKZ-3/15.5	台	1	最大静张力 17 t，最大静张力差 14 t，绳速 5.88 m/s
		副提	JKZ-2.8/15.5	台	1	钢丝绳最大静张力 15 t，绳速 5.48 m/s
4	吊桶	主提	矸石吊桶	个	2	吊桶容积 5 m^3，桶径 1.85 m，重 2 t
		副提	矸石吊桶	个	1	吊桶容积 3 m^3，桶径 1.65 m，重 1.05 t
5	凿井井架		Ⅴ型	座	1	天轮平台尺寸 7.5 m×7.5 m，高度 26.364 m，卸矸台高度 10.3 m
6	凿井绞车		JZM-40/1000	台	2	钢丝绳静拉力 40 t，容绳量 1 000 m
			JZM-25/800	台	2	钢丝绳静拉力 25 t，容绳量 800 m
			JZA-5/1000	台	1	钢丝绳静拉力 5 t，容绳量 1000 m
			JZ 系列	台	12～14	钢丝绳静拉力 10 t、16 t，容绳量 800 m
7	活动模板		YJM 系列	个	1	直径 7.5～8.0 m，高度 3.5 m
8	吊泵		80DGL 系列	台	2	扬程 750 m，流量 50 m^3/h，重 4 t
9	通风机		4-58-11№11.25D	台	1	最高转速 1 370 r/min，风压 3 650 Pa，风量 12 m^3/s
			BKJ56№6	台	1	最高转速 2 900 r/min，风压 1 600 Pa，风量 4.17 m^3/s
10	通信、信号		KJTX-SX-1	台	1	传送距离大于 1 000 m

重型设备配套机械化作业线及其配套方案适应于直径 7～8 m、深度 800 m 的大型凿井工程。方案中多数配套设备都是按照千米井筒的施工条件设计的，设备能力、施工技术及辅助作业等相互协调，配套性能较好，装备水平与国际水平接近，在今后的深井工程中具有良好的发展和应用前景。

二、轻型设备机械化作业线

轻型设备机械化作业线配套主要是由 6 臂伞钻和中心回转抓岩机组成，见表 9-2。

表 9-2 轻型设备机械化作业线及其配套设备内容

序号	设备名称		型 号	单位	数量	主要技术特征
1	凿岩钻架		FJD-6	台	1	动臂 6 个，推进行程 3 m，重 5 t，高 4.5 m
2	抓岩机		HZ-4	台	1	斗容 0.4 m^3，生产能力 30 m^3/h，重 8 t，适用直径 5 m
3	提升机	主提	2JZK-3/15.5	台	1	最大静张力 17 t，最大静张力差 14 t，绳速 5.88 m/s
		副提	JZK-2.5/11.5	台	1	最大静张力 9 t，绳速 8.2 m/s
4	吊桶	主提	矸石吊桶	个	2	吊桶容积 3 m^3，桶径 1.65 m，重 1.05 t
		副提	矸石吊桶	个	2	吊桶容积 2 m^3，桶径 1.45 m，重 0.7 t
5	凿井井架		新Ⅳ型	座	1	天轮平台尺寸 7.0 m×7.0 m，卸矸台高度 10.8 m

表 9-2(续)

序号	设备名称	型 号	单位	数量	主要技术特征
6	凿井绞车	JZ-25/800	台	2	钢丝绳静拉力 25 t,容绳量 800 m
		JZA-5/1000	台	1	钢丝绳静拉力 5 t,容绳量 1 000 m,多种动力
		JZ 系列	台	12～14	钢丝绳静拉力 10 t、16 t,容绳量 800 m
7	活动模板	YJM 系列	个	1	直径 5.5～6.5 m,高度 3～4 m
8	吊 泵	80DGL 系列	台	2	扬程 750 m,流量 50 m^3/h,重 4 t
9	通 风	4-58-11№11.25D	台	1	最高转速 1 370 r/min,风压 3 650 Pa,风量 12 m^3/s
		2BKJ56№6	台	1	最高转速 2 900 r/min,风压 2 400 Pa,风量 4.11 m^3/s
10	通信、信号	KJTX-SX-1	台	1	传送距离大于 1 000 m

轻型设备配套方案是立井施工中应用最广泛的一种,在我国机械化凿井工程中占有很大比重。这种作业线机械化程度高,设备轻巧、灵活方便,操作使用方便,工效高,速度快,主要适应于井筒直径 5～6.5 m、井筒深度 500～600 m 的井筒施工,并在新井建设中为加快建井速度、缩短建井工期发挥了积极的作用,取得了较好的技术经济效益。

三、半机械化作业线

半机械化作业线是以手持式凿岩机、人力操纵的抓岩机为主要设备组成的作业线。在一些大直径深井工程中,选用斗容 0.6 m^3 长绳悬吊抓岩机,配用多台手持式凿岩机,3～5 m 高液压金属整体活动模板,采用短段单行作业或混合作业,曾多次创造凿井月进尺 100 m 以上的好成绩。

半机械化作业线的主要优点是作业灵活,能实现多台凿岩机同时作业,充分发挥小型抓岩机的优点,设备简单,操作容易;但机械化程度低,工人劳动强度大,生产能力小,安全工作要求高。由于具有设备轻便,操作、维修水平要求不高,设备费用省,施工组织管理简单等优点,这种设备配套方案目前仍有不少立井工程采用。

四、重型设备机械化作业线应用实例

淮南矿业集团望峰岗矿主井井筒由鸡西矿业集团建设工程公司承建,主井井筒设计深度 992.5 m,净直径 7.6 m,井颈段为双层混凝土复合井壁,壁厚 600 mm,井身段为素混凝土井壁,壁厚 500 mm,混凝土强度等级为 C30。

(一) 治水

基岩段岩性由砂岩、粉砂岩、砂质泥岩、泥岩等组成,井筒自上而下共穿过 21 个含水层,涌水量为 11.5～66 m^3/h。井筒施工前已进行地面预注浆,注浆深度 1 000 m。施工中采取综合防治水方案,当井筒涌水量超过 10 m^3/h,采用工作面预留岩帽短段注浆措施,边注边掘;涌水量小于 10 m^3/h 时,采用截、排、导、堵等常规治水措施,井壁涌水点采用壁后注浆封水。

由于采用了地面预注浆,注浆效果十分显著,施工中井筒工作面的涌水量没有超过 8 m^3/h,给井筒快速施工创造了有利条件,再辅以壁后注浆,使井筒成井后涌水量小于4 m^3/h。

（二）机械化配套

井筒采用短段掘砌混合作业施工方法，其综合机械化配套情况见表 9-3。

表 9-3　机械化配套主要设备表

设备名称	型　号	单位	数量
凿岩钻架	FJD-9	台	1
抓岩机	HZ-6、HZ-4	台	各 1
主提升机	2JKZ-4.0/15.5	台	1
副提升机	JKZ-2.8/15.5	台	1
凿井井架	V 型	台	1
吊桶	4 m^3、3 m^3	个	各 2
凿井绞车	JZM-25/1000	台	1
	JZ 系列	台	11
	JZA-5/1000	台	1
双层吊盘		个	1
砌壁模板	MJY-7.6/5.0	套	1
混凝土搅拌机	JS-750	台	3
自动配料机	PL-1000	台	2
压风机	5L-40/8	台	2
	4L-20/8	台	2
排矸汽车	8 t 自卸式	辆	2
装载机	ZL50M	台	1
通风机	2BRJ-30	台	2

（三）深孔光面爆破

凿岩采用 FGD-9 型伞架配 9 台 YGZ-70 导轨式独立回转风动凿岩机，辅以 9 台 YT-29 型风动凿岩机打周边眼和扩帮眼及第一圈掏槽眼，解决因伞钻收拢直径关系不能打第一圈掏槽眼的问题；根据井筒基岩段岩性，掏槽眼采用三阶复式直眼掏槽方式，一阶眼深 2.0 m，二阶眼深 3.0 m，三阶眼深 4.5 m，其余炮眼深 4.3 m；钎杆为中空六角钢，ϕ25 mm 钎杆长 4.5 m，ϕ22 mm 钎杆长 4.3 m，钎头用 ϕ50 mm 十字形和 ϕ42 mm 一字形两种；炸药为 T220 岩石水胶炸药，药卷规格为 ϕ45 mm×400 mm×740 g 和 ϕ35 mm×500 mm×500 g；雷管选用 6 m 长脚线毫秒延期电雷管 1～6 段，反向装药结构，连线方式为全并联，380 V 动力电源起爆。爆破参数见表 9-4。

（四）装岩与排矸

在双层吊盘下采取对称背靠背形式布置两台中心回转抓岩机，HZ-6 和 HZ-4 型各一台，分别布置在距井心 950 mm 处。两个吊桶分别布置于抓岩机中心两侧，抓岩机布置与吊桶协调，装岩实现 360°覆盖全井筒，两台抓岩机实行分区抓岩。爆破后，以HZ-6 为主、HZ-4为辅同时抓取矸石，清底阶段以 HZ-4 为主，清底灵活方便，清底效率高质量好。

表 9-4　爆破参数表

圈别	眼号	眼数/个	圈径/m	炮眼倾角/(°)	炮眼深度		炮眼位置		装药量			装药系数	起爆顺序	连线方式
					每个炮眼/m	每圈炮眼/m	眼间距/mm	眼圈距/m	每个药包数/个	炮眼药量/kg	每圈装药量/kg			
1	1～6	6	1.6	90	4.0 (3.4)	24 (20.4)	800 (800)	400 (500)	6 (4)	4.88 (3.25)	29.28 (19.5)	0.67 (0.53)	1.2 (1)	并联
2	7～16 (7～14)	10 (8)	2.4 (2.6)	90	4.0	40 (32)	742 (995)	850	4 (3)	3.25 (2.44)	32.5 (19.52)	0.45 (0.34)	3 (2)	
3	17～32 (15～28)	16 (14)	4.1 (4.4)	90	3.9	62.4 (54.6)	800 (979)	700	4 (3)	3.25 (2.44)	52 (34.16)	0.46 (0.34)	4 (3)	
4	33～54 (29～48)	22 (20)	5.8 (6.1)	90	3.9	85.8 (78)	825 (954)	200	(4) 3	3.25 (2.44)	71.5 (48.8)	0.46 (0.42)	5 (4)	
5	55～88 (49～84)	34 (36)	7.2 (7.5)	90 (87)	3.9	132.6 (140.4)	664 (654)	4	3.25 (2.13)	110.5 (76.68)	0.46 (0.42)	6 (5)	6 (5)	
6	89～122	34	7.6	9.	3.9	132.6	701		1	0.44	14.96	0.27	7	

注：括号中数字表示 $f<6$ 时的情况。

采用两套单钩提升，井深 800 m 以上采用 2 个 4 m^3 吊桶出矸，井深 800 m 以下采用 3 m^3 吊桶井下摘挂钩出矸。在卸矸台、封口盘、绞车房安设电视监控系统，绞车司机可直观准确地掌握井口人员工作状态、井盖门的开闭、卸矸溜槽的起落，不仅提高了劳动效率，而且对提升安全起到保障作用。

（五）永久支护

地面设混凝土集中搅拌站，1 台 ZL50M 型装载机输送砂石，2 台 PL-1000 型二斗配料机通过 FLCK 电子计量系统按设计重量比自动调配砂、石；水泥由 50 t 储灰罐通过电子秤计量后经水泥输送螺旋泵输入搅拌机，3 台 JS-750 型搅拌机搅拌混凝土，混凝土输送由 3 趟 ϕ159 mm×6 mm 无缝钢管、一趟 DX-2.5 型底卸式吊桶进行。采用 MJY 型液压整体模板砌壁，模板段高 5.0 m，模板稳车集中控制。上述系统实现了混凝土上料、计量、搅拌、下料及浇筑连续化、机械化作业。

（六）施工劳动组织

主井井筒施工实行项目法管理，采用短段掘砌混合作业施工法。即在井筒工作面把掘进和砌壁两个独立工序组合在一个成井循环中。掘进队采用掘进班组和机电维修班组相结合的综合队形式，直接工“四六”作业制，辅助工“三八”作业制，掘进队设 1 个专业打眼班和 4 个综合作业班，实行滚班作业，4 个综合班负责出矸、清底、脱模、砌壁、注浆等工作，打眼班专门负责打眼、爆破工作，以保证凿岩速度和质量。

（七）机电设备管理

机电设备维修实行包机保修制，分为伞钻组、抓岩机组、绞车组、压风和搅拌机组。包机组由维护工和司机组成，利用工序转换的空闲时间或平行时间进行检修，做到超前维护保养，确保设备处于完好状态。

第十章　立井过煤与瓦斯突出危险地层的施工

第一节　常用施工方法

我国立井井筒通过具有煤和瓦斯突出危险煤层的施工，已形成了以预排瓦斯、局部卸压和控制爆破相结合为主的综合防突技术。实践证明，这种施工方法不仅适用于薄煤层及中厚煤层，也适用于地质条件较复杂的厚煤层。

根据我国煤矿煤和瓦斯的赋存条件及施工经验，总结出的作为经预排瓦斯、局部卸压，消除原煤层突出危险的 4 个判据条件，证明是可靠的。这 4 个判据条件是：

（1）经预排瓦斯后，在设计的控制卸压区内煤层的残余瓦斯压力要降至原始瓦斯压力的 50％以下；

（2）煤层的透气性系数要比原始透气性系数增大 200 倍以上；

（3）瓦斯排放量超过该卸压区范围内煤体瓦斯总含量的 30％；

（4）取出的煤体应占该范围内总煤量的 2‰以上。

其理论依据是当井筒沿着原岩最大主应力方向掘进时，将使工作面前方最大主应力降低，从而使岩体中的潜能减少。随着工作面逐渐接近煤层，井筒对突出煤层的卸载作用就会愈明显。此时，适时采用钻孔抽排瓦斯和取出一定数量（即卸压区范围内 2‰～3‰）的煤体，将会在煤层中形成均匀分布的空间，给煤层变形创造有利条件，从而使原煤体的应变能降低，起到在一定范围内的人为卸压作用。卸压的煤体大于掘进井筒断面，达到井筒断面外的煤层宽度为该煤层厚度的 2 倍时，即可认为该煤体在井筒周围已形成了一个安全的保护区，这个区域足以抵挡未卸压的煤层瓦斯向井筒方向施加的压力，使井筒掘进工作面处于安全的状态。此时，采用少装药的控制爆破，尽量减少爆炸应力波对保护区煤体震动的强度，即可安全通过瓦斯突出煤层。

第二节　特殊施工方法

我国立井在过瓦斯突出煤层的施工中，也曾采用过以下方法。

（1）震动爆破。震动爆破曾被认为是一种防止瓦斯突出的技术措施，而实践证明它是一种诱导瓦斯突出的因素。在常规掘进中，工作面推进到接近具有突出危险的煤层时，都会产生能量（地应力、瓦斯）的突然释放，若此时采用大量炸药实施深孔爆破人为增加震动能，只能加剧冲击而不能抑制突出。

我国曾于 1966 年在黑龙江省鸡西矿区滴道矿副井、1978 年在江苏省花山立井过突出煤层时采用过这种方法，造成了煤和瓦斯的突出事故。进入 20 世纪 80 年代以后震动爆破已不再作为防止煤层突出的措施单独应用，而只作为辅助手段，且揭穿突出煤层禁止使用该方法。

(2) 局部加固阻挡瓦斯煤层突出。四川省打通煤矿立井施工过瓦斯突出煤层时，曾经采用在井筒外打双排钻孔，插入 50 mm 的钢管灌注砂浆，使其与煤体结合，形成一个内衬金属骨架的支撑环带，用以阻挡煤和瓦斯向井筒涌出，顺利地穿过了瓦斯突出煤层，见图 10-1。这种方法的实质是增大煤体的机械强度，消极地阻挡煤和瓦斯向井筒的涌出，因此只能用于煤和瓦斯涌出或突出强度较小的情况。

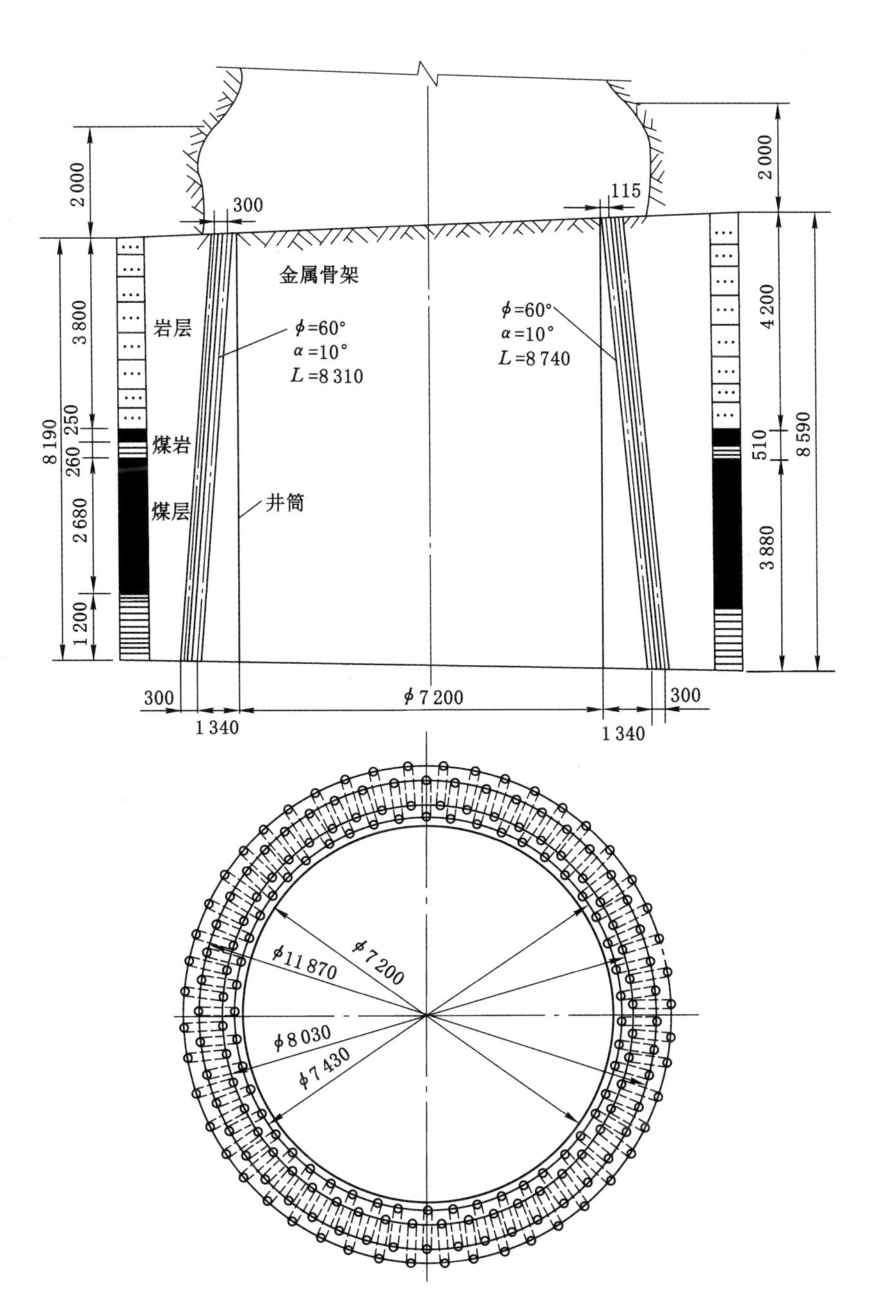

图 10-1　打通一井双排金属骨架防突布置图

(3) 局部卸压防突。根据采用施工方法的不同,局部卸压过煤和瓦斯突出危险煤层技术可分为以下几种类型:

① 预排(抽)煤层瓦斯。这是我国采用较多、也是行之有效的方法。1984 年铁法矿务局大兴矿主井施工时,曾采用钻孔预排瓦斯过突出煤层的方法。该井筒净直径为 8 m,垂深 606 m,穿过有突出危险的 7 号煤层。煤层厚 3 m、倾角 9°,瓦斯压力 4 MPa。煤的坚固性系数 f 为 0.66,瓦斯含量为 24.9 m^3/t。当井筒掘进距煤层 2 m 时,在井筒周边打钻孔 34 个,钻孔开孔直径 108 mm,终孔直径 75 mm,孔底间距 1 000 mm,见图 10-2。经 1 个月的自然排放,安全通过了该煤层。

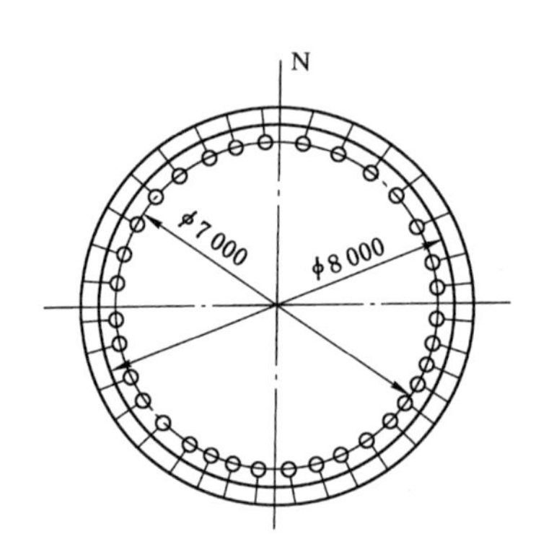

图 10-2 大兴矿主井预排瓦斯钻孔布置图

山西省阳泉二矿南山立井施工时,曾采用超前钻孔排放瓦斯通过突出煤层。该井筒净直径为 6.5 m,掘进直径 6.9 m,在垂深 300 m 左右穿过具有瓦斯喷出的含煤地层,采用预先打超前钻孔、边排放边掘进和加强通风的措施处理局部超过浓度的瓦斯。其钻孔布置及瓦斯涌出量情况见图 10-3。

② 水力冲孔。这是一种利用高压水的动力作用,冲出煤层中的部分煤和瓦斯,在一定的范围内造成卸压区而消除煤层突出危险的方法。通常施工中采用的水压大于 4 MPa、水流量为 40 m^3/h。河北省开滦矿区赵各庄矿暗立井施工中曾用此方法通过了具有突出危险的二层煤。井筒为该矿－1 000 m 水平的 1 个暗立井,为避免井筒施工中由上而下穿过 2 个突出煤层,采用了自下而上的反井揭煤方法。利用已开拓的－1 000 m 新水平巷,掘上山至立井井筒位置,反井掘进至距煤层 7.5 m 处,由煤层底板－933 m 设置钻场向上打钻孔穿过煤层。然后利用水力冲孔法将突出煤层局部卸压并排放瓦斯,再注水泥砂浆固结该煤层。辅以震动性爆破、自下而上掘进煤层并与上部井底贯通后,再由上而下刷大、砌筑井壁,见图 10-4。

该法适用于煤质较软且自喷能力较强的煤层,同时在冲孔过程中应具有承接排出冲出煤和瓦斯的工程条件,所以在立井施工中应用较少。

该法虽具有便利易行的优点,但其卸压范围的大小通常取决于冲出煤量的多少。往往同一地点同时期冲孔的结果却很难相同,甚至差距甚大,常常出现局部卸压不充分而在冲孔后仍有突出的危险性。

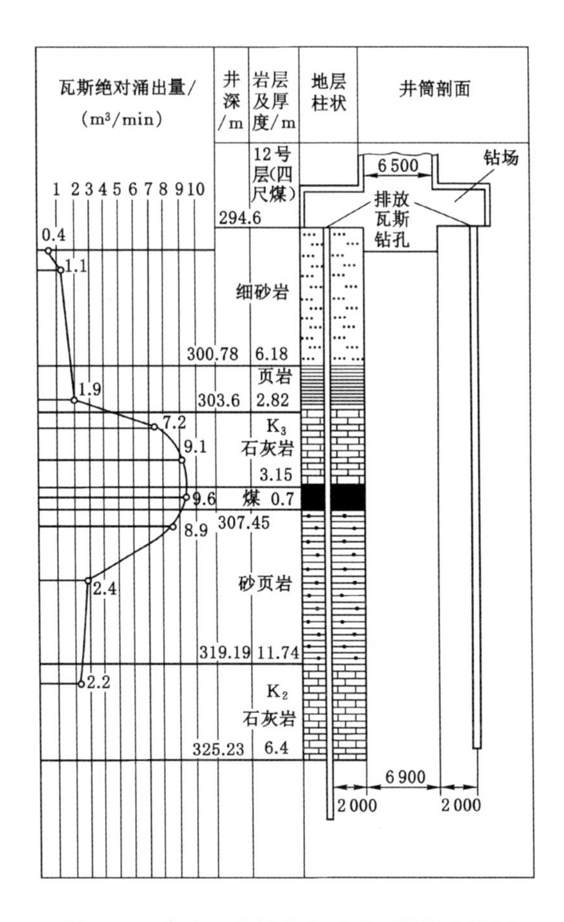

图 10-3　南山立井钻孔布置及瓦斯涌出量图

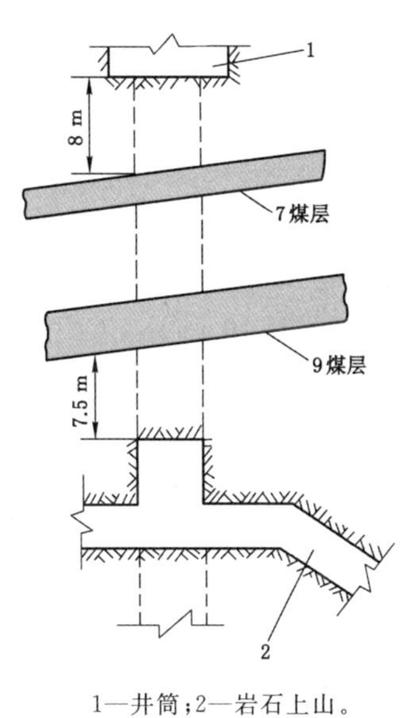

1—井筒;2—岩石上山。

图 10-4　开滦赵各庄暗立井穿过突出煤层示意图

第三节　施工案例

一、工程概况

芦岭新副井是芦岭煤矿为开拓延深第二水平在工业广场内开凿的新的井筒。井筒净直径 6.5 m，掘进直径为 7.5 m，井深为 643 m，在垂深 462～501.19 m 段依次穿过 7 号、8 号、9 号 3 个突出煤层。煤层的赋存情况见图 10-5。

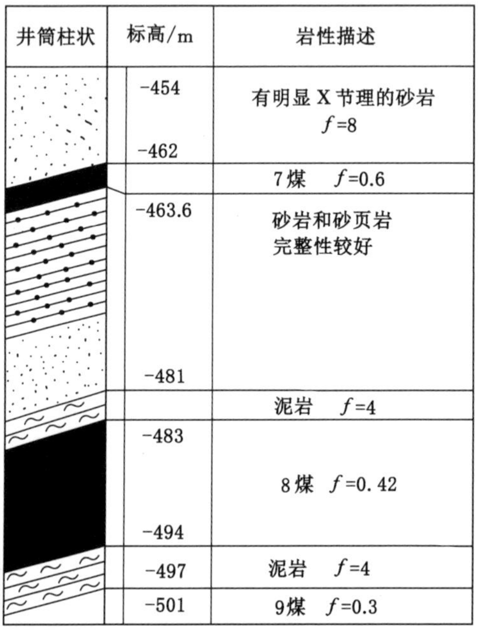

井筒柱状	标高/m	岩性描述
	-454 -462	有明显 X 节理的砂岩 f=8
		7煤　f=0.6
	-463.6 -481	砂岩和砂页岩 完整性较好
		泥岩　f=4
	-483 -494	8煤　f=0.42
	-497	泥岩　f=4
	-501	9煤　f=0.3

图 10-5　芦岭矿新副井井筒局部地质柱状图

20 世纪 60 年代，芦岭矿在原井筒施工穿过该 3 层煤时，均发生过不同程度的瓦斯涌出和突出等动力现象，以 8 号煤层最为严重，9 号煤层次之。据记载，1964 年 2 月当井筒揭穿 8 号煤层时，大量瓦斯涌出，井筒掘进进入煤层 2 m 时发生煤体向上鼓起，数小时后煤体隆起达 3 m，瓦斯涌出量达 9.8 m^3/min，瓦斯浓度达 5.5%，经几天的自然排放才逐渐趋于正常。在掘进至 9 号煤层时，煤层温度增高至 36 ℃，同时伴有鼓帮和煤炮。揭开 7 号煤层时，发生瓦斯涌出，并被引燃达 16 h 之久。

根据以上资料及煤体的显微分析，认为新副井穿过的 3 层煤的情况为：7 号煤层为瓦斯涌出或小型突出煤层，8 号、9 号煤层为煤与瓦斯突出煤层。

二、防突措施

为使芦岭新副井安全通过该 3 个突出煤层，采取了以下技术措施：

(1) 准确测定煤与瓦斯的基本参数。煤与瓦斯的流动受诸多因素的影响，除瓦斯的排放时间、采掘条件等人为因素外，就煤层本身而言，瓦斯压力、流量、煤的透气性(孔隙率)、瓦斯的吸附性能等是影响瓦斯流动的基本参数。为准确判定揭开的煤层是否已按照预期设计消除了突出的危险性，对上述基本参数进行了测定和分析。

① 煤层瓦斯压力的测定。包括煤层的原始瓦斯压力和残余瓦斯压力。采用直接测定法：当掘进工作面推进到距 7 号煤层 3 m 时，停止掘进，在井筒中心位置打测压钻孔测煤层的残余瓦斯压力；在距井筒中心 6.5 m 处打 2 个测压孔测煤层的原始瓦斯压力。在距 8 号煤层顶板 10 m 处打钻孔测井筒中心的残余瓦斯压力；距井筒中心 13.5 m 处测原始瓦斯的压力。由于 8 号煤层和 9 号煤层仅相距 3 m，因而以 8 号煤层测定的瓦斯参数类比 9 号煤层，9 号煤层不再另行测定。

② 瓦斯流量的测定。钻孔的自然流量采用直读式湿式流量计测定，抽放瓦斯管路的流量采用孔板流量计测定。

③ 煤层透气性测定。煤层的透气性，通常用煤层的透气性系数来表示。分别测定了 3 个煤层的透气性系数。

(2) 安全指标测出的原始状态参数再次确认了 7 号、8 号、9 号这 3 层煤仍处于具有瓦斯突出危险的状态。为确保井筒施工安全通过，对该 3 层煤采取了抽排瓦斯防突措施，在预计的卸压区内瓦斯参数达到了较为理想的指标。7 号煤层防突措施为多排小钻孔自然排放卸压，设计卸压区的范围为该煤层厚度的 2～3 倍，即井壁外 2～3 m，其钻孔布置见图 10-6。

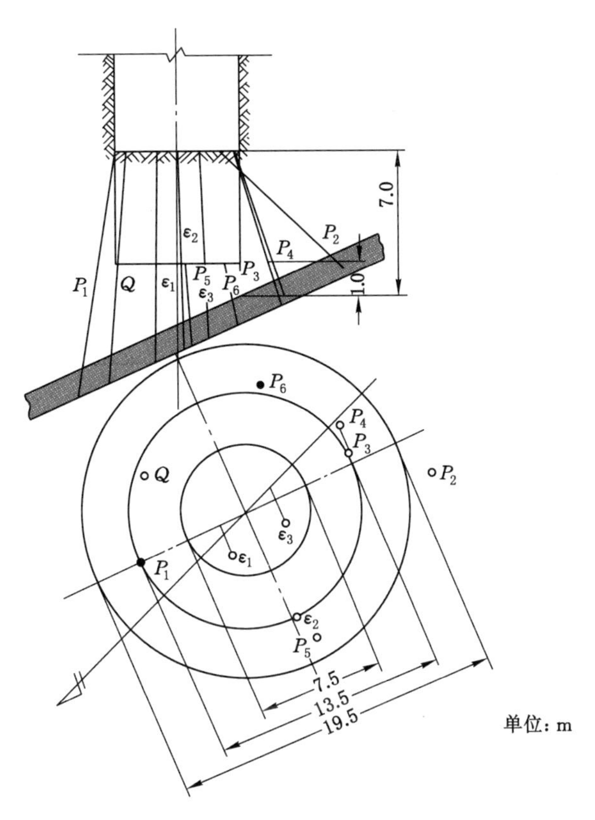

图 10-6　7 号煤层瓦斯参数考察钻孔布置图

为充分利用井筒工作面自然卸压作用和7号煤顶板为层、节理发育的砂岩利于煤层瓦斯排放的优点，在工作面距7号煤层7 m时打测压(兼测瓦斯流量)钻孔8个，随着工作面的推进又打排放钻孔20个，经一个半月自然排放，当工作面推进到距7号煤层1 m时，获得的卸压区内安全指标为：

① 煤层的残余瓦斯压力为0.45 MPa，是原始瓦斯压力2.1 MPa的20%，已降到50%以下；

② 煤层的透气性系数达原始透气性系数的200倍以上；

③ 瓦斯排放量已达58.8%，超过30%的指标；

④ 打钻取出煤总量已超过总煤量的3‰。

此时7号煤层已消除突出危险，采用控制爆破揭开了7号煤层，当时测得工作面的瓦斯浓度仅为0.1%～0.15%，回风流瓦斯浓度为0.07%～0.08%(风量为730 m^3/min)，无异常现象发生，顺利地通过了7号煤层。

8号煤层厚11 m，确定的卸压区范围为井筒掘进直径外8 m；9号煤层和8号煤层相隔仅为3 m厚的一层泥岩，9号煤层厚4 m，确定卸压区为井筒掘进直径外6 m。两煤层采用同样的抽排瓦斯卸压措施。8号和9号煤层参数考察和抽排瓦斯钻孔布置见图10-7。

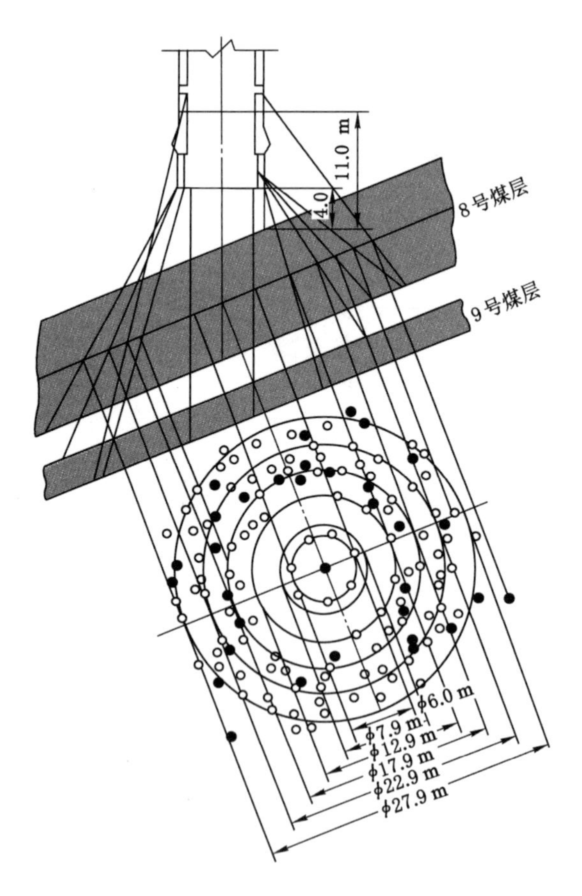

图10-7　8、9号煤层钻孔布置图

当工作面推进到距8号煤顶板11 m时，打考察钻孔12个，其中8号煤层10个、9号煤层2个。当掘进工作面推进到距8号煤层顶板4 m(井筒中心位置)时，停止掘进，打孔径为100 mm的排放钻孔96个。打钻结束后即进行自然排放。为加速瓦斯排放，缩短排放期，在地面建立了瓦斯抽放站，进行钻孔抽排。为排放8号煤层下部及外围的高压瓦斯，又补打排放钻孔54个。当时8号煤层预排瓦斯前后突出指标对比见表10-1，瓦斯参数变化见图10-8和图10-9。

表10-1　8号煤层预排瓦斯前后突出指标对比表

项目名称	安全指标	排放瓦斯前	排放瓦斯后
瓦斯压力/MPa	<1.0～1.55 井外2～10 m	1.95～3.1	<0.55
煤层透气性系数/[10^{-2} $m^2/(at^2 \cdot d)$]	>500	4.1～67	>389 井外7 m
瓦斯排放率/%	>30	10	39
取出煤量	1/1 000	1/1 000	2/1 000
突出危险性综合判定		危险	无

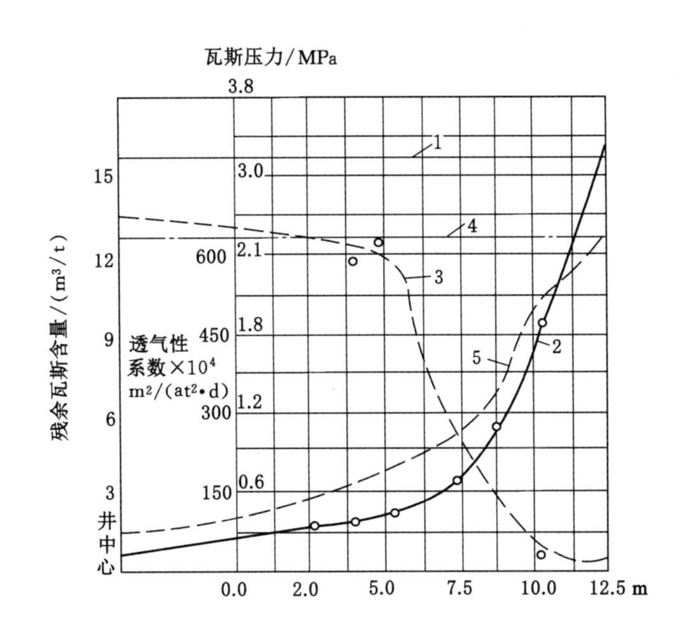

1—工作面距8号煤层11 m时实测的卸压区内的瓦斯压力分布曲线；
2—工作面距8号煤层4 m时实测的瓦斯压力分布曲线；3—测得的煤层透气性系数分布曲线；
4—实测的8号煤层原始瓦斯压力线；5—工作面距8号煤层11 m时瓦斯含量分布曲线。

图10-8　8号煤层打排放钻孔前的瓦斯参数图

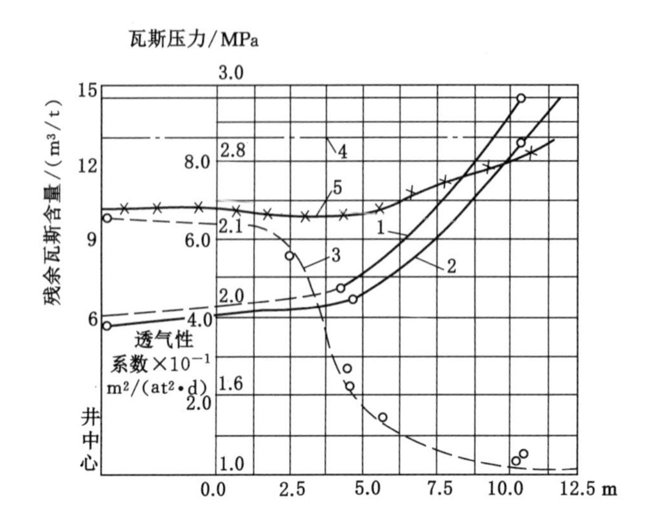

1—原始瓦斯压力线;2—残余瓦斯压力线;3—透气性系数线;4—原始瓦斯含量线;5—残余瓦斯含量线。

图 10-9 排放瓦斯后的参数图

在经过 150 天的自然排放、抽排、补孔排放等措施后,获得的卸压区内的瓦斯主要指标为:

① 瓦斯压力在卸压区范围内,已降到 0.32～1.1 MPa,达到了下降至原始压力(3.1 MPa)的 50%的指标;

② 煤层透气性系数已增大至 389×10^{-2} $m^2/(at^2\cdot d)$,比原始透气性系数增大 200 倍;

③ 瓦斯排放率已达 39%,大于卸压区范围内煤体瓦斯含量的 30%;

④ 前后钻孔已取出煤体占卸压区内煤体总量的 2/1 000。

以上指标可判定 8 号煤层已形成了一个直径 28 m 的卸压区,该区域内已消除了煤与瓦斯突出的危险。在井筒穿过 8 号煤层的施工中,揭开岩帽后瓦斯高峰浓度仅为 0.15%,瓦斯涌出峰值为 1.07 m^3/min 未发现异常现象,证明防突的措施是成功的。

当井筒穿过 8 号煤层后,对 9 号煤层继续打钻测定瓦斯参数,并在距井筒中心 11 m 的范围内打 40 个排放钻孔。经 100 天的自然排放,当达到预期的安全指标,爆破揭开了 9 号煤层,未发现异常现象。

(3) 控制爆破分次揭开突出煤层芦岭新副井施工经验表明,在已判定卸压区形成的前提下,如果不对煤层施加如震动性爆破之类的过大震动,采用控制爆破,减少一次起爆的炸药量,分次揭开煤层的爆破方法是可靠的。

揭 8 号煤层的炮眼布置及爆破参数见图 10-10 及表 10-2。

当井筒掘进到距煤层倾斜方向上方 0.5 m 时,停止掘进并砌筑永久井壁。此时掘进工作面距离 8 号煤层倾斜下方为 3.3 m,分 3 次全部揭开该煤层。由爆破图表知,主槽眼采用直线龟裂、副槽眼采用楔形布置,其余各排炮孔依次由掏槽爆破区向两边推进,直到井筒边缘。

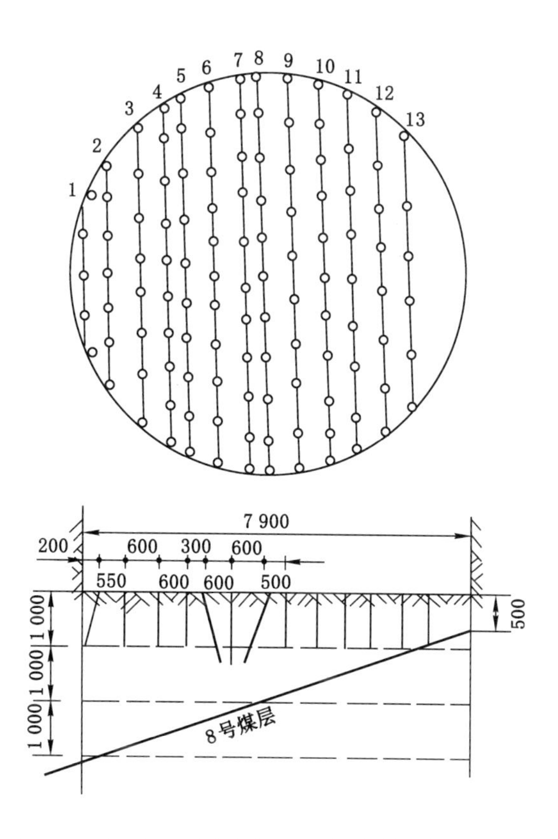

图 10-10　芦岭矿新副井揭 8 号煤层时炮孔布置图

表 10-2　揭 8 号煤层时爆破参数表

序号	炮眼名称	倾角/(°)	眼深/m	装药量/kg	起爆顺序	连线方式
1	边眼	80	1.10	0.25×2	5	串并联
2	边眼	80	1.10	0.25×2	4	
	崩落眼	90	1.10	0.50×5	4	
3	边眼	80	1.10	0.25×2	3	
	崩落眼	90	1.10	0.50×6	3	
4	边眼	80	1.10	0.25×2	2	
	崩落眼	90	1.10	0.50×8	2	
5	边眼	80	1.30	0.25×2	1	
	副槽眼	90	1.30	1.20×8	1	
6	边眼	80	1.30	0.25×2	1	
	槽眼	90	1.30	2.0×9	1	
7	边眼	80	1.30	0.25×2	1	
	副槽眼	90	1.30	1.20×9	1	
8	边眼	80	1.10	0.25×2	2	
	崩落眼	90	1.10	0.50×9	2	

表 10-2(续)

序号	炮眼名称	倾角/(°)	眼深/m	装药量/kg	起爆顺序	连线方式
9	边眼	80	1.10	0.25×2	3	串并联
	崩落眼	90	1.10	0.50×8	3	
10	边眼	80	1.10	0.25×2	4	
	崩落眼	90	1.10	0.50×8	4	
11	边眼	80	1.10	0.20×2	5	
	崩落眼	90	1.10	0.40×7	5	
12	边眼	80	0.9	0.20×2	5	
	崩落眼	90	0.9	0.40×6	5	
13	边眼	80	0.7	0.15×2	5	
	崩落眼	90	0.7	0.3×4	5	
总计		116 个	130.2	71.35	5	

虽然爆破作业是在已消除突出危险的卸压区内进行的，但由于残余瓦斯压力仍有 0.3～1.1 MPa，残余瓦斯量仍有 70%，所以揭煤爆破时采取了严格的安全管理措施。选用了煤矿水胶炸药，5 段高精度毫秒电雷管，使雷管的总延期时间控制在 130 ms 以内，由大功率发爆器在地面一次引爆，井筒周围 30 m 范围内切断电源，爆破后及时测量风流中的瓦斯量等。

由于总体防突卸压措施可靠，爆破参数及装药量设计合理，第一次爆破后揭露煤层占井筒面积的 1/3，以此作为第 2 次爆破的自由面，又扩大揭露煤层达到断面的 2/3，第 3 次爆破后全部揭开该煤层。

在整个揭煤爆破过程中，风流中的瓦斯浓度仅达到 0.15%，未发现任何异常现象。以同样的方法揭开了 7 号、8 号、9 号 3 个突出煤层，均获得成功。

第十一章　立井井筒延深

在采用立井多水平开拓的矿井中，一般由上而下逐水平开采，井筒也由浅而深逐水平分段开凿。将已有的井筒沿原轴线由生产水平开凿至下一水平称为井筒延深。井筒延深是新水平建设中的一项主要工程，必须在生产水平开采结束以前适当时候开工，以保证新水平建设按期进行，实现水平间正常接续和避免浪费。在新水平建设中的井筒延深施工与在新矿井建设中的井筒施工具有同等重要的地位，井筒延深施工方法也与新井基岩施工方法基本相同，但二者的施工条件完全不同。井筒延深通常与矿井生产同时进行，受已有生产系统的限制和矿井生产的影响，施工难度较大、施工组织管理也比较复杂。因此，结合矿井具体情况选择合理的井筒延深施工方案是井筒延深的关键。

通常采用的立井井筒延深方案有利用辅助水平延深、利用延深间延深和用反井延深等。选择井筒延深施工方案时应考虑：

(1) 尽量减小和避免井筒延深对矿井生产的影响以及生产与延深相互干扰，在必须停产延深时尽量缩短停产时间；

(2) 尽量利用已有的或永久性的井巷和设施为延深工作服务，以减少临时工程量、缩短准备工期和减少投资；

(3) 必须保证建设和生产安全。

第一节　正井法延深井筒

由生产水平向下开凿暗井，并在距离生产水平垂深约 30～50 m 处设专门为新水平建设服务的辅助水平，在辅助水平上开掘延深用巷道和硐室及安设延深用装备和设施，井筒延深工作通过辅助水平开展，由辅助水平向下进行。利用辅助水平延深井筒，施工人员、材料和设备由生产水平经暗井到达辅助水平，再由吊桶下放至工作面；矸石用吊桶从工作面提升到辅助水平后经暗井提至生产水平，再由生产水平的运输系统运至地面。其巷道和硐室布置及提升运输系统如图 11-1 所示。

一、辅助水平的布置

(一) 辅助水平至生产水平最小高度的确定

辅助水平至生产水平的高度由生产水平的井底深度、保护设施的厚度和提升翻矸所需要的高度决定，根据图 11-2 按下式计算：

$$H = h_1 + h_2 + h_3 + h_4 + h_5 \tag{11-1}$$

式中　H——辅助水平至生产水平的最小高度，m；

h_1——辅助水平至翻矸台的高度，一般 $h_1=4.0$ m；

h_2——翻矸台至天轮中心的高度，m，为保证提升安全应考虑过卷高度，通常 h_2 取 10.0～12.0 m；

h_3——天轮中心至保护设施底部的高度，一般 h_3 取 2.5～3.0 m；

h_4——保护设施的厚度，采用保护岩柱时 h_4 取 6.0～8.0 m，采用人工保护盘时 h_4 取 2.5～3.0 m；

h_5——保护设施的顶部至生产水平的高度，等于生产水平的井底深度。

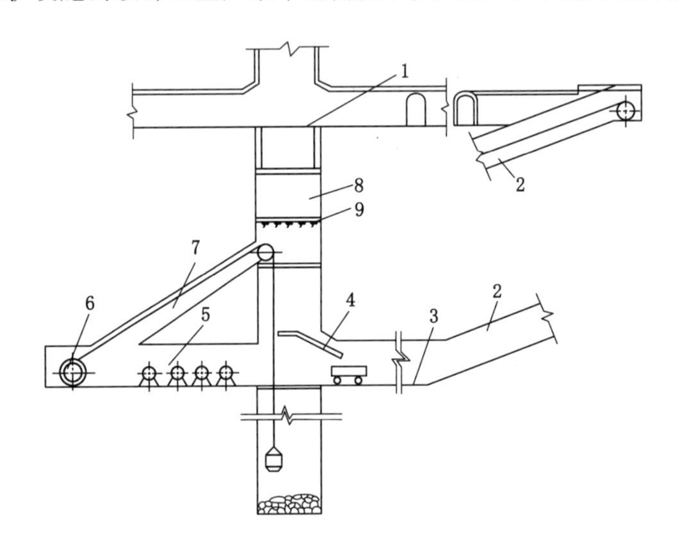

1—生产水平；2—辅助暗斜井；3—延深辅助水平；4—卸矸台；5—凿井绞车硐室；
6—施工提升机硐室；7—绳道；8—保护岩柱；9—护顶盘。

图 11-1　利用辅助水平延深井筒施工系统布置图

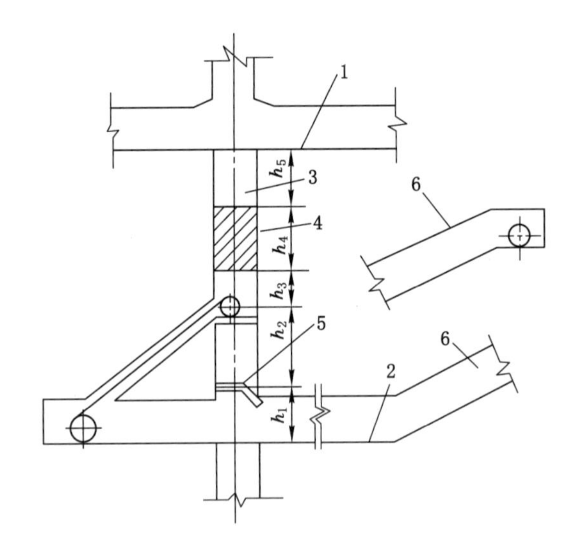

1—生产水平；2—延深辅助水平；3—井底水窝；4—保护设施；5—翻矸台；6—暗斜井。

图 11-2　延深辅助水平与生产水平之间的垂直距离计算图

辅助水平至生产水平的高度在保证安全的前提下应尽量小，以减少井筒延深的辅助工程量、缩短工期和降低成本。

（二）暗井形式和位置的确定

由生产水平通往辅助水平的暗井可以采用暗斜井或暗立井。暗立井井筒工程量较小，但施工较复杂、人员上下不方便，而暗斜井施工简单，人员上下也比较方便，故多采用暗斜井。暗斜井的位置应满足以下要求：

（1）暗斜井的上部车场应位于运输、通风、下管线都比较方便，距离井筒较近且不影响矿井生产运输与提升工作的地方。一般将暗斜井上部车场与生产水平的环行井底车场的绕道线相连接，这样有利于空车和材料车运行。图 11-3 为徐州大黄山一号井二水平延深时暗斜井及辅助水平布置图，上部车场采用双巷布置使延深用的材料车、空车及矸石车与生产水平生产用的材料车、空车及矸石车在井底车场内沿同向运行，进出车方便，生产与延深相互影响小，但是上部车场采用双巷增大了工程量。

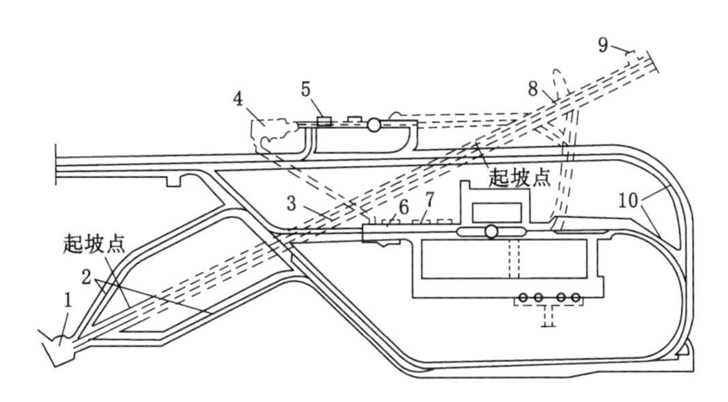

1—暗斜井提升绞车硐室；2—暗斜井上部车场；3—暗斜井；4—主井施工提升机硐室；5—主井凿井绞车硐室；6—副井施工提升机硐室；7—副井凿井绞车硐室；8—临时水泵房；9—搅拌机硐室；10—生产水平井底车场。

图 11-3　徐州大黄山一号井延深施工辅助巷道布置图

（2）选择暗斜井位置时，应考虑附近是否有已有巷道和硐室可以利用。如果有已有巷道和硐室可以利用作为上部车场、暗斜井以及存放材料和安装机电设备的硐室，应尽量利用。这样可减少延深辅助工程量。

（3）暗斜井井筒不得正对立井井筒，以免发生跑车事故时跑车直冲井筒造成严重后果。一般要求暗斜井井筒中心线与延深井筒中心线的水平距离应大于 15 m。

（4）尽量避免在断层、破碎带和含水层等不良岩层中布置暗斜井，以利于暗斜井的施工和维护。

（5）暗斜井的倾角不宜过小，一般以 25°～30°为宜。

（三）辅助水平的设置

辅助水平标高等于生产水平标高减去辅助水平至生产水平之间的最小高度，即

$$H_{辅} = H_{生产} - H \tag{11-2}$$

当只延深一个井筒时，辅助水平应设在按式(11-2)计算的标高上。

当主、副井筒相距较近，且均需要延深时，由于主、副井井底深度不同，按式(11-2)计算

确定的两个井筒的辅助水平标高不同,辅助水平的设置有两种方案。

1. 主、副井筒分别设置辅助水平

按式(11-2)分别计算主、副井辅助水平标高,在计算的两个标高上各设一个辅助水平分别用于主、副井筒延深。由一条暗斜井为两个辅助水平服务,主、副井出矸分别经各辅助水平由暗斜井提升到上部车场,主、副井所需材料和设备由暗斜井分别运至各辅助水平,如图11-4所示。这种布置方式的优点是:副井辅助水平距生产水平较近,辅助工程量较小,副井辅助水平形成后可先进行副井延深,有利于缩短工期。其缺点是需要分别设主、副井辅助水平,辅助工程量大、生产不集中、运输管理复杂、两个井筒的施工材料不便于相互调配。

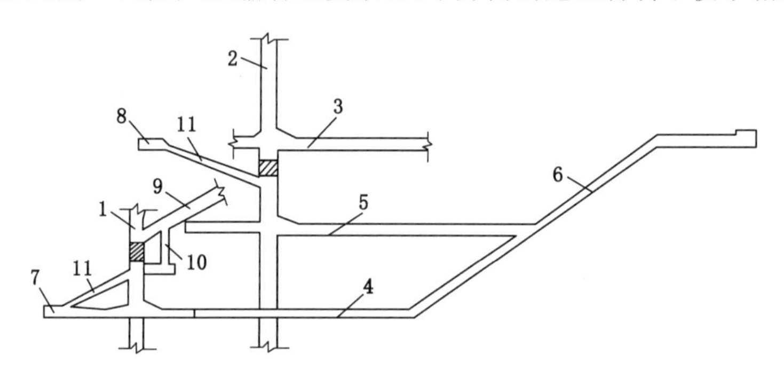

1—主井;2—副井;3—生产水平;4—主井辅助水平;5—副井辅助水平;6—暗斜井;
7—主井施工提升机硐室;8—副井施工提升机硐室;9—清理斜巷;10—通风暗井;11—绳道。

图 11-4 主副井各设一个辅助水平的施工辅助巷道布置图

2. 主副井筒共用一个辅助水平

在按主井计算的辅助水平标高上设一个辅助水平,为主、副井筒延深服务,如图11-5所示。其优点是:主、副井共用一个辅助水平及相关硐室(如搅拌机硐室、材料堆放硐室等),辅助工程量小;主、副井施工用的材料和设备可以互相调剂;管理集中。其缺点是:对副井而言,辅助水平距保护岩柱或人工保护盘底的一段井筒过长,施工比较困难;不利于缩短施工总工期。

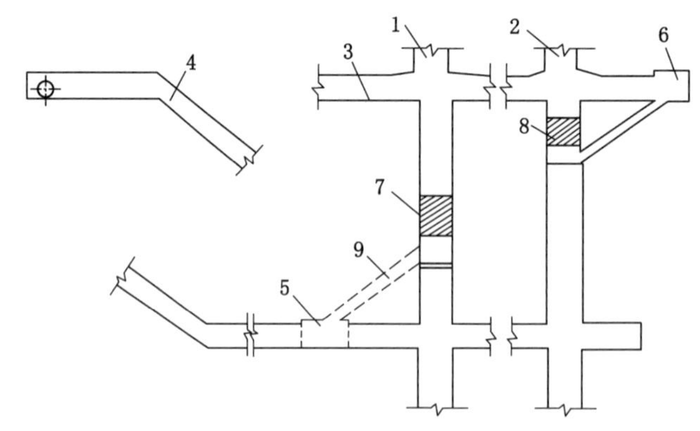

1—主井;2—副井;3—生产水平;4—延深暗斜井;5—主井施工提升机硐室;
6—副井施工提升机硐室;7—主井保护岩柱;8—副井保护岩柱;9—绳道。

图 11-5 主副井共用一个辅助水平的施工辅助巷道布置图

（四）施工提升机和凿井绞车硐室布置

延深井筒的施工提升机和凿井绞车硐室一般都布置在辅助水平上。条件允许时副井的提升机硐室可布置在生产水平上，这样布置的优点是：① 可利用绳道兼作通向生产水平的风道，从而可减少临时工程量；② 副井施工提升机硐室和绳道可与暗斜井同时施工，有利于缩短延深准备期；③ 在采用主、副井共用一个辅助水平的情况下，可避免副井保护岩柱过厚而造成后期拆除岩柱的困难。

凿井绞车通常集中布置在井筒的一侧，如图 11-6 所示。这样布置硐室工程量较小、使用方便。为了避免前后排列的凿井绞车的钢丝绳相互干扰，可将绞车基础做成不同的标高，并在适当位置安设导向轮。为了减少凿井绞车的台数和绞车硐室工程量，可采用单绳悬吊管缆或在井壁上固定管缆等方式。

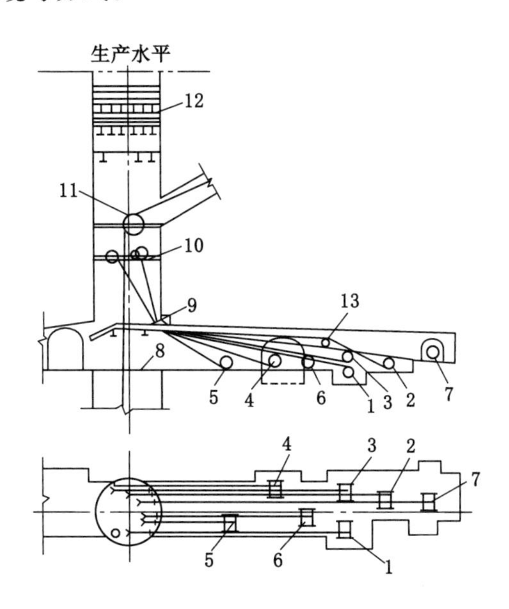

1，2—悬吊吊盘绞车；3，4—悬吊输料管绞车；5，6—悬吊吊泵绞车；7—悬吊安全梯绞车；
8—封口盘；9—卸矸台；10—天轮平台；11—吊桶天轮；12—人工保护盘；13—导向轮。

图 11-6　凿井绞车及施工设备布置图

二、井筒延深施工

井筒延深施工包括以下工作。

1. 辅助水平施工

自生产水平向下掘进暗斜井，到达辅助水平标高后掘进辅助水平巷道和硐室。

2. 提升间施工

提升间指自保护岩柱下端面至辅助水平标高的一段井筒。辅助水平巷道掘成后，开始施工提升间。提升间一般采用普通反井法施工，施工过程是：从辅助水平自下而上先掘进小断面（直径 2.0～3.0 m）反井，后由上而下扩大断面至设计断面。掘进反井时应注意与绳道贯通。扩井施工方法同普通反井法的井身施工。扩井时应注意：① 当上端断面扩好后应及时安设护顶盘，使向下的扩井施工在护顶盘保护下进行；② 当井筒断面扩大到绳道口以下

2.0 m左右时，开始进行该段井筒的永久井壁施工。

提升间施工应施工至辅助水平以下约2 m处。

3. 井筒延深

当完成所有延深辅助工程并安装好延深施工设备、形成辅助水平生产系统后，开始自上而下进行井筒延深施工。延深施工中的打眼爆破、装岩提升、井筒支护以及通风、排水等工作与新井建设中基岩施工相同。

4. 马头门施工和井筒安装

当井筒施工至设计深度后，进行马头门施工和井筒装备安装工作。同新井建设。

5. 拆除保护岩柱或人工保护盘

保护岩柱的拆除，可以通过生产水平自上而下全断面掘砌，也可以通过辅助水平用反井法施工(先自下而上用小断面反井掘透，再自上而下扩大到设计断面，矸石经在提升间的天轮平台上搭建的溜矸台和绳道溜放至辅助水平后排出)，如图11-7所示。前者清理井底沉淀物工作比较困难，所以在实践中多采用后者。

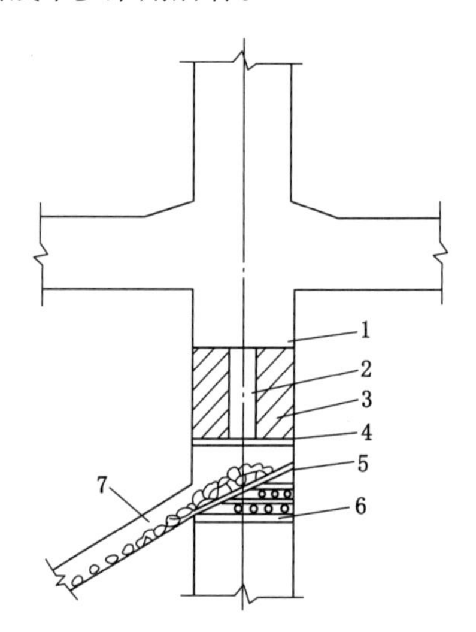

1—井底水窝；2—反井；3—保护岩柱；4—护顶盘；5—溜矸台；6—天轮平台；7—绳道。

图11-7 用反井法拆除保护岩柱

在拆除保护岩柱或人工保护盘时，应注意以下问题：

(1) 为了保证施工安全，拆除保护岩柱或人工保护盘时，上部井筒的生产提升必须停止；

(2) 在向上掘进小断面反井前，应摸清井底沉积物和积水情况，准确掌握反井工作面至井底的距离；

(3) 必须制定周密的反井贯通安全措施；

(4) 应根据保护岩柱的岩性，在反井工作面距上部井底2～3 m时，做到一炮崩透；

(5) 保护岩柱拆除后，应立即进行该段井筒的永久支护和安装工作，尽量减少停止生产水平提升的时间。

若在矿井设计时在井筒中专门预留了供井筒延深施工使用的延深间，或在井筒延深时井筒中有空间可供延深施工使用且不影响矿井生产提升时，可以考虑采用这种延深方案。

利用延深间延深井筒,其施工提升机和卸矸平台可以设在地面或生产水平上。为了使井筒延深工作不影响生产和减少延深辅助巷道工程量,施工提升机和卸矸系统设在地面较好。

三、延深井筒断面布置

延深井筒断面布置与原井筒断面布置、原井筒内能够利用的延深间的断面大小以及延深施工设备等有关。鹤岗兴安台矿主井井筒延深时采用利用延深间延深井筒的延深施工方案,施工条件及断面布置如下:主井井筒延深深度为 190 m,延深提升总高度为 400 m,井筒净直径为6.5 m,原设计井筒内布置一对 9 t 底卸式箕斗和一个带有平衡锤的 3 t 矿车普通单罐笼,其中箕斗间和罐笼间约各占井筒断面的一半,如图 11-8 所示。在第一水平移交生产时,平衡锤、罐笼及罐道均未安装,在永久井架上的罐笼用天轮平台和平衡锤用天轮平台也均未使用。

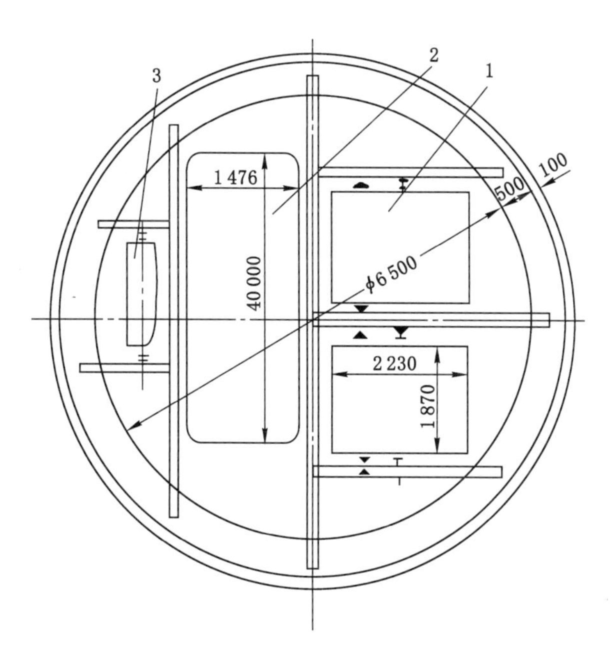

1—箕斗;2—罐笼;3—平衡锤。

图 11-8　兴安台矿主井原设计断面布置图

根据上述条件,兴安台矿主井延深时井筒布置如图 11-9 和图 11-10 所示,在井筒原设计的罐笼间内布置 2 个 1 m^3 吊桶用于延深时提升,2 台吊桶提升机和吊桶稳绳绞车均布置在地面上,吊桶提升天轮布置在永久井架原设计罐笼天轮平台上,稳绳绞车天轮布置在永久井架原设计平衡锤天轮平台上,悬吊吊盘和各种管线的凿井绞车布置在辅助水平的硐室内。这样布置既节省了临时井架,又减少了开凿延深辅助巷道的工程量。

四、井筒延深准备工作

利用延深间延深井筒的施工准备工作包括:地面井架天轮安装和运输线路铺设、清理井底、提升间施工、辅助水平施工及施工设备安装等,其中清理井底和提升间施工有别于其他方案。

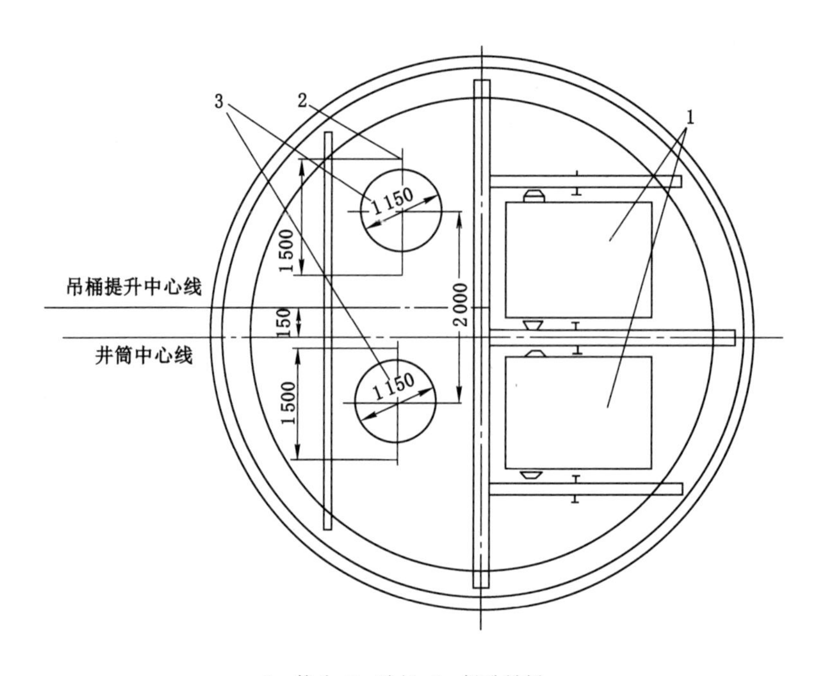

1—箕斗；2—稳绳；3—提升吊桶。

图 11-9　兴安台矿主井延深时井筒布置断面图

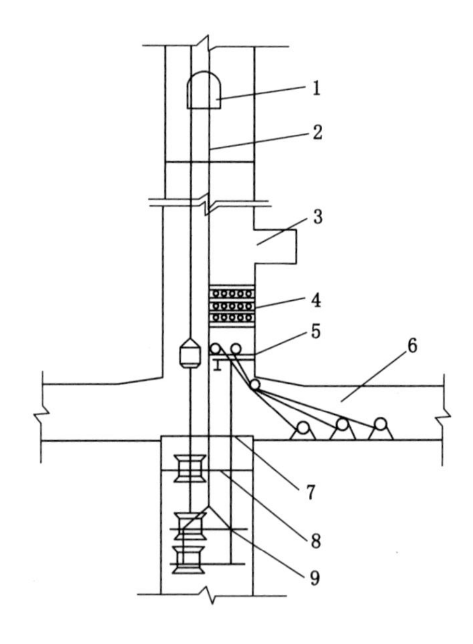

1—生产水平通道；2—挡板；3—箕斗装载硐室下室；4—人工保护盘；
5—天轮平台；6—凿井绞车硐室；7—封口盘；8—固定盘；9—吊盘。

图 11-10　兴安台矿主井延深时井筒布置剖面图

（一）清理井底

在井筒延深施工前，必须将井底积水、淤泥及沉积杂物清理干净。清理井底可以通过原井筒自上而下进行，也可用巷道由下向上贯通井底后把井底的积水和淤泥沿巷道向下放出。前者清理难度大且影响生产提升，后者省工且对生产提升影响很小，所以在有条件时应选择后者。

（二）提升间施工

当延深井筒采用保护岩柱作为保护设施时，提升间由处于保护岩柱中的延深间和自保护岩柱至辅助水平的一段井筒组成。

提升间的施工有以下两种方案，可视具体情况选择。

(1) 自上而下全断面一次施工。在保护岩柱中用小断面自上而下掘进延深间，掘至护顶梁处扩大至设计断面并架设护顶梁，后继续自上而下全断面掘砌井筒至延深辅助水平以下约 4 m 左右停止。

(2) 利用反井施工。先自延深辅助水平向上掘进小断面反井与生产水平井底贯通，再自保护岩柱下端开始自上而下刷大断面和砌壁。应注意在保护岩柱下端断面刷大后要及时架设护顶梁。

五、井筒延深

完成延深准备工作后，开始井筒延深的掘砌工作。其工作内容和方法与利用辅助水平延深井筒相同。当井筒和马头门掘砌完毕以及井筒安装工作结束后，开始施工保护岩柱段井筒。保护岩柱段井筒的施工方法是：先自上而下将延深间断面刷大至井筒设计断面，再进行永久支护和永久装备安装。应当强调，在施工保护岩柱期间必须停止生产提升工作。

利用延深间延深井筒的优点是延深辅助工程量小，延深准备工期短；其缺点是提升吊桶容积小、提升距离长（直接提至地面）、一次提升时间长，影响井筒延深施工速度，特别当延深提升高度超过 500 m 时，其提升能力很难满足延深施工要求。

第二节　反井法延深井筒

在有一个井筒或下山已经到达新水平，并在新水平与生产水平之间形成了运输系统的情况下，可利用反井延深另一个井筒，如图 11-11 所示。

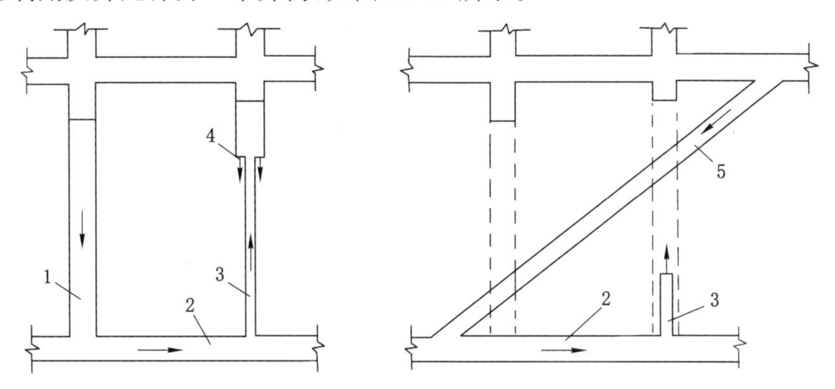

1—已延深好的井筒；2—新水平车场巷道；3—反井；4—刷大井筒断面；5—通往新水平的下山。

图 11-11　利用反井延深井筒

利用反井延深井筒，反井的施工方法有普通反井施工法、吊罐（爬罐）反井施工法和反井钻机钻进施工法等。

一、普通反井施工法

普通反井施工法的施工过程是先自下而上在设计井筒断面内用普通钻眼爆破法开凿一个小断面反井，贯通以后再自上而下刷砌井筒。该方法不但可用于延深立井井筒，还可用于施工各种垂直巷道，如暗立井、溜井、煤仓等。

（一）施工设施及装备布置

普通反井施工的施工设施及装备布置如图 11-12 所示。普通反井断面形状多为矩形或方形，采用木框做反井的临时支护。根据施工需要，在反井断面内需布置提升间、梯子间和矸石间。提升间、梯子间和矸石间多呈“品”字形分布，互相用隔板隔开。反井断面积的确定既要满足提升间、梯子间和矸石间布置的要求，又要考虑井筒穿过的岩层条件，对于稳定岩层可适当大些，对于不稳定岩层则应小些，一般以 6～8 m^2 为宜。为适应施工中可能出现的反井偏斜以及便于井筒刷砌，反井应尽可能位于井筒断面的中部，同时应注意使木框架避开井筒测量中心线（一般将井筒中心放在提升间的一角，且井筒中心线距木框架之间的间隙应不小于 200 mm）。

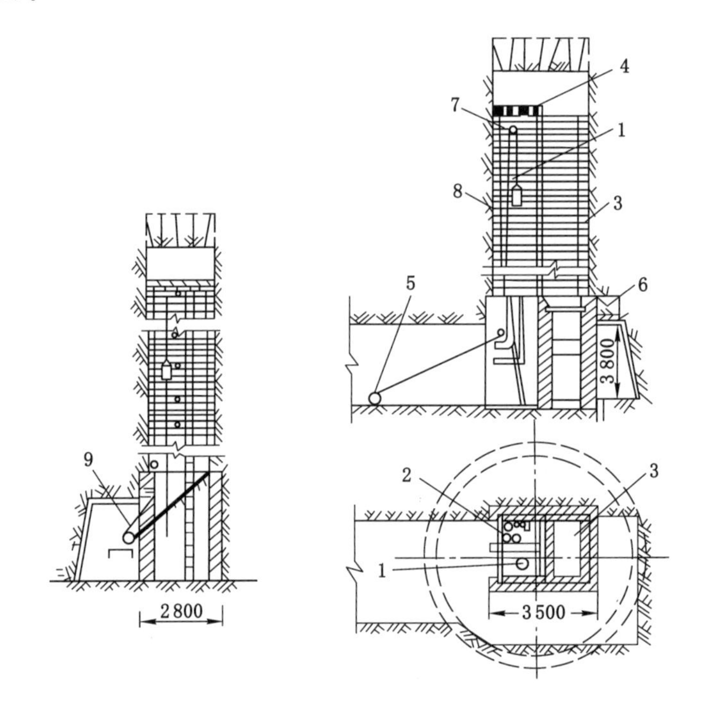

1—吊桶提升间；2—梯子间；3—矸石间；4—临时工作平台；5—提升绞车；6—反井基础；7—定滑轮；8—木井框；9—溜矸槽。

图 11-12　普通反井施工法施工系统图

在提升间内安装一个吊桶（非标 0.5 m^3 小吊桶）用于提升材料，吊桶悬吊在定滑轮上，定滑轮安装在工作面附近并随工作面推进向上移动。吊桶不设稳绳，因此与井壁的间隙应适当大些。在提升间内还设有脚手台用于从吊桶中卸料。

在梯子间内安设梯子用于上下人员，另外压风管、供水管、风筒和电缆等也敷设在其中以便接长和检修。梯子间断面规格为 1.20 m×0.85 m，梯子采用分段顺列式布置，每 5 m 左右为一段设一个梯子平台，风筒及各种管缆见空布置。

矸石间用于排放爆破下来的矸石，在矸石间下端设有溜矸槽以便装车，为了防止大块矸石堵塞矸石间，矸石间断面一般应不小于 2 m^2。

在反井内靠近工作面设凿井工作台，工作台搭在最上层的井框上，用于施工作业。

吊桶提升小绞车布置在距反井 10～15 m 以外的巷道内。局部通风机、电缆卷筒均布置在井底附近。

（二）反井施工

反井掘进采用爆破工艺。开始时应采用浅眼小炮，待掘进 1～2 m 后进入正常施工。正常施工时一般炮眼深度为 1～1.5 m，炮眼密度为 2.5～3.5 个/m^2，采用直眼或半楔形掏槽，掏槽眼应正对矸石间布置。反井施工作业在凿井工作台上进行，作业前应将矸石间、梯子间和提升间上口封盖严，爆破前应打开矸石间上口的盖板以便爆破时矸石能自动装入矸石间。矸石间内应存放一定量的矸石，存放量以保证下一循环矸石落入矸石间后不会堵住由梯子间进入矸石间的通道为准。为了维持上述状态，每次爆破后需将矸石间内矸石放出一部分。

反井掘进通风一般采用局部通风机压入式通风，爆破后需经约 0.5～1.0 h 通风。通风后人员经梯子间到达盖板下检查，无炮烟后再经矸石间进入工作面检查，后进行临时支护。

用于临时支护的木框架采用直径为 200 mm 的原木或 150 mm×180 mm 的方木亲口搭接而成，并用扒钉固定。木框架的密度一般为 1～3 个/m，应视围岩条件决定。对于软岩在木框架后要用背板背实。对于破碎岩石在工作面应架设木棚。掘进工作面的空帮高度不应大于 2 m。

（三）井筒刷大与砌壁

当反井施工结束后，可立即进行井筒刷大与砌壁工作。井筒刷大与砌壁工作自上而下进行，其方法与井筒基岩段施工基本相同，有以下特点：

(1) 有反井井壁做自由面，爆破时无须掏槽；为防止爆落大块岩石堵塞反井，炮眼应适当加密。

(2) 为保证作业人员安全及防止工具和杂物掉下，打眼和砌壁时应在反井上口盖上铁箅子，爆破时用安装在吊盘上的气动绞车将铁箅子提起。

(3) 通风以采用自上而下压入式为好，这样在反井中风流方向与溜矸方向一致可避免产生空气滞留现象。污风应直接排入回风巷道。

(4) 由于提升能力小、井下存放砌壁材料的空间有限，应尽可能采用短段掘砌方式。砌壁时应防止混凝土掉入反井内发生堵塞。

普通反井施工法的优点是延深辅助工程量小，需要的延深设备少；缺点是施工反井时人员爬梯子上下费劲、材料运输不方便、木材消耗量大、通风条件差、工作面易积聚瓦斯，当地质和水文地质条件较差时还应特别注意施工安全问题。

二、吊罐反井施工法

在延深辅助水平和新水平上分别正对井筒位置掘进平巷穿过井筒，并在辅助水平巷道内沿井筒中心向下打钻孔与新水平贯通。将吊罐提升机安装在辅助水平上，吊罐安放在新水平上，吊罐提升机钢丝绳通过钻孔下放至新水平后与吊罐相连接。其他施工设备根据需要分别布置在上下两个水平上。施工过程是:先在吊罐上自下而上施工反井,待反井与延深辅助水平贯通后再自上而下分段刷大井筒和进行永久支护,到底后进行井筒安装和收尾工作。此即吊罐反井施工法,如图 11-13 所示。

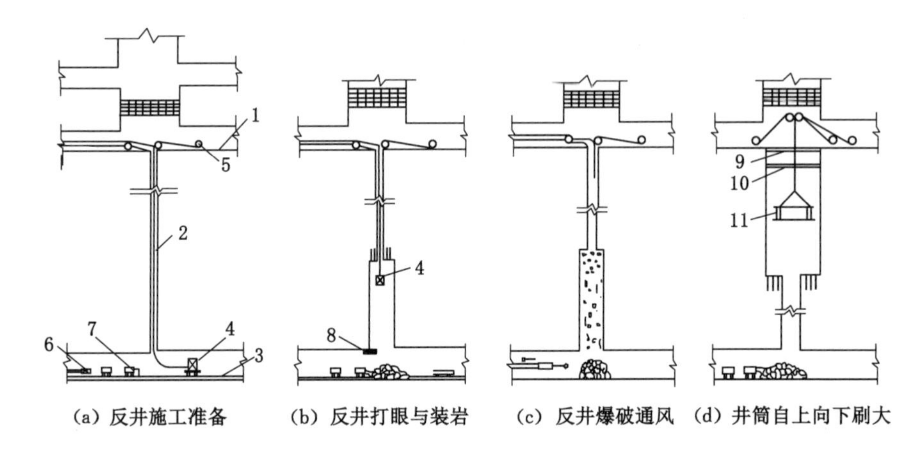

1—延深辅助水平;2—中心钻孔;3—新水平;4—吊罐;5—吊罐提升机;6—通风机;
7—装岩机;8—保护盖板;9—封口盘;10—固定盘;11—双层吊盘。

图 11-13 吊罐反井施工法施工系统布置及施工过程示意图

吊罐反井施工法与普通反井施工法相比具有工效高、速度快、劳动强度低、施工安全、经济等优点。采用吊罐施工反井一般不架设临时支护,所以适合于在比较稳定的岩层中采用。

吊罐反井的断面形状一般与井筒断面形状一致,可以是圆形或矩形,煤矿多采用圆形。吊罐反井断面大小由岩层的稳定性决定,一般采用直径为 2 m 的圆形断面(或 2 m×2 m 的方形断面),也可以根据吊罐的尺寸确定。

吊罐反井施工法在施工装备和工艺上有很多特点。

(一) 施工专用设备

1. 吊罐

吊罐既是一个提升容器,又是一个可以展开和收拢的工作平台。设计吊罐时,应力求体积小、重量轻、结构简单、使用灵活和便于加工制造。目前主要使用的吊罐有华-1 型吊罐和 DT 型气动吊罐。

(1) 华-1 型吊罐。吊罐结构如图 11-14 所示,由可折叠平台、可伸缩吊架、保护伞和风动横撑等部分组成。

可折叠平台由底座、折页、挡架和铰链组成。升降吊罐时将折页竖起形成提升容器,并打开保护伞以保证罐内人员安全;进行凿岩作业时将折页打开形成工作台,并放下保护伞。为了安全放置爆破器材,在吊罐底座上设置特制炸药箱。可伸缩吊架由立柱和横梁等构件组成,立柱采用 10 号和 12 号槽钢套装而成,使用吊罐时将吊架立柱伸长(横梁下最大空间高度为 1 720 mm),搬运时将立柱缩回(横梁下最小空间高度为 1 250 mm)。4 个风动横撑平行安装在底座上,在凿岩时撑于井壁以防吊罐摆动,在吊罐运行时收回。撑绳在吊罐运行时起防止吊罐直接碰撞岩帮或发生旋转的作用。

(2) 气动吊罐。吊罐结构如图 11-15 所示,由吊罐、软管绞车、气动绞车和钢丝绳绞车

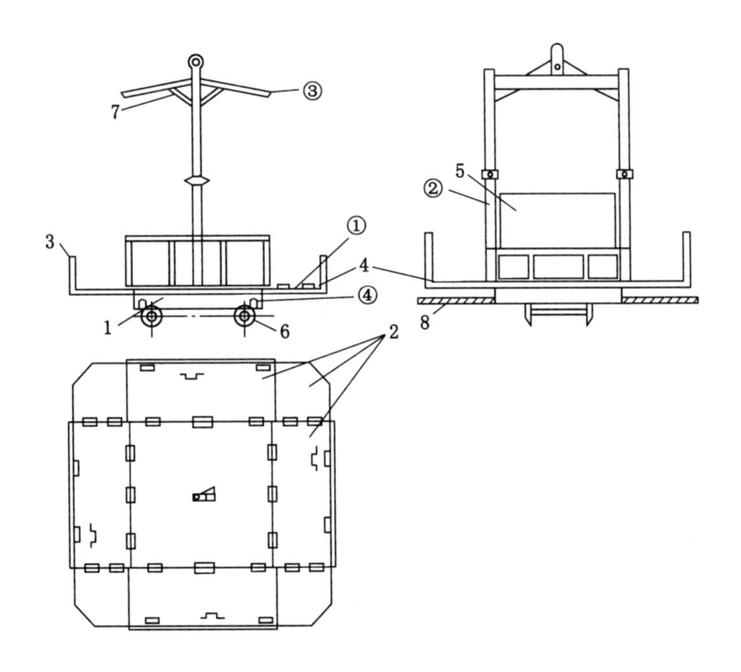

①—折叠式平台；②—可伸缩吊架；③—保护伞；④—风动横撑；
1—底座；2—折页；3—挡架；4—铰链；5—炸药箱；6—行走轮；7—支撑；8—撑绳。

图 11-14　华-1型吊罐结构示意图

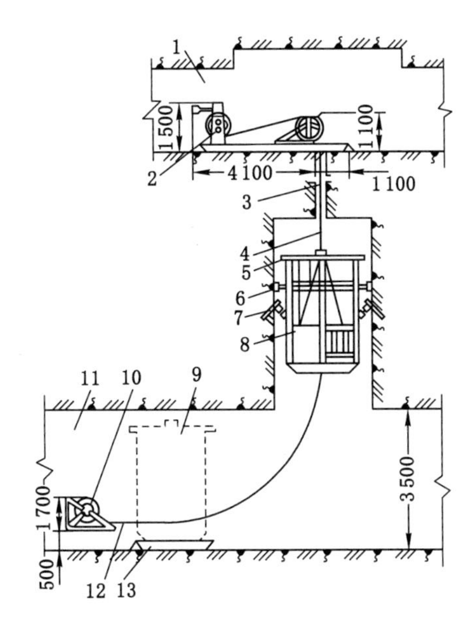

1—延深辅助水平硐室；2—钢丝绳绞车；3—绳孔；4—钢丝绳；5—凿岩平台；6—风动横撑；7—锚杆；
8—气动绞车；9—吊罐停放位置；10—软管绞车；11—新水平巷道；12—压风软管；13—运载架。

图 11-15　气动吊罐结构及安装系统示意图

组成。钢丝绳绞车安设在辅助水平上,用于悬吊吊罐和在爆破前后升降钢丝绳。气动绞车安设在吊罐内,用于升降吊罐,由罐内人员操纵。气动绞车设有自动保护装置,可防止卡罐或压气停止供给时造成事故。软管绞车安装在新水平上,用于在吊罐升降时收放风水管,并能通过设定的张力使风水管收放速度与吊罐升降速度基本保持一致。

2. 绞车

设在辅助水平的吊罐提升绞车,有固定式和游动式两种。游动式绞车具有外形尺寸小、使用方便和钢丝绳与绳孔磨损小等优点。其中华-1 型吊罐绞车是应用较广泛的一种游动绞车,其结构如图 11-16 所示。游动绞车设置在绳孔上口的轻便轨道上,钢丝绳经导向地轮导入绳孔。在提放吊罐时靠钢丝绳缠绕卷筒产生的轴向力使游动绞车在轨道上自行游动对准绳孔。华-1 型游动绞车提升能力较小,只适用于高度不超过 100 m 的反井施工。

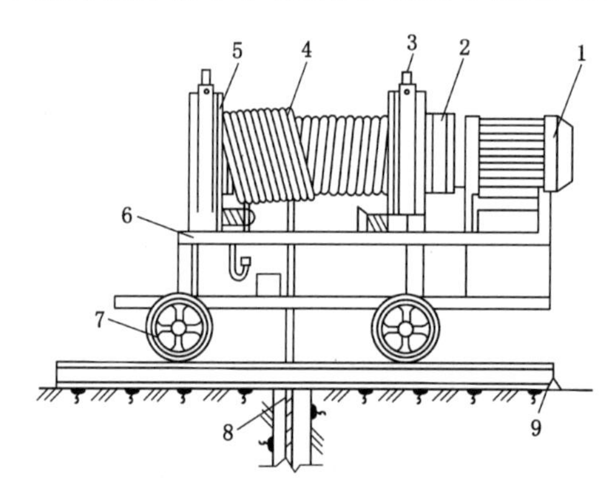

1—电动机;2—减速器;3—制动器;4—钢丝绳;5—卷筒;6—机座;7—行走轮;8—绳孔;9—轨道。

图 11-16　游动绞车结构及安装示意图

在选择吊罐绞车时,除应满足吊罐反井施工外,还应考虑在井筒刷砌施工时尽量不再另设绞车。

(二) 施工准备工作

吊罐反井施工法的施工准备工作包括:

(1) 在新水平向延深井筒掘进平巷到达井筒位置并形成必要的运输系统。

(2) 从生产水平车场附近向下掘一个暗斜井到达辅助水平标高(暗斜井垂直深度应满足留保护岩柱或安装人工保护盘的要求),后掘平车场、平巷到达延深井筒所在位置,同时掘进有关硐室。

(3) 由延深辅助水平沿井筒中心向新水平钻 2 个直径相同的孔,一个用于穿提升钢丝绳(为绳孔),另一个用于下放管线或作为绳孔的备用孔(为辅助孔)。钻孔直径要比钢丝绳连接装置最大外径大 10～30 mm,连接装置最大外径约为 90～100 mm。两孔的距离应使孔间既不会穿透,又都处在反井断面之内。钻孔的偏斜不得使反井超出井筒的掘进断面范围,选择两个钻孔中偏斜率较小的一个作为绳孔。

(三) 反井施工

利用吊罐掘进反井的开始高度为 3.5～4.5 m,因此在开凿最下端 1～2 m 反井时不使用吊罐,在矸石堆上进行施工即可。

施工反井时，在新水平上将吊罐与钢丝绳联结好，将凿岩爆破工具和器材直接装入吊罐，将炸药和雷管分别用防水绝缘胶袋包装好后放入专用药箱内，将风、水软管和信号电缆等与吊罐连接好，再将吊罐提起待稳定后作业人员进入吊罐，后将吊罐提升至工作位置。在工作位置利用支撑装置将吊罐稳定好，先检查和处理工作面上方的浮石，当工作面处于安全状态后再展开工作台，后进行打眼、装药和连线工作。完工后将吊罐下放到新水平并平移到安全地点，拆下吊罐提升钢丝绳及其他管线并将提升钢丝绳提到绳孔内安全位置(为了便于下一个循环空载钢丝绳顺利下放，在钢丝绳绳端要挂上重物)，待人员和设备完全撤离后进行爆破、通风，后下放钢丝绳与吊罐连接进行下一个循环作业。装岩工作在反井下端巷道内进行，与在吊罐上打眼、装药平行作业。为保证装岩安全，在反井下端必须设置保护盖板，装岩时保护盖板必须盖好。

吊罐升降时，由吊罐内的信号工直接与提升绞车司机联系。

反井掘进通风多采用混合式通风。在新水平上在距离反井中心约 20 m 处布置一局部通风机采用抽出式通风，同时在辅助水平上沿辅助钻孔向下通压气以加速排出反井工作面的炮烟。反井掘进通风也可以在辅助水平安设一台局部通风机沿绳孔进行抽出式通风，这种通风方式效果良好，可以大大减少压气消耗。

为了确保吊罐反井施工的安全，反井通过含瓦斯煤层时应经常进行瓦斯检查。由于吊罐反井的特殊作业条件，应特别注意杂散电流对装药爆破工作的威胁。为了保证吊罐上下运行安全和准确停车，除应设可靠的信号系统外，还必须设过卷保护装置。

三、反井钻机施工法

利用反井钻机掘进反井是我国 20 世纪 80 年代以来应用最为广泛的施工方法。反井钻机也称天井钻机，是一种专门用于开掘反井以及煤仓等工程的专用设备。利用反井钻机钻凿反井，具有机械化程度高、劳动强度低、作业安全、成本低、施工速度快和生产率高等优点。

利用反井钻机施工反井是目前普遍采用的施工方法，首先自上而下钻凿一个直径200～500 mm 的导孔，与井底贯通后，安装钻杆和扩孔钻头，然后自下而上进行扩孔钻进，扩孔直径大小主要满足井筒刷大时排渣的要求即可，通常 1.0～2.0 m 左右。采用反井钻机施工反井，施工安全，速度快，效益好。

反井钻机法施工工艺主要包括以下步骤：

(1) 施工准备

利用反井钻机施工立井井筒，首先要开凿到达井筒井底的通道，然后进行相关的施工准备工作。具体工作内容包括地面施工场地的布置，完成四通一平工作，进行钻机基础施工、泥浆制备，安装钻机。井下施工通达井筒井底的巷道，布置好排矸设施，安装好排水设备等。

(2) 导孔钻进

导孔钻进自上向下进行，导孔的钻进质量是施工的关键，要控制好偏斜率，尽量避免发生堵孔、塌孔事故。钻进过程通常利用泥浆进行排渣，要严格控制钻速、钻压、扭矩、转速等钻进参数。同时进一步了解地层的实际情况。

(3) 扩孔施工

导孔施工完毕后，拆除泥浆循环系统，在井下安装扩孔钻头，利用钻杆上提扩孔钻头并旋转破岩进行扩孔钻进，钻凿落下的岩渣及时进行清理，同时利用扩孔而成的反井进行通风。井下要注意做好排渣、排水和除尘工作。

(4) 井筒掘砌

扩孔施工完毕后，地面拆除钻机，安装井筒掘砌设备，然后自上而下进行井筒的刷大和混凝土浇注工作。施工作业可以采用短段作业，也可以采用长段作业，具体施工段高根据井筒围岩条件确定。

第三节　立井延深保护设施

立井井筒延深通常要求在不停止生产水平提升的前提下进行施工，为了保证延深井筒工作面人员的安全，在生产水平下方必须设置安全保护设施，将生产水平与延深井筒工作面隔开。延深井筒的保护设施有保护岩柱和人工保护盘两种。

一、保护岩柱

当岩石比较坚固致密时，可在生产水平井底水窝的下面留一段岩柱作为安全保护设施。根据井筒延深方法不同，保护岩柱可能占井筒全部断面或只占井筒部分断面。保护岩柱的厚度，视岩层的坚固性和井筒断面大小而定，约为 6～8 m。为了防止保护岩柱下端的岩石冒落危及井筒延深工作安全，在岩柱下面必须架设护顶盘。护顶盘由钢梁和木背板构成。钢梁贴近保护岩柱下面，其两端固定在井壁内，钢梁与保护岩柱之间用木板背严。

采用保护岩柱的优点是简单可靠，可节省构筑人工保护盘的钢材和木材；缺点是拆除保护岩柱工作较复杂。

二、人工保护盘

人工保护盘为由人工构筑的保护设施，按结构型式分为水平保护盘和楔形保护盘两类。采用人工保护盘需用材料较多，但不受岩石条件限制，拆除容易。人工保护盘必须具有足够的强度和缓冲能力，同时也应起到隔水和封闭作用。在满足上述要求的基础上，保护盘的结构应尽量简单以便于构筑和拆除。

(一) 水平保护盘

水平保护盘由盘梁、隔水层和缓冲层构成，如图 11-17 所示。盘梁是人工保护盘的受力构件，承受保护盘的自重和坠落物的冲击力。盘梁的布置方式与井筒延深方案有关，采用延深间延深井筒时保护盘上必须留有通过吊桶的隔间(因矸石需要直接提到地面或提到生产水平)，利用其他方法延深井筒时保护盘应将延深井筒全断面封闭。隔水层由方木、钢板、黏土层、砂浆层或混凝土层组成，其作用是防止上段井筒中的泥水流入延深段井筒。缓冲层是由木垛或柴捆等物构成，其作用是吸收坠落物的冲击能量，减缓作用在盘梁上的冲击力，缓冲层越厚缓冲效果越好，但是由于受井筒空间限制，缓冲层也不能太厚。水平保护盘的优点是结构简单，安装和拆除方便，占用空间较小，适用范围较广；缺点是抗坠落物的冲击能力较小。

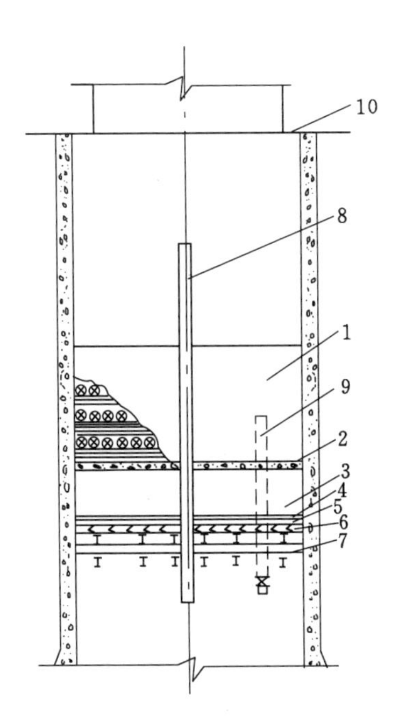

1—缓冲层；2—砂浆层；3—黏土层；4—钢板；5—木板；6—方木；7—工字钢盘梁；
8—井筒中心线放线管；9—放水管；10—生产水平。

图 11-17　水平保护盘结构示意图

（二）楔形保护盘

楔形保护盘由底盘、楔形盘体和缓冲塞构成。底盘由水平的钢梁和铺设在钢梁上的方木、木板和隔水层等组成。楔形盘体构筑在底盘之上，处于生产提升容器下方，盘体通常用砖砌成，两个斜面用型钢铺成，斜面与铅垂线的夹角一般为 18°～25°。缓冲塞由方木或其他弹性物组成，并用扁钢捆紧成一整体，其作用在于将坠落物的冲击力缓冲后经楔形盘体传给井帮。缓冲塞的缓冲作用是由其本身压缩变形和加大制动行程实现的。

楔形保护盘的优点是坠落物的主要冲击能量不是作用在底盘水平梁上，而是传给了井帮，因此承受冲击能力大。但是楔形保护盘高度较大，其使用往往受到井底空间的限制，且其结构也较复杂。

第十二章　立井井筒施工组织

为了加快立井施工速度，缩短建井工期，除了采用新技术、新设备、新工艺、新方法等技术措施外，科学的施工组织和管理也十分重要。

第一节　正规循环作业

正规循环作业是立井快速施工的一种科学管理方法，它要求各个工序按照事先安排有组织、有计划地实施，确保在规定的时间内完成计划的工作内容。

一、循环图表编制

正规循环作业的基础在于编制切实可行、符合施工队伍技术装备水平的循环图表。因此，在编制循环图表之前，要了解井筒技术特征，包括井筒穿过岩层的地质和水文地质条件，井筒施工工艺和施工装备，以及工人的技术水平和施工习惯等。编制图表可按下列步骤进行：

(1) 根据计划要求和具体情况，拟定月进度 L。

(2) 根据选用的施工方案，确定每月用于掘进的天数 N(采用平行作业、混合作业或短段单行作业时，每月掘进天数为 30 d)；采用长段单行作业时，若采用混凝土作永久支护，可取月掘进天数为 21 d。

(3) 根据钻眼爆破技术水平，综合选择日循环数 n 和炮眼深度 l，其值可按式(12-1)求算。

(4) 根据施工队伍的操作技术熟练程度，施工管理及凿井装备的机械化水平等具体条件，确定各工序的时间。

(5) 确定循环总时间 T：

$$T=t_1+t_2+t_3+\phi t_4=\frac{N_1 l}{K_1 v}+\frac{Sl\eta}{K_2 P}+t_3+\phi t_4\leqslant\frac{24}{n} \tag{12-1}$$

式中　t_1——钻眼时间，h；

t_2——装岩时间，与每循环出矸量、抓岩机生产率及提升能力等因素有关，h；

t_3——辅助作业时间，包括交接班、装药连线、爆破通风、安全检查、临时支护、升降吊盘等，除可以平行交叉作业外，约占掘进循环时间的 15%～20%，h；

t_4——永久支护时间，包括脱模、立模、测量、下料浇灌以及必要的清理时间，h；

ϕ——不平行作业系数，单行作业时 $\phi=1.0$，平行作业时 $\phi=0$，混合作业时 $\phi=0.3\sim0.5$；

N_1——炮眼数目，个；

K_1——同时工作的凿岩机台数，台；

v——凿岩机的平均钻眼速度，m/h；

S——井筒掘进断面面积，m^2；

K_2——同时工作的抓岩机台数，台；

P——抓岩机的平均生产率，m^3/h（实体岩石）；

H——炮眼利用率，取 0.80～0.95。

从式(12-1)可以看出：参数 S 为不变值，N_1、l、η、t_3 在整个施工过程中会有变化，但变化幅度不大，而 K_1、v、K_2、P 为机械设备参数，尚有调整、挖掘的潜力。永久支护占用的循环工时 t_4 与作业方式有关。计算所得的总循环时间 T 应略小于或等于规定的循环时间，否则应从提高操作技术、改进工作组织或适当增加施工设备等方面进行调整。当计算和规定的循环时间相差甚为悬殊时，就必须重新对日循环数及炮眼深度进行调整。

为了减少辅助工序占用的循环时间，并使正规循环作业具有较高的灵活性，在编制循环图表安排施工顺序时，以采用班初装岩、班末爆破的方式较为适宜，这样在执行循环图表过程中，可以根据占工时最长的装岩工作完成的情况，随时调整炮眼深度，确保正规循环的正常进行。且作业人员可在班末爆破前提升出井，避免人员多次升降而影响工时利用。班末爆破还可以利用交接班加强井筒通风，改善井内作业环境。此外，循环时间中尚须留出备用时间（约 10%），以备不可预见的影响。

图 12-1 为宣东二矿副井井筒掘砌循环图表。该副井井筒净径为 6.5 m，井深为 850.3 m，采用立井机械化配套的作业方案。提升系统布置了两套单钩，采用了 JKZ-2.8/15.5 提升机配 4.0 m^3 矸石吊桶，FJD-9A 型伞钻，4.0 m 深孔凿岩和光面爆破技术，采用两台 HZ-6 中心回转式抓岩机同时抓岩出矸，砌壁采用 3.6 m 高 MJY 型整体金属刃脚模板。井筒施工连续 6 个月共成井 713.6 m，平均月成井 118.9 m，最高月成井 146.0 m，最高日成井 7.2 m，创当年国内立井井筒快速施工新纪录。

班别	工序名称	工作量	工时		时间					
			h	min	1	2	3	4	5	6
凿岩班	交接班			15						
	下钻及凿眼准备			40						
	凿眼		3	20						
	伞钻升井			20						
	装药、连线、爆破		1	25						
出矸班	交接班			15						
	通风、安检			25						
	接管子、风筒			35						
	出矸、找平		4	45						
砌壁班	交接班			15						
	脱模、立模		1	30						
	浇灌混凝土		4	15						
清底班	交接班			15						
	出矸		3	50						
	清底		1	55						
说明：炮眼深度 4 m，循环进尺 3.6 m										

图 12-1　宣东二矿副井井筒基岩段短段掘砌单行作业正规循环作业图表

图 12-2 为短段平行作业掘砌循环图表。井筒净直径 8 m，井深 709.8 m，现浇混凝土支护，壁厚 500 mm。采用五层吊盘施工，伞钻打眼，炮眼深度 3.0 m。液压滑升模板砌壁，滑

模高度 1.2 m，最大滑升高度为 3.6 m。

类别	工序名称	工作量	时间/min	Ⅰ 6 8 10 12	Ⅱ 14 16 18	Ⅲ 20 22 24	Ⅳ 1 2 3 4 5 6
掘进	交接班、下伞钻		60				
	打眼	401 m	240				
	下药、装药、连线		90				
	移挂伞钻、人员升井		60				
	爆破通风、交接班		30				
	扫盘、落盘		60				
	装岩准备		30				
	装岩	160 m^3	240				
	交接班		30				
	喷混凝土临时支护		150				
	装岩	120 m^3	180				
	交接班		30				
	装岩	80 m^3	120				
	清底	38 m^3	120				
	接长管路		90				
砌壁	堵上段刃脚环行沟槽	8.7 m^3	150				
	脱下刃环形模板		120				
	落稳刃脚模板及浇灌	8.7 m^3	210				
	下落滑模及稳模		60				
	浇灌混凝土及模板滑升	21.5 m^3	330				
	浇灌混凝土及模板滑升	20 m^3	270				

图 12-2　宣东二矿副井井筒基岩段短段平行作业掘砌循环图表

实际工作中，由于地质条件的变化，某些意外事故的发生或因操作技术上的因素往往打乱正规循环作业，一旦遇到这种情况，应积极主动采取措施，尽快使工作重新纳入正轨。此外，在正常情况下，随着操作技术和管理水平的提高，也会出现循环时间减少，提前完成循环的可能。这时，可适当增加炮眼深度，并争取提前爆破，为下一班按时完成装岩工作创造必要条件，这既保证了正规循环，还可以增加循环进尺。

目前，我国以大抓岩机和伞形钻架为主的掘进循环时间多为 12～24 h，循环进尺 3～4 m，每个循环要跨越若干作业班来完成。在保证正规循环的同时，可采取措施缩短循环时间，提高效率。例如，对机械设备实行“包机制”，使设备故障影响时间减到最少；加强工人执业技能培训，使其能熟练操作凿井设备，按工序交接班，以工种定人、定位、定任务、定时、定质量，保证正规循环规定的任务按时按质完成。各工序之间互相协作，紧密配合，互创条件，尽可能与主要工序平行交叉进行，充分利用作业空间和时间，使循环时间缩短到最小值。

二、滚班循环作业

专业滚班制，即按掘进、砌壁作业循环图表，按各专业分工任务定人员，分成打眼班、出岩班、浇灌混凝土班等。按工序进行滚班作业，每完成一道工序换一个班。各专业工序规定责任、任务和时间(约 4.5～5 h)，但不绝对固定换班时间，工序完成即换班，进行连续滚动正规循环作业。循环图表见图 12-3。以掘进、砌壁作业循环图表中确定各作业的时间为标准时间，如实际作业时间少于标准时间，可进行表扬和奖励，如实际作业时间超出标准时间，则追查原因和予以适当的处罚。

序号	工序名称	需要时间（h）	循环时间（h）																			
			1	2	3	4	5	6	7	8	9	10	11	12	13	14	15	16	17	18	19	20
1	钻眼爆破	4.5																				
2	通风检查	0.5																				
3	出渣（模前）	4.5																				
4	稳模测量	1																				
5	浇注混凝土	4.5																				
6	出渣（模后）、清底	4																				
	合计	19																				

图 12-3　滚班作业井筒掘砌循环图表

第二节　施工劳动组织

立井施工需要多工种密切配合作业，除矿建工人外，还需要机电工、绞车工、压风工、变电工、信号工、把钩工、调度员等。目前立井施工的劳动组织形式有专业组织、混合组织、专业和混合组织相结合三种。由于凿岩钻架、大型抓岩机等新型凿井设备的出现，要求工人具有熟练的操作技能，而要求工人全面掌握各种施工机械还有一定困难。因此，在机械化配套的立井施工中，多采用专业组织形式。

一、专业组织形式

专业组织形式指工人按专业内容分成打眼班、装岩班、砌壁班等。这种组织形式专业单一，分工清楚，任务明确，有利于加快施工速度，缩短循环时间，有利于提高作业人员的操作技术水平和劳动生产率，同时还可按专业工种和设备需要配备劳动力，工时利用比较好。若能保证实现正规循环作业，对于机械化装备水平较高的井筒，采用这种组织方式比较有利。

二、混合组织形式

混合组织形式指工人不分专业，每班作业内容和工作量根据工序和时间来确定。这种形式虽然工人能按规定的班次和时间上下班，人员固定，工作量较平衡，但它对工人的工作技能要求较高，要求工人既要会操作大型抓岩机，又要会使用凿岩钻架和砌筑井壁等作业，这在我国目前煤矿工人整体文化水平不高且流动性较大的情况下，实施起来有较大困难。因此，混合组织形式不宜在立井机械化施工的井筒中推广使用，而对使用轻型凿井设备施工的井筒较为合适。

三、专业组织和混合组织形式相结合

这种组织形式的主要特点是将机械化程度高、操作技术复杂的机械如环行轨道抓岩机、伞形钻架等,按专业组织形式分班,其他工序按混合组织形式。这样,重要机械做到专人操作使用,按作业实际需要配备人数,使劳动力得到合理使用。但这种形式,要求组织管理水平比较高,只有做到正规循环作业,才能体现这种组织形式的优越性。否则,仍然存在专业组织形式中工人不能按时上下班的弊病。

合理配备各作业班人数也十分重要。作业人员的多少要根据施工机械化程度、作业方式、工人技术水平以及井筒断面大小等因素来确定。根据不同的凿井设备,其劳动力配备也不一样,常见的专业班人员配备见表12-1~表12-3。

表12-1　装岩班劳动力配备

抓岩机类型	岗位名称	工种	人数	备注
环行轨道抓岩机 中心回转抓岩机 靠壁抓岩机	井下直接工	司机	1~2	
		副司机	1	副司机在工作面指挥抓岩
		班长	2	
	井下辅助工	井底信号工	1~2	
		吊盘工	1	
		井下把钩工	2	
	合计		8~10	
长绳悬吊抓岩机	井下直接工	装岩工	5~10	双抓斗为10人
		辅助工	2	
		班长	2	
	井下辅助工	井底信号工	2	
		吊盘工	1	
		井下把钩工	2	
	合计		14~19	

表12-2　打眼班劳动力配备

钻架名称	岗位名称	工种	人数	备注
伞形钻架	井下直接工	打眼工	8~11	6臂伞钻8人,9臂伞钻11人,技术熟练时1人1台凿岩机
		爆破工	2	
		班长	2	
	井下辅助工	井下信号工	2	没有考虑井下排水工人
		吊盘工	1	
		井下把钩工	1	
	合计		16~19	

表 12-3　砌壁班劳动力配备

<table>
<tr><th>模板类型</th><th>岗位名称</th><th>工 种</th><th>人 数</th><th>备 注</th></tr>
<tr><td rowspan="6">金属伸缩式模板</td><td rowspan="3">井下直接工</td><td>分灰工</td><td>4～6</td><td rowspan="3">采用吊桶下料；当采用管路下料时少 2～4 人</td></tr>
<tr><td>振捣工</td><td>4～6</td></tr>
<tr><td>班长</td><td>2</td></tr>
<tr><td rowspan="3">井下辅助工</td><td>井下信号工</td><td>2</td><td rowspan="3">没有考虑井下排水工人</td></tr>
<tr><td>吊盘工</td><td>2</td></tr>
<tr><td>井下把钩工</td><td>2</td></tr>
<tr><td></td><td colspan="2">合　计</td><td>16～20</td><td></td></tr>
</table>

第三节　施工质量控制与验收

一、施工质量控制内容

1. 质量控制含义和内容

质量控制是在明确的质量方针指导下，按施工方案和资源配置计划，经实施、检查、处理的过程环节，进行施工质量目标的事前控制、事中控制和事后控制的系统过程。

质量控制工作包括相关质量文件的审核和现场质量检查（包括开工前检查、工序交接检查、隐蔽工程检查、复工检查、分项分部工程完工检查、成品保护检查等）及质量控制的综合管理（包括质量统计数据分析、依据持续改进原则的质量工作）。

2. 质量控制的影响因素

质量控制的影响因素通常指人、料（材料）、机（设备）、法（方法）、环（环境）五因素。这些影响因素的具体内容和相关控制内容有：

（1）人的因素。包括涉及单位、个人所需的各类资质要求，人的生理条件、心理因素。

（2）工程材料因素。包括材料采购、制作的控制，材料进场控制（合格证、抽样核检），存放等控制措施。

（3）施工机具、设备因素。相关的控制措施包括使用培训、操作规程要求、机具保养工作等。

（4）施工方法（方案）因素。需要在技术措施、施工方法、工艺规程、技术要求、机具配置条件等方面进行控制。

（5）施工环境的因素。包括：① 工程技术环境，如工程地质条件影响、水文条件影响、天气影响；② 管理环境，如质量管理体系的条件、企业质量管理制度和工作制度及执行、质量保证活动的状态、协调工作状态等；③ 作业环境，这对于井下作业环境尤其需要重视，包括通风、粉尘、照明、气温、涌水以及文明生产环境等。

二、施工质量控制措施

立井井筒采用普通法施工时，主要质量控制措施如下：

（1）立井井筒穿过预测涌水量大于 10 m^3/h 的含水岩层或者破碎带时，应当采取注浆堵水或者加固措施。

（2）冲积层段井筒的临时支护方式应根据地层的稳定性确定，其临时支护段高不应大于 2 m。

（3）冲积层段井筒施工过程中，应通过事先设立的观测点，定期观测地表沉陷，井筒、地面设施位移、变形情况；当位移、变形危及施工安全时，应及时采取加固措施。

（4）基岩炮眼钻进应符合下列规定：

① 基岩掘进，除过于松散破碎的岩层外，应采用钻眼爆破法施工；井径大于 5 m 时，宜采用伞型钻架钻眼；井径小于 5 m 时，可采用手持气动凿岩机钻眼。

② 钻眼前应清除工作面余渣。

③ 应用量具确定炮眼圈径和每圈炮眼眼位。

④ 每圈炮眼应钻至同一水平位置，掏槽眼应按要求增加深度。

⑤ 钻眼时应避开残眼和岩层裂隙。每个炮眼钻完后应及时封住眼口，装药前应用压气清除炮眼内的岩粉和污水。

（5）基岩爆破作业应符合下列规定：

① 炮眼的深度与布置应根据岩性、作业方式等确定，通常情况下，短段掘砌混合作业的眼深应为 3.5～5.0 m，单行作业或平行作业的眼深可为 2.0～4.5 m 或更深，浅眼多循环作业的眼深应为 1.2～2.0 m。

② 宜采用高威力、防水性能好的水胶炸药或乳化炸药，实行光面爆破。

③ 应编制施工作业规程，爆破图表应根据岩性变化适时调整。

④ 光面爆破参数的选择应符合下列规定：周边眼的眼距应控制在 0.4～0.6 m；有条件的井筒，周边眼应采用小炮眼、小药卷，药卷直径宜小于 35 mm。

（6）喷射混凝土前应用井筒中垂线检查掘进断面尺寸，并应埋设喷射厚度标志。

（7）混凝土质量控制应符合下列规定：

① 混凝土施工应符合《混凝土结构工程施工质量验收规范》(GB 50204)的有关规定。

② 应按设计规定进行混凝土配合比设计及强度试验，并应做好井壁隐蔽工程记录。

③ 应严格控制混凝土的水灰比、坍落度和外加剂的掺量。

④ 钢筋混凝土井壁，井下竖向钢筋的绑扎，在每一段高的底部，其接头位置可在同一平面上，宜采用钢筋直螺纹连接，连接强度不应小于同规格钢筋强度。

⑤ 混凝土应对称入模、分层浇筑，并及时进行机械振捣。当采用滑升模板时，每层浇筑高度宜为 0.3～0.4 m。

三、施工质量验收

工程质量验收均应在施工单位自行检查评定的基础上进行。

检验批(或井巷工程的分项工程)的质量应按主控项目和一般项目验收。

隐蔽工程在隐蔽前应由施工单位通知有关单位进行验收，隐蔽工程质量检验评定，应以有建设单位(含监理)和施工单位双方签字的工程质量检查记录为依据。

涉及结构安全的试块、试件及有关材料，应按有关规定进行见证取样检测。对涉及结构安全和使用功能的重要分部工程应进行抽样检测。承担见证取样检测及有关结构安全检测的单位应具有相应资质。工程的观感质量应由验收人员通过现场检查，并应共同确认。

单位工程竣工验收进行质量评定时，抽查质量检验结果如与分部工程检验评定结果不一致，应分析原因，研究确定工程最终质量等级。

矿山工程质量检验与验收主要依据包括《煤矿井巷工程施工标准》(GB/T 50511)、《煤矿井巷工程质量验收规范》(GB 50213)、《矿山立井冻结法施工及质量验收标准》(GB/T 51277)等。

1. 施工质量验收合格要求

分项工程质量验收合格包括分项工程所含的检验批均应验收合格，所含的检验批的质量验收记录应完整。

分部(子分部)工程质量验收合格要求包括分部(或子分部)工程所含分项工程的质量均应验收合格，质量保证资料应基本齐全。

2. 质量评定标准

检验批或分项工程质量验收合格应符合下列规定：

(1) 主控项目的质量经抽样检验，每个检验项目的检查点均应符合合格质量规定；检查点中有75%及以上的测点符合合格质量规定，其余的测点不得影响安全使用。

(2) 一般项目的质量经抽样检验，每个检验项目的测点合格率应达到70%及以上，其余测点不得影响安全使用。

(3) 具有完整的施工操作依据、质量检查记录。

分部(子分部)工程质量验收合格应符合下列规定：

(1) 分部(或子分部)工程所含分项工程的质量均应验收合格；

(2) 质量保证资料应基本齐全。

单位(子单位)工程质量验收合格应符合下列规定：

(1) 单位(或子单位)工程所含分部(或子分部)工程的质量均应验收合格；

(2) 质量控制资料应完整；

(3) 单位(或子单位)工程所含分部工程有关安全和功能的检测资料应完整；

(4) 主要功能项目的抽查结果应符合相关专业质量验收规范的规定；

(5) 观感质量验收的得分率应达到70%及以上。

工序、分项工程、竣工验收检查点及测点的选择应符合表12-4的规定。

表12-4　检查点及测点的规定

序号	项目	选检查点的规定	选测点的规定	测点示意图
1	立井井筒	工序验收：每个循环设1个。 分项工程、中间、竣工验收：不应少于3个，且其间距不大于20 m	每一个检查点断面的井壁上应均匀设8个测点，其中2个测点应设在与永久提升容器最小距离的井壁上。 浇筑混凝土厚度测点不少于3个，可按掘进尺寸与净尺寸计算得出	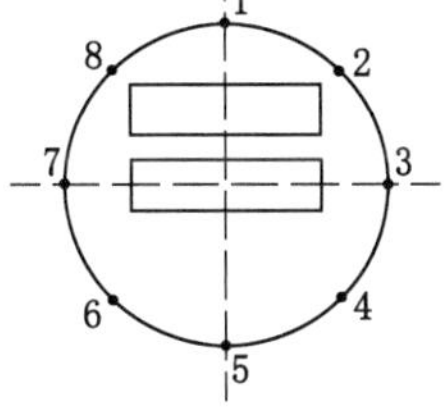 1 2 3 4 5 6 7 8 立井井筒

3. 工程质量评定

施工班组应对其操作的每道工序、每一作业循环的分项工程作为一个检查点，对其测点进行自检；自检工作应做好施工自检记录。

检验批或分项工程质量评定应在施工班组自检的基础上，由监理工程师(建设单位技术负责人)组织施工单位项目质量(技术)负责人等进行检验评定，由监理工程师(建设单位技术负责人)核定。

分部工程应由总监理工程师(建设单位代表)组织施工单位项目负责人和技术、质量负责人等进行检验评定，建设单位代表核定。分部工程含地基与基础、主体结构的，勘察和设计单位工程项目负责人还应参加相关分部工程检验评定。

单位工程完工后，施工单位应自行组织相关人员进行检验评定，最终向建设单位提交工程竣工报告。建设单位收到竣工报告后，应由建设单位(项目)负责人组织施工(含分包单位)、设计、监理等单位(项目)负责人等进行检验评定。因勘察单位工程项目负责人参加了含地基与基础、主体结构的相关分部工程检验评定，单位工程竣工验收时可不再参加。单位工程竣工验收合格后，建设单位应在规定时间内向有关部门报告备案，并应向质量监督部门或工程质量监督机构申请质量认证，由质量监督部门或工程质量监督机构组织工程质量认证。工程未经质量认证，不得进行工程竣工结(决)算及投入使用。

单位工程观感质量和单位工程质量保证资料核查由建设(或监理)单位组织建设、设计、监理和施工单位进行检验评定。

质量检验应逐级进行：分项工程的验收是在检验批的基础上进行，分部工程的验收是在其所含分项工程验收的基础上进行，单位工程验收在其各分部工程验收的基础上进行。

四、施工质量事故(缺陷)调查及其处理

1. 质量事故的分级

住房和城乡建设部在《关于做好房屋建筑和市政基础设施工程质量事故报告和调查处理工作的通知》中规定，建设工程质量事故是指由于建设、勘察、设计、施工、监理等单位违反工程质量有关法律法规和工程建设标准，使工程产生结构安全、重要使用功能等方面的质量缺陷，造成人身伤亡或者重大经济损失的事故。

工程质量事故分为4个等级：特别重大事故、重大事故、较大事故和一般事故。各等级的划分与《生产安全事故报告和调查处理条例》中的等级划分基本一致，只是对于工程质量一般事故中的直接经济损失部分给出了其下限，即直接经济损失在100万元以上1 000万元以下的范围。

2. 质量事故的处理规定

按照《建设工程质量管理条例》规定，建设工程发生质量事故，有关单位应当在24 h内向当地建设行政主管部门和其他有关部门报告。对重大质量事故，事故发生地的建设行政主管部门和其他有关部门应当按照事故类别和等级向当地人民政府和上级建设行政主管部门和其他有关部门报告。特别重大质量事故的调查程序应按照国务院有关规定办理。发生重大工程质量事故隐瞒不报、谎报或者拖延报告的，对直接负责的主管人员和其他责任人员依法给予行政处分。

质量事故发生后，事故发生单位和事故发生地的建设行政主管部门，应严格保护事故现

场,采取有效措施防止事故扩大。

质量事故发生后,应进行调查分析,查找原因,吸取教训。分析的基本步骤和要求是:

(1) 通过详细的调查,查明事故发生的经过,分析产生事故的原因,如人、机械设备、材料、方法和工艺、环境等。经过认真、客观、全面、细致、准确的分析,确定事故的性质和责任。

(2) 在分析事故原因时,应根据调查所确认的事实,从直接原因入手,逐步深入到间接原因。

(3) 确定事故的性质。事故的性质通常分为责任事故和非责任事故。

(4) 根据事故发生的原因,明确防止发生类似事故的具体措施,并应定人、定时间、定标准,完成措施的全部内容。

3. 质量事故处理程序

工程质量事故发生后,一般可按照下列程序进行处理:

(1) 当发现工程出现质量缺陷或事故后,监理工程师或质量管理部门首先应以“质量通知单”的形式通知施工单位,并要求停止有质量缺陷部位和预期有关联部位及下道工序施工,需要时还应要求施工单位采取防护措施。同时,要及时上报主管部门。

(2) 当施工单位自己发现发生质量事故时,要立即停止有关部位施工,立即报告监理工程师(建设单位)和质量主管部门。

(3) 施工单位接到“质量通知单”后在监理工程师的组织与参与下,应尽快进行质量事故的调查,写出质量事故的报告。

(4) 在事故调查的基础上进行事故原因分析,正确判断事故原因。事故原因分析是事故处理措施方案的基础,监理工程师应组织设计、施工、建设单位等各方参加事故原因分析。

(5) 在事故原因分析的基础上,研究制定事故处理方案。

(6) 确定处理方案后,由监理工程师指令施工单位按既定的处理方案实施对质量缺陷的处理。

(7) 在质量缺陷处理完毕后,监理工程师应组织有关人员对处理的结果进行严格的检查、鉴定和验收,写出“质量事故处理报告”,提交业主或建设单位,并上报有关主管部门。

第十三章　井筒施工工程实例

第一节　赵楼煤矿井筒施工

一、矿井概况

赵楼矿井位于巨野煤田的中部，北距郓城县城约 22 km，东距巨野县城约 13 km。井田面积约 144.89 km²，地质储量 107 581 万 t，可采储量 25 011 万 t，煤层埋深 750～1 300 m，地质构造中等，属低瓦斯矿井，适合综合机械化开采。主采 3 煤层，煤层平均厚 6.93 m。矿井设计年生产能力为 300 万吨，服务年限为 60.1 年。矿井采用立井开拓方式，中央并列式通风，工厂内布置主、副、风三个井筒。矿井建设总工期为 34 个月，到投产时井巷工程开拓总长度为 17 581 m。井筒设计主要产生技术参数见表 13-1。

表 13-1　赵楼煤矿主要生产技术参数表

序号	项 目	单位	主 井	副 井	风 井
1	净直径	m	7.0	7.2	6.5
2	净断面	m²	38.5	40.7	33.2
3	井口标高	m	+45.0	+45.0	+45.0
4	提升方位角	(°)	270	270	270
5	井底标高	m	−860	−860	−860
6	至车场水准深度	m	905.0	905.0	905.0
7	至井底	m	921.158	936.0	921.158
8	表土层厚度	m	473.85	476	472.1
9	井筒装备		二套 20 t 多绳箕斗、制冷管	1 t 双层四车罐笼、梯子间	梯子间、防火阀、注浆管
10	矿井总投资：静态 149 975.82 万元，吨煤投资 499.92 元，流动资金 1 284.3 万元				

由于赵楼矿井煤层埋藏深、上覆松散层厚且具有膨胀性，且有项目建设工期短、工程量大的特点，井筒施工是整个项目建设的关键。兖州矿业集团公司总结了众多矿井的建设经验和教训，对困难问题开展了有针对性的预研工作，项目建设取得了良好的效果。

二、矿井施工准备工作

（一）认真做好矿井开工前的地质勘探和设计工作

地质勘探和设计工作是矿井建设的关键。协调二者之间的关系是加快井筒开工的主要条件，赵楼矿井收到上级对矿井项目建议书同意立项的批复后立即对井田精查、可研报告和初设工作进行了统一安排并做到相互配合，后期又与施工单位密切配合。如，在对井田进行精查时就由设计单位提出了井筒位置，地质勘探单位结合精查施工井筒验证孔的工作，冻结施工单位根据验证孔资料提出井筒冻结方案，实施冻结施工。在精查报告和初步设计提出后即开始井筒施工单位招标和井筒开工前的准备工作。这样，首先开工的风井井筒工程从项目建议书批准到井筒冻结开钻只用了一年的时间。

（二）合理选择井筒位置

确定井口位置主要考虑了以下几个原则：井口位置应尽量选择在新生界较薄处，以减少施工难度和节省投资；工业场地的位置应做到尽量减少压煤量；井口应靠近首采区和储量中心，以减少建设初期投资和尽早出煤；井底车场及硐室处于相对坚硬稳定的岩层中。

赵楼矿井精查资料显示，整个矿区上覆冲积层厚度在 470～734 m，在矿区东南部位置存在一个穹窿构造，井口设在穹窿构造顶部可以获得较浅的冲积层。以此确定的井口位置经三维地震勘探及施工验证孔证实，上覆冲积层厚度为 473 m，3 煤层和 6 煤层底板均为坚硬的细（粉）砂岩。经过与另两个井口位置方案比较，该方案具有明显优越性，井筒穿过的冲积层较薄、施工难度小、初期总投资省、工期短、交通便利且靠近储量中心，便于后期开采矿区东北部（天然焦），能够兼顾全井田的开拓。

（三）优选井筒表土施工方法

由于井筒位置冲积层厚度为 473 m，根据井筒检查孔资料显示，第三系黏土层在 236.9～473 m，厚度 236.1 m，其中黏土层累计厚度为 223.15 m，占 94.52%，黏土层多且厚，均为松散弱含水的冲积层。据此条件对最适合的冻结法和钻井法表土施工方法进行了比较。

1. 冻结法凿井方法的适应性

冻结施工的核心是“两壁一钻一机”问题。高垂直度冻结钻孔施工采用减压钻进、高性能泥浆并辅以纠偏钻具进行定向钻进，能够实现 800 m 超深冻结孔偏斜率小于 2‰的目标；低温制冷水平目前国内设备机组可以实现制取－40 ℃的低温盐水；冻结壁设计可以充分利用计算机数值模拟分析，建立不同井壁结构形式和冻结壁相互作用模型来进行优选；同时国内有较多深厚冲积层矿井的冻结施工经验可以借鉴。其井壁结构有现浇双层高强钢筋混凝土，外壁预制高强钢筋混凝土弧板（砌块）、内壁现浇钢筋混凝土两种形式，在国内均有采用。

2. 钻井法凿井的适应性

目前钻井法已成为一种成熟、可靠、安全、高度机械化的施工方法。该种方法适于在地质条件复杂的冲积地层中施工，而且由于井壁在地面预制和养护，其井壁强度高、质量好。

3. 施工方法的比较

（1）技术可行性

冻结法凿井施工适应性强，施工可靠；可以一次施工到底，没有大的工序转换，保证施工的连续性。钻井法受钻井机具的限制，成井直径有一定限制；同时泥浆池、井壁预制场地占用场地较大，影响工业场地永久建筑的施工，对场地有污染。但是两种技术对于该矿井都是可行的。

（2）施工速度

钻井施工速度较慢，当时国内钻井成井速度平均约 27 m/月，根据赵楼矿井井筒要求，需采用二级扩孔技术，仅冲积层和风化基岩段的钻井工期就将达到 610 天，加上钻井与基岩掘进之间的两个月转换工期，总工期将达到 670 天。冻结法施工包括冻结造孔，总工期为 540 天。因此钻井法将比冻结法工期长 4.3 个月。

（3）投资比较

冻结法单井施工总费用约为 11 005 万元（造孔及冻结费用 6 607 万元，冻结段、基岩段掘砌及措施费用 4 398 万元），使用钻井法施工总费用约为 10 171 万元（钻井费用 8 466 万元，排浆场地费用 400 万元，基岩段掘砌及措施费用 1 305 万元），钻井法较冻结法能够节约 834 万元。

（4）施工设备

当时国内冻结设备及人员相对充裕，方便配置和使用；而钻井法所用的大型钻机国内较少且都在使用中，若待其施工结束或重新加工钻机都会延误项目的建设。

4. 结论

综合以上分析，两种施工方法技术上都是可行的，尽管钻井法比冻结法成本低，但从建设工期、场地占用和设备配置方面比较冻结法优于钻井法，特别是对于建设工期的要求，冻结法明显优于钻井法。最后确定三个井筒冲积层均采用冻结法施工。

（四）优化冻结方案

1. 冻结壁设计

针对赵楼矿井深部黏土层具有含水量低（13.77%～26.99%）、膨胀性强（井深 406 m、418.9 m 处膨胀力高达 551 kPa；深 448 m 处黏土层的自由膨胀率为 88%，膨胀力为 306 kPa）、结冰温度低（－0.76～－4.96 ℃）、冻胀量大等不利于冻结施工的特点，经计算机模拟计算、现有公式和类似矿井实例的反复比较，确定风井、主井和副井的浅部和深部冻结壁厚度分别为 4.5 m/6.3 m/6.5 m 及 9.0 m/9.0 m/9.5 m，浅部和深部冻结壁平均温度为－8 ℃和－10 ℃，盐水温度为－30～－33 ℃。

2. 冻结管布置

根据冻结壁设计，冻结管布置采用双圈孔加内辅助孔的方式。为积累经验，三井筒采用不同的三圈孔布置方式：主井内圈孔深到风化带，中圈长短腿冻结；副井采用内圈插花式深到风化带的方式；风井采用的是中圈孔一个深度，内圈深到风化带的布置方式。三种方式都可以保证冻结壁的均匀与稳定。为解决井筒上下部冻结壁厚度不一致的问题，采用不同的供液管下管方式。冻结孔外圈采用单管局部中深部冻结，冻结管 230 m 以上采用局部保温，局部冻结可以通过减少上部冷量供应，降低冻结成本。

内圈孔双管供液，前期为反循环，长管回液，加快上部冻结，冻结壁早交圈，减少上部塌帮，并在掘砌过程中根据冻结情况调整成为正循环，把短供液管改作回液管，以减少上部冻土对井壁的冻胀力，集中冷量强化下部冻结。

中圈冻结孔采用单根供液管，长短腿差异冻结，230 m 以上靠中圈及内圈形成冻结壁厚度和强度；230～480 m 靠中圈降低冻结壁平均温度，提高冻结壁强度，同时基岩段靠此圈封水，形成冻结岩帽。

3. 冻结站设置

根据矿井建设总工期的要求，同时尽量减少装机容量，规划了开机顺序，避开积极冻结的高峰期，采用三井共站的模式布置冻结站。开机顺序是风井先开机，主井开机延后 1 个月，副井开机延后主井 4 个月。整个冻结站按 2.5 个井筒冻结能力进行配置(2 个井筒积极冻结，1 个井筒维护冻结)。整个冻结站共安设 48 台螺杆压缩机(QKA25LP 型 10 台，PLG25IIITA 型 14 台，KA20CBY 型 24 台)、2 台活塞压缩机(8AS-17 型)，总装机容量为 20 840 kW，折合 52 738 kW(标准制冷量)，能够满足在最高热负荷期 51 611 kW(标准制冷量)的装机需求。同时为保证工程正常施工，在制冷系统安装时预留了设备备用接口，一旦需要可随时增加制冷设备。

4. 信息化施工技术

由于赵楼矿井深部厚黏土层具有含水量低、膨胀性强、结冰温度低的特点，为实现井筒冻结和支护的安全，防止出现冻结管断裂、井壁破裂等事故，建立了信息化井筒施工监测体系。该监测体系与井筒冻结测温系统整合在一起，通过对地层冻结参数监测、井筒工作面温度(包括空气温度、井帮温度、井底温度、冻土进入井内的宽度)监测、变形监测(包括井帮变形、底鼓变形、井壁收敛)、已成型井壁段温度监测和冻结压力的监测，并以此进行冻结温度场、冻结壁受力与变形反演、预测，掌握外层井壁的强度增长和外载增长状况，评估外层井壁的安全性，指导深部地层的井筒掘砌施工。主井在外壁施工到井深－373 m 位置时监测发现该层位井壁和内部钢筋受力出现异常，为保证该处井壁安全，经研究果断实施了内壁套壁。后期的近外壁及内壁监测表明，套壁后该处井壁受力趋于稳定，保证了该处井壁安全。副井井筒通过信息化监测，实现了内外壁掘砌一次到位，内壁整体套砌，有利于保证井壁砌筑质量和加快砌筑进度。为维护井壁，还对井壁进行了长期的观测。

(五) 充分利用永久设施，减少临时工程

赵楼矿井工业广场狭窄，场内设施布置紧凑，施工时间紧。为了让临时施工用设施和设备在空间和时间上不影响永久建筑的施工与安装，确定尽量采用永久设施和设备进行施工。

1. 利用永久井架凿井

赵楼矿井主井和副井均采用永久井架进行凿井。凿井期间采用永久井架进行提升和悬吊，需要在井架设计前期兼顾凿井天轮平台的布置。永久井架基础设计要与冻结系统的设计进行充分沟通，协调好井架基础与冻结沟槽、冻结孔的空间关系。

现场施工时要合理安排好冻结孔、冻结沟槽、井架基础和翻矸架基础的施工，使其能够同时施工完成，保证冻结和掘砌施工工序间的衔接。在井筒冻结期间进行永久井架安装、凿井设备安装和施工准备。当井筒冻结具备开挖条件时，井筒施工设施也同时安装完成。

利用永久井架进行凿井省去了凿井井架的安装拆除工序。在完成井筒施工后可以使用永久井架进行临时改绞或直接进行永久装备施工，将永久提升系统的准备时间向前移到整个工程的准备期，可以缩短凿井井架和永久井架之间的提升系统转换时间，缓解因改绞对整个关键工程提升系统的影响，大大缩短建井工期。

2. 利用永久压风机房和变电所

压风机房采用永久建筑和设备，有利于整个矿井的压风系统进行集中管理，避免了各施工单位分散设立压风站所造成的浪费，同时也避免了后期临时与永久系统转换可能对整个矿区运转造成的影响。并通过对机房设计优化，改混凝土结构为钢架结构，缩短了施工工期。

矿井建设期间采用永久变电所，保证了冻结站大负荷用电安全，避免了因电源质量问题造成的不必要损失。

三、井筒施工

井筒施工机械化作业线的配套主要是根据现有设备情况、井筒条件和综合经济效益等方面进行考虑。

（一）井筒施工作业

赵楼矿井井筒施工采用了大型机械化凿井设备。主副井筒施工采用永久井架（风井采用Ⅴ型凿井井架），配置 4 m³ 大吊桶和大功率提升机（2JKZ-3.6/12.96 型和 2JK-3.5/20 型），落地式汽车排矸，三井筒分别设置搅拌站，外壁砌筑采用 2.5～4.0 m 可调整段高整体可伸缩模板，内壁套壁自下而上整体浇注。基岩段采用 FJD-6.7 伞钻打眼、中深孔爆破、HZ-6 型中心回转抓岩机装矸、4～4.5 m 整体模板混合作业。

（二）CX45 型挖掘机的使用

CX45 型挖掘机是第一次在立井井筒施工中使用。在井筒冲积层采用 CX45 型挖掘机进行机械挖土装土施工，突破了原来人工作业的模式（风井冲积层施工仍采用人工掘进，HZ-6 型中心回转抓岩机装土）。

CX45 型挖掘机在井径 7.0 m 的立井冲积层段施工效果非常好，具有动作灵活、外形结构紧凑、挖掘和装载能力大、适应性强、故障率低的优点。小型挖掘机在大直径井筒中的使用，不仅满足了掘进和装载的需要，而且可节省较多的人工，作业环境安全也得到改善，具有较好的经济效益和社会效益，为实现井筒快速施工开辟了新的装备途径。

主井使用挖掘机与风井使用人工方法挖掘相比，有以下优势：

(1) 施工效率高。在 2005 年 2 月份浅表土段施工中，风井断面平均 60.8 m²，月进尺 110 m，掘进体积 6 688 m³。主井施工的断面平均约 70 m²，月进尺 103 m，掘进体积 7 210 m³。两个井筒均采用三个班掘进、一个班支护。掘进班风井每班平均 32 人，主井平均每班 20 人；支护班两个井筒使用的人数基本一样。主井使用掘进工主要是对井帮进行刷大，在人工使用量上主井平均每日比风井少 36 人。主井月掘进工作量在使用人数少的情况下比风井要大。现场使用挖掘机装满一罐土的时间是 2.5～3.5 min，包括挖掘和装载。特别是对于致密土层，挖掘机可以实现挖掘与装载一次完成，在冻结密实部位可以使用液压镐进行破土，大大节省了人工。

(2) 工作环境得到改善。使用气动机具掘进的普通掘进方式工作面噪声较大。而挖掘机采用液压驱动，工作面噪声很小。

(3) 安全程度得到提高。挖掘机司机就地操作，灵活方便，且参与施工的人员少，相互影响小，特别是无尾回转设计保证了在狭窄空间内方便工作，安全程度高。采用长绳悬吊抓岩机作业其摆动幅度大，且远距离操作，加之人员多，安全程度相对小。

四、井筒施工临时降温

赵楼矿矿井处于地温正常的地区，平均地温梯度 2.20 ℃/100 m，非煤系地层平均地温梯度 1.85 ℃/100 m，煤系地层平均地温梯度 2.76 ℃/100 m。由于煤层埋深平均在 900 m 左右，初期采区大部分块段原岩地温达 37～45 ℃，处于二级热害状态。结合邻近龙固矿井和其他高地温矿井的经验，在井筒施工期间采取了临时降温措施。

降温方案是利用现有制冷机组，通过板式换冷器制取 3～5 ℃的冷水，在风室内进行喷淋，对局部通风机吸入的空气进行冷却降温，然后向井下掘进工作面供应冷风，风机出风口冷风温度在 9～11 ℃。为兼顾井底平巷施工，主井和风井井筒施工前期均按两套风室设置，副井设置一套风室。为降低风筒阻力，三井筒均采用玻璃钢风筒供应冷风。

通过主井、风井降温系统的运行，工作面环境温度下降了 3～5 ℃（与井下高温涌水量多少有关），稳定在 26～28 ℃，满足了现场施工需要。7 月 3 日因暴雨降温系统停机（风井停机 8 h，主井停机 24 h）。根据实测，制冷机组停机 1.5 h 后风井吊盘位置空气温度即上升到 34 ℃，信号工无法长时间工作，被迫间歇轮流上井休息。主井系统停机 12 h 后（夜晚零点）工作面空气温度上升到 31～33 ℃（地面空气温度 25 ℃），施工效率大大降低。在恢复送冷风后，工作面空气温度迅速下降到 27～29 ℃，满足现场施工需要，验证了该系统的制冷降温效果。

临时降温系统为高地温、高水温矿井掘进施工降温提供了一套简便、可靠的解决方案。

五、基岩段防治水

根据水文地质资料预测，赵楼矿井筒所处位置，基岩段主要包括上石盒子、下石盒子、3 煤顶底板砂岩和三灰 4 个含水地层。岩层高角度裂隙发育，上下层间导水性能好，预测井筒内最大涌水量为 75 m^3/h。为保证基岩段顺利施工，制定了“探、注、排、导、壁后注”的施工方案。

“探”，即在井筒掘进工作面进入含水层位前，施工 1～2 个探水孔，如探测涌水量小，单孔出水量小于 3 m^3/h，继续施工掘进；若水量较大，则在掘进工作面封堵钻孔后施工止浆垫，进行工作面预注浆。

“注”，即在井筒掘进工作面进行预注浆。每次预注浆段高根据下部预测含水层及探水钻孔情况确定，一般注浆段高在 60～80 m 左右，最大段高达到 120 m。采用在孔口管内反复钻孔、逐层自上而下注浆封堵方式。注浆材料选用普通水泥单液浆，水泥＋水玻璃双液浆封堵孔。对于水压大、裂隙发育弱的层位采用超细水泥浆。预注浆一般控制在单孔涌水小于 0.5 m^3/h 即停止注浆。采用工作面预注浆的方法成功穿越了单孔最大涌水量为 119 m^3/h的砂岩含水层。

“排”，即在井筒施工吊盘上设置大功率、高扬程排水泵。三井筒均选用 D50-11×10 型卧式泵，在吊盘上层和中层盘安设两台排水泵，最大排水能力达到 70～80 m^3/h。对于掘进期间小于 50 m^3/h 的涌水均可以顶水作业。

“导”主要是针对井壁涌水措施。在进行砌碹作业前，设置导水板和导水管，将井壁出水导引到井筒内，减少出水对井壁混凝土浇注的影响，后期再集中进行封堵。

“壁后注”即是在下一次工作面预注浆施工完成止浆垫后，利用止浆垫凝固期对已完成井壁接茬缝进行壁后注浆封堵。最后在完成全井筒掘砌后再集中对井筒基岩段进行一次壁后注浆。

赵楼矿井主、副、风 3 井筒分别共进行了 5 次、5 次和 7 次预注浆，最后再各进行一次壁后注浆进行封堵，井筒验收时3井筒涌水量分别为5.63 m^3/h、4.9 m^3/h和3.97 m^3/h，均小于验收规范(6 m^3/h)，且无集中出水点。主井井筒综合掘砌速度为83.87 m/月(不含箕斗装载硐室)，副井井筒综合掘砌速度为63.12 m/月，风井井筒综合掘砌速度为69.87 m/月。三井筒施工经综合评选均获得“山东省煤炭工业优质工程”。

第二节 宣东二矿副井井筒施工

一、工程概况

河北省下花园煤矿宣东二矿是国家重点工程项目，设计能力0.9 Mt/a，采用立井开拓。布置主、副两个井筒，主井井筒净径为6.0 m，井深为829.6 m；副井井筒净径为6.5 m，井深为850.3 m。

副井井筒穿过的第四系表土层深度为56.7 m，基岩风化带深度为80.65 m，采用冻结法施工，冻结深度为95 m，冻结段采用双层钢筋混凝土井壁，壁厚为0.8 m，施工深度为89 m。副井井筒穿过的地层以基岩为主，其中侏罗系中统髫髻山组垂深80.65～164.73 m，主要由安山岩、正长斑岩、粉砂岩等组成。侏罗系中统九龙山组垂深164.73～851.06 m，主要由砂岩、泥岩、凝灰岩、玄武岩、辉绿岩等组成，岩性较坚硬，有多层含水层。

宣东二矿副井井筒及相关硐室工程由中煤五公司第三工程处负责施工。在施工中，利用立井机械化配套，自1997年7月3日井筒正式开工至1998年2月18日，7.5个月成井816.0 m，平均月成井108.8 m。其中，自1997年9月至1998年2月，基岩段连续施工6个月，共成井713.6 m，平均月成井118.9 m，最高月成井146.0 m，最高日成井7.2 m，创当年国内立井井筒快速施工新纪录。

二、井筒施工方案及机械化配套施工

宣东二矿副井井筒穿过的地层以基岩为主，井筒基岩段考虑到有多个含水层，采用了地面预注水泥黏土浆治水方法，井筒施工采用与立井机械化相配套的混合作业施工方案。提升系统布置了两套单钩，采用了“大绞车”配“大吊桶”，出矸选“大抓岩机”，两台中心回转式抓岩机同时抓岩，砌壁采用“大模板”，采用“伞钻深孔凿岩和光面爆破技术”。

1. 提升系统机动灵活

主提升选用JKZ2.8/15.5型凿井专用绞车，配备4.0 m^3矸石吊桶；副提升选用JKZ2.5/20型绞车，配2.5 m^3矸石吊桶，确保了提升能力，增强了施工安全和灵活性。

2. 伞钻凿岩深孔光爆

凿岩选用FJD-9A型伞钻，配YGZ-70型高频凿岩机，用4.5 m长钎杆，原有效打眼深度不到4 m，经对导轨改进后，使打眼深度增加到4.2 m，打眼速度比传统的方法提高了3倍以上。爆破选用T220型高威力水胶炸药，百毫秒延期电雷管，采用光面、光底、减震、弱冲击深孔爆破新技术，并根据工作面岩石软硬程度，及时调整爆破参数，爆破效率达90%。

3. 多台抓岩机快速出矸

井筒施工时，利用井壁固定新工艺，将凿井压风管、供水管、风筒等全部固定在井壁上，合理利用井筒内的有效空间。在三层吊盘的下层盘采取对称背靠背形式布置两台中心回转

式抓岩机，实行分区抓岩。当井底矸石厚，进行大量排矸时，以 0.6 m^3 抓斗为主，抓取范围大，负责向 4.0 m^3 吊桶装矸，0.4 m^3 抓斗为辅，负责向 2.5 m^3 吊桶装矸；当排矸收尾清底时，以 0.4 m^3 抓斗为主抓取。两台中心回转抓岩机同时装岩，使抓岩速度提高了近一倍，每小班出矸时间缩短了 2 h，工人劳动强度也降低了 30%以上，同时提高了清底质量，为后续工作创造了良好的条件。

4. 大模板高效砌壁

砌壁利用 MJY 型整体金属刃脚下行模板。该模板具有整体强度大、不易变形的特点，并且浇灌口内设有翻转式挤压合板，保证接茬严密，模板有效高度 3.6 m。混凝土由地面两台 JQ-1000 型强制式搅拌机提供，DX-2 型底卸式吊桶下料，大型皮带机上料，电磁式自动计量装置计量，每个小班只用两个人，这样既减轻了工人劳动强度，又大大提高了工作效率。

5. 稳车集中控制

井筒施工采用了 13 台凿井绞车，采取集中控制技术，既提高了吊盘、模板等的起落速度，又大大增强了绞车的平稳程度与安全性。

6. 落地矸石仓连续排矸

翻矸系统设坐钩式翻矸装置，采用落地式矸石仓，井筒每循环矸石集中排放于地面矸石仓，待井筒砌壁、凿岩时，用 ZL-40 型装载机配合 8 t 自卸汽车连续排矸。

7. 设备管理科学化

针对井筒施工装备高度机械化的特点，宣东二矿副井项目部建立了一整套完善的设备管理制度，按工作系统进行各项设备运转与维修。对关键设备实行强制跟班保养，按期严格进行小、中、大修任务。专人专机操作，司机经严格培训合格后持证上岗。周密制定配件和器材供应计划，从而保证了机械化全套设备能够高效、满负荷正常运转。

上述机械化配套方案，充分利用了井筒断面的有效空间，使井筒内各种施工设备与设施互不干扰，形成了一条从打眼、排矸、筑壁到辅助工序紧密相连的机械化作业生产线，在设备技术性能上，充分协调了各生产环节之间的矛盾，从而为实现立井井筒施工月成井连续 6 个月超百米打下了基础。

三、井筒施工组织与管理

宣东二矿副井井筒施工严格按照工程项目管理的要求，成立了宣东项目部，制定了一整套切实可行的施工方案和制度，在施工生产的各个环节均开展了科学的质量管理活动。

1. 劳动组织管理

宣东二矿副井井筒施工项目部下设经营管理组、工程技术组、物资设备组和生活保障组，管理和服务人员共 23 人，施工人员共 110 人。基岩段采用与立井机械化相配套的混合施工法和“四大一深”工艺，将作业人员按打眼爆破、出矸找平、立模砌壁、出矸清底四道工序实行滚班制作业，改变通常按工时交接班为按工序交接班，按循环图表要求控制作业时间，保证正规循环作业。

2. 工序衔接紧凑、增加平行作业时间

根据快速施工经验，将滚班制四大作业交接均放在迎头完成，这就大大缩短了各工序交接时间，为立井快速施工争分夺秒。同时利用各工序特点穿插进行一些工作，如在钻眼时穿插提升吊挂系统的维修保养；抓岩机的维修保养安排在出矸清底后的下钻、支钻的时间进行;利用井下打钻的时间进行更换提升钢丝绳。

3. 奖罚措施得力

在加强职工思想教育的同时,制定相关奖罚措施,使劳动成果与经济收入直接挂钩,大大提高职工的生产积极性,使正规循环作业时间由规定的 24 h 缩短到 18 h 左右,最短一个循环的时间仅 15 h。

4. 质量管理严格

井筒施工中,物资设备组对工程所用材料进行严格检查;技术组派专人负责立模,严格控制立模质量,严格掌握混凝土的配合比和水灰比,按规定要求每 10 m 做一组混凝土试块,每模施工前都有监理人员下井验收,达到优良后方可施工。砌壁混凝土井下用振动棒加强振捣。冬季施工,用热水拌制混凝土,确保入模温度不低于 20 ℃。

5. 安全文明施工

井筒施工中除严格按照"井筒施工组织设计""表土段施工措施""滑模套内壁施工措施""基岩段施工措施""立井井筒防坠措施"等认真执行以外,还结合工程施工实际情况,配备了相应专职安检员,各班组还设有安全网员,青年安全监督岗岗员参与,不定期进行检查。针对基岩段施工滚班作业的特点,实行食堂饭店化、宿舍管理准军事化,实现了宣东二矿副井井筒的快速高效、优质安全、文明施工。

第三节　滕东生建煤矿副井井筒施工

一、工程概况

滕东生建煤矿位于山东省滕州市鲍沟镇境内,矿井设计能力为 45 万 t/a,采用立井开拓方式,工厂内布置主、副两个井筒,井筒表土及基岩风化带采用冻结法施工。副井井筒主要技术特征见表 13-2。副井井筒穿过的地层自上而下为第四系、侏罗系、二叠系(石盒子组、山西组)、部分石炭系(太原组)地层,岩石硬度系数 f 为 6 左右。井筒水文地质条件较为简单,基岩段累计涌水量为 6.61 m^3/h。

表 13-2　副井井筒主要技术特征表

序号	项 目	单位	数 值	备 注
1	井筒净直径	m	6.00	
2	井口永久标高	m	+56.0	
3	第四系深度	m	22.85	
4	基岩风化带深度	m	35.85	
5	冻结段井壁深度	m	49.0	冻结深度 58 m
6	冻结段井壁最大厚度	m	0.950	
7	基岩段井壁厚度	m	0.500	639 m 以上为混凝土支护、639 m 以下为锚索+混凝土支护
8	井筒深度	m	950.0	

二、施工方案及机械化装备

1. 施工方案

采用立井机械化快速施工工法，通过机械化配套作业线实现短段掘砌单行作业方式，配备两套单钩提升、伞钻凿岩、中心回转抓岩机装矸、底卸式吊桶下混凝土、整体金属下行模板砌壁。

2. 井筒断面及施工设施布置

根据井筒净径和井深，布置两套单钩提升，选择最大吊桶组合为 4＋3 m^3，吊盘上布置一台中心回转抓岩机，井筒内风水管路均从封口盘盘面以下入井，且均采用井壁吊挂工艺。稳绞系统为南北布置，稳车在井口集中控制，井口西侧为伞钻停放处，东侧布置混凝土搅拌站，悬吊钢丝绳的布置为伞钻和底卸式吊桶的通过留出了足够的距离。井筒施工主要机械化配备见表 13-3。

表 13-3　井筒施工主要机械化配备表

<table>
<tr><th>序号</th><th colspan="2">设备名称</th><th>型号规格</th><th>单位</th><th>数量</th><th>备 注</th></tr>
<tr><td rowspan="5">1</td><td rowspan="5">提升</td><td>井架</td><td>永久井架</td><td>座</td><td>1</td><td></td></tr>
<tr><td>绞车</td><td>JKZ-2.8/15.5</td><td>台</td><td>1</td><td>主提，配 4 m^3 吊桶</td></tr>
<tr><td>绞车</td><td>2JK-3.5/11.5</td><td>台</td><td>1</td><td>副提，配 3 m^3 吊桶</td></tr>
<tr><td>吊桶</td><td>4 m^3/3 m^3/2.7 m^3</td><td>个</td><td>2/2/1</td><td>4 m^3、3 m^3 各一个备用</td></tr>
<tr><td>吊桶</td><td>DX-2</td><td>个</td><td>3</td><td>一个备用</td></tr>
<tr><td rowspan="4">2</td><td rowspan="4" colspan="2">稳 车</td><td>JZM-25/1000A</td><td>台</td><td>4</td><td>吊 盘</td></tr>
<tr><td>JZ2-16/800</td><td>台</td><td>9</td><td>抓岩机、稳绳、模板</td></tr>
<tr><td>JZ2A-5/800</td><td>台</td><td>1</td><td>安全梯</td></tr>
<tr><td>JZ2-10/600</td><td>台</td><td>1</td><td>爆破电缆</td></tr>
<tr><td>3</td><td colspan="2">伞 钻</td><td>FJD-6A 配 YGZ-70</td><td>部</td><td>1</td><td>凿孔深度 4.4 m</td></tr>
<tr><td>4</td><td colspan="2">抓 岩 机</td><td>HZ-6 型</td><td>台</td><td>1</td><td></td></tr>
<tr><td>5</td><td colspan="2">压 风 机</td><td>GA250/SA120A</td><td>台</td><td>2/1</td><td></td></tr>
<tr><td>6</td><td colspan="2">通 风 机</td><td>TFJ-9-25</td><td>台</td><td>2</td><td>一台备用</td></tr>
<tr><td>7</td><td colspan="2">卧 泵</td><td>DC50-80/10</td><td>台</td><td>2</td><td>一台备用</td></tr>
<tr><td>8</td><td colspan="2">搅 拌 机</td><td>JS1500</td><td>台</td><td>1</td><td></td></tr>
<tr><td>9</td><td colspan="2">混凝土配料机</td><td>PLD1600</td><td>台</td><td>1</td><td></td></tr>
<tr><td>10</td><td colspan="2">移动开闭锁</td><td>YKBS-10</td><td>台</td><td>1</td><td></td></tr>
<tr><td>11</td><td colspan="2">移动变电站</td><td>ZXB-10-6/1250</td><td>台</td><td>1</td><td></td></tr>
<tr><td>12</td><td colspan="2">吊 盘</td><td>ϕ5.7 m</td><td>副</td><td>1</td><td>三层吊盘层间距 4.0 m</td></tr>
<tr><td>13</td><td colspan="2">基岩段模板</td><td>ϕ6.0 m</td><td>套</td><td>1</td><td>MJY 型，段高 3.6 m</td></tr>
</table>

三、劳动组织及作业制度

1. 劳动组织

工程施工由项目部负责管理，下设经营管理、工程技术、物资设备和生活保障等 4 个管理部门，管理和后勤人员共31人、施工人员共129人，劳动组织定员为160人，详见表13-4。

表13-4　施工劳动力组织表

管理人员	后勤人员	机修工	电修工	车辆司机	压风工	搅拌工	绞车司机	井口把钩	井口信号	井下				合计
										打钻班	出矸班	砌壁班	清底班	
16	15	12	5	5	4	4	14	14	7	15	15	18	16	160

2. 作业制度

采用一掘一砌、循环成井3.6 m。将施工循环分为钻眼爆破、出矸找平、立模砌壁、出矸清底四个工序，采用专业工种“滚班”作业制，其中机电等辅助工种采用“三八”作业制、工程技术等管理人员实行24 h值班制。每个工序必须保质、保量地完成该工序的工作量，实行定岗、定员、定责、定任务，并根据循环图表中的时间考核工作效率和班组劳动收入，其目的是以工序保循环、以循环保进度。

四、实施效果

依靠科学的机械化配套装备、先进的施工工艺和员工高水平的操作技能，该项目部运用完善的立井施工管理体系，于2005年5月至12月连续8个月成井超百米，总进尺854.2 m，实现了连续快速施工，创出了全国立井施工连续8个月过百米的新纪录，被上海大世界基尼斯总部收录为大世界基尼斯之最。该工程未出现任何安全和质量事故，工程质量被评为优良，真正实现了安全、优质、快速、高效施工。

第四节　葫芦素煤矿副井井筒施工

一、工程概况

葫芦素设计生产能力13.0 Mt/a，矿井设计服务年限90 a。矿井采用立井开拓，工业广场内布置有主、副、风三个井筒，其中副井井筒主要技术特征见表13-5。

表13-5　副井井筒主要技术特征表

序号	项目		单位	数值
1	设计净直径		m	10
2	设计净断面		m^2	78.5
3	井底车场标高		m	+640(井深667.8)
4	冻结深度		m	525
5	井筒深度		m	702.658
6	水平以下深度		m	36.342
7	井壁厚度	冻结段	mm	950/1 450
		基岩段	mm	700

根据该井田勘探报告资料以及勘探施工的井筒检查钻孔揭露资料，井田内地层自上而下有：第四系(Q)，白垩系下统志丹群(K_1zh)，侏罗系中统直罗组(J_2z)、安定组(J_2a)、延安组(J_2y)，三叠系上统延长组(T_3y)。最大荒断面掘进主要穿过第四系及白垩系下统志丹群。

二、凿井施工机械化作业线及配套方式

井架：采用双层天轮平台凿井井架。

提升：采用三套独立的单钩提升系统。主提选用一台 2JK-4.0×2.65/15 型提升机配 5 m^3 矸石吊桶，副提选用两台 JKZ-2.8E 型提升机配 5 m^3 矸石吊桶。

挖土、凿岩和装土、装岩：表土冻结段采用两台 HZ-6 型中心回转抓岩机、一台 SW30 电动挖掘机进行挖土、装土工作；基岩冻结段和正常段采用两台 XFJD-6.11S 型伞钻凿岩，两台 HZ-6 型中心回转抓岩机装岩，一台 SW30 电动挖掘机配合清底。

排矸：翻矸平台设三套落地式矸石溜槽，采用 ZL-50B 型装载机配合 12 t 自卸汽车排矸。

混凝土搅拌及运输：井口设混凝土集中搅拌站拌制混凝土，站内配两台带自动计量装置的 JS-1000 型搅拌机，HTD2.4 型底卸式吊桶运送混凝土。

砌壁：表土冻结段、基岩冻结段和正常段砌壁均采用 MJY4.0 系列液压整体模板，表土冻结段内壁砌筑采用 12 圈金属装配式模板。

排水：采用二级排水方式排水，即在吊盘下层盘上安装两台 DC50-80×10 型水泵(一台使用，一台备用)，吊盘上层盘上安装 5 m^3 水箱一个，工作面涌水由风泵排至吊盘上的水箱再由吊盘上的水泵排至地面。

压风：配置 2 台 DLG-132 型和 4 台 DLG-250 型单螺杆式空气压缩机，总压风量为 200 m^3/min。

通风：选用两台 FBD№7.5/2×45 型对旋式局部通风机，配用两趟 ϕ800 mm 玻璃钢风筒，压入式通风。

具体见表 13-6。

表 13-6　副井综合机械化作业线配套设施一览表

序号	设备名称		型号规格	单位	数量
1	提升	主提升机	2JK-4.0×2.65/15	台	1
		副提升机	JKZ-2.8×2.2/15.5	台	1
		副提升机	JKZ-2.8×2.2/18	台	1
		吊桶	5 m^3	个	3
		提升天轮	ϕ3.0 m	个	3
		提升钩头	11 t	个	3
2	凿井绞车		JZ-16/1000	台	2
			2JZ-16/1000	台	2
			JZ-25/1300	台	11
			2JZ-25/1320	台	4
			JZA-5/1000	台	1
3	凿岩	伞 钻	XFJD6.11S	台	2

表 13-6(续)

序号	设备名称			型号规格	单位	数量
4	装岩	中心回转抓岩机		HZ-6	台	2
		电动挖掘机		SW30	台	1
5	砌壁	搅拌机		JS-1000	台	2
		配料机		PL-1600	台	1
		液压整体模板		MJY-4.0/10	套	1
		模板		组合式	圈	12
		底卸式吊桶		HTD2.4	个	3
6	辅助系统	排水	排水泵	DC50-80×10	台	2
		压风	压风机	DLG-250,40 m^3	台	4
				DLG-132,20 m^3	台	2
		信号	通讯、信号装置	DX-1	套	3
		照明	灯具	DdC250/127-EA	套	7
		通风	通风机	FBD№7.5/2×45	台	2

三、工艺流程及主要技术措施

井筒施工工艺流程见图 13-1,装岩出矸工艺流程见图 13-2。

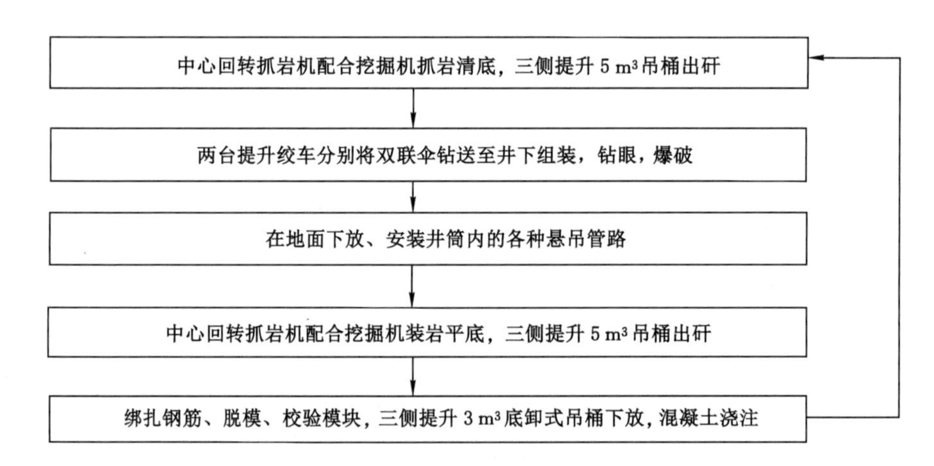

图 13-1　井筒施工工艺流程图

XFJD6.11S 双联伞钻由两台独立的钻架组成。工作时,通过安装在其中一台钻架上的连接机构与另一台钻架刚性连接并保证工作过程中连接稳固,然后调整每台钻架的调高器和支撑臂。每台钻架均具有独立的操作系统。双联伞钻在下放至工作面后,利用中心回转稳绳将两台伞钻牵引至连接位置处,待双联伞钻液压连接装置连接完成及伞钻支撑臂与井壁模板固定完成后,双联伞钻在工作面进行相关的调节,并坐落于实底。电动挖掘机与中心回转装矸区域划分示意图见图 13-3。

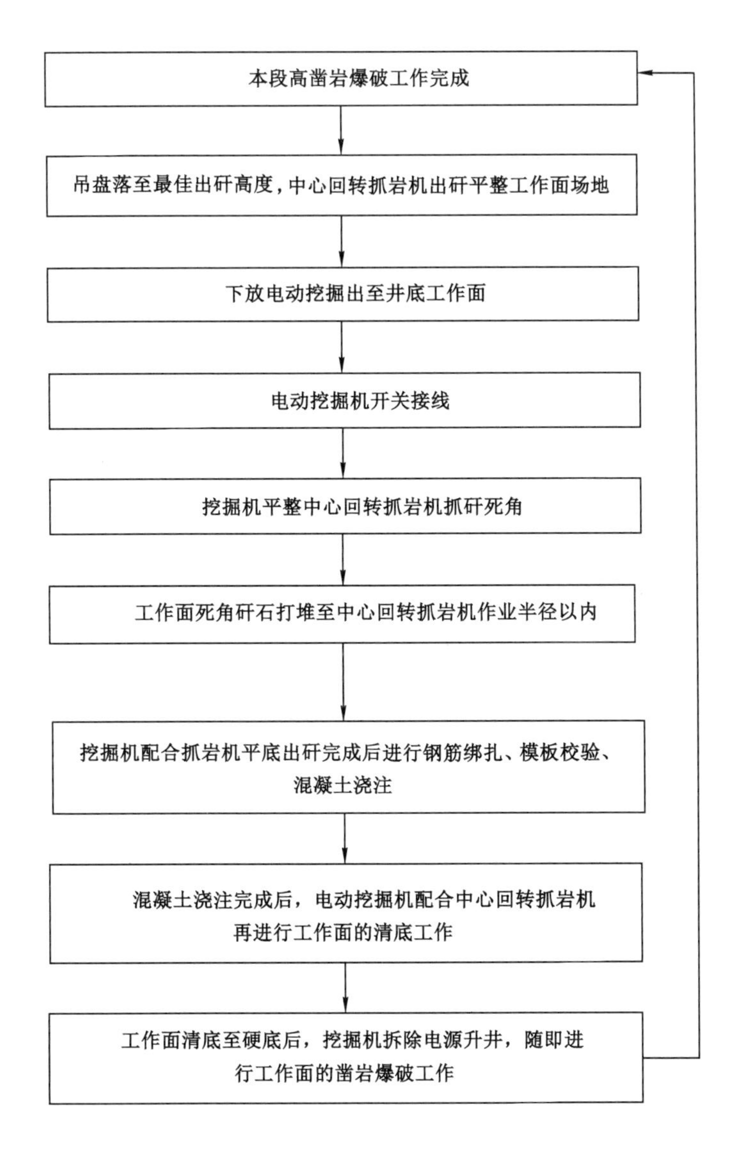

图 13-2　装岩出矸工艺流程图

井底工作面钻眼完成后，伞钻支撑臂与液压连接臂收臂，伞钻液压中心顶收起。利用牵引绳将两台连接伞钻分开，绞车提升绳分别将两台伞钻提升至地面。

双联伞钻施工工艺流程见图 13-4。

四、关键设备操作技术要点

1. 井下电动挖掘机装岩操作要点

(1) 操作前必须认真检查挖掘机各装置以及各种油位，确认无误后方可进行下一步操作。

(2) 送电前必须认真检查开关、电缆及电机等供用电设施的防爆完好性，确认无误后方可送电。

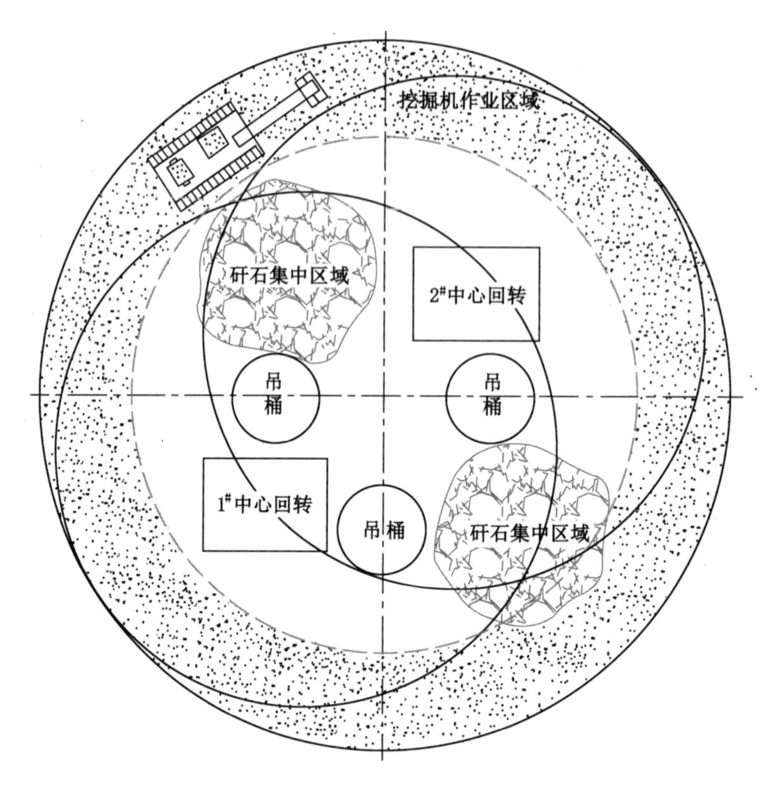

图 13-3　电动挖掘机与中心回转装矸区域划分示意图

(3) 启动前认真检查警示灯、工作灯，确认安全锁锁定、所有控制杆位处于空挡位置。电机空转 3～5 min 后方可进行操作。

(4) 启动后检查所有开关和控制杆、各类仪表、机器声音是否正常，履带内有无杂物，并检查机车周围有无障碍物。

(5) 操作挖掘机检查大小动臂及抓斗是否灵活，然后进行前后、左右行走及正反向旋转，检查挖掘机的性能是否正常。

(6) 挖掘机只允许合格的挖掘机司机操作，严禁他人操作；启动发动机及移动机车前先按喇叭，提醒场内人员挖掘机要移动。

(7) 准备(长×宽×厚)2 500 mm×200 mm×50 mm 的木板数块，防止挖掘机作业时因底板松软造成下陷。

(8) 挖掘机开始作业时，应先将提升悬吊点处的吊桶坑挖出来，吊桶坑的深度约为一次挖掘深度的 1.2～1.5 倍。

(9) 挖掘机开始作业时，必须先挖掘井筒的净断面到 1.6～1.8 m 深后，方可挖掘荒断面。

(10) 在表土层挖掘荒断面时，挖掘机必须严格控制挖掘顺序，不得沿一个方向依次挖掘，必须在外壁上保留不少于 6 个宽度不小于 1.5 m 的墙体做支撑，以确保大模板的稳固性。在挖掘荒断面时，铲斗严禁碰撞模板及刃脚。

(11) 正常情况下挖掘机必须在提升吊桶之间的空间作业，吊桶提升时，挖掘机必须尽可能远离吊桶提升点，防止吊桶摆动时碰伤挖掘机。

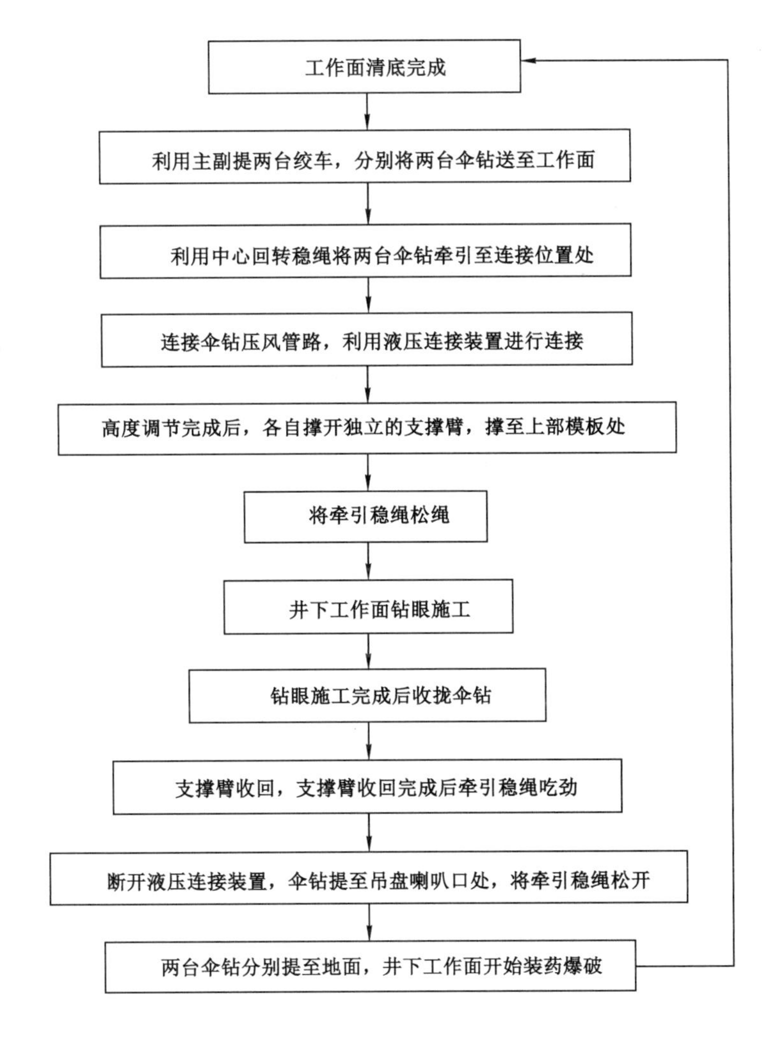

图 13-4　双联伞钻施工工艺流程图

(12) 挖掘机车作业时严禁距井壁过近，防止挖掘机驾驶室、臂杆等部件与模板刃脚发生碰撞。挖掘深度超过 1.6 m 时，还应防止井壁塌落造成事故。

(13) 掘时应尽可能使大臂和小臂形成 90°～100°的夹角，此时铲斗能够得到最大的挖掘力，一次挖掘深度一般不要超过铲斗高度的 2/3(铲斗的铲齿垂直地面时的高度)。挖掘深度太深时不但挖掘阻力增大和易损坏机件，而且会明显降低挖掘机的整机效率。

(14) 挖掘时应尽可能把铲齿挖掘方向朝向挖掘机的中心方向，当铲齿方向与挖掘机中心方向形成某一夹角时，应及时调整铲斗的挖掘深度，并平缓地操作，这样不会对挖掘机和其他部件造成损坏。

(15) 挖掘机在作业时必须安排专人指挥司机。司机必须听从指挥，且了解作业场地的环境。挖掘机应配置灭火器。

(16) 挖掘机作业时司机必须严密注意铲斗运行轨迹内的情况，防止车身、大小臂及铲斗在旋转、伸弯及挖掘中误伤其他作业人员或与井筒中其他设施碰撞。

(17) 不允许使用挖掘机的牵引力来挖掘，更不能借用挖掘机的旋转力进行作业，不允许用铲斗进行破碎操作，不允许多次反复甩动铲斗及小臂油缸，不得过度发挥挖掘机的性能。

(18) 在回转或挖掘过程中，严禁铲斗突然变换方向。

(19) 提升时，井下工作面只放设一个吊桶，另两个吊桶在吊盘处等候，一个吊桶提升后，其中一个吊桶才能落至工作面。吊桶的桶系必须向井壁方向倾倒，钩头不得妨碍机车装载。

(20) 挖掘机作业时严禁铲斗、履带及机车底盘与水文管发生碰撞，更不得将水文管弯折或堵塞。

(21) 遇有底板松软时，为防止挖掘机作业时下陷，应将事先准备好的木板(垂直于履带)铺放在履带下，铺放木板的块数根据底板松软情况确定。

(22) 清除铲斗上的泥沙时，要把小臂放置到接近垂直的位置，使铲斗铲齿平行地面位置后再清理。

(23) 挖掘施工结束后，应将挖掘机开到安全、稳固的(平整)地方停放，使挖掘机在怠速状态下运行 3～5 min 后，检查各仪表、警示灯、指示灯等是否正常，然后熄火拔下钥匙，锁定安全锁后再锁好车门即可。

(24) 挖掘机停止作业后应罩上专门制作的防护罩，以防止浇注混凝土及其他作业时污染或损坏挖掘机。

(25) 将提升钩头提起，使提升架下部梁离开地面约 50 mm，此时整个提升架必须受力均衡、不倾斜，悬吊绳架不与挖掘机相碰剐，检查悬吊情况无误后方可提升上井。

(26) 在提升过程中必须严格控制提升速度：吊盘以下＜0.5 m/s，过吊盘及锁口盘时＜0.2 m/s，井筒正常段时＜1 m/s。

(27) 挖掘机在提升穿过锁口、吊盘时必须有专人监护，监护人员必须佩戴安全带，安全带生根必须可靠。

(28) 挖掘机提升出井口后，关闭井盖门，将挖掘机尽量落放在井盖门以外，然后拆除卸扣、拉紧螺栓和悬吊梁，即可发动挖掘机将挖掘机开出井口。

2. 双联伞钻施工操作要点

(1) 每班下井前须将各油雾器都加满油之后将油盖拧紧。

(2) 检查各管路部分是否渗漏，发现问题及时处理。

(3) 操纵推进油缸使钻眼机上下滑动，看其运行是否正常。

(4) 检查钎头、钎杆水眼和钻眼机水针是否畅通，钎杆是否直，钎头是否磨损。

(5) 检查吊环部分是否可靠，有无松动等现象。

(6) 检查操纵手柄是否在“停止”位置，检查机器收拢位置是否正确，注意软管外露部分是否符合下井尺寸，以免吊盘喇叭口碰坏管路系统。

(7) 用两根钢丝绳分别在推进器上部和下部位置捆紧，防止意外松动。

(8) 在井底打两个深度为 400 mm 左右的定钻架中心孔，孔径 40 mm 左右，孔间距 3 300 mm。

3. 双联伞钻的固定及拆除

(1) 两台伞钻在工作面调节高度完成后，由中心回转悬吊绳进行夺钩连接。伞钻立柱的下部采用连接管进行提前连接固定，以保证两台伞钻的连接距离便于控制。

接通球阀，启动气动马达使双联竖井钻机油泵工作，供给压力油。首先操作安装有连接机构的钻架的立柱油路阀，使安装在钻架顶盘上的连接机构升起直到与另一台钻架的销轴接触为止。然后操纵立柱油路阀，使夹紧油缸动作夹紧销轴，从而完成钻架的连接（注意在连接过程中，需要调整另一台钻架上的摆臂油缸位置，防止连接机构升起过程中与摆臂油缸的碰撞）。以上工作完成后，分别升起每台钻架的支撑臂，伸出支撑爪，撑住井壁，整体钻架固定后放松提升绳少许使之扶住伞钻，确保安全。

支撑臂支撑位置要避开升降人员、吊桶等设备位置。同时在支撑臂撑住井壁后不可开动调高油缸，以免折断支撑臂。

立柱固定时要求垂直底面，以避免炮眼偏斜和产生卡钳现象。

(2) 所有炮眼打完后，先将各动臂收拢，停在专一位置上，卸下钎杆，将钻眼机放到最低位置，确保收拢尺寸。适当地胀紧提升绳，收拢三个支撑臂后再收回调高油缸，使提升绳受力，防止钻架倾倒用钢丝绳上下捆紧。通过安装在连接机构上的夹紧油缸和升降油缸动作来拆除建立在两钻架之间的连接。停止压气供水，卸掉总风管和水管后，准备提升到井口安全位置放置。

五、劳动组织

井筒施工时，掘砌队劳动力实行综合队编制。井下掘砌工按照施工顺序合理划分专业掘砌班组，直接工采用专业工种“滚班”作业制度；其他辅助岗位工种，实行“三八”作业制；此外设备维修及材料加工人员实行“包修、包工”作业制。井筒表土冻结段及壁基段外壁掘砌采用一掘一砌作业方式。

井下共划分 4 个专业班组，各班组工作面人员配备分别为：钻眼爆破班 16 人，清底班 15 人，平底班 15 人，钢筋、砌壁班 37 人。

六、循环作业方式

井筒掘砌施工期间，直接工采用专业工种“滚班”作业制度，井筒基岩冻结段每 25 h 完成一循环，循环进尺 4.0 m，正规循环率 80%，月成井速度保持在 90 m 以上。正常段每 25 h 完成一循环，循环进尺 4.0 m，正规循环率 80%，月成井速度超 90 m。机电运转维修及施工辅助工种均采用“三八”作业制，工程技术人员及项目部管理人员实行全天值班制度。

七、进度指标

通过 XFJD6.11S 双联伞钻及中小型挖掘机配合双中心回转配套技术的成功运用，葫芦素副井施工单进水平从开始的每月 60 m 左右，稳步增加到 90 m 以上，最高月进尺为 104 m，比传统方法施工（基岩段每月 70 m）可提前工期 1 个月。

在正常的立井井筒施工当中，平底班、清底班施工所需时间较长，针对葫芦素矿井来说，两个出矸班所需时间为 10 h 25 min，约占掘砌单循环时间的 3/5。

打眼班施工工序所需时间：交接班装钻杆 30 min；下钻到工作面组装完成 30 min；打眼

2 h；拆钻 30 min；装药 1.5 h；爆破后通风 40 min；工作面检查 20 min。单班全部完成需用时间 6 h，约占掘砌单循环时间的 1/5。

第五节　巴拉素煤矿副井井筒施工

一、工程概况

巴拉素矿井位于榆林市以西直距约 40 km，行政区划隶属陕西省榆林市榆阳区巴拉素镇管辖，矿井设计生产能力 10.0 Mt/a，工厂布置主、副、风三个井筒。副立井设计为圆形断面，井筒净直径 10.5 m，净断面积 86.59 m^2，井口标高＋1 205.500 m，井底标高＋671.950 m，井筒垂直深度 533.55 m。副立井井筒主要技术特征见表 13-7。

表 13-7　副立井井筒主要技术特征表

序号	名称		单位	数值	备注
1	井口坐标	纬距（X）	m	4 237 778.094	
		经距（Y）	m	36 605 560.237	
2	井口设计标高		m	＋1 205.500	
3	提升方位角		（°）	180	
4	井底车场标高		m	＋720.75	
5	井筒深度	至车场水平	m	484.75	
		至井底	m	533.55	
6	冻结深度		m	548	
7	净直径		m	10.5	
8	净断面		m^2	86.59	
9	井壁厚度		mm		垂深 0～10 m
				外 600/内 600	垂深 10～160 m
				外 600/内 1 050	垂深 160～360 m
				外 600/内 1 500	垂深 360～445 m
				1 号壁基 2 100	垂深 445～460 m
				外 600/内 1 500	垂深 460～525.45 m
				2 号壁基 2 100	垂深 525.45～531.5 m
				井筒铺底 1 000	垂深 531.5～533.55 m
10	砌壁材料及强度			钢筋混凝土	C30、C40、C50、C60、C70

根据井筒检查孔区内的地表分布及钻孔揭露，其地层由新到老依次为：第四系全新统现代风积沙（Q_4^{2eol}），第四系上更新统萨拉乌苏组（$Q_3^1 s$），第四系中更新统离石黄土（$Q_2 l$），白垩系下统洛河组（$K_1 l$），侏罗系安定组（$J_2 a$）、直罗组（$J_2 z$）及延安组（$J_2 y$）。

井田位于鄂尔多斯盆地之次级构造单元陕北斜坡西南部，地质构造简单，总体构造形态为一北西西向缓倾的单斜层，倾向 290°，倾角小于 1°。区内无岩浆活动痕迹，局部发育宽缓的波状起伏。

井筒所穿越的含水层为第四系中更新统黄土含水层(Q_2l)、白垩系洛河组砂岩含水岩组(K_1l)、侏罗系碎屑岩类裂隙承压水[安定组砂岩含水岩组(J_2a)、直罗组砂岩含水岩组(J_2z)及延安组砂岩裂隙含水层(J_2y)]。副立井井筒单独开拓形成时，其涌水量为 517.26 m/h，其中洛河组涌水量为 478.42 m^3/h，安定组、直罗组及延安组段涌水量为 38.84 m^3/h。

二、井筒施工方案

外壁采用立井机械化快速施工法组织施工。伞钻凿岩，挖掘机配合中心回转抓岩机出矸装罐，吊桶提升，同时利用挖掘机清底，整体金属模板砌壁，辅助时间少，并能实现工种专业化，有利于提高工人的操作技术水平，实现正规循环，保证工程施工质量和进度。

1. 钻眼爆破

采用 SYZ6×2-15 型双联伞钻配 YGZ-70 型凿岩机凿岩，B25×5 000 mm 六角中空合金钢钎，配 ϕ55 mm 十字形合金钻头；T220 型防冻水胶炸药，抗杂毫秒延期电雷管，脚线长度 6.5 m。采用光面、光底、弱震、弱冲深孔爆破技术，以井筒掘进荒径 14.7 m 为例设计爆破图表。详见图 13-5 及表 13-8～表 13-10。

表 13-8　爆破原始条件

序号	名称	单位	数值	备注
1	井筒直径	m	10.5	
2	井筒荒径	m	14.7	
3	井筒掘进断面	m^2	169.7	
4	岩石条件 f		1～6	
5	雷 管			煤矿许用电雷管
6	炸 药	m/卷、kg/卷	0.4、0.7	T220 型防冻水胶炸药

表 13-9　井筒冻结基岩段爆破参数表

圈别	每圈眼数/个	眼深/mm	每孔装药量/(kg/眼)	炮眼角度/(°)	圈径/mm	总装药量/kg	眼间距/mm	起爆顺序	连线方式
1	8	4 700	4.9	90	1 800	39.2	689	Ⅰ	并联
2	12	4 500	4.2	90	3 400	50.4	880	Ⅱ	
3	16	4 500	4.2	90	5 000	67.2	975	Ⅲ	
4	21	4 500	4.2	90	6 600	88.2	984	Ⅲ	
5	26	4 500	3.5	90	8 200	91	988	Ⅳ	
6	31	4 500	3.5	90	9 800	108.8	992	Ⅳ	
7	36	4 500	3.5	90	11 400	126	993	Ⅴ	
8	40	4 500	2.8	90	13 000	112	1020	Ⅴ	
9	75	4 500	2.1	88	14 500	157.5	607	Ⅵ	
合计	265					840.3			

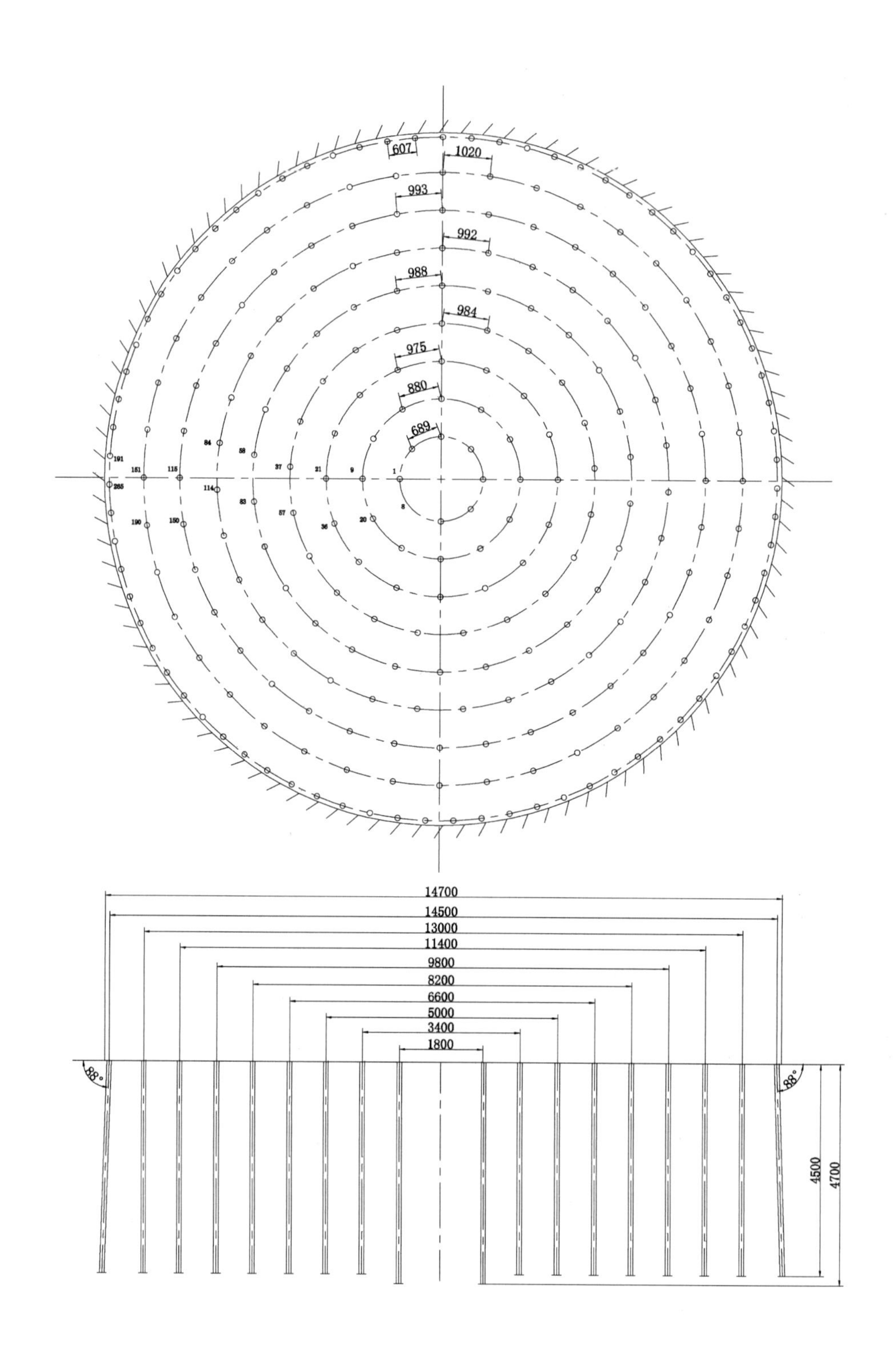

607
1020
993
992
988
984
975
880
689
14700
14500
13000
11400
9800
8200
6600
5000
3400
1800
88°
88°
4500
4700

图 13-5　炮眼布置图

表 13-10　井筒冻结基岩段预期爆破效果

序号	爆破指标	单　位	数　值
1	炮眼利用率	%	89
2	每循环爆破进尺	m	4.0
3	每循环爆破实体矸石量	m^3	678.8
4	每循环炸药消耗量	kg	840.3
5	单位原岩炸药消耗量	kg/m^3	1.24
6	每米井筒炸药消耗量	kg/m	210
7	每循环雷管消耗量	个	265
8	单位原岩雷管消耗量	个/m^3	0.39
9	每米井筒雷管消耗量	个/m	66.25

2. 装岩排矸

采用挖掘机配合中心回转抓岩机出矸装罐，挖掘机清底。布置两套单钩提升，矸石上井后经溜矸槽溜入地面，再由自卸式汽车排入指定场地。

3. 砌壁

外壁采用整体金属下行模板砌壁，模板由直模和刃脚两部分通过螺栓连成整体，模板由地面稳车悬吊。扎筋完成，落模校正，模板校正采用重砣法，在井筒中心线上悬挂重砣进行模板校正。模板校正验收合格后浇注混凝土，混凝土采用底卸式吊桶输送，经吊盘上设置的分灰器及其下方悬吊的溜灰管均匀分层、对称入模。

在井筒落底后，2 号壁基掘进完成后开始套壁施工，套壁采用 13 套(使用 12 套，备用 1 套)段高为 1.2 m 的金属装配式模板自下而上套砌施工。

2 号壁基掘进临时支护结束后，先铺底找平，之后扎筋，扎筋完成后组装块模校正，浇注混凝土，继续向上扎筋，在第一模上组装第二模块模校正，浇注混凝土，依次类推。逐模完成 12 模后，组装双层拆模盘，并用四根 ϕ40 mm 钢丝绳悬吊在吊盘下，之后进入“倒模法”正常段施工。

井壁养护工作在吊盘下悬吊的工作盘上设洒水管，脱模后定期对混凝土井壁洒水养护。

4. 井筒相关硐室的施工

井筒相关硐室采用与井筒同时浇筑混凝土的方案。待井筒外壁施工至硐室顶板上方 1～2 m 时，先砌好上部井壁，然后掘出硐室相关部分井筒，此段井筒暂不绑扎钢筋，素混凝土支护。井筒外壁继续向下掘砌，待井筒落底，套壁之前，先将硐室部分井壁破除，待套壁至硐室位置时，绑扎硐室钢筋、组装硐室模板，自下而上同时浇筑井筒和硐室开口段。硐室先施工 2.1 m(同井壁厚度)，暂不揭露冻结管。

硐室剩余部分待井筒套壁结束后，再延伸施工硐室剩余部分。硐室采用钻爆法掘进，采用气腿式凿岩机凿岩、光面爆破，剩余硐室施工利用吊盘作为工作盘。

5. 特殊地层施工

井检孔地质资料显示，井筒将穿过多层泥岩，泥岩质地较软，遇水膨胀，失水易干裂破碎。为此，采用缩小施工段高、增加临时支护、提高光爆指标等措施，尽量减少爆破对井筒围岩的破坏，保持围岩的完整性，充分利用其自身抵抗能力；尽量缩短围岩的暴露时间，确保安全顺利通过不良地层。

6. 井筒防治水

井筒采用全深冻结施工，故施工期间不存在水患，井筒施工结束后，应选取适当时机进行壁间注浆充填及加固井壁，防止井壁漏水。

注浆方案：利用吊盘作为工作盘进行壁间注浆，注浆孔深度以穿透内壁进入外壁50 mm为宜。该方法是利用风钻施工 ϕ42 mm 注浆孔，预埋 ϕ38 mm 无缝钢管做注浆管，无缝钢管顶端安装高压球阀，采用 2TGZ-60/210 型电动注浆泵进行注浆。

三、施工机械化装备及布置

1. 设备配套方案

凿井期间采用Ⅵ型凿井井架，井筒施工布置两套单钩提升。采用双联伞钻凿岩，井筒内布置 2 台中心回转式抓岩机出矸。挖机清底，井筒内供水管、排水管、压风管及风筒均采用井壁固定，井筒机械化装备情况见表 13-11 和图 13-6。

表 13-11 井筒机械化装备表

序号	设备名称		型号规格	单位	数量	备 注
1	提升	井架	Ⅵ型凿井井架	座	1	
		绞车	JKZ-3.2×3/18	台	1	1 250 kW
		绞车	JKZ-3.0×2.3/15.5	台	1	1 250 kW
		吊桶	7	个	3	1 个备用
		吊桶	DX-3	个	3	
2	稳 车		JZ-25/1300	台	10	吊盘 6 台，模板 4 台
			JZ2-16/800	台	2	抓岩机 2 台
			JZA-5/800	台	1	安全梯
			JZ2-10/800	台	2	动力电缆 1 台、爆破电缆 1 台
3	伞 钻		SYZ6×2-15 型双联伞钻	部	1	
4	抓岩机		HZ-6 型	台	2	
5	装载机		ZL-50	台	1	
6	汽 车		10 t	辆	2	自卸式
7	通风机		FBD№8.0	台	4	2×45 kW，2 台备用
8	卧 泵		DC50-80×8	台	2	1 台备用，280 kW
9	吊 盘		ϕ10.2 m	副	1	3 层吊盘(层间距 4.5 m)
10	压风机		GA250 型	台	5	
11	外壁模板		ϕ12.3 m/ϕ13.0 m/ϕ13. m	套	各 1	段高 2.5 m/3.6 m/4.0 m
12	套壁模板		ϕ10.5 m 装配式金属模板	套	13	高度为 1.2 m
13	挖机		CX75	台	1	

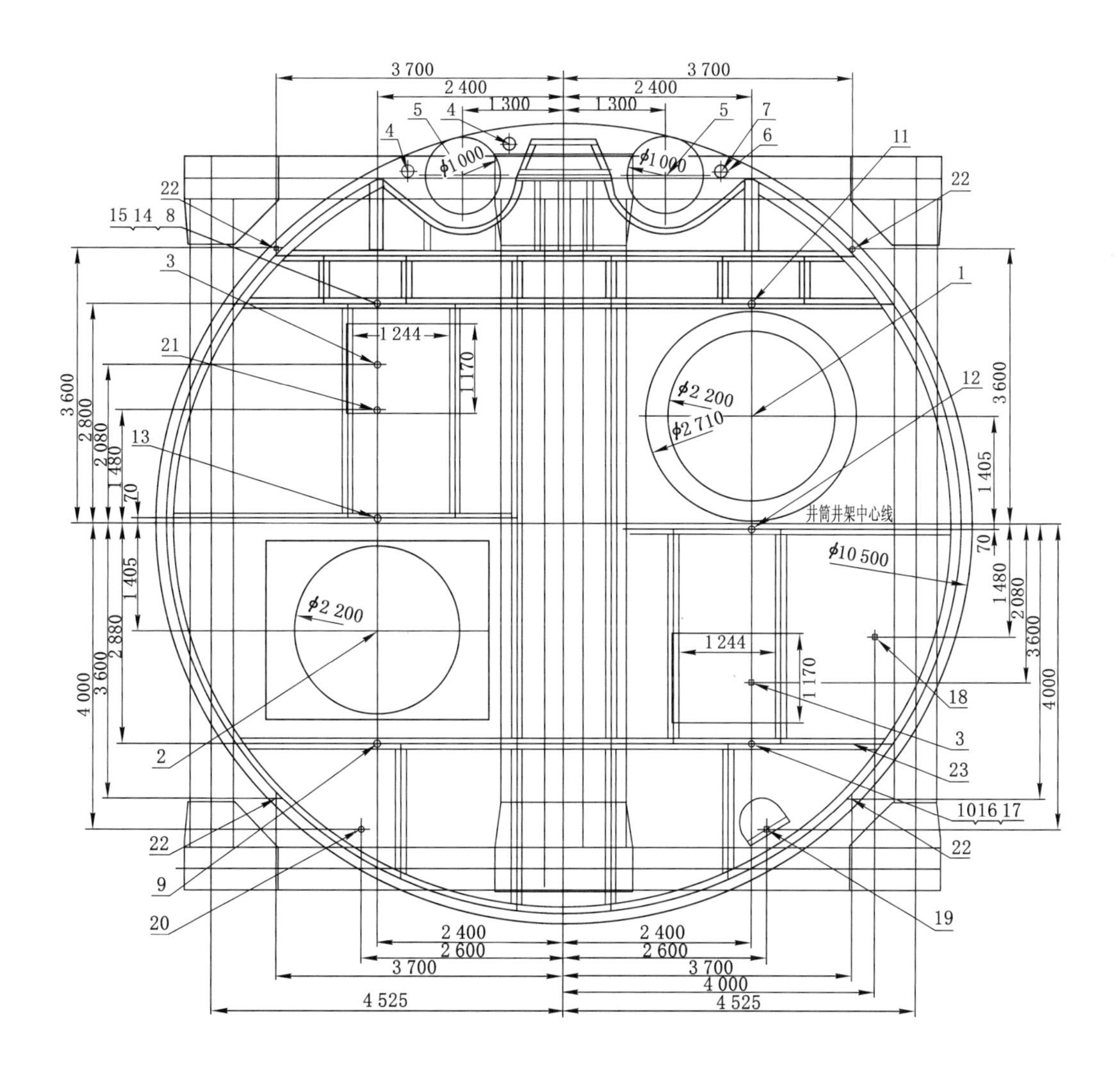

1—主提吊桶(8/7 m³)；2—副提吊桶(8/7 m³)；3—中心回转抓岩机；4—压风管；5—风筒；6—供水管；7—排水管；8～13—吊盘悬吊绳；14—照明电缆；15—信号电缆；16—通讯电缆；17—监控电缆；18—动力电缆；19—安全梯；20—爆破电缆；21—液压电缆；22—模板悬吊绳；23—凿井吊盘。

图 13-6　井内设备布置图

布置提升绞车 2 台提升，绞车的技术参数见表 13-12，提升能力见表 13-13。

表 13-12　绞车主要技术参数表

型号	最大静张力/kg	提升速度/(m/s)	最大绳径/mm	实际绳径/mm	钢丝绳最大破断力/kg	电机功率/kW	提升高度/m
JKZ-3.2×3/18	18 000	5.5	43	42	133 536	1 250	1 245
JKZ-3.0/15.5	18 000	6.0	43	42	133 536	1 250	960

表 13-13 井筒不同深度的提升能力表

提升方式	提升机型号	绞车数量/台	吊桶容积/m³	井筒深度/m						
				100	200	300	400	500	600	700
				提升能力/(m³/h)						
2套单钩	JKZ-3.2×3/18	1	7	75.8	64.34	54	46.4	40.77	28.8	25.71
	JKZ-3.0/15.5	1	5	69.0	58.35	53.17	46.64	41.54		

2. 凿井设施布置

(1) 天轮平台

利用Ⅵ型凿井井架，在天轮平台上布置施工用提升及悬吊天轮，共有 ϕ3 000 mm 天轮 2 个、ϕ1 050 mm 天轮 15 个、ϕ650 mm 天轮 5 个。天轮梁与井架天轮平台梁均采用 U 型卡连接。见图 13-7。

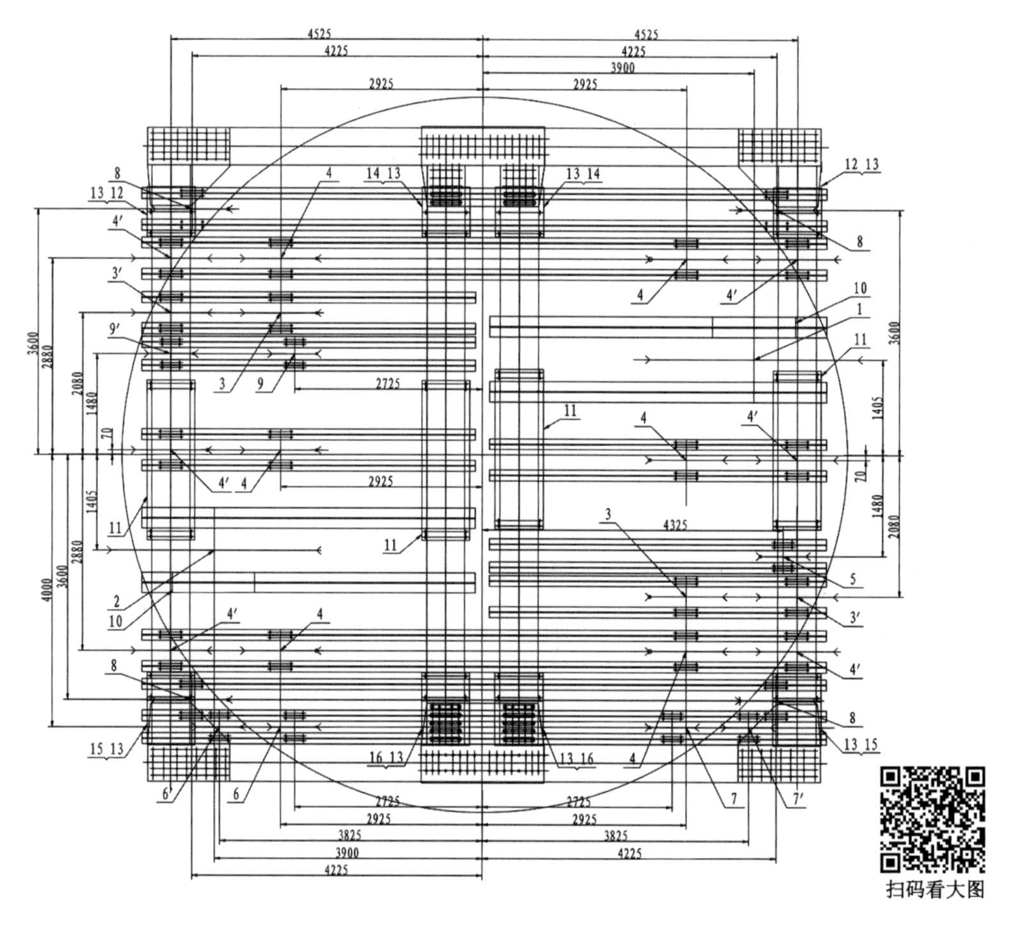

1—主提升天轮；2—副提升天轮；3—抓岩机天轮；3′—抓岩机导向天轮；4—吊盘绳天轮；4′—吊盘绳导向天轮；
5—动力电缆天轮；6—爆破电缆天轮；6′—爆破电缆导向天轮；7—安全梯天轮；8—模板悬吊绳天轮；
9—液压电缆天轮；9′—液压电缆导向天轮；10—提升天轮轴承座垫板；11—垫板 1；12—垫板 2；
13—垫板 3；14—垫板 4；15—垫板 5；16—垫板 6。

图 13-7 天轮平台布置图

(2) 翻矸平台

参照Ⅵ型凿井井架底层结构设计，并加工翻矸平台，配置主、副提翻矸溜槽，见图 13-8。

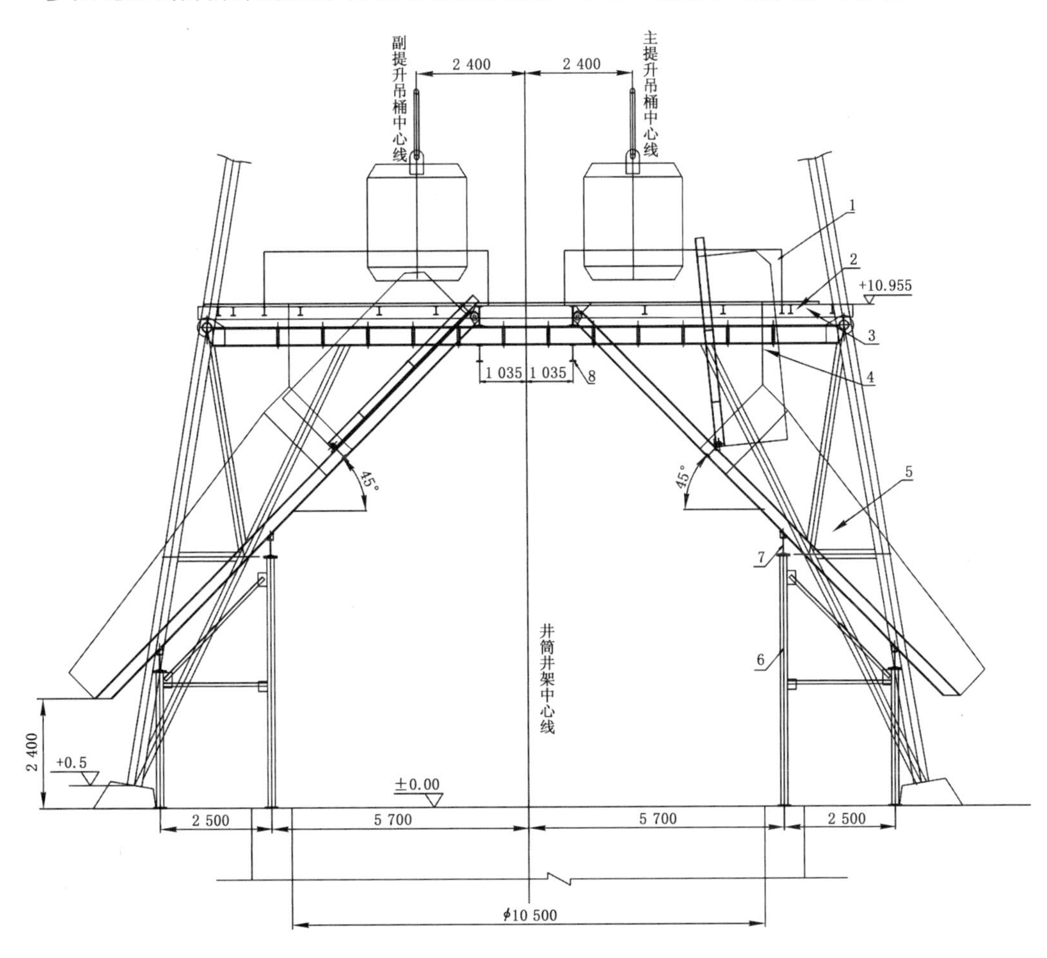

1—栅栏；2—铺板；3—钢结构；4—翻矸门；5—溜槽；6—支撑架；7—溜槽托梁；8—起重梁。

图 13-8　翻矸溜槽布置

(3) 封口盘

封口盘设在锁口上部，锁口施工时将封口盘钢梁梁窝预留好，设计盘面标高＋1 205.5 m，见图 13-9。井筒内井壁固定的供水管、排水管、风筒均从盘面以下通过。现场应对冷冻沟槽地面承重方向钢梁、钢管或钢筋混凝土等采取必要的加固措施，保证施工安全。

(4) 吊盘

吊盘设计三层(图 3-10)，外壁施工时上层吊盘、下层吊盘设有辅助圈梁，井筒套壁时拆除下层盘圈梁，套壁完成拆除上层吊盘圈梁，如分段施工则在第一段施工完后重新安装圈梁，套壁时再拆除，直至井筒施工结束；吊盘与井壁采用木楔固定，木楔用钢丝绳卡在吊盘立柱上，两个立柱兼做井下临时风包。吊盘悬吊稳车实行集中控制；下吊盘在信号室附近均设瞭望口，并且下吊盘所有钢梁的下翼采用敷板封严，避免被井筒爆破崩落矸石砸坏；吊盘层间应根据需要设置爬梯，根据规定设围栏、踢脚板、保险绳等。

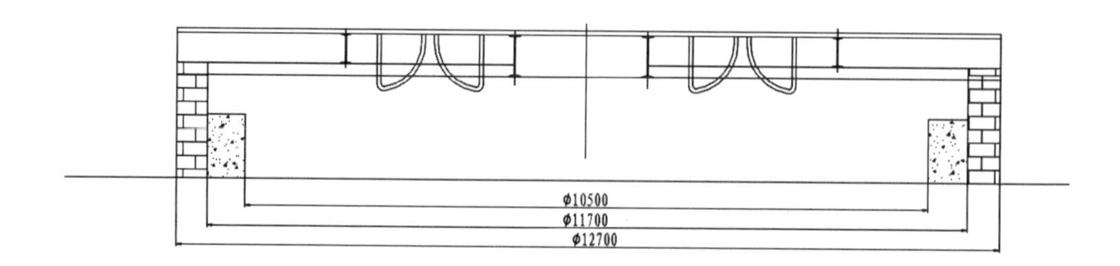

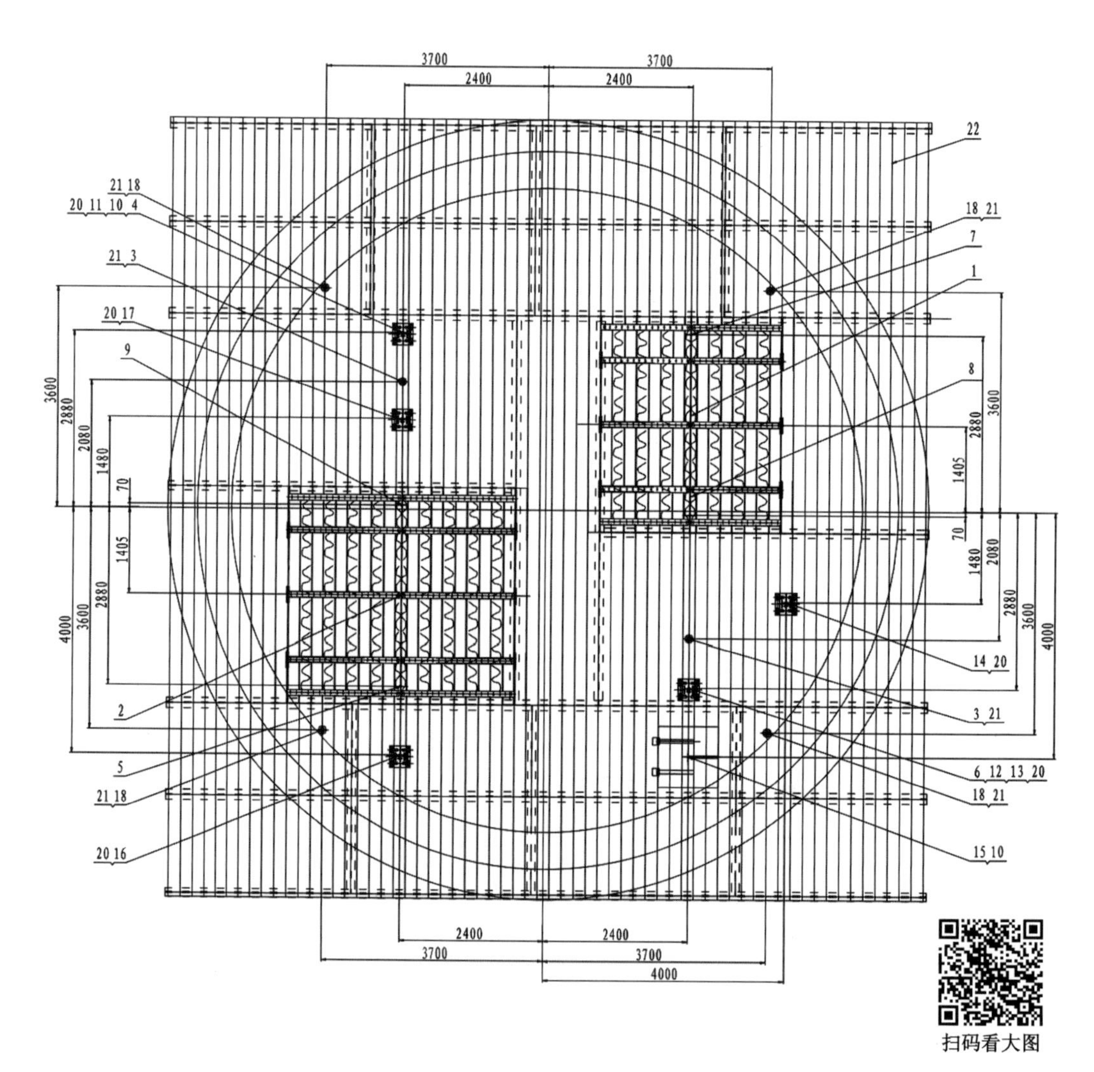

1—主提升盖门；2—副提升盖门；3—中心回转抓岩机孔；4—1# 吊盘绳孔；5—2# 吊盘绳孔；6—3# 吊盘绳孔；7—4# 吊盘绳孔；8—5# 吊盘绳孔；9—6# 吊盘绳孔；10—照明电缆孔；11—信号电缆孔；12—通讯电缆孔；13—监控电缆孔；14—动力电缆孔；15—安全梯孔；16—爆破电缆孔；17—液压电缆孔；18—模板悬吊绳孔；19—安全梯盖门；20—钢丝绳及电缆孔盖门；21—钢丝绳绳孔保护器；22—铺板。

图 13-9　封口盘布置

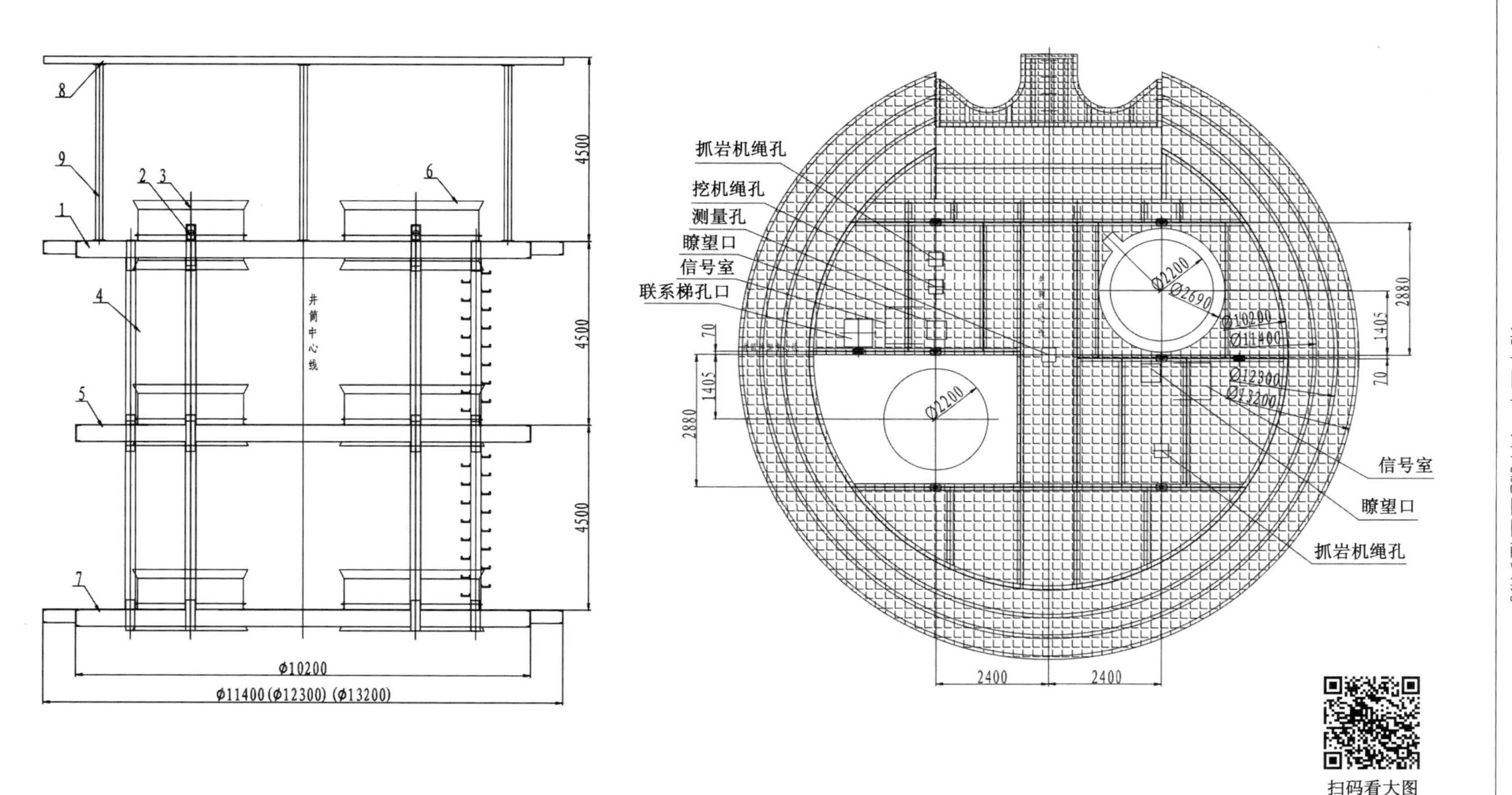

1—上层吊盘；2—吊盘及稳绳悬吊点；3—副提喇叭口；4—立柱；5—中层吊盘；6—主提喇叭口；7—下层吊盘；8—保护盘；9—保护盘立柱。

图 13-10　吊盘布置

3. 井壁吊挂

为增大提升安全间隙，将供水管、排水管、压风管、风筒沿井壁固定，施工时应注意以下几点：

(1) 井壁固定管路均从封口盘面以下引出井外，外壁施工时，仅下井两路风筒、一路供水管和两路压风管路，排水管(压风管)在套壁后再沿内壁固定至硐室位置。

(2) 每节管路、风筒长度均为 10 m，每接长一次至少要设固定锚杆卡子一副。管路连接见井筒提升吊挂图册；柔性风筒采用双反边接头，要确保连接质量，不得有漏水、漏风现象，下井管路一定要保持垂直。

(3) 固定锚杆采用螺旋形树脂锚杆，锚固长度(孔深)300 mm，锚杆孔施工时要限长，防止穿透井壁。排水管除采用正常树脂锚杆固定以外，在垂深 200 m 以下每 100 m 设一个管座，每个管座用 4 根树脂锚杆固定。锚杆根部的垫板，在安装时一定要紧贴井壁，有间隙时必须用树脂胶泥垫实，以确保锚杆的抗弯强度；抗弯导板在固定锚杆时，一定要铅垂向下，以保证固定卡子能水平抱紧管路。

四、施工主要辅助系统

1. 压风系统

凿井期间，在井口附近设一个压风机房，布置 5 台 GA250 型压风机，总供风量 200 m^3/min，可满足井筒不同施工工序的用风需要。地面压风干管选用 ϕ273 mm×6 mm 无缝钢管，井下选用 2 路 ϕ159 mm 无缝钢管沿井壁固定，其中一路井筒掘砌期间兼做排水管。

2. 供、排水系统

选用 2 寸高压胶管供水，压力 35 MPa，沿井壁固定，兼做注浆管。

施工期间在吊盘上安装 2 台 DC50-80/7 型卧泵的排量为 100 m^3/h。根据施工期间的涌水量及排水泵排水能力，选用 ϕ159 mm×6 mm 排水管(井筒掘砌期间由 1 路压风管兼做排水管)，排水管用高压法兰连接，沿井壁固定，能满足施工排水需要。

施工期间，当涌水量小于 10 m^3/h 时，采用工作面风动潜水泵向吊桶排水，吊桶带水排到地面。当井筒涌水量大于 10 m^3/h 时，在吊盘上安装 2 台排量为 50 m^3/h 的 DC50-80/7 型卧泵，由工作面风泵排水至吊盘水箱，再由卧泵排水至地面。排水管选无缝钢管沿井壁树脂锚杆固定。

3. 通风系统

井筒施工时采用压入式通风方式。选用 2 路 ϕ1 000 mm 强力胶质风筒，每路风筒配 2 台局部通风机为掘进工作面供风，其中 1 台备用。风筒均沿井壁固定，用树脂锚杆固定吊挂在井壁上。

4. 通信

为便于施工中的通信，井口设一套具有 10 门调度电话的交换机，井下吊盘设抗噪音电话，井下通过井口可以方便地同压风机房、绞车房、调度室进行通信。

井口设信号室，采用成套信号系统，当在井下发出信号指令后，井口及绞车房均有声光系统，并具有信号显示记忆功能。吊盘至工作面采用气喇叭信号装置。

5. 照明

井内设1路照明电缆，电压为127 V，各层吊盘上方各设2盏防水防爆灯，下层吊盘设4盏防水防爆灯和4盏LED灯照亮工作面。线路全部沿吊盘钢梁布置，垂直向下的线路穿入钢管内。盘面上活动的导线加胶质套管以防漏电。

6. 测量

井筒施工期间的测量，依据甲方提供的近井点资料，确立井口高程并建立井筒“十”字基点。指示井筒中心的测量方法为悬吊重砣法，采用ϕ1.8 mm碳素钢丝，上下井时挂棉纱，测定井中时，用钢丝下端悬挂重砣，手摇绞车下线。

五、施工劳动组织

1. 劳动力组织

井筒施工各阶段的劳动力组织配备情况见表13-14。

表13-14　劳动组织配备表　　单位：人

工种	施工阶段		
	准备期	外壁施工	内壁施工
管理人员	5	13	13
后勤人员	13	12	12
土建工(木工)	30	1	1
机电工	14	20	20
司机	2	4	2
绞车司机		14	14
把钩		18	18
信号		12	12
通风瓦检员		3	3
井下		出矸找平班19、出矸清底班20 打眼爆破班19、立模浇筑班18	3×32
合计	64	173	191

2. 施工作业制度

(1) 外壁施工，采用专业工种“滚班”作业制，一掘一砌。

(2) 壁基、内壁及相关硐室施工采用“三八”作业制。

(3) 机电工及其他辅助工种均采用“三八”作业制。

(4) 工程技术人员及项目部管理人员，实行24小时值班制度。

(5) 正规循环时间见图13-11。

班别	工序名称	工时		时间（小时）									
		时	分	1	2	3	4	5	6	7	8	9	10
凿岩班	交接班		15										
	下伞钻及凿岩准备		30										
	凿岩	3	30										
	伞钻升井		30										
	装药连线爆破	1	30										
	通风安检		40										
出矸班	交接班		15										
	接管路风筒		30										
	出矸找平	6	45										
砌壁班	交接班		15										
	扎筋、脱模、立模	1	45										
	浇注混凝土	2	00										
清底班	交接班		15										
	出矸	5	50										
	清底	1	00										
合计		25	30										

说明：一个循环25小时30分，炮眼深度4.5 m，循环进尺4 m，正规循环率90%。

图13-11　井筒掘砌循环图表(炮掘)

第六节　青东煤矿东风井井筒施工

一、工程概况

青东煤矿设计生产能力1.80 Mt/a，矿井位于安徽省淮北市濉溪县临涣镇西南4 km处。其中心北至濉溪县城约39.9 km，东距宿州市45 km。安全改建工程东风井井筒设计净直径5.5 m，净断面积23.76 m^2，井筒落底标高为−616 m，地面标高＋30 m，净深646 m。井筒主要技术特征见表13-15。

表13-15　东风井井筒主要技术特征表

序号	名称		单位	数值	备注
1	井口坐标	纬距(*X*)	m	3 724 590.00	
		经距(*Y*)	m	39 459 261.00	
2	井口设计标高		m	＋30.00	
3	井筒深度		m	646	
4	净直径		m	5.5	
5	净断面		m^2	23.76	
6	锁口高度		m	7	
7	冻结深度		m	305	
8	冻结段掘砌深度		m	295	
9	冻结段井壁厚度	外壁	mm	500/600	钢筋混凝土
10		内壁	mm	500/650	钢筋混凝土

表 13-15(续)

序号	名　称	单位	数值	备注
11	普通基岩段掘砌深度	m	351	
12	普通基岩段井壁厚度	mm	450	
13	井底车场连接处	m	5	

根据井检孔资料，该工程揭露地层自上而下有：第四系、新近系、上石盒子组。第四系假整合于下部新近系地层之上，厚度为 88.15 m，该系可细划分为全新统和更新统；新近系与下伏二叠系地层呈不整合接触，厚度为 146.4 m，该系可细划分为上新统和中新统。检查孔揭露二叠系段 234.55～690.96 m，厚度 456.41 m，为二叠系上石盒子组地层。顶部与新近系呈不整合接触，受风化强度不一，岩性主要以浅灰色～灰色细砂岩为主，其余为灰色、深灰色粉砂岩和深灰色泥岩。

青东矿位于淮北煤田的中部、临涣矿区的西北部。整个井田处在近东西向与北北东向断层形成的夹块内，属箕状断块式控煤构造。主体构造形态表现为一走向北西～近东西，局部略有转折，向北、北东倾斜的单斜。地层倾角一般 10°～30°，沿走向方向出现较小规模的地层起伏或次级褶曲。断裂构造以北东向为主，其次为北西向断层，发育少量近东西向断层。局部有岩浆岩侵蚀，矿井构造复杂程度为中等 。

其含、隔水层情况见表 13-16。利用抽水试验资料估算井筒涌水量为 86.7 m^3/h，利用流量测井资料估算井筒涌水量为 77.4 m^3/h。

表 13-16　新生界松散层含、隔水层(组、段)划分情况一览表

地　层					底板深度/m	厚度/m	含、隔水层有效岩性	
系	统	代号	含、隔水层名称	简称			厚度/m	百分比/%
第四系(Q)	全新统	Q_4	第一含水层(组)	一含	39.05	39.05	25.05	64.15
	更新统	$Q_{1\sim3}$	第一隔水层(组)	一隔	49.05	10.00	9.05	90.50
			第二含水层(组)	二含	88.15	39.10	1.60	4.1
新近系(N)	上新统	N_2	第二隔水层(组)	二隔	118.80	30.65	30.65	100
			第三含水层(组)	三含	171.15	52.35	4.35	8.3
	中新统	N_1	第三隔水层(组)	三隔	234.55	63.40	63.4	100
			第四含水层(组)	四含	缺失			

二、井筒施工方案与工艺

井筒上部冲击层和基岩风化带采用冻结法施工，冻结深度 305 m，掘砌深度 295 m，基岩段防治水采用地面预注浆法治理，地面预注浆深度 361 m，掘砌深度 351 m(含马头门 6.03 m)；井筒冻结段外、内壁施工分开进行，冻结段外壁采用《立井冻结表土机械化快速施工工法》进行施工，冻结段内壁采用装配式金属模板自下而上一次套壁；冻结基岩段和基岩段采用国家级《立井机械化快速施工工法》组织施工。

1. 基岩段掘砌施工

普通基岩段采用FJD-6A型伞钻配YGZ-70型凿岩机凿岩，爆破材料采用煤矿许用炸药(冻结段抗冻、普通基岩段防水)和毫秒延期电雷管。采用光面、光底、弱震、弱冲深孔爆破技术，JKZ-3.2/15.5提升机挂5 m³吊桶提升，2.5/4.0 m段高整体下行金属模板砌壁，实现正规循环。爆破布置的具体情况见表13-17～表13-19和图13-12。

表13-17 普通基岩段爆破原始条件

序号	名　称	单 位	数 值	备 注
1	井筒净径	m	Φ5.5	
2	井筒荒径	m	Φ6.4	
3	井筒掘进断面	m^2	32.2	
4	岩石条件 f		＜6	
5	雷 管			抗杂散毫秒延期电雷管
6	炸 药	m/卷、kg/卷		

表13-18 普通基岩段爆破参数表

圈别	每圈眼数/个	眼深/mm	每孔装药量/(kg/眼)	炮眼角度/(°)	圈径/mm	总装药量/kg	眼间距/mm	起爆顺序	连线方式
1	8	4 700	4.2	90	1 800	33.6	689	Ⅰ	并联
2	14	4 500	3.5	90	3 400	49	757	Ⅱ	
3	20	4 500	2.8	90	5 000	56	782	Ⅲ	
4	36	4 500	2.1	89	6 000	75.6	523	Ⅳ	
合计	78					214.2			

表13-19 普通基岩段预期爆破效果

序号	爆破指标	单 位	数 值
1	炮眼利用率	%	89
2	每循环爆破进尺	m	4.0
3	每循环爆破实体矸石量	m^3	128.8
4	每循环炸药消耗量	kg	214.2
5	单位原岩炸药消耗量	kg/m^3	1.6
6	每米井筒炸药消耗量	kg/m	53.55
7	每循环雷管消耗量	个	78
8	单位原岩雷管消耗量	个/m^3	0.6
9	每米井筒雷管消耗量	个/m	19.5

说明：根据实际岩层及施工经验，合理调整爆破参数，以便达到最佳爆破效果。

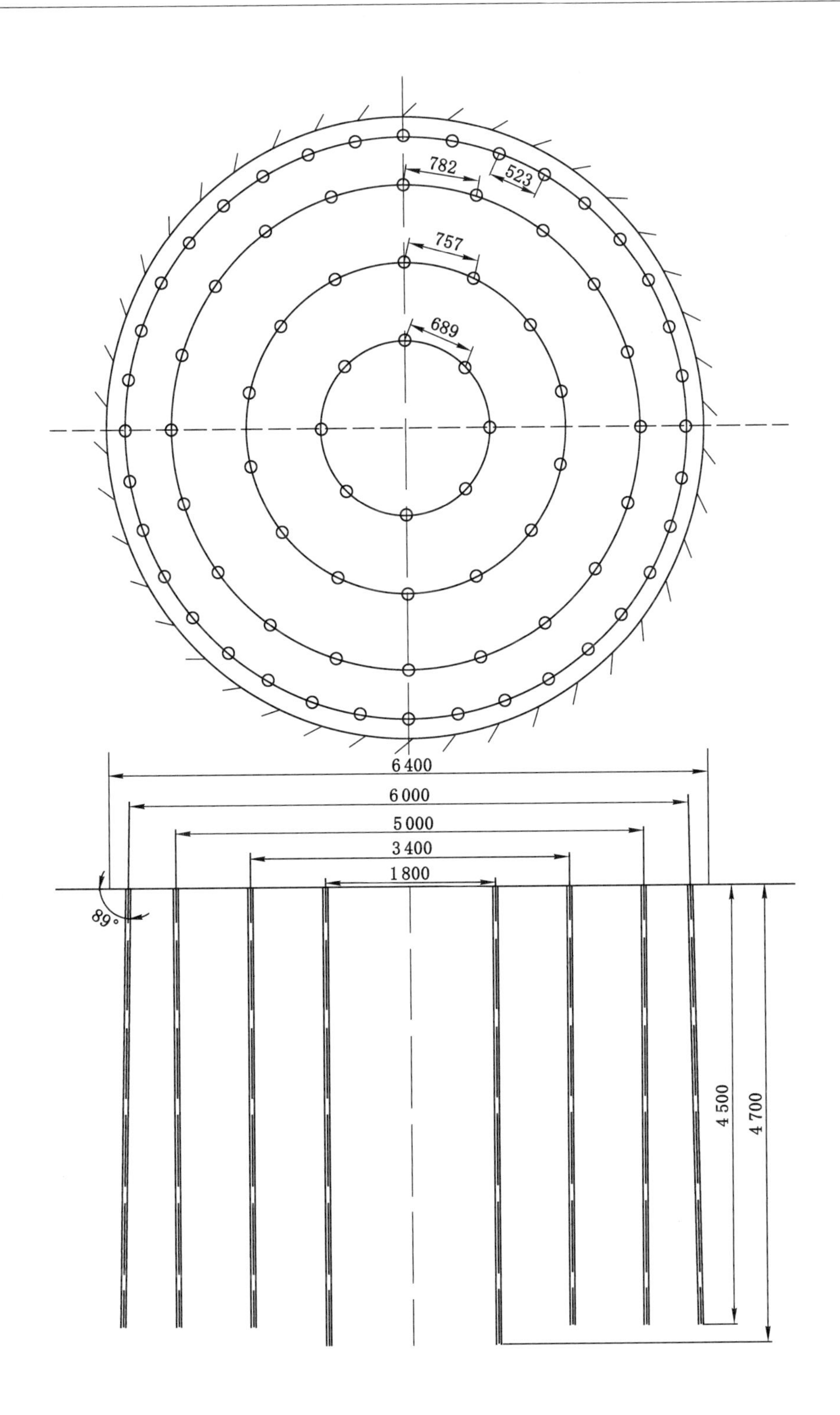

图 13-12　普通基岩段炮眼布置图

2. 壁座整体浇筑段掘砌施工

壁座整体浇筑段在外壁掘砌施工至上口后，停止砌壁并拆除外壁施工大模板，然后掘进、锚网喷临时支护至下口。锚网支护采用 ϕ20×1 800 mm 树脂锚杆(间排距 800 mm×800 mm，锚杆长度根据冻结孔布置及实际偏斜进行调整，以不影响冻结管和冻结壁安全为原则)、ϕ6.5 mm 钢筋网(网格 100 mm×100 mm)施工。掘进临时支护结束后，自上而下绑扎外层钢筋，竖筋采用直螺纹连接，环筋采用钢筋搭接连接；钢筋绑扎先绑扎竖筋再绑扎环筋，横平竖直、均匀分布；完成后采用倒模法进行整体浇筑施工。在工作面组装刃脚作为第一段高模板的生根点，并形成井壁斜接茬面，之后扎中层、内层钢筋，扎筋一定高度后在刃脚上组装装配式金属模板校正，浇注混凝土，继续向上扎筋，在第一模上组装第二模模板校正，浇注混凝土，依次类推，整体浇筑段完成后进入内壁砌壁循环施工。

3. 马头门掘砌施工

为保证井筒和马头门连接的整体性，采用和井筒同时施工方法，即在井筒基岩段掘进的同时，将马头门掘出，分别对井筒及马头门进行锚网喷一次支护，然后与井筒同时扎筋、立模并浇注混凝土。

具体为井筒施工到马头门顶板上方 1～2 m 时，先砌好上部井筒井壁，继续下掘井筒并采取锚网喷一次支护，同时将马头门掘进一次支护，待掘进一次支护至井筒设计深度及马头门设计位置后，马头门与井筒同时扎筋、立模浇筑成一整体。

马头门施工采用 YT-28 型气腿凿岩机钻眼，爆破后，利用中心回转抓岩机装吊桶排矸。浇注用混凝土由底卸式吊桶下至吊盘，经溜槽入模。

4. 特殊地层掘砌施工

(1) 膨胀黏土层施工

根据井筒检查孔资料，井筒揭露表土深度为 236.11 m，且具有一定的膨胀性，针对该井筒穿过的地层特点及膨胀黏土层的实际情况，采用以下措施：

① 缩短掘砌段高，采用短段掘砌，减少空帮时间，安全快速施工。

② 适当加厚泡沫板，释放井帮初期冻结压力。

③ 调整冻结参数，降低冻结井帮温度，合理劳动组织，提高机械化效率，减少井帮暴露时间；必要时提高混凝土强度。

(2) 破碎带施工

破碎带采用调整爆破参数，松动爆破技术，即减少周边眼眼距和抵抗距，尽量减少爆破对井筒围岩的破坏，保持围岩的完整性；同时缩小掘进段高，采用锚喷或锚网喷联合支护；尽量缩短围岩的暴露时间，必要时增设钢井圈复合支护或采用工作面注浆加固围岩后再掘砌，确保安全顺利通过破碎带地层。

三、防治水施工

本井筒普通基岩段已进行了地面预注浆，施工过程中按照“有疑必探、先探后掘”的施工原则对含水层进行探水验证，即在施工至含水层顶板上 10 m 位置时，停止井筒掘砌，对含水层地面预注浆进行效果验证，若验证含水层涌水量小于 10 m^3/h，且无突水风险时，采取强排水法施工通过含水层，若涌水量大于 10 m^3/h 或有突水风险时，则采取工作面预注浆法通过含水层。

探水验证孔数为3个，沿断面轮廓线周边均匀布置。先使用潜孔钻机施工ϕ133 mm钻孔，然后埋设ϕ108 mm×6 mm无缝钢管，固管，安装高压阀门，扫孔并试压达到设计要求后，方可正常打钻探水。探水验证钻孔布置如图13-13所示。

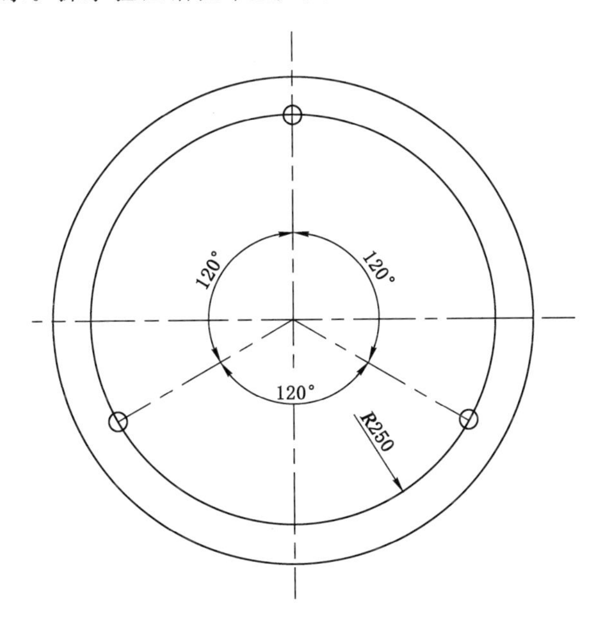

图13-13　探水验证钻孔布置图

井筒施工结束后对全井筒进行壁后(间)注浆治水，壁后注浆孔沿井壁纵向梅花形布置，注浆孔布置间距4 m、孔深2.5 m，每层段高15 m(根据注浆钻孔涌水、地层情况适当调整)，壁间注浆采用对预埋注浆孔进行注浆，必要时另施工壁间注浆孔进行壁间注浆。注浆利用吊盘的下层盘作为工作盘，YT28钻机进行钻孔，2TGZ-60/210型电动注浆泵进行注浆，注浆以P.O 42.5普通硅酸盐单液水泥浆为主，水泥、水玻璃双液浆为辅。

为确保施工安全及工程质量，在施工过程中，我们还将采取以下综合防治水措施：

(1) 排水

施工期间若井筒涌水量超过10 m^3/h，采用潜水泵排水入吊盘水箱，再通过吊盘卧泵排出地面，排水管路沿井壁采用锚杆固定。

(2) 截水

若井壁淋水超过5 m^3/h或有大于0.5 m^3/h的集中出水点，则利用截水槽截住井壁淋水，以防井壁淋水进入模板，影响混凝土质量。

(3) 导水

当地层揭露后出现裂隙涌水或非含水层因为构造出现少量涌水时，采用壁后预埋集水箱集水，用高压软管将水导出，以防涌水沿壁后进入工作面。等永久支护完成后，用注浆泵注浆堵水。

四、施工设备配置及主要辅助系统

1. 井内设备布置

采用Ⅴ型凿井井架，布置JKZ-3.2/15.5型提升机配3 m提升天轮单钩提升，同时布置多台凿井稳车配悬吊天轮、悬吊钢丝绳悬吊井筒内的凿井设备，具体见表 13-20 和图 13-14。

表 13-20 井筒提升悬吊系统选型计算表(ϕ5.5 m×646 m)

序号	名称	悬吊物重/kg	悬吊钢丝绳自重/kg	计算高度/m	钢丝绳型号	钢丝绳全部破坏拉力/kg	安全系数		天轮直径/mm	稳绞车型号	钢丝绳长度/m	备注
							规定	实际				
1	主提升(5 m^3)	11 709	4 218	676	18×7-40-1870	121 492	7.5	7.62	3 000	JKZ-3.2/15.5	846	
2	1# 吊盘悬吊绳	10 402 7 905	1 641 3 414	325 676	18×7-36-1770(交左)	93 083	6	6.54 7.17	1 000	JZ-16/800	796	
3	2# 吊盘悬吊绳	10 402+542 7 905+1 165	1 641 3 414	325 676	18×7-36-1770(交右)	93 083	6	6.30 6.58	1 000	JZ-16/800	796	
4	3# 吊盘悬吊绳	10 402+628 7 905+1 349	1 641 3 414	325 676	18×7-36-1770(交左)	93 083	6	6.26 6.49	1 000	JZ-16/800	796	
5	4# 吊盘悬吊绳	10 402+595 7 905+1 276	1 641 3 414	325 676	18×7-36-1770(交右)	93 083	6	6.27 6.52	1 000	JZ-16/800	796	
6	5# 吊盘悬吊绳	10 402 7 905	1 641 3 414	325 676	18×7-36-1770(交左)	93 083	6	6.54 7.17	1 000	JZ-16/800	796	
7	6# 吊盘悬吊绳	10 402 7 905	1 641 3 414	325 676	18×7-36-1770(交右)	93 083	6	6.54 7.17	1 000	JZ-16/800	796	
8	1# 模板悬吊绳	11 028 8 920	1 466 3 049	325 676	18×7-34-1670	78 289	6	6.26 6.54	1 050	JZ-16/800	796	
9	2# 模板悬吊绳	11 028 8 920	1 466 3 049	325 676	18×7-34-1670	78 289	6	6.26 6.54	1 050	JZ-16/800	796	
10	3# 模板悬吊绳	11 028 8 920	1 466 3 049	325 676	18×7-34-1670	78 289	6	6.26 6.54	1 050	JZ-16/800	796	
11	抓岩机悬吊绳	9 144	3 049	676	18×7-34-1770	83 002	6	6.33	1 000	JZ-16/800	796	
12	安全梯悬吊绳	2 500	852	676	18×7-18-1670	21 994	6	6.56	650	JZA-5/800	796	
13	爆破电缆悬吊绳	1 710	852	676	18×7-18-1670	21 994	5	8.58	650	JZ-10/800	796	
14	动力电缆悬吊绳	4 443	1 055	676	18×7-20-1770	28 671	5	5.21	650	JZ-10/800	796	
合计		136 030	45 262									

说明：提升选用 13 t 提升钩头；ϕ3 000 mm 天轮 1 个、ϕ1 000 mm 天轮 14 个，ϕ1 050 mm 天轮 5 个，ϕ650 mm 天轮 5 个。

2. 排水系统

当涌水量小于 10 m^3/h 时，采用工作面风动潜水泵向吊桶排水，吊桶带水排到地面。当井筒涌水量大于 10 m^3/h 时，在吊盘上安装一台排量为 50 m^3/h 的卧泵，由工作面风泵或潜水泵排水至吊盘水箱，再由卧泵排水至地面。选用 ϕ159 mm×8 mm 无缝钢管作为排水管，用高压法兰连接，沿井壁固定，可满足各阶段施工排水需要。排水系统布置如图 13-15 所示。

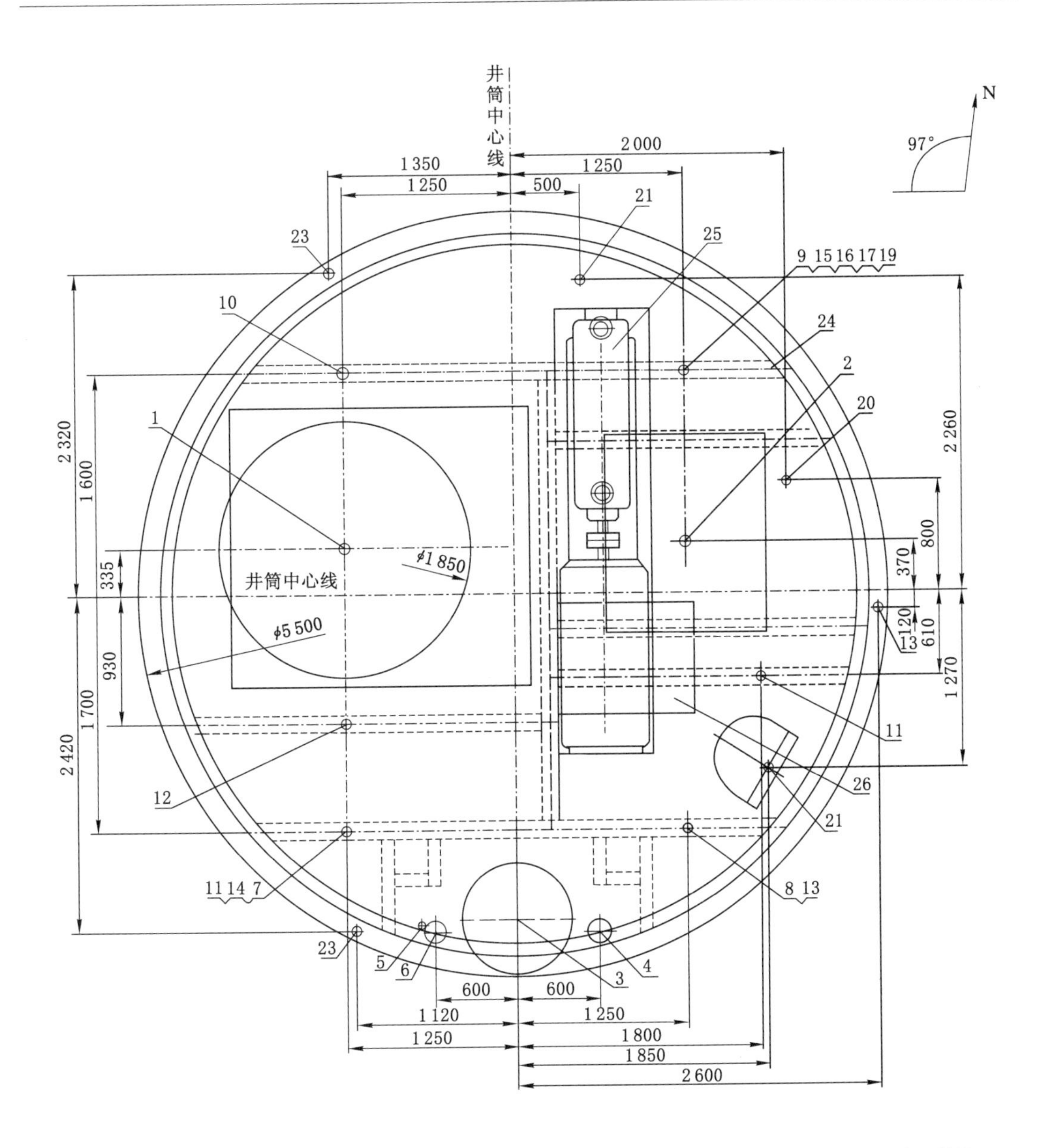

1—吊桶(5 m^3);2—中心回转抓岩机(HZ-6);3—风筒;4—压风管;5—供水管;6—排水管;7～12—吊盘悬吊绳;13—照明电缆;14—信号电缆;15—通讯电缆;16—监控电缆;17—视频电缆;18—大泵控制电缆;19—稳车急停电缆;20—动力电缆;21—安全梯;22—爆破电缆;23—模板悬吊绳;24—凿井吊盘;25—卧泵;26—水箱。

图 13-14　井内设备布置图

3. 压风系统

根据计算,选用 2 台 GA250 型空压机和 1 台 SA120A 型空压机,总供风能力达到 100 m^3/min,地面压风干管选用 ϕ273 mm×6 mm 无缝钢管,井筒压风管选用 1 路 ϕ159 mm×8 mm 的无缝钢管满足需求,管路之间用高压法兰连接,沿井壁固定,兼做备用排水管。压风系统布置如图 13-16 所示。

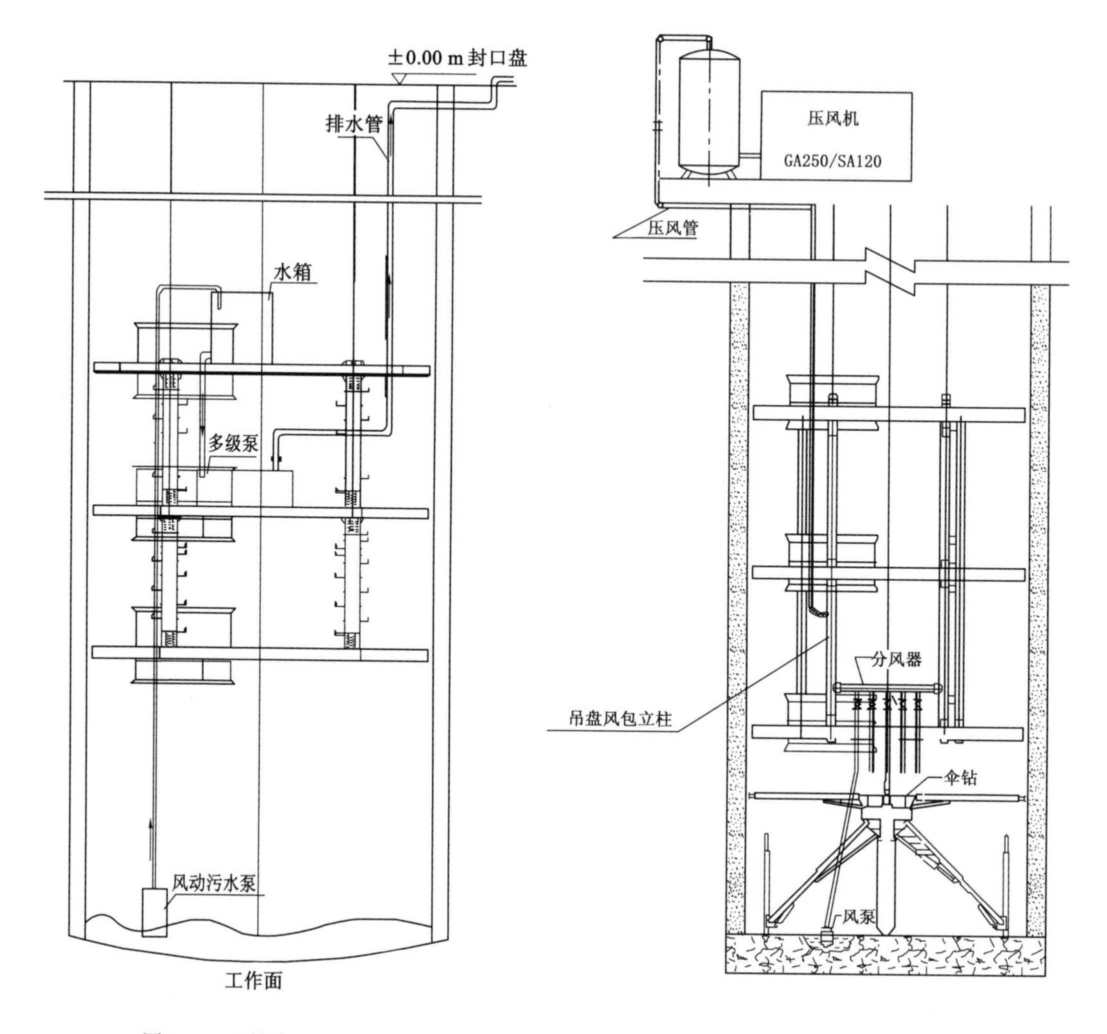

图 13-15　排水系统示意图

图 13-16　压风系统示意图

4. 通风系统

根据井筒断面和作业特点，为保证井筒施工时有足够的新鲜风量，井筒施工时采用压入式通风方式。根据井筒断面、通风距离等现场参数计算风量，选择一组 FBD-№7.5/37 kW×2 型风机，配一路 ϕ800 mm 胶质阻燃风筒，风筒采用锚杆锚固在井壁上，固定牢靠。风机设置在距井口约 20 m 处。

5. 供水系统

井筒施工用水由地面供水系统供给，沿井壁固定一路 1.2 寸 32 MPa 高压钢编管作为供水管，在吊盘上设有卸压水箱，以适应凿岩等用水压力要求。供水管兼做注浆管。

6. 混凝土搅拌系统

井口搅拌站内布置两台 JW1000 型强制式混凝土搅拌机，1 套 PLD1600 型混凝土配料机。使用微机控制自动计量装置和自动输配料系统，计量误差小于 2%，并可通过调整，适应不同的配合比要求，操作人员少、速度快。水的计量采用容积法。

7. 监测监控系统

为便于施工中的通讯联系，井下与井口信号室、井口信号室与提升机房设置直通电话，井下吊盘设抗噪音电话，井下通过井口可以方便地同压风机房、绞车房、调度室进行通信联络。

井口设信号室；井口及绞车房均有声光及电视监测系统，并具有信号显示记忆功能，设电视监控系统，通过在吊盘、工作面、封口盘、翻矸台、绞车操作室等处设置探头，电视监控集控室和绞车房等处可监视上述位置。

五、劳动组织、资源配备

1. 劳动力计划

作业人员按照施工工程的不同阶段配置，做到既满足施工需求又不闲置作业人员，具体人员配置见表13-21。

表13-21　劳动力计划表

工种	按工程施工阶段投入劳动力情况					
	准备期	冻结表土外壁	冻结基岩外壁	冻结段内壁	基岩段	壁后(间)注浆
项目经理	1	1	1	1	1	1
项目副经理	3	3	3	3	3	3
技术员	3	3	3	5	4	3
安监员	0	1	1	3	1	1
预算人员	1	1	1	1	1	1
材料(办事)员	1	1	1	1	1	1
会计	1	1	1	1	1	1
食堂	2	4	4	4	4	3
仓库保管员	1	1	1	1	1	1
钢筋工	0	3	3	3	0	0
土建工	20	0	0	0	0	0
机电工	15	10	10	10	10	6
司机	1	1	1	1	1	1
绞车司机	0	7	7	7	7	7
排水泵工	0	0	0	0	2	1
火工品三员	0	0	0	0	1	0
瓦检员	0	0	0	0	1	0
井上信号把钩工	0	12	12	12	12	6
井下信号把钩工	0	8	8	3	8	3
装载机司机	1	2	2	2	2	1
排矸机司机	0	2	2	0	2	0
抓岩机司机	0	2	2	0	2	0

表 13-21(续)

工种	按工程施工阶段投入劳动力情况					
	准备期	冻结表土外壁	冻结基岩外壁	冻结段内壁	基岩段	壁后(间)注浆
挖掘机司机	1	2	2	0	1	0
搅拌机司机	0	2	2	2	1	0
掘进打眼工	0	0	0	0	9	0
出矸找平工	0	10	10	0	7	0
扎筋、立模浇筑工	0	10	10	39	7	0
出矸清底工	0	10	10	0	7	0
拆模养护工	0	0	0	12	0	0
注浆工	0	0	0	0	0	15
合 计	51	97	97	111	97	55

2. 施工设备配备

主要施工设备见表 13-22。机械设备的进场,是根据工程的施工顺序,按使用时间有顺序地提前(15 天)运到施工现场;施工材料进场,是先严格按计划采购各种施工用料,避免停工待料的事情发生。同时提前采购足够的设备易损零件,及时检修各种机械设备,避免因设备故障窝工。

表 13-22　主要施工设备表

序号	机械设备名称	型号规格	单位	数量	备 注
一	提升悬吊设备				
1	提升机	JKZ-3.2/15.5	台	1	额定功率 1 250 kW
2	井架	V 型	座	1	
3	吊桶	5 m^3/4 m^3	个	2/1	
4	底卸式吊桶	3 m^3	个	2	
5	提升天轮	ϕ3 000 mm	个	1	
6	悬吊天轮	ϕ1 050 mm	个	5	
7	悬吊天轮	ϕ1 000 mm	个	14	
8	悬吊天轮	ϕ650 mm	个	5	
9	悬吊稳车	JZ-16/800	台	10	额定功率 37 kW
10	悬吊稳车	JZ-10/800	台	2	额定功率 22 kW
12	悬吊稳车	JZA-5/800	台	1	额定功率 11 kW
13	慢速绞车	JM3	台	2	溜槽、井盖门
14	调度绞车	JD-25	台	1	额定功率 25 kW
15	电动运行跑车	10 t	个	1	伞钻

表 13-22(续)

序号	机械设备名称	型号规格	单位	数量	备 注
16	电动葫芦	10 t	个	1	
17	钩头	G13	个	1	
二	凿岩设备				
1	伞钻	FJD-6A	个	1	
2	手持式风钻	YTP-28	个	20	
三	装岩设备				
1	装载机	ZL-50B	台	1	地面
2	抓岩机	HZ-6	台	1	
3	挖掘机	CX35	台	1	井下
4	排矸车	10 t	辆	2	
四	支护、注浆设备				
1	整体金属模板	ϕ6.5 m×4.0 m	套	1	
2	整体金属模板	ϕ6.8 m×4.0 m	套	1	
3	整体金属模板	ϕ5.5 m×4.0 m	套	1	
4	组装模板	ϕ5.5 m/1.2	套	13	
5	螺旋输送机	LSY250-9	个	2	额定功率 15 kW
6	混凝土搅拌机	JW1000	台	2	
7	配料机	PLD1600	套	1	
8	液压探水钻机	ZDY1900	台	2	
9	混凝土喷射机	PZ-7B	台	1	
10	注浆机	XPB-90E	台	1	
11	注浆机	2TGZ-60/210	台	2	
五	压风设备				
1	螺杆空压机	GA250	台	2	额定功率 250 kW
2	螺杆空压机	SA120	台	1	额定功率 120 kW
六	排水设备				
1	卧泵	MD50-80×9	台	3	额定功率 250 kW，1 台备用
2	电动潜水泵	BQW100-30	台	1	
3	风动排水泵	FWB35-18A	台	10	
七	通风设备				
1	局部通风机	FBD№7.5-2×37	台	2	

表 13-22(续)

序号	机械设备名称	型号规格	单位	数量	备 注
2	阻燃胶质风筒	ϕ800 mm	m	700	
八	加工设备				
1	钻床	Z3035B	台	1	
2	车床	C630A	台	1	
3	电焊机	BX-500	台	3	
九	安全设施				
1	监测监控系统	KJ379	套	1	
2	钢丝绳监测系统		套	1	
十	两盘两台				
1	凿井吊盘	ϕ6.5 m、ϕ6.2 m、ϕ5.2 m/3+1 层	套	1	
2	套壁辅助盘	ϕ5.3 m	套	1	
3	天轮平台	钢结构	套	1	
4	翻矸平台	钢结构	套	1	
5	封口盘	钢结构	套	1	
十一	供电设备				
1	移动开闭所	KYBS-10/6		1	
2	移动变电站	ZXB-630×2/1-6		1	
3	变压器	KBSG-630/6/1.2		1	
4	变压器	S11-315/10/400		1	
5	馈电开关	KBZ-400Z		2	
6	馈电开关	KBZ-200Z		2	
7	风机切换开关	QBZ-2 * 120		1	
8	综保	ZBZ-4M		3	1 台备用
9	低压配电屏	GGD-34		3	

3. 作业制度

采用专业工种“滚班”作业制，一掘一砌，循环进尺 4.0 m。将施工循环分为钻眼爆破、出矸找平、立模砌壁、出矸清底 4 大工序，相应成立 4 个专业班组，实行“滚班”制作业，机电工及其他辅助工种均采用“三八”作业制；工程技术人员及项目部管理人员，实行 24 小时值班制度。基岩段掘砌循环图表详见图 13-17。

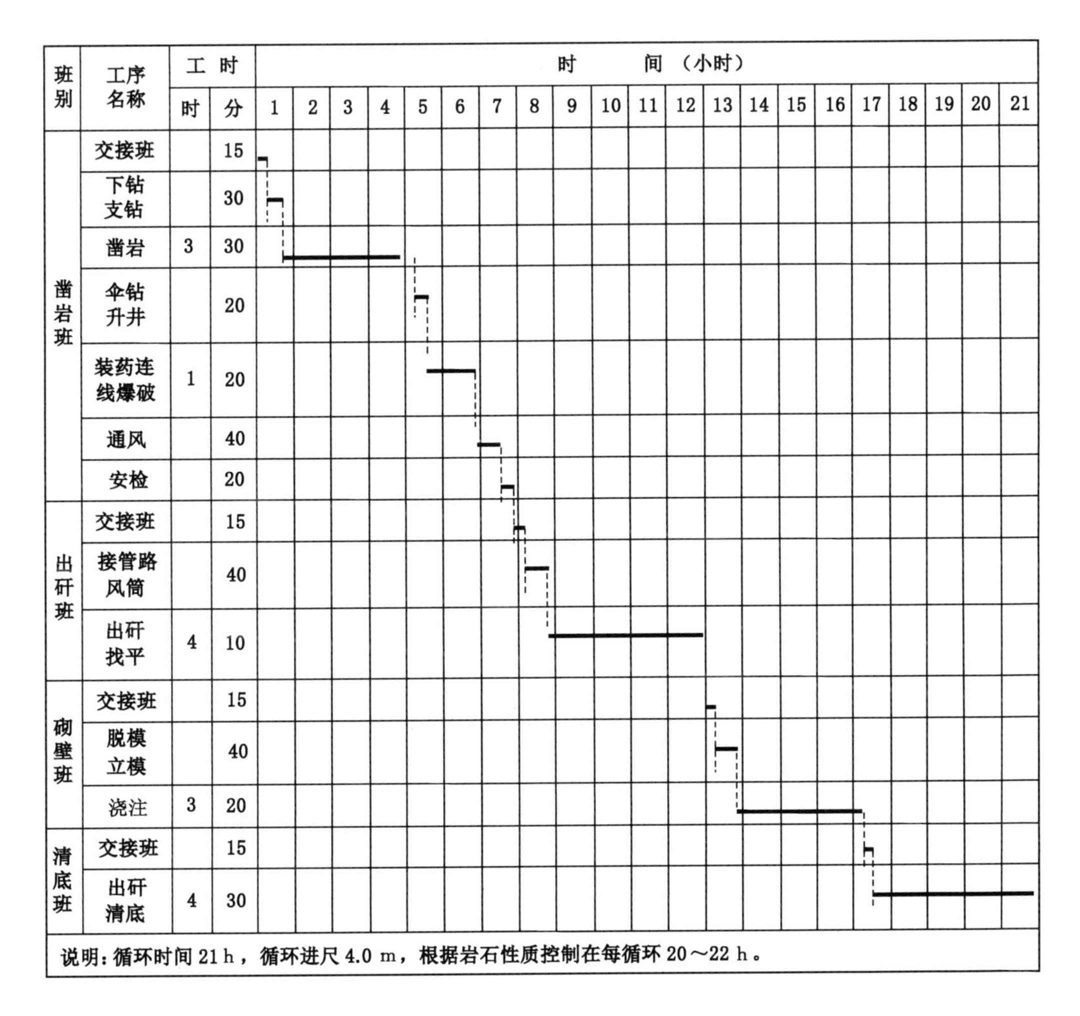

班别	工序名称	工时（时）	工时（分）
凿岩班	交接班		15
	下钻支钻		30
	凿岩	3	30
	伞钻升井		20
	装药连线爆破	1	20
	通风		40
	安检		20
出矸班	交接班		15
	接管路风筒		40
	出矸找平	4	10
砌壁班	交接班		15
	脱模立模		40
	浇注	3	20
清底班	交接班		15
	出矸清底	4	30

说明：循环时间 21 h，循环进尺 4.0 m，根据岩石性质控制在每循环 20～22 h。

图 13-17 基岩段掘砌循环图表

参考文献

[1] 崔云龙.简明建井工程手册[M].北京:煤炭工业出版社,2003.

[2] 东兆星,刘刚.井巷工程[M].3 版.徐州:中国矿业大学出版社,2013.

[3] 董方庭.井巷设计与施工[M].徐州:中国矿业大学出版社,2004.

[4] 国家能源局.凿井工程图册:NB/T 11110—2023[M].北京:中国标准出版社,2023.

[5] 刘志强,贺永年,李慧民.矿业工程管理与务实[M].北京:中国建筑工业出版社,2021.

[6] 路耀华,崔增祁.中国煤矿建井技术[M].徐州:中国矿业大学出版社,1995.

[7] 王建平,靖洪文,刘志强.矿山建设工程[M].徐州:中国矿业大学出版社,2007.

[8] 王介峰.凿井工程图册一第一分册:立井施工工艺及设备布置[M].北京:煤炭工业出版社,1988.

[9] 中国煤炭建设协会.中国煤炭建设年鉴(2011—2015)[M].北京:煤炭工业出版社,2016.

[10] 中华人民共和国应急管理部,国家矿山安全监察局.煤矿安全规程[M].北京:应急管理出版社,2022.

[11] 中华人民共和国住房和城乡建设部,国家质量监督检验检疫总局.煤矿井巷工程质量验收规范[M].北京:中国计划出版社,2011.